KB022072

수학과 상대론

수학과 상대론

펴 낸 날 2024년 7월 19일

지 은 이 유인상
펴 낸 이 이기성
기획편집 이지희, 윤가영, 서해주
표지디자인 이지희
책임마케팅 강보현, 김성욱
펴 낸 곳 도서출판 생각나눔
출판등록 제 2018-000288호
주 소 경기 고양시 덕양구 청초로 66, 덕은리버워크 B동 1708호, 1709호
전 화 02-325-5100
팩 스 02-325-5101
홈페이지 www.생각나눔.kr
이 메 일 bookmain@think-book.com

• 책값은 표지 뒷면에 표기되어 있습니다.
ISBN 979-11-7048-718-0(03410)

수학과 물리의 경계를 넘나드는 상대성이론 입문서

수학과 상대론

유인상 지음

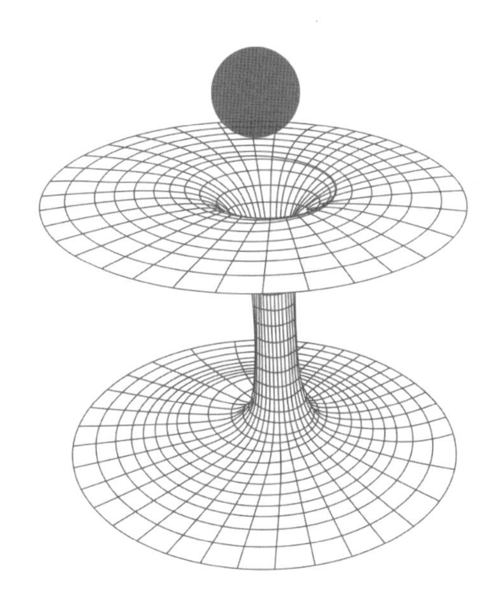

생각나눔

머리말

이 책은 아인슈타인의 일반상대성이론을 독자들에게 최대한 쉽게 설명하고자 한 책이다. 그럼에도 불구하고 이 책을 읽기 위해서는 약간의 수학적 지식이 요구된다. 그것은 당연한 일이다. 왜냐하면, 일반상대성이론을 수학 없이 제대로 설명한다는 것은 거의 불가능한 일이기 때문이다. 그래도 다행인 것은 본문에서 간단한 수학은 그때그때 알기 쉽도록 설명한다.

호기심이 많은 사람들 중에는 일반상대성이론을 깊이 알고 싶어 하는 사람들이 꽤 있다. 그러나 엄두를 못 내는 것도 사실이다. 그러려면 어려운 수학을 알아야 하는데…, 수학과 물리를 마치 이야기해 주듯이 쉽게 설명하는 책이 어디 없을까? 이 책은 바로 그런 사람들을 위해 쓰였다.

일반상대성이론은 쉽게 말해서 우주에 관한 이론이다. 블랙홀, 차원, 휘어진 시공간, 빅뱅 등등. 모두 우주에 존재하는 것들이다. 이 얼마나 재미있고 호기심을 자극하는 주제들인가? 굳이 수학을 사용하지 않아도 충분히 흥미로운 이야깃거리일 수 있다. 그러나 수학을 사용하면 더욱 분명해지며 더욱 신비롭고 그래서 신과 자연에 대한 외경심은 더욱 커진다. 수학이 있는 곳엔 허풍과 오류가 발붙이지 못한다. 기름지고 모호한 은유와 비유는 사라지고 수정처럼 명징한 진리만이 추출되어 광채를 발한다. 그래서 눈이 부시도록 아름답다.

일반상대성이론은 중력에 관한 이론이다. 뉴턴의 만유인력 법칙을 대체한 새로운 중력 법칙이다. 일반상대론의 요체는 질량과 휘어진 공간이다. 질량이 공간을 휘어지게 하고, 휘어진 공간을 따라 질량이 움직인다. 실제로는 물체가 휘어진 공간을 따라 움직이는 것인데 마치 중력이 작용하는 것처럼 보이는 것이다. 이러한 모습들을 수학적으로 형식화한 것이 상대론 수학이다.

특수상대성이론에 대해서는 별도의 장으로 다루지 않았다. 역설적이지만 수학이 별로 없는 특수상대성이론이 수학이 많은 일반상대성이론보다 훨씬 더 어렵게 느껴진다. 우리의 직관에 반하기 때문이다. 공간 수축과 시간 팽창, 쌍둥이 역설 등 특수상대성이론의 주요 개념들은 그냥 받아들이는 편이 좋다. 특수상대성이론만 놓고 왜 이렇게 되는가 하고 따져 보았자 더 헷갈리기만 한다. 그러나 이 책에서는 특수상대성이론에 대해서도 필요한 지점에서는 자세히 설명한다. 그렇다 하더라도 일반상대성이론으로 가는 데 필요한 기본 원리로써의 역할에 국한된다.

이 책을 쓴 사람에 관해 이야기할 차례이다. 나는 물리학을 전공하지도 않았고 그렇다고 수학을 전공한 사람도 아니다. 대학에서 토목을 전공한 것이 전부이다. 어릴 적부터 과학을 좋아해서 과학자가 되고 싶어 했던 것은 사실이지만 그렇다고 물리나 수학을 썩 잘했던 것도 아니다. 오히려 수학을 기피하는 부류에 속하는 사람이었다. 그러던 나에게 수학은 운명처럼 다가왔다. 직장 일로 미국 대학에 2년 동안의 석사과정 연수 기회가 있었다. 가능한 한 수학을 적게 사용하는 전공을 택하였다. 그래도 통계학만큼은 피할 수 없었다. 그런데 바로 그 통계학이 나를 수학의 길로 인도해 주다니 참으로 아이러니가 아닐 수 없다. 그날도 학교 도서관에서 통계학 책과 씨름하고 있었다. 며칠 동안 고심하던 여러 개념이 아직도 머릿속에서 뒤죽박죽 물과 기름처럼 따로따로 놀고 있었다. 그러던 어느 순간 갑자기 한 줄기 서광이 비치듯 따로 놀던 개념들이 마치 구슬이 실에 꿰이듯이 질서정연하게 연결이 되기 시작하는 것이 아닌가? 그때 내가 보았던 수학적 아름다움과 감동은 지금도 잊을 수가 없다.

그러한 경험이 계기가 되어 언제부터인가 수학공부를 하기 시작했다. 아예 취미로 삼았다. 대학 시절에 공부했던 낡은 수학책부터 다시 읽기 시작했다. Lang 미적분학, Kreyszig 공업수학, Brand 벡터미적분학, Kell 미분방정식 등. 그리고 응용수학 이외의 순수수학 분야에도 기웃거렸다. 선형대수학, 정수론, 해석학, 미분기하학, 현대대수학 등.

내가 상대론을 공부하고 이렇게 책까지 쓰게 될 줄은 꿈에도 몰랐다. 어느 날 벡터 미적분학 분야의 명저, Louis Brand의 『Vector Analysis』를 다 읽고 난 뒤였다. 그때 문득 이런 생각이 들었다. 내가 지금까지 공부한 것들이 어쩌면 상대론의 수학이 아닌가? 이 정도의 내공이면 일반상대성이론에 도전해도 되겠다는 생각이 든 건 3년 전 어느 날이었다.

막상 시작하고 보니 어려운 점도 많았다. 특히 중간중간 난관에 봉착했을 때는 오로지 혼자 해결해야 하는 것이 가장 힘들었다. 그것들은 처음에는 꿈쩍도 않는 거대한 바위처럼 다가온다. 그러나 하루가

지나고 이틀이 지나고 날이 갈수록 조금씩 틈새가 보이기 시작한다. 어느 날 그 틈새에 쐐기를 틀어박고 힘껏 깨부순다….

상대론을 공부해 보니 잘 시작했다는 마음이 들었다. 그리고는 많은 사람들이 함께 공부했으면 좋겠다는 생각도 들었다. 수학적으로도 완벽하고 아름다운 것은 물론 자연과 우주에 대해 새로운 사실을 알아 간다는 것이 놀라움과 경이로움 그 자체였다. 이건 인간이 아닌 신이 만든 이론이 분명하다!

물리나 수학 전공자가 아닌 아마추어가 상대론에 관한 책을 쓴다는 것이 자칫 무모할 수도 있다. 그러나 쉽고 재미있게 설명하는 것이 전공자만의 특권은 아니지 않는가? 오히려 전문가들이 놓치기 쉬운 일반인의 눈높이에 맞추는 일에 최선의 노력을 하였다는 것으로 정당화해 본다.

필자의 바람은 독자들이 이 책을 읽고 상대성이론에 대한 이해를 더욱 깊게 하는 것은 물론, 이번 기회에 수학을 좋아하고 더욱 친근하게 다가가는 계기가 되었으면 하는 것이다. 이 책이 더 심오한, 더 아름다운 수학과 물리학의 세계로 이끄는 마중물이 되었으면 한다.

우리 주변의 상대론 책들은 두 부류이다. 너무 쉬운 책 아니면 너무 어려운 책. 둘 사이에는 건너기 힘든 강이 있다. 이 책은 이 강을 쉽게 건너갈 수 있는 다리가 될 것임을 확신한다.

이 책의 구성은 크게 두 파트로 나누어져 있다. 제1부에서는 일반상대성이론을 다루고 제2부에서는 약간의 수학에 관해 이야기하고 있다. 수학에 관한 이야기는 제1부의 일반상대론과 관련지어 수시로 참고할 만한 내용이지만 별개로 읽어도 좋다.

각 챕터는 매우 독립적이다. 하나의 단편처럼 읽어도 좋다. 앞부분

내용을 모른다고 해서 읽기 어려운 경우는 거의 없을 것이다. 그럼에도 불구하고 각 챕터는 서로 긴밀히 연계되어 있다. 이 책은 한 번 읽어서는 이해하기 어려울 수 있다. 여러 번 읽을 것을 추천드리며, 비망록처럼 곁에 두고 생각날 때마다 음미한다면 좋은 친구가 될 것이다.

상대성이론에 대한 국내 서적은 거의 없는 거나 다름없었다. 그나마 차동우 교수의『상대성이론』과 이종필 교수의『상대성이론 강의』의 내용이 좋았다. 세종대 이희원 교수와 부산대 홍덕기 교수의 KOCW 공개강의도 매우 훌륭하여 내게 많은 도움을 주었다. 이분들께 감사드린다. 내가 주로 텍스트로 삼은 것은 Bernard Schutz 의『A First Course in general relativity』였다. 매우 디테일하고 심오하여 intuition을 주는 책이다. 그다음이 Hartle 이 쓴『Gravity』이다. 많은 이들이 상대론의 교과서로 삼는 좋은 책이다. 초심자들도 쉽게 볼 수 있도록 간명하면서도 이해하기 좋도록 써졌다. Hobson의『물리학자를 위한 일반상대성이론』은 핵심적인 내용을 간략하게 정리한 것이 뛰어난 책이다. Guidry가 쉬우면서도 영감을 자극하는 내용이 많았다. Carroll의『Spacetime and Geometry』에서도 많은 참고를 하였다. Weinberg의『Gravitation』은 노벨상 수상자답게 심오하고, 지배적이다. 고전의 반열에 든 명저임에는 틀림없으나 양자론과의 통합을 위해 기하학적 접근을 희생한 점이 좀 아쉽다.

유인상 씀

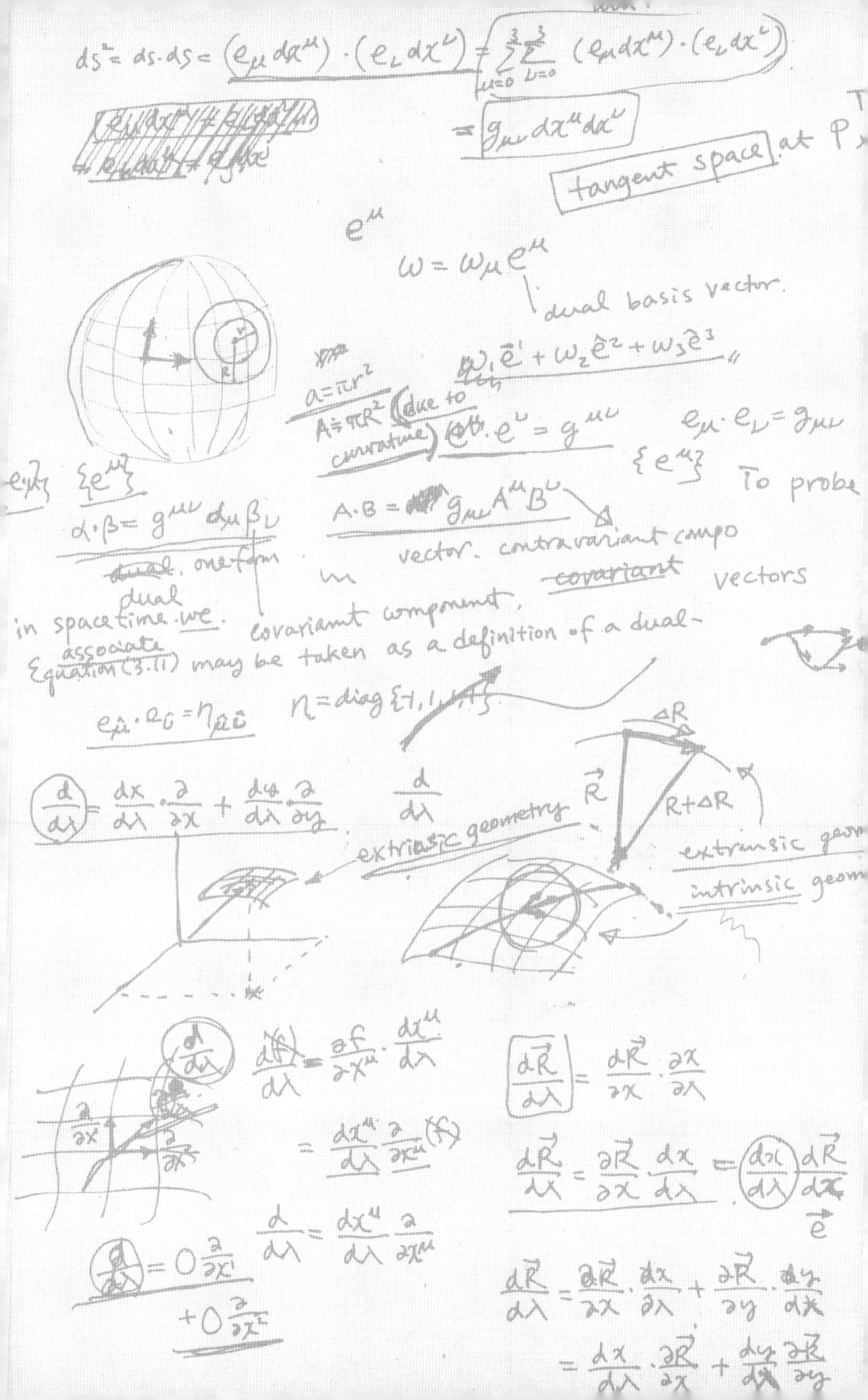

ds² = ds·ds = (e_μ dx^μ)·(e_ν dx^ν) = Σ Σ (e_μ dx^μ)·(e_ν dx^ν)
μ=0 ν=0
= g_μν dx^μ dx^ν
tangent space at P
e^μ
ω = ω_μ e^μ
dual basis vector
ω₁ê¹ + ω₂ê² + ω₃ê³
a=πr²
A≑πR² (due to curvature)
e^μ·e^ν = g^μν
e_μ·e_ν = g_μν
{e^μ}
To probe
{e^μ}
α·β = g^μν α_μ β_ν
A·B = g_μν A^μ B^ν
one form
dual
vector. contravariant compo
covariant
vectors
in spacetime we.
covariant component.
associate
Equation (3.11) may be taken as a definition of a dual-
e_μ̂·e_ν̂ = η_μ̂ν̂
η = diag{-1,1,1,1}
ΔR
R
R+ΔR
d/dλ = dx/dλ ∂/∂x + dy/dλ ∂/∂y
d/dλ
extrinsic geometry
extrinsic geom
intrinsic geom
d/dλ
d(f)/dλ = ∂f/∂x^μ · dx^μ/dλ
= dx^μ/dλ ∂/∂x^μ (f)
dR/dλ = dR/∂x · ∂x/∂λ
dR/dλ = ∂R/∂x · dx/dλ = (dx/dλ) dR/dx
e
∂/∂x¹
∂/∂x²
d/dλ = dx^μ/dλ ∂/∂x^μ
d/dλ = 0 ∂/∂x¹
+ 0 ∂/∂x²
dR/dλ = ∂R/∂x · dx/∂λ + ∂R/∂y · dy/dλ
= dx/dλ · ∂R/∂x + dy/dλ ∂R/∂y

목 차

제 2 부　수학 이야기

Double life $e_1, \cdots, e_n$ 단위벡터장 散

$r(x,y) = (x,y) = x\vec{i} + y\vec{j}$ 原点, 発散 $u(x_1, \cdots, x_n) := \frac{\vec{r}}{r}$

vector field

changed object or group

Vector장 $F(x,y) := -y\vec{i} + x\vec{j}$

a map $f : A \subset \mathbb{R}^n \to \mathbb{R}$ that assigns a number

$F(x,y,z)$ on $\mathbb{R}^3$ has three component scalar fields F_1, F_2

one of the great breakthrough in the history

e_1, e_2

$e_1, \cdots, e_n$

$\nabla \vec{F} = -\text{div}\,\vec{F} + \text{curl}\,\vec{F}$ 思想史

Vector장

Vector장

creates, according to $= -\nabla \cdot \vec{F} + \nabla \times \vec{F}$

cutting

rutting

law notion

Coulomb's law

$\frac{\partial}{\partial x} \cdot V_x \to \frac{\partial V_x}{\partial x}$ $(-\nabla \cdot \vec{F} + \nabla \times \vec{F})$

rutting ideas

$\begin{vmatrix} i & j & k \\ \frac{\partial}{\partial x} & \frac{\partial}{\partial y} & \frac{\partial}{\partial z} \\ V_x & V_y & V_z \end{vmatrix}$

Coulomb's

Law Coulomb

Coulom

one of the great breakthrough $= i \begin{vmatrix} \frac{\partial}{\partial y} & \frac{\partial}{\partial z} \\ V_y & V_z \end{vmatrix} - j \begin{vmatrix} \frac{\partial}{\partial x} & \frac{\partial}{\partial z} \\ V_x & V_z \end{vmatrix} + k$

in the history of human thought.

human thought human thought.

breakthrough

one of the great breakthrough ideas $= i\left(\frac{\partial V_z}{\partial y} - \frac{\partial V_y}{\partial z}\right) \cdots$

intrinsic

intrinsic

longitude lines

make 90°

2018.

2019,

2020,

2021,

2022

360

360

120

40

20

10

5

10, 20, 30, 40, 60, 120

00.

01.

10.

11.

20.

21.

22.

23.

"thought experiments" Einstein called

00

01

02

03

10

11

12

13

20

21

22

23

30

2개

2개

전북대

전남대

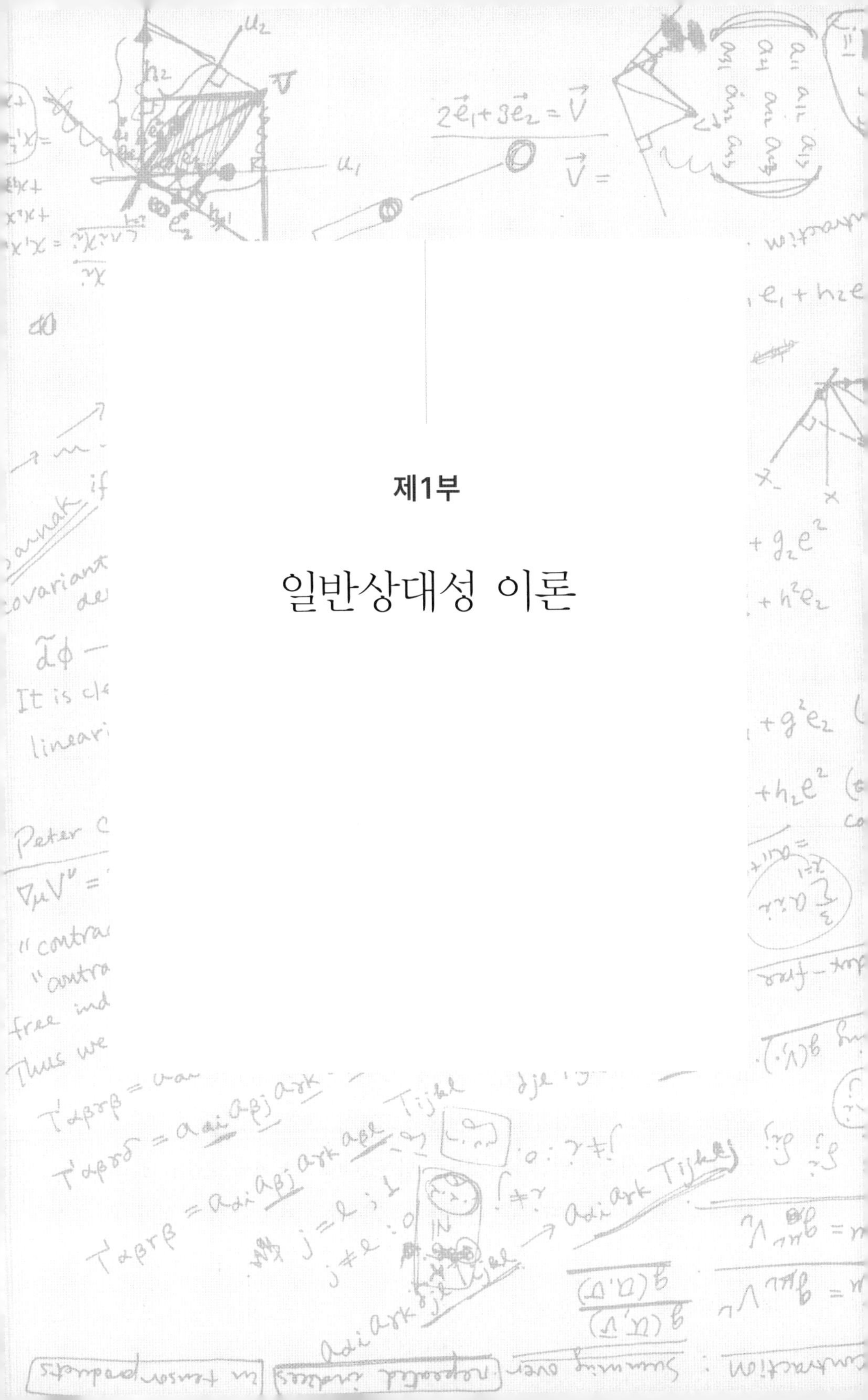

제1부

일반상대성 이론

프롤로그

일반상대성이론이 나오기 전까지는 아이작 뉴턴(I. Newton, 1642~1727)의 중력이론, 즉 만유인력 법칙이 세상을 지배했다. 주지하다시피 만유인력 법칙에 따르면 모든 물체는 서로 끌어당기는 힘이 작용한다. 그 힘은 거리의 제곱에 반비례하고 질량의 곱에 비례한다. 지구가 태양 주위를 공전하는 것도 두 천체에 작용하는 만유인력 때문이다. 그러나 불세출의 물리학자 앨버트 아인슈타인(A. Einstein, 1879~1955)의 생각은 달랐다.

두 물체 사이에는 뉴턴의 법칙으로는 설명하기 어려운 부분이 있었다. 뉴턴 스스로도 인정한 바와 같이, 원거리에 떨어져 있는 두 물체가 어떻게 알고 서로 끌어당기는 힘이 작용하는 것일까? 뉴턴의 만유인력 법칙은 아무리 멀리 떨어져 있어도 **즉시** 인력이 작용한다는 것을 전제로 하고 있다. 즉 인력이 작용하는 '속도'에 아무런 제한이 없는 것이다. 뉴턴 본인도 이것이 좀 이상하다고 인지했다. 그래서 약간 미심쩍긴 하지만 결국 독자들의 상상에 맡긴다는 식으로 넘어갔다(※ 그의 저서 『프린키피아』 독자이다.). 그러나 아인슈타인은 만유인력이 작용하는 속도도 예외 없이 빛의 속도를 넘을 수 없다고 생각하였다. 자연에서 빛보다 빠른 속도는 존재하지 않는다고 믿었기 때문이다. 빛의 속도는 곧 정보 전달의 속도이기도 하다. 가령 갑자기 태양이 사라졌다고 가정했을 때 뉴턴에 의하면 태양이 없어지는 순간 지구에 작용하는 인력도 없어진다. 반면 아인슈타인에 의하면 태양에서 출발한 빛이 지구까지 오는데 걸리는 시간이 약 8분이므로 태양이 없어진 후 정확히 약 8분 후에야 지구에 작용하는 인력이 비로소 사라진다. 여러분은 어느 것이 더 말이 된다고 생각하는가?

그러면 아인슈타인은 어떻게 이같이 생각하게 된 것일까? 맥스웰의 전자기 방정식으로부터 영감을 받은 그의 설명은 이렇다. 지구가 태양의 주위를 공전하는 것은 만유인력에 의한 것이 아니라, 태양의 질량이 만든 **휘어진 공간***의 굴곡을 따라 지구가 자유낙하하고 있는 것이다! 그래서 중력도 힘이 아니라 휘어진 공간 그 자체이다. 거의 대부분의 독자들은 이 대목에서부터 소위 '사차원'에 와 있는 기분일 것이다. 그러나 전자기장 속을 움직이는 전하와 주변 공간을 생각해 본다면 전혀 '사차원'적 이야기도 아니다.

* 주로 휘어진 시공간(spacetime)을 의미하는데 그냥 휘어진 공간으로 하는 것이 더 편리한 측면이 있다. 그래서 본서에서는 맥락에 따라 이를 혼용해서 쓸 것이므로 혼란스러워하지 말자. 휘어진 공간의 대표적인 예는 지구 표면과 같은 곡면이다. 그런데 이것은 2차원이다. 그런가 하면 우리가 사는 우주는 3차원 휘어진 공간이다.

우리는 지금부터 이 4차원에 대하여 이야기할 것이다. 그것은 휘어진 시공간에 관한 것이기도 하고, 그 속에서 물체가 어떻게 움직이는가에 대해서도 이야기한다.

휘어진 시공간의 구조를 결정하는 것은 아인슈타인 장방정식(Einstein's field equation)이고, 물체의 움직임을 나타내주는 것은 측지선 방정식(geodesic equation)이다. 주의하자. 전자는 보통의 물리 방정식이 아니고 '공간의 구조'를 결정하는 방정식이다. 결국 일반상대성이론을 수학적으로 공부한다는 것은 (중력)장방정식과 측지선 방정식에 대해서 공부하는 것이라고 할 수 있다.

그런 의미에서 일반상대성이론은 다른 물리학 이론들과는 그 규모나 내용에 있어서 비교도 할 수 없을 만큼 크고 복잡하다.

미적분의 세계

일반상대성이론을 시작하기 전에 우리가 꼭 알아 두어야 할 것이 있다. 지금 우리가 공부하고자 하는 것은 우선 일차적으로 아인슈타인의 중력 장방정식이다. 그런데 이 중력 장방정식은 다름 아닌 미분방정식이다. 따라서 지금부터 우리가 하는 모든 일은 거의 모두 '무한소(infinitesimal) 세계의 일'이라는 것이다.

뉴턴의 미적분학이 발견된 이후 자연은 자신의 진짜 모습을 주로 미분의 형식으로 보여준다. 그것은 어쩌면 당연한 일일 것이다. 왜냐하면 만물은 항상 변하고 있고 미분은 바로 이러한 변화와 패턴을 다루는 학문이기 때문이다. 수많은 물리법칙들이 미분방정식의 형태로 되어있다. 가장 유명한 뉴턴의 운동법칙 $F = ma$도 사실은 미분방정식이다. 가속도 a 가 속도 v 를 미분한 것이기 때문이다. 그래서 다시 쓰면 $F = m(dv/dt)$이다. 이 식을 적절히 변형하고 조건을 준 다음 양변을 적분하면 속도 함수를 구할 수가 있다. 바로 미분방정식을 푼 것이다. 보통의 방정식이 단순히 실수를 구하는 것이라면 미분방정식은 함수라는 패턴을 구하는 것이다.

우주의 구조와 법칙을 다루는 일반상대성이론도 마찬가지이다. 보이지도 않는 무한소 세계의 패턴이 거대한 우주의 모습을 설명해 준다는 것은 차라리 하나의 아이러니이다. 어쨌든 우리는 미분의 세계에서 모든 가능한 패턴을 찾아야 한다. 그 패턴이 미분방정식이 되고 그것을 적분으로 풀면 블랙홀과 같은 4차원 우주의 모습을 볼 수 있다.

일반상대성이론을 위한 수학 및 추천교재

1. 미적분학(Calculus)

일반상대론은 하나의 커다란 '미적분학 체계'라고 해도 과언이 아니다. 그 정도로 모든 것이 미적분학으로 되어 있다. 기초 미적분학은 물론 고급 미적분학까지 알면 좋다. 일반상대론의 휘어진 공간으로 가려면 먼저 곡선, 곡면에 대한 이해가 있어야 한다. 그런데 곡선이나 곡면은 미분 기하학적 지식을 요구한다. 그러므로 중고교 때 배운 미적분으로는 부족할 수 있다. 그러나 대학 미적분학(Thomas', Stewart's etc.)을 이해하는 정도면 그곳에 소개되어 있는 미분기하 내용을 좀 더 깊이 공부하면 된다.

Gilbert Strang 교수가 'Calculus'에서 하는 직관적 설명은 인상적이다. Serge Lang의 'Calculus'도 좀 오래된 책이지만 명불허전이다.

2. 벡터 해석학(Vector Analysis)

벡터 미적분학(vector calculus) 또는 다변수 미적분학(multivariable

calculus)이라고도 한다. 일반상대론을 미적분학 체계라고 했는데 더 정확히 말한다면 '벡터 미적분학'이다. 속도나 운동량 같은 물리량은 당연히 벡터로 표현되며, 심지어 '거리'도 벡터로 표현된다. 휘어진 공간에서는 모든 것이 곡선이므로 무한소의 직선, 즉 벡터로 나타낼 수밖에 없다. 일반상대론은 다른 물리 이론과 달리 공간의 구조 자체를 정의하는 이론인데 이때 필히 벡터를 사용한다.

Louis Brand 의 'Vector Analysis'와 J. E. Marsden의 'Vector Calculus', 그리고 S. Colley 'Vector Calculus'가 있다.

3. 선형대수학(Linear Algebra)

일반상대론에 나오는 텐서(tensor)는 행렬로 표현된다. 행렬은 선형대수학이다. 또 휘어진 공간의 벡터는 미분연산자이다. 미분연산자도 벡터공간(vector space)의 원소이므로 벡터로 취급할 수 있다. 물리적 벡터가 일반화된 것이 벡터공간이다. 벡터와 텐서는 함수처럼 기능하는 선형사상(linear map)이다. 이 같은 사실은 상대론을 이해하는 데 필요한 핵심 개념 중의 하나이다. 다양체의 어떤 좌표계도 좌표 변환에 의해 국소좌표계로 환원될 수 있다. 이때 메트릭은 대각화(diagonalization)된다. 미분기하학이 선형대수학과 만나는 지점이다.

이 분야의 2대 명저인 Friedberg와 Strang을 공부하면 된다.

4. 미분 방정식(Differential Equations)

자연은 자신의 모습을 미분방정식의 형태로 보여준다. $F = ma$ 도 미분방정식이다. 그 밖에 물리학의 중요한 식들이 모두 미분방정식이다. 상대론의 중력 장방정식도 따지고 보면 연립 미분방정식이다.

미분방정식의 해는 함수이고 함수는 곧 패턴이다. 패턴을 알아야 자연의 본 모습을 제대로 이해하고 예측도 가능해진다. 미분방정식의 해를 구하려면 적분을 해야 한다. 그러나 그 적분이 항상 잘 되는 것은 아니다. 적분이 잘 될 수 있도록 여러 가지 해법을 연구하는 것이 미분방정식론이다. 또한, 비록 해는 구할 수 없다 하더라도 해가 존재하는지 또 유일하게 존재하는지도 알 필요가 있다. 소위 해의 존재성과 유일성이다. 피카르 정리(Picard's theorem)는 근사법이기 때문에 해를 구할 수는 없어도 해가 존재한다는 것을 알게 해 주는 범용 해법이다.

Ritger and Rose, 'Differential Equations with Applications', Boyce, 'Elementary Differential Equations and Bounary Value Problems'.

5. 미분기하학(리만기하학)

상대론은 많은 부분을 리만기하학에 빚지고 있다. 아마 리만이라는 수학자가 없었다면 상대론도 세상 빛을 그렇게 일찍 보지 못했을 것이다. 리만기하학은 가우스가 창시한 미분기하학을 다차원 공간에까지 확장한 것이다. 리만은 공간을 바라보는 종전의 외재적 관점을 혁명적으로 바꾸어 내재적 기하학(intrinsic geometry)의 여명을 열었다.

상대론의 수학적 기반은 거의 대부분 리만기하학에 의존하고 있다. 그중의 하나가 유명한 리만표준좌표계(Riemann normal coordinates)일 것이다. 상대론이 다루는 시공간은 다름 아닌 리만이 생각한 4차원 다양체이다. 상대론의 가장 중요한 개념 중의 하나인 국소 좌표계(local coordinates or local inertial frame)는 리만표준좌표계가 진화한 것이다. 아인슈타인이 휘어진 시공간을 설명할 수 있는 수학을 찾고 있을 때 그의 친구 그로스만(M. Grossmann)이 리만기하학을 소개해 주었다.

미분기하학은 O'neill 또는 Do Carmo 책이 유명하고, 리만기하학은 포항공대 김강태 교수 저서가 뛰어나다.

※ 그러나 이것은 어디까지나 참고로 적은 것이며, 본서에서는 수학에 관한 한 본문에서 모두 자세히 설명하려고 노력하였다. 그러므로 위에 있는 수학을 별도로 공부하지 않은 사람이라도 이 책을 읽는 데는 그리 큰 어려움이 없을 것이다.

중력 장방정식 맛보기

일반상대성이론은 '휘어진 공간과 물질'에 대한 이야기이다. 물질(또는 질량)이 주위의 공간을 휘어지게 하고 다시 물질은 휘어진 공간을 따라 움직인다. 미국의 저명한 물리학자 존 휠러(John Wheeler)는 "질량은 공간에게 어떻게 휘어져야 할지를 말해주고, 공간은 질량에게 어떤 경로로 움직여야 할지를 말해준다."라는 유명한 말을 남겼다. 그렇다면 이 말을 수식으로 나타낸다면 어떤 모양일까?

다음과 같은 중력에 관한 아인슈타인 장방정식(Einstein's field equation)일 것이다.

$$R_{\mu\nu} - \frac{1}{2} R g_{\mu\nu} = 8\pi G T_{\mu\nu}$$

이 식의 좌변은 '휘어진 공간'을 나타내고, 우변은 '물질의 분포'를 나타내고 있다. 그러나 보다시피 알 수 없는 문자와 기호들 때문에 우리가 익히 알고 있는 방정식과 많이 다르다. 이 식은 우리가 물리학에서 흔히 볼 수 있는 벡터 방정식(※ $\vec{F} = m\vec{a}$와 같은 식)이 아니다. 소위 텐서(tensor)로 이루어진 텐서 방정식이다.

휘어진 공간을 수학적으로 표현하려면 우리가 사용하던 벡터만 가지고는 안 된다. 그래서 이보다 좀 더 복잡한 텐서라는 것을 사용해야 한다. 쉽게 말해서 텐서는 '벡터를 일반화한 것'이다. 나무에 비유하자면 벡터는 가지가 4개 정도 있는 나무라면 텐서는 4개의 가지에 각 4개씩 총 16개의 가지가 있는 나무라고 말할 수 있다. 어쨌거나 벡터는 성분이 4개(※ 4차원 벡터라서 성분이 4개이다.), 텐서는 성분이 16개라고 우선 생각해 두자. 휘어진 (시)공간을 기하학적으로 나타내려면 어쩔 수 없이 이와 같은 '텐서'가 필요하다.

여기 있는 $R_{\mu\nu}$, $g_{\mu\nu}$, $T_{\mu\nu}$와 같이 첨자가 두 개 붙어있는 것들은 모두 텐서이다. $R_{\mu\nu}$는 (※ 'R 뮤뉴'라고 읽는다.) 공간의 휘어진 정도를 나타내는 리치텐서, $g_{\mu\nu}$는 거리를 나타내는 메트릭 텐서, $T_{\mu\nu}$ 는 물질의 분포를 나타내는 에너지-모멘텀 텐서이다. 나머지 R이나 G는 그냥 스칼라(scalar)이다.

위의 식은 1개로 보이지만 사실은 **10개의 방정식**이다.

아직 텐서에 대해 잘 모르면 그냥 행렬(matrix)이라고 생각하자(※ 행렬에 대해서는 본서 2부 참조). 상대론에서는 시간 차원 t가 포함되는 4차원(t, x, y, z)이 주 무대이므로 위의 텐서들은 모두 4×4 행렬인 셈이다.(※ 위 식에 있는 텐서의 첨자들은 t, x, y, z 4개의 변수들을 나타낸다. 성분은 tt

부터 zz까지 총 16개다.) 그러니까 좌변의 $-(1/2)R$ 과 우변의 $8\pi G$는 상수(常數)이므로 결국 이 식은 '행렬 A에서 행렬 B를 뺀 것이 행렬 C와 같다.'라고 보면 된다. 다음은 이해를 돕기 위해 텐서방정식을 행렬을 써서 도식적으로 나타내 본 것이다.

$$\begin{bmatrix} * & * & * & * \\ * & * & * & * \\ * & * & * & * \\ * & * & * & * \end{bmatrix} - \frac{1}{2}R \begin{bmatrix} * & * & * & * \\ * & * & * & * \\ * & * & * & * \\ * & * & * & * \end{bmatrix} = 8\pi G \begin{bmatrix} * & * & * & * \\ * & * & * & * \\ * & * & * & * \\ * & * & * & * \end{bmatrix}$$

$\boldsymbol{A}\ (R_{\mu\nu})$ $\boldsymbol{B}\ (g_{\mu\nu})$ $\boldsymbol{C}\ (T_{\mu\nu})$

등호의 좌변은 행렬끼리의 뺄셈인데 계산은 간단하다. 각각의 성분끼리 그냥 빼면 된다. 그러면 각 행렬에는 총 16개의 성분(※성분이 '미분형태의 함수'이다.)이 있는 것이므로 총 16개의 방정식이 나온다. 그러나 상대론의 텐서들은 우리가 다루는 공간의 특성상 모두 대칭행렬(※ 행렬의 대각 성분을 중심으로 양쪽의 성분이 서로 같다.)이다. 그래서 6개는 중복이므로 없어지고 10개만 남는다. 그러므로 이 10개의 방정식을 연립해서 풀면 된다.

그러나 문제는 이 10개의 방정식이 모두 미분방정식이라는 것이다. 미분방정식이라고 그리 대단한 것은 아니다. 예를 들어 그냥 일반방정식은 그 해가 3이나 $\sqrt{2}$ 같은 실수이지만 미분방정식의 해는 $\cos x$나 e^x와 같은 함수이다. 미분의 대상은 항상 함수다. 변화의 모습을 보려는 속성 때문에 그렇다. 어떤 미지의 함수가 있는데 이 함수가 미분된 상태로 방정식을 이루고 있다면 그 방정식의 해는 당연히 함수가 될 것이다. 미분을 벗겨내서 일반식으로 만들려면 적분하면 된다. 그렇다 하더라도 미분방정식을 공부해 본 사람은 알겠지만 간단한 형태의 미분방정식도 그 해(solution)가 쉽게 나오지 않는다. 적분하기 좋은 형태로 식을 만들기가 그리 쉽지 않기 때문이다. 그런데 그것도 10개의 미분방정식을 모두 만족시키는 해를 구한다? 거의 불가능에 가까운 일이다. 그러나 다행히 크게 걱정하지 않아도 된다.

왜냐하면, 방정식에 여러 가지 조건들을 주어서 최대한 단순하게 만드는 것이다. 예를 들면 대칭 조건들을 많이 부여하거나 우변을 아예 제로로 놓고 푸는 경우 등이다. 지나치게 단순화시키는 것 같아도 오히려 그것이 실제와도 근사적으로 잘 일치한다. 그 유명한 슈바르츠실트(Schwarzschild) 특수해도 그런 예이다. 방정식을 풀어보니 블랙홀(black hole)이란 특이한 존재가 있다는 것도 처음 알게 되었다.

지금까지 일반상대성이론의 중력 장방정식을 대략 개괄해 보았다. 이제 여러분은 그 어렵다는 상대론의 중력 장방정식이 사실은 그렇게 어려운 것만은 아니라는 것을 알았다. 그것은 행렬 형식으로 된 미분방정식이기에 어려워 보인다. 그러나 그 식이 의미하는 바를 하나씩 말로 풀어서 이해하면 그리 어려운 것도 아니다. 왜냐하면, 휘어진 공간은 현실에 엄연히 존재하고 있는 자연스러운 형상과 현상이며 단지 이것을 기호를 사용해서 수식으로 표현해 놓은 것이기 때문이다.

중력 장방정식 자체보다는 그것이 만들어진 과정과 배경에 대한 이해가 더욱 중요할 것이다. 물리학 역사상 가장 위대한 식이지만 한편 놀랍도록 단순하고 아름다운 이 방정식이 만들어지기 위해서는 수많은 이야기를 해야 한다.

방정식과 해

방정식은 미지수를 구하는 식이다. 우리는 초급학교 시절 $2x - 3 = 0$과 같은 방정식을 풀어본 적이 있다. 답은 $x = 1.5$이다. 그런가 하면 $x^2 - 5x + 6 = 0$과 같은 방정식도 있다. 이 방정식의 해는 2도 되고 3도 된다. 답이 두 개 있다. 이런 방정식을 2차 방정식이라고 한다. 미지수의 차수에 따라 몇 차 방정식인지가 결정된다.

방정식 하면 단 21세에 요절한 프랑스의 천재 수학자 갈루아가 생각난다. 갈루아는 5차 이상의 방정식은 해가 없다는 것을 증명하였다. 방정식의 계수가 소수인지 여부에 따라 가해군(solvable group)으로 구분하여 해의 존재 여부를 판단하였다. 3차, 4차 방정식만 해도 해를 구하는 공식이 알려져 있었지만, 그 이상은 해가 있는지조차도 알 길이 없었다. 그러나 갈루아는 수가 갖는 특수한 구조를 보고 방정식의 해가 있는지 없는지를 알아낸 것이다. 마치 짝수는 어떻게 해도 짝수이지 절대로 홀수가 될 수 없는 것과 같다.

갈루아는 연적과의 어리석은 결투에서 죽임을 당했다. 갈루아의 시신은 공동묘지 배수로 근처에 아무렇게나 묻혔는데 지금은 소실되어 흔적이 없고 단지 비석만이 남아 있다. 갈루아의 죽음만큼 기이하고 미스터리한 것은 없다. 아마도 당시 사회 혼란기에 반항적 기질의 한 천재가 어리석고 우둔한 자들에 의해 정치적으로 희생당한 한 사례임이 틀림없다.

갈루아가 결투 당일 새벽까지 시간에 쫓기듯이 휘갈겨 쓴 몇 장의 페이퍼는 군(group)에 관한 것이었으며, 지금의 추상대수학(abstract algebra)의 모태가 되었다.

시공간의 출현

상대성이론(theory of relativity)이 인류 역사상 가장 혁명적이고 놀라운 이론이 될 수 있었던 것은 무엇보다도 시간과 공간의 개념을 새롭게 바꾸었다는 점이다.

아인슈타인 이전의 시간과 공간은 그야말로 변하지 않는 절대시간과 절대공간이었다. 우주 어느 곳에서나 시간은 언제나 같은 빠르기로 똑딱똑딱 흘러가는 것이고 공간은 끝없이 균일하게 펼쳐져 있는 것이었다. 그런데 이 절대적인 시간과 공간이 어찌하여 변하게 되는 것일까? 시간과 공간이 변한다는 것이 도대체 말이나 되나? 그러나 그것은 엄연한 사실이다!

19세기 말, 20세기 초, 아인슈타인은 다른 물리학자들과 마찬가지로 맥스웰 방정식과 씨름하고 있었다. 맥스웰 방정식은 모든 전기와 자기현상을 단 4개의 방정식으로 설명하는 물리학 역사상 가장 유명한 식 중의 하나이다. 그런데 이 방정식은 당시 상식으로서는 도저히 납득할 수 없는 사실 하나를 웅변하고 있었다. 그것은 다름 아니라 이 방정식으로 빛의 속도(※ 맥스웰에 의해 빛도 전자기파의 일종이라는 것이 밝혀졌다.)를 계산해 보면 **광원의 운동 상태와 관계없이 항상 같은 속도**로만 계산되는 것이었다. 다시 말하면 빛의 속도는 정지해 있는 사람이 볼 때나 초속 10만km로 달리는 사람(※ 사고실험에서는 가능하다.)이 볼 때나 항상 1초에 30만km의 속도로 측정되는 것이다. 그러나 이 같은 사실은 당시의 상식으로는 말도 안 되는 일이었다. 왜냐하면, 어떤 물체의 속도를 측정할 때, 같은 방향으로 달리면서 측정하면 속도가 그만큼 줄어들고 반대방향으로 달리면서 측정하면 속도가 그만큼 커지는 것이 당연한 일이었기 때문이었다. (※ 갈릴레이의 속도법칙이다.)

당시에 또 하나의 유명한 실험이 있었는데, 미국의 물리학자 마이컬슨과 몰리가 에테르와 관련하여 빛의 속도를 측정하는 실험이었다. 그런데 이 실험에서도 빛의 속도는 지구(광원)의 진행방향과 관계없이 항상 일정한 것으로 측정되었다.

그런데 이때 네덜란드의 뛰어난 물리학자 H. 로렌츠는 매우 이상한 현상을 발견하게 되었다. 맥스웰 방정식에 의하면, 전자기파가 움직이는 공간에서 길이가 수축되고, 시간이 지연되는 현상을 관측한 것이다(※ 그래서 길이수축에 '로렌츠 수축'이라는 이름이 붙어있다.) 그러나 이 위대한 물리학자도 왜 이런 현상이 생기는지에 관해서는 정확히 알지 못하였다. 다만 에테르와의 관계 때문으로만 추측할 뿐이었다.

모두들 혼돈에 빠져 있을 때, 1905년 아인슈타인은 지난 300년 동안 확고하게 세계를 지배해 온 물리 체계를 송두리째 바꾸는 실로 혁명적인 주장을 하게 된다. 이것이 특수상대성이론이다. 이 이론의 두 가지 기본 가설(postulates)이자 준칙은 다음과 같다.

① **모든 관성계에서 물리법칙은 동등하다.** (에테르와 같이 우선하는 기준계는 없다: 상대성 원리)

② **광속은 불변이다.** (빛이 속도 c로 움직이는 것은 자연의 속성이고 자연법칙이다. 광속 c 는 상수이다.)

이다. 얼핏 보면 ①과 ②가 서로 별개인 것 같은데, 실은 매우 관련이 깊다. ①이 성립하면 ②는 필연적 결과이다. 모든 기준계에서 동등하게 관찰되는 무엇이 있어야 하는데 그것이 바로 빛의 속도라는 것이다. 그런데 이 가설을 당연한 것으로 받아들이면 그 순간부터 매우 이상하고 신기한 일들이 벌어진다. 빛의 속도는 변하지 않는 상수이다. 어떠한 경우에도 광속은 변하지 않으므로 그 대신에 공간과 시간이 변해야 한다. 왜냐하면 속도는 공간을 시간으로 나눈 것이기 때문에 그 속도가 일정하다면 분자와 분모가 변할 수밖에 없다. 결국 광속을 불변으로 유지하기 위해 공간과 시간이 서로 유기적으로 기능하는 것이다. 바야흐로 **시공간**(spacetime)이 탄생한다.

빛의 속도

상대론의 출발은 광속불변의 법칙이다. 또 이 세상에 빛보다 빠른 것은 없단다. 즉 빛의 속도가 최고의 속도이다. 그런데 그게 말이 되나? 빛이 뭔데 저보다 빠른 것이 없다니 상식적으로 이해가 잘 되지 않는다. 빛은 알면 알수록 기이하고 아리송한 존재다. 예로부터 입자설과 파동설이 있어 왔다. 지금은 두 성질을 모두 갖고 있다는 것이 정설이다. 상황에 따라서 입자도 되고 파동도 된다. 두 얼굴이고 양면적이고 상호 모순적이다. 빛은 신비로운 존재다. 태초에 빛이 있으라 하니까 빛이 있었다. 그러나 상대론에서 빛만 나오면 그때부터 헷갈린다. 대표적인 것이 시공간이다. 광속을 불변으로 유지하기 위해 시간과 공간이 얽혀 돌아간다. 그때부터 하나의 시공간이 된다. 그다음은 한술 더 떠서 빛의 속도로 가면 시간과 공간이 없어진다. '시공간에서는 모든 물체가 빛의 속도로 가고 있다.' '시간의 속도가 빛의 속도이다.' 등.

빛을 이런 식으로 생각하면 한도 끝도 없다. 빛을 좀 더 인간적으로 생각하는 방법이 없을까? 있다! 지금부터 이야기를 잘 들어보자.

빛을 빛으로 생각하지 말고 하나의 ① '**전자기파**'로 생각하는 것은 어떨까? 실제로 빛은 전자기파의 일종이다. 전자기파는 전파(단파, 중파, 장파등), 극초단파, 적외선, 가시광선, 자외선, 엑스선, 감마선 등등이다. 이 중에 적외선, 가시광선, 자외선이 우리가 아는 햇빛이다.

빛의 속도를 ② '**정보 전달 속도**'로 생각하자. 그러면 빛보다 빠른 정보 전달 속도는 없다는 것이 말이 되기 시작한다. 전자기파는 정보를 전달한다. 영상정보, 문자정보 등 당연히 빛의 속도이다. 빛 자체도 정보를 전달하기는 한다. 어두우면 보이지 않는 물체에 대한 정보를 빛이 알려준다. 하늘에 해, 달, 별이 있다는 걸 아는 것도 빛이 알려주는 정보 덕택이다. 말하자면 존재 정보인 셈이다. 설사 빛보다 빠른 입자가 발견되었다 치자. 아무런 정보도 전달 못 하는 그런 입자라면 무슨 소용이 있겠는가?

사실 상대론에서 말하는 빛의 속도도 그 본질은 정보 전달 속도임이 틀림없다. 시공간에서 사건과 사건의 인과관계는 정보 전달 속도, 즉 빛의 속도와 밀접한 관계가 있기 때문이다.

특수상대성이론을 무리 없이 잘 이해하기 위해서는 제일 먼저 **시간지연***(time dilation)부터 시작하는 것이 가장 좋은 방법이다. 그리고 이것만 확실히 알아 두면 다른 개념들과도 분명 덜 헷갈릴 것이다. 왜냐하면 공간수축도 시간지연과 같은 이치로 설명될 수 있기 때문이다.

* 단어 dilation의 의미는 '팽창'이다. 시간 간격이 커지는 것을 시간 팽창으로 나타낸 것인데 꽤 정확한 표현이라고 생각된다.

여기 속도 v로 날아가는 로켓이 있다고 하자. 로켓은 발사될 때 지상 시간에 정확히 맞춘 시계를 탑재하고 있다. 그런데 아인슈타인의 특수상대성이론에 의하면, 로켓의 시간이 지상의 시간보다 느리게 간다는 것이다. 이를 수식으로 나타내면 다음과 같다.

$$\Delta t = \frac{\Delta t_0}{\sqrt{1 - v^2/c^2}} .$$

Δt는 로켓 시계의 시간간격이고, Δt_0는 지상의 시계의 시간간격이다. 분모의 $\sqrt{1 - v^2/c^2}$은 항상 1보다 작으므로 $\Delta t > \Delta t_0$ 임을 알 수 있다. 시간간격이 크다는 것은 시간이 느리게 간다는 것과 같다.

위 식에서 로켓의 속도 v를 광속에 접근시켜 보자. 그러면 Δt는 무한대가 된다. 로켓 시계의 시간이 아예 흐르지 않는 것이다. 빛을 타고 가면 영원히 늙지 않는다는 말은 여기서 나온 것이다. 한술 더 떠서 빛보다 빠른 속도로 가면 과거로 갈 수 있다는 말도 있다. 그러나 이것은 거의 불가능한 일이다. 왜냐하면 특수상대성이론에 따르면 광속에 가까운 속도로 갈수록 질량도 무한대로 커진다. 광자(photon)와 같은 질량이 제로인 입자만이 가능한 일이다. 실제로 빛은 영원히 늙지 않는다. 150억 년 전 빅뱅 때의 빛은 당시 나이를 그대로 유지한 채 지금도 우주를 돌아다니고 있다. (※ 우주배경복사, cosmic background radiation)

그러면 여기서 로켓의 시간만 느리게 가는 것일까? 그렇지 않다. 로켓의 입장에서 보면 지상의 시계가 느리게 간다. 로켓의 기준계에서 보면 자신은 정지해 있고 대신 지구가 반대 방향으로 속도 v로 간다고 할 수 있다. 이것은 특수상대성이론을 떠받치고 있는 기본 준칙 "모든 물리법칙은 등속 운동계에서 동등하다."에 의거한 것이다.* 로켓 기준계나 지상 기준계나 우선함이 없이 모두 동등한 것이다. 심지어 '빠르다', '느리다'를 비교하는 자체가 무의미할 수도 있다.

* 상대성 원리(principle of relativity)를 상대성 이론(theory of relativity)과 혼동해서는 안 된다. 상대성 원리는 갈릴레이 시대에도 있었다. 그러나 그것은 역학에 관한 상대성 원리였다. 아인슈타인의 특수상대성이론의 두 가지 준칙은 상대성 원리와 광속불변의 법칙이다. 그는 상대성 원리를 역학뿐 아니라 전자기학 등 모든 영역으로 확장시켰다.

시간이 지연되는 것과 같은 이치로 길이도 줄어든다. 앞의 로켓 예에서 로켓의 속도가 빨라질수록 지상에서 볼 때는 로켓의 길이가 줄어들어 보인다. 이것은 반대의 입장에서도 마찬가지다. 로켓에서 지상의 물체를 볼 때 그 길이가 짧아 보일 것이다. 이것을 수식으로 나타내면 다음과 같다.

$$l = l_0 \sqrt{1 - v^2 / c^2} .$$

길이수축(length contraction)과 시간지연(time dilation)은 실제로도 관측되는 엄연한 물리적 현상이다. 지구 주위를 돌고 있는 인공위성의 속도는 초속 $8km$이다. 이 인공위성에 초정밀 원자시계를 탑재하고 측정한 결과, 미세하지만 실제로 시간이 느리게 간다는 것이 밝혀졌다. 다만 우리가 사는 세상의 속도가 광속에 비해 너무 느리다 보니 이런 효과가 아주 미미하여 모르고 지내는 것뿐이다.

시공간을 가장 직관적으로 이해하기 좋은 방법 중에 하나는 시공간 도표(spacetime diagram)를 그려보는 것이다. 시공간 도표는 마치 x, y 직각좌표계를 그리듯이 시간축과 공간축이 직각으로 만나도록 그린 것이다. 수직축은 시간축이요, 수평축은 x 축이다. y 축과 z 축은 생략하였다. 가령 목적지를 일직선(x 축)으로만 곧장 운동하는 상황을 상상하면 좋을 것이다. 지구에 가만히 정지하고 있는 물체를 시공간 도표 상에 그린다면 시간축과 일치하는 수직선이 된다. 왜냐하면 그 물체는 정지된 상태에서 오직 시간만 계속해서 흐르기 때문이다. 그런데 문제는 그 시간축의 흐름이 빛의 속도로 간다는 데 있다. 시간이 광속으로 흐른다니 이게 무슨 말인가? 좀 더 시공간 도표를 들여다보기로 하자. 방금 정지된 물체의 시공간 상의 움직임은 오로지 시간 축으로만 간다고 했다. 그렇다면 이것과 대척되는 다른 극단적인 상황이 있을 것이다. 바로 물체가 빛의 속도로 움직이는 상황이다. 앞에서 우리는 빛의 속도로 움직이는 물체는 시간 팽창 효과 때문에 시간 차원이 없어진다는 것을 보았다.

자 그러면 이 대목에서 정리를 한번 해 보자. '시공간'에 있는 물체는 정지해 있건 움직이고 있건 항상 광속으로 이동하는 것이며 이때 광속을 시간차원과 공간차원으로 적절히 배분해서 이동한다고 말할 수 있다. 그러니까 정지하고 있는 물체는 광속을 시간차원에만 배분한 것이며, 일단 움직이기 시작하면 시간차원에 배분된 속도의 일부가 공간차원으로 옮겨간다. 그러다가 최대 속력인 빛의 속도로 움직일 때는 시간차원의 속력이 모조리 공간차원으로 옮아간 상태가 된다. 이때 시간차원 속력은 제로이다. 즉 시간이 흐르지 않는다.

이상의 논의로부터 시공간 상에서 정지한 물체는 시간 축으로 빛의 속도로 이동한다는 진술이 이제는 전혀 이상하지 않다는 것을 알 수 있다. 이것을 더욱 일반화해서 말한다면 '시공간 상의 모든 물체는 항상 빛의 속도로 이동한다.'라고 선언할 수 있다. 이 말은 아인슈타인 본인이 직접 한 말이기도 하다. 이처럼 시공간은 평소 우리가 갖고 있는 시간과 공간의 개념과는 너무나도 다르게 느껴진다. 그것은 아마도 시공간에서 일어나는 일은 모두 사건(event)으로 표현되고, 사건의 인과관계는 정보의 전달 속도인 광속과 밀접한 관계가 있기 때문으로 생각된다.

시공간 도표에 관한 이야기를 마저 더 하고 마무리하는 것이 좋겠다. 시공간 도표는 사실 약간 관념적인 그림이라고 할 수 있다. 그래서 사용할 때는 주의를 요한다. 그것은 공간축 x에 관념적인 시간축 t가 붙어 있기 때문이다. 그래서 이 좌표상에 직선이 그어져 있을 때 이것을 유클리드적으로 계산하면 큰 오산이다. 만일 시공간 도표 상에 사건 A와 사건 B가 표시되어 있을 때 이를 직선으로 연결하면 이 직선은 사건과 사건 사이의 거리가 된다. 좀 더 세련된 언어로 말한다면 '**시공간 간**

격(spacetime interval)'이다. 그런데 이것을 그냥 피타고라스 정리를 써서 $\Delta s^2 = \Delta t^2 + \Delta x^2$으로 계산하면 옳은 답을 얻을 수가 없다. 여기는 시공간이므로 '시공간 피타고라스 정리'를 사용해야 한다. 시공간 피타고라스 정리는 다음과 같다.

$$\Delta s^2 = -\Delta t^2 + \Delta x^2 .$$

시간축에 (-) 부호가 붙어있다. 시공간 간격은 Δt 시간 동안 원점에서 빛이 진행한 거리에서 공간 이동 거리를 뺀 값으로 정의된다. 가령 시공간 도표 원점에 있는 사건 A와 시간축으로 3, x 축으로 6의 위치에 있는 사건 B 사이의 시공간 거리를 계산하면 $\sqrt{-3^2+6^2} = 5$이다. 이를 유클리드적으로 계산하면 $\sqrt{3^2+6^2} = 3\sqrt{5}$로 다른 값이 나온다는 것을 알 수 있다.

시공간 도표 상 물체가 움직인 궤적을 **세계선**(world line)이라고 한다. 이 세계선의 기울기는 시간축을 x 로 미분한 것이므로 $d(ct)/dx = c\,dt/dx = c/V^x$이다. 물체의 속도가 제로이면 세계선의 기울기는 무한대이다. 앞에서 본 정지한 물체의 시간축 이동 경로와 일치한다. 물체의 속도가 광속이면 기울기는 1이 된다. 이것으로 시공간 도표 상 빛의 이동경로는 원점을 지나는 $45°$ 선이 됨을 알 수 있다.(※ 시공간 도표상의 시간축은 t 로 나타내지만 사실은 ct이다. c를 곱한 이유는 공간과 단위를 맞추기 위해서다. 보통 $c = 1$ 로 놓는 것이 관례다.)

길이수축과 시간지연 효과 때문에 **4차원*** 시공간이 생기고 더 나아가 여기에 중력이 더해지면 시공간이 휘어지기까지 한다. 그러니까 중력이 없는 편평한 시공간은 특수상대성의 공간, 즉 민코프스키 시공간이며, 중력이 작용하는 공간은 그 중력 때문에 휘어진 시공간이 된다. 일반상대성이론은 시공간이 무엇 때문에 휘고 또 얼마나 휘어지는지를 수학적으로 규명하는 이론이다.

* 흔히 4차원 하면 '넘을 수 없는 벽'으로 생각한다. 불가사의하고 보이지 않는 세계이기도 하다. 그러나 우리는 우선 이 4차원을 수학적으로 생각해 보기로 하자. 수학적으로 생각한다 해도 기하학적으로는 여전히 미스터리하다. 왜냐하면 3차원 공간은 x y z 세 개의 축으로 그릴 수 있지만 4 차원의 네 개의 축은 도저히 그릴 수 없기 때문이다. 그래서 기하학적인 것은 포기하고 대신 대수적으로만 생각하기로 한다. 대수적 4차원은 매우 쉽다. 그저 z 다음에 한 차원만 추가해 주면 되기 때문이다. 가령 좌표 $(x^1,\ x^2,\ x^3,\ x^4)$ 등으로 네 개의 원소로 표현하면 된다. (※ 숫자는 지수가 아니다.) 계속 차원을 추가하면 무한대 차원도 가능해진다. 벡터도 마찬가지이다. 벡터 $(x^1,\ x^2,\ x^3,\ x^4)$ 로 쓰면 곧 4 차원 벡터이다. 이렇게 기하학적으로는 표현 불가능한 4차원도 대수적으로 표현하면 얼마든지 가능하다. 상대론의 시공간도 수학적으로는 4차원이다. 공간축 세 개에 시간축 t가 추가된 것이다. 4차원을 대수적으로 생각하는 근저에는 각 차원을 국소적으로 다룬다는 관념이 들어 있다. 그래서 추가도 가능하고 삭제도 가능하다. 4차원을 글로벌하게 생각하는 것은 별로 유리하지도 않고 또 가능하지도 않다. 4차원 이상의 공간을 수학적으로 다루는 방법은 오직 국소적인 성분(component) 베이스로 취급하는 것이다.

전체적인 기하학적인 모습은 포기했지만 그 단면으로나마 4차원을 짐작해 볼 수는 있다. 4차원의 단면인 접공간은 3차원 공간임이 틀림없다. 그래서 우리의 일상이 다양체의 접공간(tangent space)이다.

휘어진 거리 : 메트릭 텐서

휘어진 공간

중력이 더해지면 (시)공간이 휘어진다고 했는데 모든 것을 떠나서 도대체 이 '휘어진 공간'은 무슨 의미일까?

단도직입적으로 말한다면, 우리의 우주는 휘어진 공간이다. 그러나 아무리 보아도 우주는 무한히 펼쳐진 공간으로만 보이는데 휘어져 있다니 무슨 말인가? 이 말에 답변하기 전에 우선 우리가 살고 있는 지구를 생각해 보자. 지구의 표면은 대표적인 휘어진 2차원 공간이다. 그런데도 어릴 적부터 살던 우리 동네 주변의 땅이 휘어져 있다고 원래부터 생각한 사람은 아무도 없을 것이다. 지구 전체 크기에 비해 우리가 있는 주변이 너무 작은 규모라서 땅이 휘어져 있다는 것을 의식하지 못하는 것이다. 고대인들이 한동안 지구가 평평하다고 믿은 것도 이 때문이다. 차원을 2차원에서 3차원으로 높인다는 것뿐이지 우리의 우주 공간도 마찬가지이다. 태양을 포함한 지구 주변의 공간은 전체 우주에 비하면 너무 나 작은 규모이다. 그래서 우주 공간이 휘어져 있다는 것을 의식하지 못 하는 것이다. 약간 과장해서 말한다면, 만일 누군가가 하늘 높이 빛을 쏘아 올린다 했을 때 그 빛은 휘어진 공간을 돌아 결국 지구로 돌아올 것이다.

휘어진 공간이라고 하면 흔히 구부러진 도형으로 잘못 생각할 수도 있다. 그러나 이것은 편평한 공간에 구부러진 도형을 넣어두고(embedding) 외부에서 바라보는 경우에 해당된다. 흔히 기하학 시간에 xyz 3차원 직교 좌표 속에 입체 도형을 그려 넣고 부피 따위를 계산하던 바로 그 관점이다. 반면에 휘어진 공간은 그 자체가 휘어진 경우에 해당하는 것이며, 공간의 내부에서 바라보는 공간 인식이다. 우주도 그런 공간으로 보자는 것이다. 우주를 외부에서 바라보는 관점은 폐기되어야 마땅하다. 기껏 3차원 존재인 인간이 4차원 시공간인 우주를 달에서 지구 바라보듯이 볼 수는 없다. 우주와 같은 4차원 다양체는 오직 내재적(intrinsic)으로만 알 수 있을 뿐이다.

특수상대성이론에 의해 시공간(spacetime)이란 개념이 새로 탄생하게 되었다. 그래도 아직 특수상대성이론의 공간은 편평(flat)하다. 그러나 이렇게 편평한 공간에 중력이 더해지면 공간이 휘어진다. 일반상대성이론의 휘어진 공간으로 바뀌는 것이다. 여전히 우리의 직관으로는 좀처럼 감을 잡기가 힘들다. 공간 3개축에 시간이라는 새로운 축이 추가된 것인데 이것을 온전하게 시각화하는 것도 어렵다. 그러므로 앞으로는 휘어진 시공간 대신 편의상 그냥 휘어진 공간이라고 할 것이다(※ 이 책에서는 이 둘을 혼용해서 쓸 것이다. 그러나 전후 맥락에 의해 대략 파악 가능할 것이다.). 그렇게 하는 것이 오히려 4차원을 이해하기에 더 편리할 수도 있다.

여기 4차원을 이해하는 데 좋은 팁(tip)이 있다. 그냥 개별 차원을 따로따로 떼어서 생각하는 것이다. 4차원을 전체로 생각하려는 하는 것은 별로 좋은 생각이 아니다. 그러나 본능적으로 자꾸만 전체 모습을 가늠하려고 한다. 상대론의 세계에서는 전체를 보는 것이 쉽지도 않고 바람직하지도 않다. 설사 전체를 본다고 해도 올바른 모습이 아닐 수 있다. 왜냐하면, 어떤 공간에 넣어두고(embedding) 보는 것이기 때문이다. 우리가 벡터 함수를 미분할 때 성분별로 따로따로 미분한다. 결국, 그것이 전체에 대한 미분이다. 나중에 텐서에 대해서도 마찬가지이다. 텐서의 16개 성분에 대해 각각 미분하는 것이 결국 텐서에 대한 미분이다. 상대론에서는 철저히 성분별로 쪼개서 생각하는 자세를 견지해야 한다. 지표 표기법*(index notation)과 아인슈타인 합 규약**(Einstein summation convention)은 사물을 성분별로 쪼개서 보고자 하는 절박함에서 나온 것임을 이해해야 한다.

* 벡터나 텐서를 성분으로 나타내는 표기방식. 가령 $\vec{V} = V^{\alpha}\vec{e}_{\alpha}$로 쓴다.

** 위아래 첨자가 같으면 $\sum$ 기호 없이도 모두 더하자는 암묵적 합의

휘어진 공간에서는 모든 것이 달라진다. 벡터의 정의도 새롭게 해야 한다. 휘어진 공간에서도 속도 등을 나타낼 때 벡터를 사용하는 것은 종전과 다를 바가 없다. 그러나 여기서 쓰는 벡터는 4벡터(four vector)이다. 성분이 4개 있다고 해서 4벡터이다. 공간성분 3개에 시간성분 하나가 추가된 것이다. 직관적으로 와 닿지 않으면 그냥 3차원 벡터에 한 차원이 더 있는 벡터, 즉 유클리드적 4차원 벡터라고 우선 생각하는 것이

편할 것이다. 시간 성분이 있는 벡터는 도대체 어떻게 생겼을까 하는 따위의 생각은 안 하는 것이 좋다. 그냥 그런 성분이 있다고만 하자. 어차피 벡터는 미분도 성분별로 하지 않는가? 4벡터는 대수적으로는 네 순서쌍으로 표기한다. 상대론에서는 전체를 파악하려고 하지 말자. 전체는 알 수도 없고 안다 해도 큰 도움이 안 된다.

다양체(manifold)*만 해도 그렇다. 다양체는 원래 모양이 정해져 있는 것이 아니라 우리가 정의하는 대로 그 모습을 드러낸다. 직관적으로도 시각적으로도 전체를 파악하기 어렵다. 오로지 그 일부만 알 수 있을 뿐이다.

* 4차원 시공간의 수학적 실체. 매끄럽고 연속적이어서 미분 가능하다.

메트릭 텐서: 일반화된 피타고라스 정리

휘어진 공간에 오면 제일 먼저 해야 할 일이 '거리'를 새로 정의하는 일이다. 거리는 그만큼 중요하다. 왜냐하면 거리는 기하학의 기본 측도이자 출발점이기 때문이다. 지금까지 유클리드 공간에서는 주로 직선으로 거리를 계산하였다. 가령 평면상의 원점에서 어떤 점까지의 거리를 구할 때 먼저 수평거리를 재고 다음에 수직거리를 잰 다음 각각 제곱해서 더한 것에 루트를 씌우면 된다. 다름 아닌 **피타고라스 정리**(Pythagorean theorem)이다. 그러나 휘어진 공간에서는 직선이 아예 존재하지 않기 때문에 이런 식으로 거리를 측정할 수 없다. 피타고라스 정리를 쓸 수 없다면 어떻게 해야 하나?

여기서 잠깐 고개를 들고 좀 더 원대한 생각을 한번 해 보기로 하자. 근대 수학자들이 비유클리드 공간을 발견한 후 우리가 알게 된 사실은 유클리드 공간이란 그보다 더 큰 범주인 비유클리드 공간의 한 특수한 경우에 지나지 않는다는 사실이다. 가령 우리가 아는 평면(유클리드 공간)은 더 큰 범주인 곡면(비유클리드 공간)의 한 특수한 형태이다.

다시 거리를 구하는 문제로 돌아와서, 그렇다면 우리가 아는 피타고라스 정리라는 것도 어떤 더 큰 의미의 일반적인 공식의 한 특수한 형태에 속하는 것은 아닐까? 그렇다면 그 일반적인 공식은 무엇일까?

이를 알아보기 위해서 우선 2차원 피타고라스 정리를 행렬형식으로 변형시켜 보자. 행렬 형식의 장점은 차원 확장이 얼마든지 가능하다는 데 있다. 평면상의 무한히 가까운 두 점 사이의 미소거리는 $ds^2 = dx^2 + dy^2$ 으로 쓸 수 있다. (※ 미소거리를 보는 것은 무한소의 세계로 들어가서 '미분적 고찰'을 하자는 이야기이다. 실제 거리는 적분해서 구하면 된다.)

$$ds^2 = dx^2 + dy^2 = [dx \;\; dy] \begin{bmatrix} 1 & 0 \\ 0 & 1 \end{bmatrix} \begin{bmatrix} dx \\ dy \end{bmatrix}.$$

행렬의 좌우에 벡터 두 개를 쓴 것은 제곱 항을 만들기 위해 같은 벡터를 행과 열로 각각 배치한 것이다. 그러므로 좌측의 벡터는 열벡터가 전치(transpose)된 것이다.

행렬과 벡터의 곱셈

행렬과 벡터를 곱할 때는 독특한 연산법칙을 따라야 한다. 보통 행렬을 먼저 배치하고 바로 오른쪽에 벡터를 세로로 세워서 놓는다. (※ 만약에 반대로 배치하고 곱셈을 하면 전혀 다른 결과가 나온다.) 그러면 곱셈의 준비가 된 것이다. 그 다음에는 행렬의 제1행과 벡터를 곱하는데 마치 두 개의 벡터끼리 내적하듯이 각 성분끼리 차례대로 곱해서 더하면 그것이 우리가 구하고자 하는 벡터의 첫째 성분이 된다. (※ 행렬에 벡터를 곱하면 벡터가 나온다.) 그다음은 제2행과 벡터를 내적하여 두 번째 성분을 만든다. 뭐 이런 식이다. 어렵지 않다. 이것을 수식으로 나타내면 다음과 같다.

$$\begin{bmatrix} 1 & 2 \\ 4 & 5 \end{bmatrix} \begin{bmatrix} 3 \\ 6 \end{bmatrix} = \begin{bmatrix} 1 \cdot 3 + 2 \cdot 6 \\ 4 \cdot 3 + 5 \cdot 6 \end{bmatrix} = \begin{bmatrix} 15 \\ 42 \end{bmatrix}.$$

다음처럼 행벡터와 열벡터를 행렬 곱(matrix multiplication)하면 스칼라를 얻는다.

$$\begin{bmatrix} 1 & 2 \end{bmatrix} \begin{bmatrix} 3 \\ 6 \end{bmatrix} = \begin{bmatrix} 1 \cdot 3 + 2 \cdot 6 \end{bmatrix} = \begin{bmatrix} 15 \end{bmatrix}.$$

위와 같이 덧셈을 행렬로 분해하여 써 놓고 보니 피타고라스 정리는 다름 아닌 **대각성분이 1이고 비대각 성분은 0인 '행렬'**이었다는 것을 알게 된다.

그러면 이번에는 휘어진 공간에서 두 점 사이의 거리를 구해보자. 편의상 평면에 있는 곡선좌표계(curvilinear coordinates)를 사용하기로 한다. 그러나 이것도 2차원 휘어진 공간으로 간주할 수 있기 때문에 일반성을 잃지 않는다. 좌표축이 서로 이루는 각도를 θ라고 한다면, 한 점에서 인근의 다른 점까지의 미소거리는 코사인 법칙을 써서 다음과 같이 쓸 수 있다. (※ 무한히 작은 곳에서는 곡선이 직선이다.)

$$ds^2 = {h_1}^2 \ dx^2 + {h_2}^2 \ dy^2 - 2h_1 h_2 \ \cos(\pi - \theta) \ dx\,dy \qquad (1)$$

dx를 사용하지 않고 $h_1 dx$를 사용한 이유는 곡선좌표축은 직선좌표축에 비해 길이의 차이가 있으므로 **스케일 팩터**(scale factor) h_1을 곱한 것이다. (※ 참고로 극 좌표계에서는 θ축의 보정인자는 r이다.)

위의 식을 행렬로 바꾸면 다음과 같다.

$$ds^2 = [dx \ \ dy] \begin{bmatrix} {h_1}^2 & h_1 h_2 \cos\theta \\ h_1 h_2 \cos\theta & {h_2}^2 \end{bmatrix} \begin{bmatrix} dx \\ dy \end{bmatrix}$$

이다. 앞에서 본 직각좌표계의 식과 어떻게 다른가? 제곱항 말고도 다른 항들이 나타났다. 그렇다면 직각좌표계는 $\cos\theta$가 0이고, h_1, h_2도 모두 1이 되는 특수한 경우라는 것을 확인할 수 있다.

여기서 알 수 있는 것은 공간이 편평하든 휘어지든 그 **공간의 거리는 행렬의 각 성분을 모두 더한 값**으로 계산된다는 것이다. 단지 다른 것은 편평한 공간일 때는 대각 성분만의 합으로만 표현(※ 비대각 성분은 모두 0)되는 데 비해, 휘어진 공간일 때는 좌표축 간 각도가 반영된 비대각 성분이 더해진다는 점이다. 그리고 공간이 점점 더 크게 휘어질수록 대각 성분의 기여도는 점점 작아지고 비대각 성분의 기여도는 점점 커지게 된다.

2차원 공간의 거리(※ 엄밀히는 거리의 제곱이다.)가 행렬 성분들의 합이라는 것을 알았으므로 3차원, 4차원 공간의 경우는 그것을 대수적으로 확장하기만 하면 된다. 즉 3차원은 3×3 행렬, 4차원은 4×4 행렬을 쓰면 된다.

다시 2차원의 예로 돌아가서 각 성분은 **기저벡터의 내적**으로 표현할 수 있다. 가령 위 행렬의 우측 상단 성분 $h_1 h_2 \cos\theta$는 다름 아닌 벡터 $\overrightarrow{h_1}$과 벡터 $\overrightarrow{h_2}$의 내적 값이다. θ는 두 벡터가 이루는 각도이다. 무한소 규모에서는 벡터 $\overrightarrow{h_1}$과 $\overrightarrow{h_2}$는 좌표기저벡터 $\vec{e}_1$과 $\vec{e}_2$로 대체할 수 있으므로 결국 행렬의 각 성분은 모두 각 좌표기저의 내적과 같다. 그래서 위의 행렬을 좌표기저벡터의 내적으로 다시 쓰면,

$$\begin{bmatrix} e_1 \cdot e_1 & e_1 \cdot e_2 \\ e_2 \cdot e_1 & e_2 \cdot e_2 \end{bmatrix}$$

이다. 이것이 바로 **메트릭 텐서**(metric tensor)이고 $g_{\mu\nu}$(지-뮤뉴)로 표기한다. 이처럼 메트릭 텐서의 각 성분에는 기저벡터의 크기와 방향 정보(※ 공간의 휘어짐 정보)가 모두 들어있음을 알 수 있다. 그것은 결국 직선으로부터 굽어진 정도를 나타내는 보정인자(scale factor)들의 모임이기도 하다. 그러므로 나중에 보겠지만 상대론에서 어떤 공간의 **메트릭**(metric)*을 구축한다는 것은 바로 질량에 의해 공간이 휘어지는 정도에 따라 편평한 메트릭을 조금씩 보정해 나가는 것과 같다고 할 수 있다.

* 메트릭(metric)의 번역은 보통 측량 또는 계량으로 한다. 그러나 정확한 의미는 아닌 듯하다. 그보다는 좀 더 일반화된 '거리(distance)'의 개념으로 생각하는 것이 좋다. 우리가 흔히 '거리'라고 하면 이는 유클리드 공간에서의 거리이다. 그러나 비유클리드 공간에 오면 거리보다는 다중 선형적 의미의 '메트릭'을 쓴다. 상대론에서 메트릭이라고 하면 보통 메트릭 텐서를 지칭하는 경우가 많다.

두 점 간의 미소거리, 즉 **선소**(線素, line element)는 다음과 같이 메트릭을 써서 정의할 수 있다. (※ 선소는 좌표 불변량이다. 선소를 부호만 바꾼 것이 고유시간(τ)이다. 물론 고유시간도 불변량이다. 선소 대신 고유시간을 쓰는 상대론 책도 있다.)

$$ds^2 = g_{\mu\nu}\, dx^\mu\, dx^\nu$$

이 식은 상대론에서 가장 기본적이고 중요한 식이다. 또한 모든 공간에 적용되는 일반식이다. 이 식으로부터 알 수 있는 것은 공간을 규정하는 것은 바로 메트릭이라는 사실이다. 메트릭만 알면 그 공간의 모든 것을 알 수 있다. 결론적으로 말해서 편평한 공간에서는 무한소 거리를 피타고라스 정리로 구했다면 휘어진 공간에서의 무한소 거리는 일반화된 피타고라스 정리, 즉 메트릭을 사용해서 구하는 것이다!

이제 우리는 휘어진 공간의 거리는 '메트릭'을 써서 나타낸다는 것을 알았다. 아니 더 정확히 표현하자면 아직 '거리'를 구한 것이 아니다. 두 지점 사이의 거리를 구하려면 이 메트릭을 적분해야 한다. 우리가 아는 피타고라스 정리도 사실은 '편평한 공간의 메트릭'을 적분한 것이다. (밑변×높이)의 직사각형 면적도 사실은 직각좌표계에서 적분으로 계산한 것이다. 다만 편평한 공간의 직선이기에 적분할 필요 없이 그냥 길이를 갖다 쓴 것이다. 그러나 휘어진 공간에서는 모든 것이 곡선이므로 적분을 사용해야 한다.

여기서 우리는 메트릭의 중요한 성질 하나를 발견하게 된다. 미분형식으로 되어 있는 메트릭은 **점을 기반**(pointwise)으로 한다. 우리가 알고 있는 피타고라스 정리도 사실은 메트릭의 관점에서 본다면 점을 기반으로 하고 있다. 점 근방에서 일어나는 일들을 먼저 규명한 다음 적분을 통하여 그것을 확대하는 것이다. 다만 그것이 평면이라는 특수한 상황이므로 굳이 적분하지 않고 길이를 그대로 가져왔던 것뿐이다.

그러나 아직은 메트릭 텐서가 무엇인지를 알았다고 말할 수 없다. 다만 이제 겨우 그 첫발을 내디딘 것에 불과하다. 그렇지만 휘어진 공간에서는 메트릭을 사용해야만 거리를 표현할 수가 있고, 이 자연스러운 추론 과정에서 아직 막연하지만 텐서(tensor)에 대한 하나의 직관을 갖게 되었다는 것은 수확이라고 할 수 있다. 참고로 상대론에 등장하는 텐서는 메트릭 텐서 이외에도 곡률 텐서, 에너지-모멘텀 텐서 등이 있다.

자, 그러면 지금부터는 여러 공간별로 선소와 메트릭이 각각 어떻게 표현되는지 실례를 들어보기로 하자.

① **극 좌표계**(polar coordinates)

극 좌표계 상 미소면적의 대각선을 ds라고 하면, 피타고라스 정리에 의해

$$ds^2 = g_{\mu\nu}\ dx^{\mu}\ dx^{\nu} = 1 \cdot dr^2 + r^2\ d\theta^2\ .$$

우변 계수 1과 r^2은 각각 g_{rr}, $g_{\theta\theta}$이므로

$$(g) = \begin{bmatrix} 1 & 0 \\ 0 & r^2 \end{bmatrix}\ .$$

그런가 하면 기저벡터를 구해서 메트릭을 구축하는 방법도 있다. 기저벡터는 위치벡터*(position vector)를 미분해서 얻는다. 이를 좌표기저벡터라고도 한다. 좌표기저벡터는 곡선좌표계에서 일반적으로 단위벡터일 필요는 없다. 또한 기저벡터 간 직각일 필요도 없다. 그것은 유클리드 직교좌표계에서 단위직교 기저벡터에 너무 익숙해져 있었던 탓이다. 극좌표계의 위치벡터는

$$\vec{r} = r\cos\theta\ \vec{i} + r\sin\theta\ \vec{j}\ .$$

$$\vec{e}_r = \frac{\partial \vec{r}}{\partial r} = \cos\theta\,\vec{i} + \sin\theta\,\vec{j}$$

$$\vec{e}_\theta = \frac{\partial \vec{r}}{\partial \theta} = -r\ \sin\theta\,\vec{i} + r\ \cos\theta\,\vec{j}\ .$$

$$g_{\mu\nu} = \begin{bmatrix} e_1 \cdot e_1 & e_1 \cdot e_2 \\ e_2 \cdot e_1 & e_2 \cdot e_2 \end{bmatrix}$$ 이므로, 극좌표계의 메트릭은

$$g_{\mu\nu} = \begin{bmatrix} e_r \cdot e_r & e_r \cdot e_\theta \\ e_\theta \cdot e_r & e_\theta \cdot e_\theta \end{bmatrix}.$$

각 성분을 계산하면

$$g_{\mu\nu} = \begin{bmatrix} 1 & 0 \\ 0 & r^2 \end{bmatrix}.$$

따라서 선소(line element)는

$$ds^2 = [dr \ \ d\theta] \begin{bmatrix} 1 & 0 \\ 0 & r^2 \end{bmatrix} \begin{bmatrix} dr \\ d\theta \end{bmatrix}$$
$$= dr^2 + r^2 \ d\theta^2 \ .$$

* 기저벡터는 위치벡터(position vector)를 미분해서 구했으나, 휘어진 공간의 경우 위치벡터는 국소적 개념에 맞지 않으므로 사용할 수 없고, 대신 좌표변환을 통해서 새로운 좌표계의 기저벡터를 구해야 함. (※ 극 좌표계는 휘어진 공간(curved space)이 아니고, 유클리드 공간의 휘어진 좌표계(curvilinear coordinate)이다. 그래서 위치벡터가 가능함.)

② 구형 좌표계(spherical coordinates)

구형좌표계 상 미소 직육면체의 대각선을 ds라 하면,

$$ds^2 = g_{\mu\nu}\, dx^\mu\, dx^\nu = dr^2 + r^2\, d\theta^2 + r^2\, \sin^2\theta\, d\phi\ .$$

우변의 계수 1, r^2, $r^2 \sin^2\theta$가 각각 g_{rr}, $g_{\theta\theta}$, $g_{\phi\phi}$이다. 그러므로

$$(g) = \begin{bmatrix} 1 & 0 & 0 \\ 0 & r^2 & 0 \\ 0 & 0 & r^2 \sin^2\theta \end{bmatrix}.$$

이상의 예에서 볼 수 있듯이 메트릭은 각 공간(※ 좌표계로 구분된다.)에 따라 달라진다. 또한, 위에서는 메트릭 행렬의 비대각 성분은 모두 제로인데, 이것은 편평한(flat) 공간이기 때문이다. 만일 공간이 편평하지 않고 구부러져 있다면 메트릭의 비대각 성분들도 제로가 아닌 값들로 채워질 것이다.

위의 예에서 우리는 가장 먼저 좌표기저벡터를 구하고, 이를 내적하여 매트릭을 구성하였다. 그리고 매트릭으로 두 점 사이의 미소구간, 즉 선소(ds^2)를 나타내는 식까지 유도하였다. 좀 과장해서 말한다면 매트릭을 알면 일반상대론의 거의 절반은 끝났다고 해도 과언이 아니다. 왜냐하면 중력장 방정식의 좌변을 차지하는 리만곡률텐서(또는 리치텐서)가 바로 메트릭으로 표현되며 그래서 매트릭을 알아야만 리만텐서를 계산할 수 있기 때문이다.

좌표기저로부터 메트릭을 구하는 것은 표준적인 방법이긴 하나, 실제로는 메트릭을 이미 알고 있는 좌표계, 예를 들어 구형좌표계와 같은 것들 사용하기도 한다. 구형좌표계의 메트릭은 이미 알고 있는 경우가

많으므로 이를 상황에 따라 수정 또는 보완하여 쓰게 된다. 가령 슈바르츠실트 특수해의 경우도 수정된 구형좌표계를 사용하고 있다.

사실 중력장 방정식에서 구하고자 하는 것도 결국은 메트릭이다. 메트릭의 성분을 미지수로 놓고 방정식을 풀어 알아내는 것이다. 유명한 슈바르츠실트 특수해도 그렇게 구한 것이다. 태양을 중심으로 한 방사형의 공간이 대상이므로 우선 구형 공간의 메트릭이 적절히 잘 이용되어야 한다. 그러나 구형 공간의 메트릭은 질량이 고려되지 않은 편평한 공간에 관한 것이다. 이번에는 중심에 있는 태양의 질량이 공간을 휘어지게 할 것이므로 그 효과에 따라 메트릭을 보정해야 할 것이다. 얼마인지는 모르지만 보정된 메트릭을 가지고 리만곡률텐서, 리치텐서를 차례로 계산한다. 그리고 장 방정식의 좌변을 구성한다. 이때 우변은 제로로 놓는다. 원래는 에너지-모멘텀 텐서를 두어야 하는데 태양 주변의 물질은 거의 없는 것으로 가정한다. 지구 등 행성들의 질량은 태양에 비하면 무시해도 될 정도이기 때문이다. (※ 태양이 태양계 전체 질량의 99.8 % 차지) 그렇게 우변을 제로로 놓고 방정식을 푼다. 소위 진공해(vacuum solution)를 구하는 것이다. 이것은 연립 미분방정식이다. 방정식을 풀면 미지수로 놓았던 메트릭의 성분들을 알게 된다. 슈바르츠실트 공간의 메트릭이 결정되는 것이다. 메트릭이 결정되었다는 것은 공간의 휘어진 정도는 물론 거리의 최소단위인 선소(line element)도 알게 되었다는 뜻이다. 이렇게 되면 빛을 포함한 모든 물체의 궤적이라고 할 수 있는 측지선(geodesics) 방정식을 푸는 것도 시간문제이다. 메트릭을 알면 그 공간의 모든 것을 알 수 있다는 말이 이해가 되는 대목이다.

상대론의 중력장 방정식을 푸는 과정도 사실 알고 보면 매우 기계적이고 스트레이트 포워드(straightforward)하다. 그리고 이 방정식을 푸는 목적은 결국 '메트릭'을 알기 위한 것이라고 할 수 있다.

메트릭 텐서의 성질

메트릭 텐서 $g_{\mu\nu}$는 벡터에 작용해서 벡터의 첨자를 위아래로 옮겨주는 성질이 있다. 휘어진 공간의 벡터에는 반변벡터(contravariant vector)와 듀얼벡터(dual vector, ※ 공변벡터라고도 한다.)가 있다. 흔히 우리가 아는 벡터는 반변벡터이다. 듀얼벡터는 반변벡터의 쌍둥이벡터라고 이해하면 좋다. 편평할 때는 서로 일치하고 있기 때문에 보이지 않다가 공간이 휘어지면 두 개의 벡터가 분리된다. (※ 더 자세한 것은 '벡터 이야기' 참조)

이 두 벡터는 서로 내적하여 스칼라 값을 만드는 특별한 성질이 있다. 보통의 벡터 내적은 메트릭 텐서의 중계가 있어야 성립이 된다. 그러나 듀얼과 반변의 내적은 마치 행렬 곱을 하듯이 직접적이므로 메트릭이 필요 없다. 그래서 듀얼벡터는 행벡터, 반변벡터는 열벡터로 배치하여 행렬 곱을 한다. (※ 휘어진 공간에서는 두 벡터를 내적해도 스칼라가 나오지 않는다. 내적이 스칼라가 되는 것은 편평한 유클리드 공간이라는 특수한 경우이다).

반변벡터는 V^{μ}, 듀얼벡터는 V_{ν}와 같이 성분 표기법을 써서 나타낸다. 그러니까 첨자가 위에 있으면 반변(contravariant), 첨자가 밑에 있으면 듀얼 또는 공변(covariant)이라고 암기해 두면 편리하다.

벡터를 V^{μ}로 표기했을 때 첨자 μ에 특정 값을 주면 스칼라인 '성분'을 나타내고, 그대로 두면 '벡터'를 나타낸다. 어쨌든 메트릭 텐서는 벡터에 작용해서 반변을 공변으로, 공변을 반변으로 바꾸는 성질이 있다. 수식으로 표현하면,

$$g_{\mu\nu} \ V^{\mu} = V_{\nu}, \quad g^{\nu\alpha} \ V_{\nu} = V^{\alpha}$$

메트릭 텐서에는 또 다음과 같은 성질이 있다.

$$g_{\mu\nu} \ g^{\nu\alpha} = \delta^{\alpha}{}_{\mu} \ .$$

우변의 크로네커 델타 $\delta^{\alpha}{}_{\mu}$는 단위행렬이므로 $g_{\mu\nu}$와 $g^{\nu\alpha}$는 서로 역행렬의 관계에 있음을 알 수 있다. 마치 위아래 쪽 같은 첨자 ν가 서로 약분되어 없어진 것과 같은 효과가 생겼는데, 이것을 텐서의 **축약**(contraction)이라고 한다. 축약은 상대론에서 여러 가지 텐서를 다룰 때 매우 중요한 성질이므로 꼭 알아 두어야 한다. 텐서 축약은 나중에 또 다룰 것이다.

이참에 텐서에 대해 약간 추상적인 이야기를 좀 더 해 보자. $g^{\nu\alpha}$는 첨자가 위에 있는 텐서인데 물론 $g_{\mu\nu}$와 역행렬의 관계에 있다. 첨자가 위에 있기도 하고 아래에 있기도 한데 이것은 무슨 의미일까? 벡터의 첨자에서도 보았듯이 첨자가 아래에 있으면 공변, 위에 있으면 반변이라 했는데 텐서의 첨자에도 같은 원리가 적용된다. 즉 텐서 $g_{\mu\nu}$는 공변기저벡터 두 개가 텐서곱이 되어 만들어진 텐서이라는 의미이고, $g^{\nu\alpha}$는 반변기저벡터 두 개가 텐서곱하여 만들어진 텐서라고 이해하면 된다. 이

것은 자연스럽게 **텐서가 선형사상**(linear map)임을 암시해 준다. 즉 $g_{\mu\nu}$는 두 개의 반변벡터에 작용할 수 있고, $g^{\nu\alpha}$는 두 개의 공변벡터에 작용해서 각각 스칼라를 생성한다.

편평한 시공간에서의 거리

지금까지 우리는 휘어진 공간에서의 거리는 확장되고 일반화된 피타고라스 정리다, 또는 그것을 나타낼 때는 메트릭(metric)을 사용한다 등과 같은 이야기들을 하였다.

그런데 휘어진 시공간으로 가기 위해서는 개념적으로 반드시 거쳐야 할 중간 단계가 있다. 그것은 바로 편평한 시공간(flat spacetime)이다. 지금까지 주로 휘어진 공간의 거리에 관해 이야기했지만 사실은 '편평한 시공간에서의 거리'부터 먼저 이야기하는 것이 순서였다. 편평한 시공간은 특수상대성이론의 공간이다. 수학자 이름을 따서 **민코프스키 공간**(Minkowski space)이라고도 한다. 민코프스키는 특수상대성이론의 시공간을 수학적으로 설명한 최초의 사람이다. 그가 그렇게 하기 전까지만 해도 특수상대성이론은 사실 완전하지 못한 상태였다.

그러면 편평한 시공간, 즉 민코프스키 공간에서의 두 점 사이의 거리는 어떻게 될까? 즉 시공간 간격(spacetime interval) ds^2은 다음과 같이 정의된다.

$$ds^2 = -(c\,dt)^2 + dx^2 + dy^2 + dz^2,$$

책에 따라서는 시간축을 (+)로, 공간축을 모두 (-)로 표시하는 경우도 있다. 그러나 우리는 유클리드의 관례를 그대로 이어받아 (-, +, +, +) 부호를 따를 것이다.

우변을 행렬로 다시 쓰면,

$$[c\,dt \quad dx \quad dy \quad dz]\begin{bmatrix} -1 & 0 & 0 & 0 \\ 0 & 1 & 0 & 0 \\ 0 & 0 & 1 & 0 \\ 0 & 0 & 0 & 1 \end{bmatrix}\begin{bmatrix} cdt \\ dx \\ dy \\ dz \end{bmatrix}$$

이 된다. 즉 편평한 시공간에서의 메트릭 텐서는 대각선 성분(제곱항)을 제외한 모든 성분이 0임을 알 수 있다. 그러나 시공간이 휘어진다면 이 성분들이 0이 아닌 어떤 값을 갖게 될 것이다.

편평한 민코프스키 공간의 시공간 간격에 대해서는 좀 더 자세하게 알고 갈 필요가 있다. 왜냐하면, 우리가 그동안 익히 알고 있는 편평한 유클리드 공간의 거리와는 정말 많은 점에서 차이가 있기 때문이다. 우선 앞에서 보다시피 시공간 간격의 정의부터 매우 이상한 점이 많다. 당연히 시공간이므로 시간 차원이 하나 더 있는 것은 이해가 되나 시간 차원 앞에 붙어있는 (-) 부호는 무엇이란 말인가? 그 의미를 하나하나 살펴보기 위해 시공간 간격의 정의를 다시 소환해 보자. 미소 크기를 보기 위해 Δ(델타)를 사용했다.

$$\Delta s^2 = -(c\,\Delta t)^2 + \Delta x^2 + \Delta y^2 + \Delta z^2 .$$

만일 4차원 유클리드 공간의 거리였다면 당연히 $\Delta s^2 = \Delta w^2 + \Delta x^2 + \Delta y^2 + \Delta z^2$이었을 것이다. 그러나 시공간이므로 Δw^2 대신 시간축 $-(c\Delta t)^2$으로 교체된 것이리라. 그런데 자세히 보면 시공간 간격은 원점에서부터 빛이 Δt 시간 동안 진행한 거리와 입자가 진행한 공간적 거리와의 차이라는 것을 알 수 있다. 다시 말해 기존의 유클리드 거리에 빛이 진행한 거리를 얽어맨 것 같은 느낌이다. 상대론의 출발은 광속불변의 법칙이다. 광속불변이라는 대전제로부터 시작되었으므로 방정식에 빛이 진행한 거리를 넣는 것도 자연스러운 일이다.

그나저나 Δs^2이 로렌츠 변환에도 불변량인지를 체크하는 일이 급선무일 것이다. 변환에도 끄떡없다면 시공간 간격의 정의가 더욱 공고해진다. 여기서는 과정을 생략하지만 Δs^2은 로렌츠 변환을 해도 그 형태가 그대로이다. 아마 처음에는 $\Delta s^2 = (c\Delta t)^2 + \Delta x^2$로 놓고 변환을 시도하는 등의 시행착오를 겪었을 것이다. 그러다가 시간축을 마이너스로 놓고 해 보니 들어맞았던 것이다. 빙고! 그리하여 피타고라스 정리의 4차원 시공간 버전이 완성되었다.

Δs^2은 다음 세 가지 경우의 값을 가지게 된다.

① $\Delta s^2 < 0$: 시간성(timelike) 간격
두 사건 사이의 공간간격이 두 사건 사이의 시간 간격 동안 빛이 진행하는 거리보다 더 작은 경우이며, 광속보다 느리게 움직이므로 공간보다 시간에서 더 많이 이동한다. 빛원뿔(light cone)의 내부를 지난다.

② $\Delta s^2 = 0$: 빛(lightlike) 간격

두 사건 사이의 공간간격이 두 사건 사이의 시간 간격 동안 빛이 진행하는 거리와 똑같은 경우이며, 공간과 시간에서 똑같은 양을 이동한다. 빛원뿔의 표면에 존재한다

③ $\Delta s^2 > 0$: 공간성(spacelike) 간격

두 사건 사이의 공간간격이 두 사건 사이의 시간 간격 동안 빛이 진행하는 거리보다 더 큰 경우이며, 빛보다 빨리 움직이기 때문에 시간보다 공간에서 더 많이 이동한다. (※ 그러나 이와 같은 것들은 현실적으로 불가능하다.) 빛원뿔의 외부를 지난다.

광속 $c = 1$

4차원 시공간이 되면서 시간 축이 또 하나의 공간 축으로 편입되었다. 그러나 단위가 문제이다. 시간이 공간과 같은 거리 단위가 되려면 광속을 곱하면 된다. 그래서 시간 축에는 항상 c가 붙는다. 그런데 광속 c (30만km/sec)는 우리의 일상적인 속도에 비하면 매우 큰 수이나, 상대론의 세계에서는 일상적인 크기일 뿐이다. 그래서 보통 $c = 1$로 놓는다. 그러나 물리학자들이 $c = 1$로 놓는다고 아마추어들도 덜컥 따라 해서는 곤란하다. 왜냐하면, 대부분의 사람들은 1을 보면 무의식적으로 그냥 단위 숫자 1로 받아들이기 때문이다. 수식에서 c가 안 보일 때는 항상 시간 축 ct를 소환해 보는 습관을 들이도록 하자.

그리고 또 하나, 왜 ds를 쓰지 않고 ds^2와 같은 제곱 형을 쓰는가이다. 그것은 선소 또는 시공간 간격이 텐서량이기 때문이다. 메트릭 텐서는 두 개의 벡터와 하나의 행렬로 표현되는 것이고, 따라서 편평한 시공간에서의 간격(거리)은 모두 제곱항의 합으로 나타나기 때문이다.

텐서의 공변성

휘어진 공간에서 거리 ds^2을 행렬과 벡터로 쪼개어 생각한다는 것은 발상의 전환이요, 수학적 경이로움이다. 아니 원래부터 모든 공간의 거리를 이렇게 생각했어야 했다. 거리를 행렬로 나타내면서 무한한 차원 확장이 가능해졌다. 이걸 보면 상대론은 간단없는 일반화의 과정이다. 피타고라스 정리에서 메트릭 텐서로, 등속계에서 가속계로, 편평한 공간에서 휘어진 공간으로, 느린 속도에서 (빛과 같은) 빠른 속도로 ⋯.

일반상대성이론의 텐서는 **공변**(covariant)한다. 공변한다는 것은 어떠한 좌표계로 변환하더라도 그 형태를 계속해서 유지한다는 이야기이다. 중력 장방정식이 텐서로 이루어진 것도 바로 그런 이유에서다. 그래서 중력 장방정식도 공변하며, 좌표계의 선택과 무관한 우주 보편의 물리법칙이 된다.

중력 장방정식의 좌변의 텐서는 모두 메트릭 텐서로부터 유도된 것들이다. 좌변이 공간이 휘어진 모양을 기하학적으로 나타내기 때문에 그렇다. 그런 반면, 우변의 텐서는 에너지-모멘텀 텐서이다. 우변은 공간을 휘어지게 하는 물질 또는 에너지 분포를 나타낸다.

메트릭과 휘어진 공간

우리에게 어떤 공간이 주어졌을 때 가장 먼저 해야 할 일은 바로 그 공간의 메트릭을 찾는 일이다. 메트릭은 그 공간의 거리를 규정해 주므로 메트릭이 주어지면 공간의 형태가 결정된다. 공간이 결정되어 있다기보다는 무형의 원형질 같은 공간에 메트릭을 부여하면서 공간을 규정짓는다는 표현이 더 적절할 것이다. 메트릭이 없는 다양체(manifold)는 그냥 점들의 집합체이다. 여기에 메트릭을 줌으로써 '구조를 추가(add structure)'한다. 메트릭에는 휘어짐에 관한 정보가 있으므로 메트릭이 주어지는 순간 공간의 휘어짐이 결정된다. 공간의 휘어짐을 나타내는 리만곡률텐서도 결국 메트릭으로 전개된다.

벡터 이야기

일반상대성이론은 유클리드 공간이 아닌 시공간(spacetime)에서 이루어지는 미적분이고 그것도 주로 벡터에 대한 미적분(vector calculus)이다. 일반상대성이론에서 다루는 것은 곡선(curve)이고 곡면(surface)이고 또 이들이 만든 휘어진 공간(curved space)이다. 그래서 미적분을 사용하지 않을 수 없다. 곡선의 길이, 곡선으로 둘러싸인 면적, 구부러진 입체의 부피 등도 미적분을 사용하지 않으면 구할 수 없는 것과 같다.

일반상대론은 크게 두 개의 파트로 나눌 수 있다. 첫째는 시간과 공간, 즉 시공간 구조를 새로 구축하는 일과 둘째는 이렇게 구축된 시공간에서 움직이는 물체의 운동방정식을 만드는 것이다. 그런데 휘어진 공간을 구축할 때는 거의 모든 것을 텐서로 한다. 휘어진 공간에서는 벡터만으로는 표현할 수 없는 것이 많기 때문이다. 거리도 텐서; 메트릭 텐서(metric tensor), 곡률도 텐서; 리만곡률텐서(Riemann curvature tensor), 물질의 분포도 텐서; 에너지-모멘텀 텐서 등이다.

그런데 텐서는 여러 개의 벡터들이 모여 있는 다중구조라고 할 수 있다. 단순히 여러 개의 벡터가 배열되어 있는 행렬과는 차이가 있다. 그렇지만 텐서를 구성하는데 행렬은 꼭 필요한 존재다. 메트릭 텐서의 기저도 벡터 두 개가 텐서곱(tensor product)해서 된 것이다.

텐서의 표현 방식

텐서는 행렬로 표시할 수도 있고, 성분과 기저의 선형결합 형태로도 나타낼 수 있다. 텐서가 행렬 그 자체는 아니지만 행렬을 함축하고 있다. 텐서를 행렬로 표현하는 방식은 벡터를 행렬로 표현하는 방식과 매우 흡사하다. 아는 바와 같이 벡터를 표현하는 방식은 두 가지이다. 하나는 $\vec{A} = a_1\boldsymbol{i} + a_2\boldsymbol{j} + a_3\boldsymbol{k}$처럼 성분과 기저의 선형결합 형태로 나타낸 것이고, 다른 하나는 $\vec{A} = [\ a_1\ \ a_2\ \ a_3\ ]$처럼 성분만을 행렬 형태로 나타낸 것이다. 둘 다 같은 벡터를 나타낸다. 성분만으로 표시한 것은 다름 아닌 1×3 행렬이다. 참고로 열벡터일 때는 3×1 행렬이다. 같은 방법으로 텐서도 행렬로 표현할 수 있다. 예를 들어, 3차원 텐서는 성분 9개를 3×3 행렬로 표현할 수 있다. 사실은 이 9개 성분에 각각 $\boldsymbol{ii}$, $\boldsymbol{ij}$, $\boldsymbol{ik}$, $\boldsymbol{ji}$, ⋯, $\boldsymbol{kk}$의 9개 기저가 붙어있는 것인데 기저는 생략하고 성분만을 행렬로 표시한 것이다. 물론 텐서도 벡터처럼 성분과 기저의 선형결합 형태로도 나타낼 수 있다. 즉 $\boldsymbol{T} = t_{11}\boldsymbol{ii} + t_{12}\ \boldsymbol{ij} + \cdots$이다. 모두 다 같은 텐서를 표현하는 방식이다.

보통 메트릭 텐서는 $g_{\mu\nu}$(※ '지-뮤뉴'로 읽는다.)로 표기한다. 아래 첨자 $\mu\nu$는 각각 0, 1, 2, 3을 표시한다. 그러니까 $g_{\mu\nu}$는 g_{00}, g_{01}, ⋯, g_{32}, g_{33} 등의 총 16개의 성분을 갖는다. 4×4 행렬의 좌측 맨 상단의 성분 g_{00}

는 [시간축 - 시간축] 성분이다.

이처럼 첨자가 2개인 텐서는 랭크 2 텐서이다. 우리가 보통 텐서라고 부르는 것은 첨자가 2개인 텐서다. 서두에서 텐서는 벡터가 확장된 것이라고 했는데 사실은 벡터도 스칼라도 크게 보면 모두 텐서의 일종이다. 벡터는 첨자가 1개인 랭크 1 텐서이고 스칼라는 첨자가 0개인 랭크 0 텐서다.

그건 그렇고, 아직은 텐서보다는 벡터 이야기를 더 해야 할 것 같다. 휘어진 공간에 오면 벡터의 개념도 많이 달라져야 한다. 휘어진 공간에서 가장 문제가 되는 것은 벡터의 위치가 조금이라도 달라지면 서로 더하거나 뺄 수 없다는 것이다. 편평한 유클리드 공간에서는 벡터가 그 어느 곳에 있다 하더라도 다른 벡터가 있는 곳까지 평행 이동시킨 다음 더하거나 뺄 수가 있었다. 그러나 휘어진 공간에서는 그렇게 할 수가 없다. 조금이라도 옆으로 움직이면 기저벡터가 바뀐다. 기저벡터가 다르면 서로 더하거나 빼는 것은 불가능해진다. 그래서 휘어진 공간에 오면 제일 먼저 해야 할 일 중의 하나는 여기저기 마구 떠돌아다니는 벡터는 우리 마음속에서 지우는 것이다. 이제 우리가 관심을 가져야 하는 벡터는 **접공간에 있는 접벡터**(tangent vector)이다. 1차원 공간이면 그 공간에 접하는 접선벡터, 2차원 공간이면 그 공간에 접하는 평면에 살고 있는 벡터들이다. 한 점을 중심으로 정의되는 접공간 내의 벡터가 우리의 새로운 벡터이다. 접공간 내에서만큼은 벡터를 마음대로 이동시킬 수가 있다. 반면에 여기저기 흩어져 있는 벡터는 한 점을 중심으로 하는 벡터가 아니다. 각각의 접공간이 다른 것이다. 이들은 서로 더할 수도 뺄 수도

없는 벡터들이다(※ 기저벡터가 다르기 때문이다.). 좀 더 기하학적으로 말하면 아무런 관련이 없는 벡터들을 그저 외부에서 바라보고 있는 것에 지나지 않는다. 이런 상황에서 우리가 할 수 있는 것은 아무것도 없다. 따라서 휘어진 공간에서는 바로 이렇게 외부에서 바라보는 태도는 버려야 한다. 우리는 휘어진 공간에 와서까지도 무의식적으로 또는 본능적으로 외재적(extrinsic)으로 보려는 경향이 있다. 상대론에서는 이와 같은 무의식적인 외재적 관점만 조심하면 된다.

휘어진 공간에서는 오로지 내재적(intrinsic) 관점에서 생각해야 한다. 소위 그 공간에 사는 버그(bug)가 바라보는 관점이다. 접공간(tangent space)은 이러한 내재적 관점과 부합하는 유일한 곳이다. 접공간 이외의 공간은 생각하지 않는다. 아니 아예 없는 것이다. 2차원 생물인 버그 눈에는 땅 위에 붙어 있는 벡터들밖에 보이지 않는다. 바로 접벡터들이다. 우리의 경우는 어떤가? 3차원 생물인 인간에게 보이는 벡터들은 모두 4차원 다양체에 접하는 3차원 접공간에 살고 있는 접벡터들이다. 매우 자연스럽고 논리적이지 않은가?

두 번째는 이 **새로운 벡터를 어떻게 정의**하느냐이다. 정의라기보다는 어떻게 찾아내느냐가 더 적절한 말일 것이다. 그러니까 한 점이 주어지면 그 점에 접하는 공간을 스팬(span: 벡터의 선형결합으로 공간 전체를 채우는 것)하는 벡터를 찾으면 되는 것이다. 그런데 잘 생각해 보면 언젠가 우리가 기초 미적분 시간에 배운 **방향도함수**(directional derivatives)라는 것이 있었다. 방향도함수란 특정 좌표축의 방향에만 한정하지 않은, 모든 방향으로의 편도함수를 말한다. 편도함수이므로 이는 곧 접선의 기울기이다. 가령 2변수 함수 $z = f(x, y)$는 3차원 공간상에 있는 곡면의 그래프이다. 곡면 위에 한 점을 정하고 $x-y$ 평면에 수선의 발을 내려 그를 중심으로 단위벡터 $\vec{u}$를 360도 회전하면서 곡면 위의 점에 접하는 접선을 모두 모으면 접평면이 될 것이다. 따라서 방향도함수는 한 점을 중심으로 모든 방향의 접선을 나타낸다. 이 얼마나 우리가 찾던 벡터와 닮았는가? 바로 공간의 한 점을 중심으로 모든 방향의 접선벡터, 그래서 그 접공간을 스팬하는 벡터가 아닌가! 그러나 아직 둘 사이에는 일대일 대응관계(one-to-one correspondence)라는 것 말고는 같은 것이 없다. 하나는 기하적인 벡터이고 다른 하나는 그냥 접선 기울기이다.

여기서 멈추었다면 수학자들이 대단하다고 여겨지지 않았을 것이다. 수학자들은 기하학적인 벡터의 개념을 더욱 확장하고 일반화하여 수학의 다른 영역에 속하는 실체들, 예를 들면 함수, 행렬 같은 것도 덧셈, 스칼라 배(培)에 닫혀 있기만 하면 벡터로 취급할 수 있다는 것을 밝혀냈다. 우리가 그동안 알고 있던 벡터, 즉 방향과 크기가 있는 벡터는 알고 보면 유클리드 직교좌표계에서 사용되는 벡터이다. 사실 방향이란 것도 매우 상대적인 것이다. 좌표계가 바뀌면 방향도 달라진다. 또한, 가령 아무것도 없는 우주 공간에서는 방향이란 것도 무의미하다. 크기도 마찬가지이다. 이렇게 좌표계에 따라 달라지는 양을 놓고 그것을 보편적인 벡터의 본질이라고 할 수는 없다. 그보다는 덧셈과 스칼라 배에 닫혀 있는 대수적 구조(algebraic structure) 자체를 벡터가 갖는 가장 본질적인 성질로 본 것이다. 이렇게 벡터를 일반화해 놓고 보니 이제는 함수나 행렬 같은 것도 벡터로 취급할 수 있다. 덧셈 법칙과 스칼라 배에 닫혀 있기만 하면 무엇이든 벡터가 된다는 이야기다.

편도함수, 편미분

편미분은 두 개 이상의 변수로 이루어진 함수를 미분할 때, 어느 하나의 변수에 대해서만 미분하는 것을 말한다. 이때 다른 변수들은 상수로 취급한다. 미분이란 특정 변수의 미소변화량에 대한 함숫값의 미소변화량을 비율(도함수 또는 기울기, 즉 접선의 기울기)로 나타내는 것이다. 그런 의미에서 편미분은 다른 변수는 상관하지 않고 오로지 특정변수에 대해서만 그 변화율을 보겠다는 것이다. 예를 들어 $z = f(x, y) = x^2 + 2y$라는 2변수 함수가 있을 때, x에 대한 편미분을 구해보자. y를 상수로 취급하고 x에 대해서만 미분하는 것이므로 $\partial z / \partial x = 2x$이다. y에 대한 편미분은 $\partial z / \partial y = 2$이다. 편미분에서는 d/dx 기호 대신 $\partial / \partial x$의 기호를 쓴다. 미분이 어려울 때는 항상 dy/dx가 'x가 변할 때 y는 얼마나 변하는가?'를 의미한다는 것을 잊지 말자.).

자, 여기까지 기본적인 수학적 지식을 소환하였으니, 이제부터는 점점 더 짜릿하고 놀라운 일들을 전개해 나가 보자.

우선 방향도함수는 다음과 같이 나타낼 수 있다.

$$\frac{df}{d\lambda} = \lim_{\epsilon \to 0}\left[\frac{f(x^{\mu}(\lambda + \epsilon)) - f(x^{\mu}(\lambda))}{\epsilon}\right]$$

그런데 f는 x^{μ}의 함수이므로 chain rule에 의해 변수를 쪼개주면,

$$\frac{df}{d\lambda} = \frac{dx^{\mu}}{d\lambda}\ \frac{\partial f}{\partial x^{\mu}}\ .$$

f는 임의의 함수이므로 양변에서 공통적으로 소거될 수 있다. 그러면

$$\frac{d}{d\lambda} = \frac{dx^{\mu}}{d\lambda}\frac{\partial}{\partial x^{\mu}}$$

이 된다. 이 식의 우변을 자세히 들여다보면 첫 부분은 다름 아닌 좌표축 방향으로의 접선벡터 성분을 나타내고 있고, 따라서 그다음 부분은 기저벡터와 같이 간주될 수 있다. 성분과 기저로 이루어진 전형적인 벡터의 모양을 갖추고 있는 것이다. 따라서 그에 해당하는 접선벡터를 $\vec{t}(=\frac{d}{d\lambda})$라고 이름을 붙인다면

$$\vec{t} = t^{\mu}\vec{e}_{\mu} = \frac{dx^{\mu}}{d\lambda}\vec{e}_{\mu}\ .$$

여기서 $$\boxed{\vec{e}_{\mu} = \frac{\partial}{\partial x^{\mu}} \equiv \partial_{\mu}}\ .$$

이렇게 하여 우리는 방향도함수의 개념을 이용하여 벡터를 새롭게 정의하고 덤으로 좌표기저벡터까지 얻었다. 이제부터 휘어진 공간에서의 좌표기저벡터는 모두 $\partial/\partial x^{\mu}$이다. 새로운 벡터들은 모두 미분연산자의 모습을 갖고 있다. 그런데 그것이 가능한 일일까? 충분히 가능하다. 앞에서 살펴본 대로 연산자라 하더라도 덧셈과 스칼라 배에 닫혀 있으면 벡터로 취급할 수 있다.

덧셈과 스칼라 배

두 개의 연산자 $d/d\lambda$와 $d/d\eta$가 있다고 하자. 함수 fg에 다음과 같이 적용시켜 보자. 미분연산자의 덧셈과 스칼라 배는 라이프니츠 룰이 대체할 수 있다.

$$\left(a\frac{d}{d\lambda}+b\frac{d}{d\eta}\right)(fg) = af\frac{dg}{d\lambda}+ag\frac{df}{d\lambda}+bf\frac{dg}{d\eta}+bg\frac{df}{d\eta}$$

$$= \left(a\frac{df}{d\lambda}+b\frac{df}{d\eta}\right)g+\left(a\frac{dg}{d\lambda}+b\frac{dg}{d\eta}\right)f\ .$$

이상과 같이 미분연산자도 얼마든지 벡터공간의 원소로서 요구되는 대수적 구조를 갖는다는 것이 증명되었다.

미분연산자의 분자의 ∂(※ '라운드 디' 또는 그냥 '라운드'라고 읽는다.) 오른쪽이 비어있는데, 어느 수학자는 이를 두고 '미분 사냥감을 노리고 있는 굶주린 연산자'라고 표현했다. 그러나 미분연산자의 분자 오른쪽을 비워둔 것은 미분 대상을 미리 특정하지 않음으로써 상대론 '최고의 가치'인 좌표계와 무관함을 확보하고자 한 것이다. 그럼에도 불구하고 분모에는 방향 정보가 들어있어 기저벡터로 사용하는 데는 전혀 문제가 없다. 겉으로는 종전에 사용하던 기저벡터 표현 방식인 $\vec{e}_\mu$를 그대로 쓰지만 실제로는 미분연산자인 것이다. 사실 기저벡터가 미분연산자라는 것을 몰라도 상대론을 전개하는 데 크게 어려움이 있는 것은 아니다. 그러나 물리학에서도 수학적 엄밀함을 한층 더 추구하려면 기저벡터의 본래 모습이 미분연산자라는 것을 잊어서는 안 된다.

여기서 한 가지 짚고 넘어가야 할 부분이 있다. 혹자는 방향도함수라는 새롭고 어려운 벡터 개념을 도입하기보다는, 평소대로 점 p를 지나는 매개곡선 x^{μ}에 접하는 접선벡터들이 만드는 공간을 접공간으로 정의하고 이들 접선벡터들을 새로운 벡터로 정의하면 되지 않느냐고 반문할 수도 있을 것이다. 그러나 이렇게 정의하는 것은 미리 특정해 놓은 좌표축을 따라 접선벡터를 구하는 것이기 때문에 좌표계 의존적(coordinate-dependent)일 수밖에 없다.

방향도함수 연산자를 이용한 벡터의 장점은 단연코 좌표계와 무관(coordinate-free)함이다. 방향도함수 기울기는 한 점이 주어지면 그 점을 중심으로 모든 방향의 접선기울기를 말해 주는 접공간이 자동적으로 결정이 된다. 따라서 미리 특정해 놓은 좌표축 없이 필요에 따라 그때그때 원하는 방향의 접선벡터를 즉각 대응시킬 수가 있다. 바로 그것이 휘어진 공간에서 사용할 수 있는 벡터의 모습이다.

마지막으로 우리의 새로운 벡터에 요구되는 것은 아주 작은 벡터라는 것이다. 크기와 방향을 분리한 다음 크기는 무시하고 방향만 생각하자는 것이다. 미분연산자 $\partial/\partial x^{\mu}$는 크기는 없고 방향만 있다. 어느 방향으로 미분할 것인지가 중요하지 그 크기는 중요하지 않다. 미분할 대상이 정해지면 그때 크기도 정해질 것이요, 필요하다면 그 크기를 확대하면 될 일이다.

벡터의 크기가 매우 작은 무한소(infinitesimal) 크기라는 것은 바로 국소적(local) 의미와 관련이 있다. 휘어진 공간이라 하더라도 국소적으로는 모두 편평한 접공간이다. 미분을 하려면 한 점을 원점으로 하는 접공간에 사는 벡터들이 서로 다른 접공간의 벡터들과 어떻게든 관계를 맺어야 하는데(※ 접공간이 다른 벡터들끼리는 전혀 더할 수도 뺄 수도 없는 관계이지만 미분을 정의하려면 할 수 없다.) 그러려면 무한소 크기가 되지 않으면 안 된다. 말하자면 크기는 거세되고 방향만 있는 벡터이다. 예를 들어, 우리에게 익숙한 위치벡터(position vector)는 국소적 개념이 아니다. 그러므로 폐기되어야 할 대상이다. 변위벡터(displacement vector)도 그렇다. 다만 무한소 크기만큼 떨어진 두 점 사이의 변위벡터는 국소적이라는 이유로 살아남는다.

상대론의 벡터를 다룰 때 특히 유의해야 할 사항은 함수로서의 벡터이다. 힘, 속도 등 흔히 우리가 아는 물리적 벡터는 특정 지점의 단일 벡터이다. 그러나 중력장과 같은 벡터는 위치의 함수이고 매개변수의 함수이다. 그래서 변화율도 따질 수 있고 미분도 가능해진다. 나중에 보겠지만 벡터의 복합체인 텐서도 마찬가지이다. 특정 지점에서는 단일 물리량이겠지만 연속적이고 매끄러운 미분다양체에서는 언제나 함수로서 기능한다. 그래서 텐서도 미분 가능해진다. 잊지 말자. 벡터(장)도 함수이듯이 텐서도 함수이다. 그것도 점을 기반으로 하는 함수이다.

dx 는 무엇인가?

dx에 대하여 말할 때가 되었다. dx는 미분소이지만 그동안 정확한 수학적 의미를 모르고 사용해 왔다(※ 모르고 사용해도 전혀 작동하는 데에는 지장이 없다! 지금도 많은 책들이 그렇게 사용하고 있다. 아주 미소한(infinitesimal) 양

으로) 적분할 때 적분기호 속에서 또는 부분 적분 시 피적분함수의 미분 형태를 표시하는 데 썼다. 그러나 텐서를 공부했으므로 이제 dx에 어엿한 수학적 지위를 부여해도 될 시기가 되었다.

독립적으로 일반적으로는 문자 앞에 'd'가 붙어 있는 형태이다. 따라서 dx, dy, dz는 물론, df 또는 ds 등도 모두 해당한다. 나중에 보면 알겠지만, 리만 메트릭은 dx의 형태들로 이루어져 있다. 이렇듯 휘어진 공간에서는 dx가 포함된 수식에 대하여 연산은 물론 미분이나 적분까지도 해야 한다. 라이프니츠 시대만 해도 dx는 가장 작은 수, 즉 미분소(differential)였다. 그러나 실수 체계가 매우 조밀하다는 것이 밝혀지면서 가장 작은 수는 정의조차 할 수 없게 되었다. 왜냐하면, 제로에 가까운 어떤 수를 잡았을 때 다시 제로와 그 수 사이에 또 다른 수를 잡을 수 있기 때문이다. 그러므로 dx가 수(number)가 아닌 것은 분명하다. dx가 실수가 아니라면 무엇인가?

자, 이것을 알기 위해 좀 더 색다른 접근을 해 보자. 다음 식은 미분계수를 나타내는 식이다.

$$dy = f'(x)dx$$

이것은 $y = f(x)$인 1변수 함수일 때이다. 그러면 이를 2변수 함수인 $z = f(x, y)$의 경우로 확장해 보자.

$$dz = \frac{\partial f}{\partial x}dx + \frac{\partial f}{\partial y}dy\ .$$

이렇게 놓고 보니 dz는 모든 방향으로의 z의 변화량이다. 계속해서 3변수, 4변수 함수의 경우로 확장해 나갈 수 있다. 이로부터 우리는 위식의 dy, dz 같은 것들이 단순한 수가 아니라 텐서(tensor)라는 것을 알 수가 있다. dy는 1차 텐서, dz는 2차 텐서이다. 텐서의 가장 큰 특징이 무엇인가? 바로 선형사상

(linear map)이다. 벡터를 받아서 스칼라를 내뱉는다(※ 이를 축약 contraction 이라 한다.). 그러므로 위 식에서 dy는 1차 텐서, 즉 벡터이면서 동시에 선형사상이다. 이러한 벡터를 듀얼벡터 또는 1-form이라고 한다. 듀얼벡터는 일반벡터에 작용해서 스칼라를 만들어 낸다. 축약하는 것이다.

다시 정리하자면 dx는 수(number)가 아니라 선형사상인 듀얼벡터 또는 1- form이다.

지표 표기법 1

상대론을 공부하려면 지표 표기법에 익숙해져야 한다. **지표 표기법**(index notation)은 첨자를 이용하는 표기법이다. 벡터를 표현할 때 첨자가 붙은 성분으로 쪼개서 나타낸다. 지표 표기법의 예를 들어보자. $\vec{V} = V^1 e_1 + V^2 e_2 + V^3 e_3 = \sum_{a=1}^{3} V^a e_a = V^a e_a$이므로(※ 아인슈타인 합관례가 사용됨) 벡터를 $\boxed{\vec{V} = V^\mu e_\mu}$와 같이 지표로만 표시하는 것이다.

(※ 4차원일 때는 지표를 그리스문자로 쓰고, 3차원일 때는 로마자 i로 나타낸다.)

그래서 벡터의 곱셈도 다음과 같이 한다. 가령 두 벡터 $\vec{A} = A^\alpha \vec{e}_\alpha$와 $\vec{B} = B^\beta \vec{e}_\beta$의 내적은

$$\vec{A} \cdot \vec{B} = (A^\alpha \vec{e}_\alpha) \cdot (B^\beta \vec{e}_\beta) = A^\alpha B^\beta (\vec{e}_\alpha \cdot \vec{e}_\beta) = A^\alpha B^\beta \eta_{\alpha\beta}$$

지표 표기법의 가장 큰 장점은 교환법칙에 신경 쓰지 않아도 된다는 것이다. 성분은 그냥 실수, 즉 스칼라이기 때문에 교환법칙에 자유롭다. 두 번째는 아무리 길고 복잡한 수식이라 하더라도 지표 표기법은 이를 간단하게 표현해 준다는 점이다. 예를 들어 4차원 벡터를 나타내는 V^α는 단 하나의 기호이지만 무려 4개의 성분을 표시하고 있다. α에 0, 1, 2, 3을 각각 대응시키면 그렇다. 그러나 이런 지표 표기법도 완전히 익숙해질 때까지는 많은 시간과 노력이 필요하다. 반복해서 익숙해지면 이보다 편리하고 효율적인 것도 없다. 상대론을 수학적으로 시도하다가 중도 하차하는 경우 대부분 이 지표 표기법 때문이다. 그만큼 지표 표기법은 악명이 높다. 지표 표기법은 벡터연산, 행렬연산과 같이 또 하나의 독립된 연산 체계라고 생각하는 것이 좋다.

지표 표기법은 벡터 등을 성분으로 쪼개서 생각하자는 목적이 크다. 상대론에서는 전체보다는 부분적, 국소적 해석에 의미를 두는 경우가 많다. 벡터나 텐서를 미분할 때도 성분별로 미분한다. 4차원의 세계에서는 전체가 갖는 직관적 의미는 별로 중요하지 않다. 또 가능하지도 않다. 오로지 부분적, 성분적 관찰이 중요하다. 예를 들어, 좌표 4개의 변수에 대해 4개 변수로 각각 미분하는 경우 총 16개의 결과가 나온다. 이를 단 하나의 표현 $\partial x^\mu / \partial x^\nu$으로 나타낼 수 있다. 지표 표기법만이 가능한 일이다. 이 얼마나 환상적 표기인가?

기저 벡터

모든 벡터는 기저벡터(basis vector)를 써서 표현될 수 있다. 가령 우리가 익숙한 직교 좌표계에서는 벡터를 $\vec{A} = a_1\boldsymbol{i} + a_2\boldsymbol{j} + a_3\boldsymbol{k}$와 같이 나타낸다. 벡터가 어떤 위치에 있다 하더라도 기저벡터 $\boldsymbol{i}$, $\boldsymbol{j}$, $\boldsymbol{k}$(※ 3차원의 경우는 3개다.)만으로 모든 벡터를 다 표현할 수 있다.

기저벡터는 벡터를 만드는 기본재료와 같은 것이다. 서로 일차독립인 3개의 벡터이면 그 어떤 것이라도 기저벡터가 될 수 있다. 그리하여 세상의 모든 벡터는 **기저벡터와 성분의 선형결합**으로 나타낼 수 있다. 기저벡터는 꼭 서로 직교할 필요도, 그 크기가 1일 필요도 없다. 그런 의미에서 위의 $\boldsymbol{i}$, $\boldsymbol{j}$, $\boldsymbol{k}$는 아주 특수한 경우의 기저벡터라고 할 수 있다.

편평한 직교 좌표 공간에서는 벡터를 좌표 공간 어느 곳으로 이동하더라도 계속해서 기저벡터 $\boldsymbol{i}$, $\boldsymbol{j}$, $\boldsymbol{k}$를 쓸 수 있다. 그러나 휘어진 공간, 즉 휘어진 좌표축에서는 그렇게 할 수가 없다. 왜냐하면, 휘어진 좌표 공간에서는 위치가 바뀔 때마다 기저벡터도 바뀌기 때문이다. 그래서 기저벡터도 새로 정의해야 한다. 그 문제는 앞에서 방향도함수 연산자를 이용해서 휘어진 공간의 벡터를 정의할 때 논의한 바 있다.

공변미분 연산자 ∇_α

$\nabla_\alpha \vec{V}$는 $\nabla_{\frac{\partial}{\partial x^\alpha}} \vec{V}$이며, 이는 곧 $\frac{\partial}{\partial x}\vec{V}$이다. 따라서 $\vec{u}$ 방향 공변미분은 $\nabla_{\vec{u}} \vec{V} = \nabla_{u^\alpha e_\alpha} \vec{V} = \nabla_{u^\alpha \frac{\partial}{\partial x^\alpha}} \vec{V} = u^\alpha \nabla_\alpha \vec{V}$이다. 이것으로 보아 델의 첨자는 곧 미분 연산자이므로 그대로 벡터에 작용하고 있음을 알 수 있다.

휘어진 공간에서는 기저벡터를 크게 두 종류로 나누어 생각할 수 있다. 하나는 우리가 흔히 아는 좌표축을 따라서 있는 것이 좌표기저벡터이고, 다른 하나는 두 개의 좌표축이 이루는 면에 수직인 것이 법선기저벡터이다.

편평한 직교좌표계일 때는 두 세트의 기저벡터는 서로 정확히 일치하고 있어서 그 차이를 알 수가 없다. 그러나 공간이 휘어지면서 두 세트의 기저벡터는 서서히 분리되기 시작하여 그 차이를 드러낸다.

좌표기저벡터를 반변(contravariant)벡터, 법선기저벡터를 공변(covariant)벡터 또는 **듀얼벡터**(dual vector)라고 한다. 두 기저벡터가 한 쌍을 이루기 때문에 '듀얼'이라는 명칭이 붙었다. 듀얼벡터는 one-form, 또는 코벡터(covector)라고도 하는데 이 책에서는 주로 듀얼벡터로 쓸 것이다.

듀얼벡터의 좀 더 일반적인 정의는 선형사상(linear map)이다. 벡터가 들어가면 실수를 뱉어내는 사상이다. 우리가 수학이나 물리에서 많이 보아왔던 '그래디언트(gradient)'가 바로 듀얼벡터이다. 왜냐하면, 이 그래디언트 벡터에 임의의 벡터를 작용시키면 실수값인 방향도함수 기울기가 나오기 때문이다. 그래디언트가 선형사상의 역할을 한 것이다.

$$\nabla f \cdot t^i = \left(\frac{\partial f}{\partial x^1}, \frac{\partial f}{\partial x^2}, \frac{\partial f}{\partial x^3}\right) \cdot t^i = \frac{\partial f}{\partial x^i} \cdot t^i .$$

그러므로 그래디언트는 정의에 따라 듀얼벡터로 취급될 수 있으며 벡터공간을 이룬다. 이때의 벡터공간은 쌍대공간이다. 마치 거울에 비친 모습처럼 벡터공간과 쌍대공간은 대칭을 이룬다. 그래서 쌍대공간의 표시도 벡터공간에 별표를 붙여서 '벡터공간*'로 표현한다. 벡터공간의 모든 벡터는 쌍대공간의 원소와 일대일 대응을 이룬다. 가령 벡터공간의 기저벡터 $e_\mu = \frac{\partial}{\partial x^\mu}$는 쌍대공간의 기저 $e^\mu = \tilde{d}\, x^\mu$와 쌍을 이룬다. 지금까지의 말들이 매우 추상적으로 들릴 수 있다. 그러나 수학의 추상화이지 현실의 추상화는 아니다. 따라서 벡터공간이나 쌍대공간도 그냥 편의상의 분류라고 생각하면 좋을 듯하다.

듀얼벡터는 일반벡터와 여러 면에서 차이가 있다. 그 차이를 보면

① 좌표변환 룰이 다르다. 보통벡터를 일반좌표계로 좌표변환을 하면

$$V'^\mu = \frac{\partial x'^\mu}{\partial x^\nu} V^\nu$$

이지만, 듀얼벡터를 좌표변환 하면

$$V'_\mu = \frac{\partial x^\nu}{\partial x'^\mu} V_\nu$$

이 된다. 보통벡터는 위 첨자를, 듀얼벡터는 아래 첨자를 사용함에 주의하라.

② 보통벡터와 듀얼벡터가 서로 내적을 하면 바로 스칼라값을 내놓는다. 잠깐! 이것이 무슨 새삼스러운 일인가? 평소에도 벡터 두 개를 내적하면 스칼라값을 얻지 않았는가? 그러나 사실은 두 개의 벡터 사이에 메트릭 행렬이 있었던 것이고, 다만 그것이 편평한 공간에서의 내적이었기에 행렬의 비대각 성분은 모두 제로로 처리되었던 것이다. 하지만 휘어진 공간에서는 메트릭의 비대각 성분이 제로가 아니기 때문에 내적할

때 비대각 성분도 각 항으로 살아남는다.

그러나 보통벡터와 듀얼벡터가 내적할 때는 메트릭의 도움을 받지 않고 직접 서로 작용하여 바로 스칼라값을 내놓는다. 마치 행벡터와 열벡터가 서로 행렬 곱(marix multiplication)을 하는 것과 같다.

듀얼벡터와 관련하여 알아야 할 개념이 축약(contraction)이다. 텐서는 2개 이상의 벡터들이 서로 텐서곱(⊗)하여 만들어진 것이다. 따라서 이때의 벡터들은 반변벡터 아니면 듀얼벡터들이다. 가령 두 개의 반변벡터로 만들어진 텐서는 반변텐서, 두 개의 듀얼벡터로 만들어지면 공변텐서, 각각 하나씩으로 만들어지면 혼합텐서(mixed tensor)가 된다. 텐서 축약은 이들 두 개의 상반된 벡터들이 서로 작용하여 그 내적이 텐서에서 분리되는 연산 작용이다. 그래서 그때 텐서는 랭크 2개가 줄어든다. 텐서 축약은 나중에 리만곡률텐서를 중력장 방정식에 적합한 리치텐서로 만드는 데 쓰이며, 상대론 텐서 해석에서 매우 중요한 개념 중의 하나이다.

4차원 속도벡터, 매개 곡선

4차원 시공간에서 움직이는 물체의 속도는 어떻게 계산할까? 어려울 것 없이 우리가 알고 있는 3차원의 경우를 확장하면 되는데, 다만 공간 축 외에 시간 축이 새로 추가되었으므로 세심한 주의를 해야 한다.

그럼 먼저 3차원 유클리드 공간을 움직이는 물체의 속도부터 이야기해 보자. 아는 바와 같이 공간을 다니는 물체의 속도는 그 물체가 그리는 궤적(곡선)을 시간으로 미분해서 구한다. 그러므로 속도를 구하려면 물체가 그리는 궤적부터 정의해야 한다. 물체가 그리는 곡선은 매개곡선(parameterized curve)이다. 공간 곡선은 매개화하지 않으면 만들 수가 없다. 왜냐하면, 기존의 x, y, z 좌표만으로는 곡선을 표현하기 어렵기 때문이다. 설사 좌표 공간에 곡선을 그린다 하더라도 그것은 함수가 되지 않는다. 하나의 값에 여러 개의 값이 대응되기 때문이다. 그래서 시간 t와 같은 매개변수가 필요하다. 함수인 곡선을 만들려면 매개방정식을 써야 한다. 공간 곡선의 매개방정식은 다음과 같다.

$$x = x(t), \quad y = y(t), \quad z = z(t)$$

각 좌표가 t의 함수로 표현되어 있다. 즉 $t=0$일 때 x, y, z의 값을 각각 정할 수 있다. $t=1$일 때, $t=2$일 때 등 차례로 x, y, z 값을 정할 수 있다. t 하나의 값에 점 하나씩 대응된다. 그것을 다 이으면 곡선이 만들어진다. t는 좌표축에는 없는 변수이지만 위치를 정하는 데 중요한 독립변수 역할을 하고 있다. 잊지 말자. 함수인 공간 곡선을 만들려면 매개변수를 써야 한다. 우리에게 필요한 것은 그냥 곡선이 아니라 함수인 곡선이다. 그렇게 하려면 곡선이 매개화되어야 한다. 그것은 선택이 아닌 필연이다. 상대론의 모든 곡선은 매개화된 곡선임을 잊지 말자.

시간 t만이 매개변수가 될 수 있는 것은 아니다. 시간 t와 같이, 점점 증가할 때마다 각각 대응되는 함숫값이 존재하면 모두 매개변수가 될 수 있다. 그 대표적인 매개변수가 곡선장(arc-length)이다. 곡선의 길이도 1, 2, …으로 점점 증가시키면서 각각 대응되는 함숫값이 존재할 수 있기 때문이다. 곡선장을 매개변수로 하면 여러 가지 장점이 있는데 그중 하나가 곡선 상의 모든 점에서의 접선벡터 크기가 항상 1이 된다는 것이다. 이런 특수한 성질은 곡률을 정의할 때 유용하게 사용된다. 매개화와 관련해 또 하나 알아두어야 할 것은 **재매개화**(reparameterization)이다. $t = 2t$ 또는 $t = at + b$ 등으로 바꾸는 것도 재매개화이다. 물론 다른 변수로도 가능하다. 조건만 맞으면 얼마든지 재매개화가 가능하다.

그러면 4차원 시공간을 움직이는 물체의 속도벡터는 어떻게 구할 수 있을까? 시공간에서도 물체의 궤적 곡선을 매개화해야 하는데 어떤 매개변수로 해야 할까? 그렇다고 3차원 유클리드 공간에서처럼 시간 t로 매개화하는 것은 넌센스이다. 불행히도 시간 t는 시공간에서 좌표계에 따라 달라지는 믿을 수 없는 물리량이다. 그렇다면 모든 좌표계가 동의하는 그런 매개변수가 있을까? 다행히 있다! 바로 **고유시간**(proper time)이다. 고유시간은 정지하고 있는 관찰자가 자신이 갖고 있는 시계로 실제 측정한 물리적 시간이다. 이렇게 측정한 고유시간은 모든 좌표계가 동의하는 불변량이다. 이 고유시간 τ가 증가하는 대로 눈금을 매기고, 각 눈금에 대응하는 물체의 좌표들을 차례로 이어주면 그것이 곧 그 물체의 궤적 곡선이 된다. 바로 고유시간 τ로 매개화된 곡선이다. 이는 시공간 도표의 **세계선**(world line)이기도 하다. 그리하여 고유시간을 다음과 같이 정의한다.

$$d\tau^2 \equiv -ds^2$$

$d\tau$는 시공간 간격 또는 선소(line element)ds의 마이너스(-) 값으로 정의된다. 시간 단위로 측정될 뿐이지 본질적으로 사건 사이의 간격

(interval)과 동일하다. 상대론의 시공간에서는 시간과 공간이 다르지 않다는 것을 상기하자. 시간이 거리이고 거리가 곧 시간이다. 대신 단위를 맞추기 위해 시간에는 광속 c가 곱해진다. 고유시간은 시공간 간격(spacetime interval)의 또 다른 자아(自我)이다. 이는 3차원 궤적의 매개변수 t가 또 다른 매개변수 곡선장(arc-length)과 결국 본질적으로 같은 자아인 것과 같은 이치이다.

여기서 잠시 편평한 시공간, 민코프스키 공간에 대해 좀 더 이야기해 보기로 하자. 특수상대성이론은 항상 이상한 나라 이야기처럼 들린다. 우리가 갖고 있는 기존의 관념과 너무 다르기 때문이다. 그렇지만 상대론이 지금은 수학적으로나 실험적으로나 모두 검증된 것이므로 그냥 받아들이기로 하자. 특수상대성이론에 의하면 시간과 공간이 서로 다른 것이 아니고 빛의 속도를 중심으로 서로 엮여서 돌아간다. 빛의 속도를 불변으로 유지하기 위해 공간이 축소되기도 하고 시간이 늦어지기도 한다. 상대론 이후 세상의 모든 물체는 시공간적 존재가 되었다. 아니 원래부터가 그런 존재였지만 그동안 우리가 모르고 지낸 것뿐이다. 지구에 있는 우리는 빛의 속도에 비하면 너무 느린 세계에서 살고 있기 때문에 공간수축 또는 시간 지연을 거의 느끼지 못한다. 그러나 원자 또는 우주의 별과 같이 빛에 가까운 속도로 움직이는 세계로 가면 오히려 상대론적인 것이 일상적인 것이 된다. 하지만 지구에 살고 있는 우리들에게는 상대론까지 갈 것도 없이 뉴턴의 운동법칙만으로도 충분하다.

그러나 이제는 절대시간, 절대공간은 던져버리고 모든 걸 시공간적으로 생각해 보기로 하자. 시간과 공간을 한데 묶어서 생각하는 순간 기이한 일들이 벌어진다. 그중 하나가 **정지한 사람도 빛의 속도로 간다**는 것이다. 다시 말해 시간 축을 따라 빛의 속도로 가고 있는 것이다. 그것은 수학적으로도 증명된다. 시공간 상의 궤적, 즉 세계선을 고유시간 τ로 미분을 하면 속도 접선벡터가 나오는데 이 접선벡터의 크기를 계산하면 빛의 속도와 같다. 참으로 놀라운 결과이다. 결론적으로, 한 곳에 가만히 있는 사람도 시공간적으로 볼 때는 빛의 속도로 가고 있는 것이다.

이 시점에서 그 유명한 **쌍둥이 역설**(twin paradox)을 생각해보자. 시공간을 움직이는 물체의 궤적은 모두 시공간 도표상의 세계선(world line)으로 표시될 수 있다. 쌍둥이 동생은 지구에 있고 형은 멀리 떨어진 어느 행성 A를 갔다 온다고 했을 때, 동생은 한 곳에 가만히 있는 셈이므로 그의 세계선은 원점에서 수직축 t를 따라서 곧장 올라가는 선이 될 것이다. 반면 형의 세계선은 원점에서 우측으로 비스듬히 올라가다가 어느 지점에서 다시 꺾어져 좌측으로 비스듬히 올라가 t 축에서 동생의 세계선과 만나게 된다. 형의 세계선이 꺾어진 점이 바로 행성 A이다. 동생의 세계선과 형의 세계선은 똑바로 길게 세워진 슬림한 삼각형 모양을 이룰 것이다. 즉 높이가 낮은 이등변 삼각형을 옆으로 세워 놓은 모양이다. 그 이등변 삼각형의 밑변이 곧 동생의 세계선이요 비스듬한 양변은 곧 형의 세계선이다. 이상한 일은 지금부터 생긴다. 누가 보아도 동생의 경로가 형의 경로보다 짧은 것으로 보인다. 삼각형의 어느 한 변의 길이는 나머지 두 변의 합보다 항상 작기 때문이다. 그러나 이것은 유클리드적 사고이다. 시공간에서는 유클리드 기하학이 전혀 작동되지 않는다. 결론부터 말하면 동생의 경로가 더 짧아 보이지만 시간은 더 오래 걸리는 경로이다. 왜냐하면, 동생의 시간보다 시간 팽창을 경험한 형의 시간이 더 느리게 흘렀기 때문이다.

이것은 시공간 간격을 나타내는 다음 식을 써서 계산해 보아도 같은 결론을 얻을 수 있다.

$$ds^2 = -dt^2 + dx^2$$

문제는 시간축과 공간축의 부호가 서로 다르기 때문에 생긴다. 유클리드 공간에서의 피타고라스 정리는 서로 더하지만, 시공간의 피타고라스 정리는 서로 차감한다. 왜냐하면, 시공간에서는 광자가 움직인 거리가 기준이 되기 때문이다. 광자가 움직인 거리 이내가 시간성(timelike), 그보다 길면 공간성(spacelike)이다. 이 둘의 경계선은 dt와 dx가 같을 때다. 그러면 위 식에 의해 ds는 제로가 되고 그것은 바로 빛의 세계선이 된다. 그러므로 빛의 세계선은 수평축과 $45°$ 각도를 이룬다. 시공간 간격은 좌표계 선택과 무관한 불변량이다.

이제는 4차원 속도(four-velocity)를 다음과 같이 정의할 수 있게 되었다.

$$u^{\alpha} = \frac{dx^{\alpha}}{d\tau}$$

이 식은 4차원 속도 $\boldsymbol{u}$를 성분 표기법으로 나타낸 것이다. 그럼 4차원 속도의 크기인 $\boldsymbol{u} \cdot \boldsymbol{u}$을 구해보자. 앞에서 텐서에 관해 설명할 때 보았듯이 4차원 시공간에서의 벡터 내적은 메트릭 텐서를 사용해서 구해야 한다. 여기서는 민코프스키 공간이므로 텐서 $\eta_{\alpha\beta}$를 사용한다.

$$
\begin{aligned}
\boldsymbol{u} \cdot \boldsymbol{u} &= \eta_{\alpha\beta} \frac{dx^{\alpha}}{d\tau} \frac{dx^{\beta}}{d\tau} \\
&= \eta_{00}\left(\frac{c\,dt}{d\tau}\right)^2 + \eta_{11}\left(\frac{dx}{d\tau}\right)^2 + \eta_{22}\left(\frac{dy}{d\tau}\right)^2 + \eta_{33}\left(\frac{dz}{d\tau}\right)^2 \\
&= -c^2\gamma^2 + \gamma^2 v_x^2 + \gamma^2 v_y^2 + \gamma^2 v_z^2 \\
&= -\gamma^2\ (c^2 - v^2) \\
&= -\gamma^2\ (c^2 / \gamma^2) \\
&= -c^2\ .
\end{aligned}
$$

여기서 $c=1$로 놓으면 $\boldsymbol{u} \cdot \boldsymbol{u} = -1$이다. 이것은 시공간 단위벡터의 크기이다. 이는 곡선장(arc-length)을 매개변수(τ)로 잡았기 때문에 생기는 당연한 결과이다. (※ 곡선장을 매개변수로 하면 접선벡터는 항상 단위벡터이다. $ds^2 = -d\tau^2$) 이 4차원 속도벡터의 정규화 (normalization) 공식 $\boldsymbol{u} \cdot \boldsymbol{u} = -1$은 훗날 측지선 방정식을 푸는 또 하나의 귀중한 열쇠 역할을 한다.

그런데 4차원 속도벡터의 크기가 $-c^2$(※ c보다 큰 속도는 없으므로 $c^2 = c$이다.)라는 결과는 무슨 의미일까? 이것은 가만히 정지해 있는 물체도 시공간적으로는 빛의 속도로 시간 축을 이동하고 있다는 앞선 이야기를 증명하고 있다!

운동량 벡터

4차원 시공간에서의 운동량에 대해 알아보자. 운동량도 4차원 벡터이다. 따라서 운동량 4차원벡터는 다음과 같이 정의된다.

$$\boldsymbol{p} = m\boldsymbol{u}$$

여기서 $\boldsymbol{u}$는 속도 4-벡터이고, m 은 물체의 질량이다. 그러고 보면 3차원에서의 운동량과 크게 다르지 않은 것처럼 보인다. 그러나 이것을 이리저리 전개해 보면 재미있는 결과들이 나온다. 먼저 운동량의 크기는

$$\boldsymbol{p}^2 = \boldsymbol{p} \cdot \boldsymbol{p} = m\boldsymbol{u} \cdot m\boldsymbol{u} = m^2 (\boldsymbol{u} \cdot \boldsymbol{u}) = -m^2$$

$$p^t = \frac{m}{\sqrt{1-v^2}} = E, \quad p^i = \frac{mv^2}{\sqrt{1-v^2}}$$

$$p^{\alpha} = (E, \vec{p}) = (m\gamma, m\gamma v)$$

여기서 주목할 것은 운동량의 **시간 성분이 바로 에너지**라는 사실이다!

그런데 정말 우리가 언제부턴가 점점 이상해지기 시작한 것은 분명 광속을 가운데 두고 시간축이 공간축과 얽히면서부터였을 거다. 그러니까 공간과 단위를 맞추기 위해 시간에 광속이 곱해지고 그것이 시간 좌표로 들어오면서부터이다. 보통 $c=1$로 놓는 관례 때문에 그냥 t로 표기했었다. 그러나 여기서는 제대로 ct로 복원해 놓고 따져보자.

그러니까 모든 출발은 좌표 (ct, x, y, z)에서부터 시작한다. 그런데 이 좌표를 시간으로 미분하면 속도가 나온다. 이때 주의할 점은 t가 아니라 고유시간 τ로 미분한다는 것이다. t는 더 이상 모두가 동의하는 시간이 아니다. 그냥 좌표축의 하나일 뿐이다. 이 속도를 성분별로 표시

하면 다음과 같다.

$$u^t = \frac{dt}{d\tau} = \frac{1}{\sqrt{1 - \boldsymbol{v}^2 / c^2}},$$

$$u^i = \frac{dx^i}{d\tau} = \frac{v^i}{\sqrt{1 - \boldsymbol{v}^2 / c^2}}.$$

이 식을 이용하면 운동량 4 벡터도 유도할 수 있고, 그것의 시간 성분이 곧 에너지라는 것도 알게 된다.

빛의 4차원 운동량은 어떠한가? 빛은 질량이 없으므로 $\boldsymbol{p} = m\boldsymbol{u}$ 으로 구할 수 없다. 대신 양자역학적으로 접근한다. 광자의 에너지는 다음과 같다.

$$E = h\omega$$

h는 플랑크 상수이고, ω는 빛의 진동수이다.

이로부터 광자의 운동량은 다음과 같이 쓸 수 있다.

$$\vec{p} = h\vec{k}$$

$\vec{k}$는 빛의 파동벡터(wave vector)이고, 그 크기는 $|\vec{k}| = \omega$이다.

광자의 4차원 운동량은 다음과 같다.

$$p^{\alpha} = (E, \vec{p}) = (h\omega, h\vec{k}) = hk^{\alpha}$$

이로부터 다음의 결과가 도출된다.

$$\boldsymbol{p} \cdot \boldsymbol{p} = \boldsymbol{k} \cdot \boldsymbol{k} = 0$$

여기서 우리가 알아야 할 것은 빛의 운동량이든 입자의 운동량이든 간에 **관찰자의 좌표계**에서 보는 물리량이 어떤 모습인가가 매우 중요하다. 세계선을 따라 움직이는 관찰자의 좌표계는 순간적으로 정지좌표계로 볼 수 있다. 일반상대론의 공간이라 하더라도 관찰자의 근방(neighborhood)에서는 국소적으로 특수상대론의 공간으로 간주할 수 있으므로 정지좌표계로 볼 수 있다. 관찰자는 세계선을 따라 움직이는 다른 물체를 볼 때 자신의 좌표계 기저벡터로 측정할 도리밖에 없다. 관찰자의 세계선의 접선벡터, 즉 4-벡터는 자신의 기저벡터의 시간 성분과 일치한다. 왜냐하면, 순간적으로 정지좌표계로 간주할 수 있고 따라서 시간 성분만이 존재하기 때문이다.

$$\boldsymbol{e}_{\hat{0}} = \boldsymbol{u}_{obs}$$

관찰자가 보는 에너지는 운동량 벡터와 관찰자 기저벡터의 시간 성분과 서로 내적한 것이므로 다음이 성립한다.

$$E = -\boldsymbol{p} \cdot \boldsymbol{e}_{\hat{0}} = -\boldsymbol{p} \cdot \boldsymbol{u}_{obs} .$$

좌표 변환

좌표 변환을 이해하기 위한 첫 단추는 좌표 축를 살짝 돌려보는 것이다. 우선 우리가 잘 알고 있는 직각좌표계를 생각해 보자. 수평 x축 위에 하나의 막대기가 눈금 1에서 2까지 걸쳐서 놓여 있다고 하자. 이때 막대기의 양쪽 끝점의 좌표값을 읽으면 각각 (1, 0)와 (2, 0)일 것이다.

자, 이번에는 막대기는 그대로 두고 직각 좌표축을 오른쪽으로 45도만 돌려보자. 그렇게 해놓고 돌려져 있는 좌표축을 기준으로 막대기의 양쪽 끝점의 좌표를 읽으면 각각 $(1/\sqrt{2}, 1/\sqrt{2})$와 $(2/\sqrt{2}, 2/\sqrt{2})$이 되는 것을 알 수 있다. 원점을 그대로 두고 좌표축만 살짝 돌렸는데 같은 물체의 좌표가 전혀 다른 값으로 나온 것이다.

우리는 지금 가장 단순하고 기본적인 형태의 좌표변환을 해 보았다. 원래의 수직인 직각좌표계를 오른쪽으로 45도 돌아간 직각좌표계로 '좌표 변환'을 한 것이다. 이 간단한 예에서 우리는 좌표 변환의 의미를 어느 정도 파악할 수 있다.

첫째, 좌표 변환은 수학적으로만 볼 때 구좌표(x, y)와 신좌표(x', y')의 **함수관계** 이상도 이하도 아니다. 위의 예는 다음과 같은 관계로 나타낼 수 있다.

$$x' = x \cos 45°$$
$$y' = x \sin 45°$$

둘째, 같은 물체인데도 좌표계에 따라 전혀 다르게 표현된다. 좌표값이 달라지는 것이다. 그런데 좌표계를 바꾸어도 변하지 않는 것이 있다. 바로 물체의 길이와 같은 것들이다. 길이는 스칼라(scalar)이다. 그러므로 좌표계가 달라져도 길이와 같은 스칼라는 변하지 않는다. 빛의 속도도 스칼라이다. 그러므로 광속은 좌표계가 바뀌어도 변하지 않는 **불변량**(invariant)임을 알 수 있다.

좌표변환에는 앞의 예와 같은 회전변환만이 있는 것이 아니다. 가령 직각좌표계를 극좌표계(polar coordinate)와 같은 것으로 변환하는 것도 좌표변환이다. 그때는 변수 x, y가 변수 r, θ로 바뀐다. 관계식은 다음과 같다.

$$x = r \cos \theta$$
$$y = r \sin \theta$$

x, y의 양함수(explicit function) 형태로 나타냈지만 r, θ의 양함수 형태로도 나타낼 수도 있다. 좌표변환은 그때그때 필요에 따라 상호 대칭

적으로 하는 것이기 때문에 두 좌표계는 언제나 동등하다.

지금까지는 정지한 상태에서 하는 좌표변환이었다. 그러나 물리학의 세계로 가면 움직이는 상태에서도 좌표 변환을 해야 한다. 움직이는 상태의 좌표 변환이라고 해서 크게 달라지는 것은 없다. 좌표 변환의 기본 원칙인 두 좌표계 간의 함수관계를 파악하면 된다. 만일 두 좌표계가 상대적인 속도 v로 운동하고 있다면 t 시간 동안 이동한 거리 vt가 함수관계에 포함될 것이다. 관계식은 다음과 같다.

$$x' = x - vt$$

이것은 갈릴레이 변환 중 일부이다. 갈릴레이 변환은 나중에 상세하게 다룰 것이다.

정지 상태이건 운동 상태이건 구좌표계와 신좌표계의 관계 또는 연결고리만 알면 좌표변환은 끝난 것이다. 앞의 회전변환의 경우는 연결고리가 회전각 45°일 테고, 갈릴레이 변환의 경우는 속도 v일 것이다. 만일 좌표변환 하는 두 좌표계 사이에 연결고리가 아무것도 없다면 좌표변환은 불가능해진다.

물체의 운동을 설명하기 위해서는 기준계(또는 좌표계)가 필요하다. 다른 말로 한다면 물체를 관찰하는 일종의 관찰 틀(reference frame)이라고 생각해도 좋다. 그런데 중요한 것은 이 기준계는 언제나 필요에 따라 임의로 설치할 수 있다는 것이다. 이것은 차차 더 이야기할 것이다. 어쨌든 움직이는 물체는 시간에 따라 위치가 달라지는데 이 관계를 수치

화해서 그래프로 만들 수가 있다. 이 그래프를 $x - y$ 축으로 되어 있는 직교좌표계에 그린 다음 미분을 한다면 어느 지점에서의 순간 속도까지도 구할 수 있다. 이처럼 좌표계는 관찰 틀인 동시에 분석의 틀이기도 하다.

지금부터는 좀 더 실제적인 좌표 변환 예를 설명해 보기로 하자. 지구를 하나의 정지된 기준계로 생각하면 지구 상에서 일어나는 모든 움직임은 이 기준계 하나로 기술할 수 있다. 그러나 이것을 달에서 관찰한다고 한다면 지구 상의 움직임은 분명 다르게 기술될 것이다. 그런데 굳이 달까지 갈 필요 없이 지구 내에서도 서로 다른 기준계를 설정해 볼 수 있다.

가령 내가 기차를 타고 시속 150km로 가고 있는데 그때 옆 고속도로에서 자동차가 시속 100km의 속도로 나란히 가고 있다고 하자. 그러면 기차의 기준계와 자동차의 기준계 두 개가 있는 셈이 된다. 이때 이들과 나란히 날아가고 있는 새가 있다 하자. 새의 속도는 시속 80km라 하자. 그런데 이 새의 속도를 두 기준계에서 각각 관찰할 때 분명 서로 다르게 보일 것이다. (※ 갈릴레이 속도법칙에 따라 기차에서 볼 때는 새가 시속 70km의 속도로 뒤로 가고 자동차가 볼 때는 시속 20km의 속도로 뒤로 간다.) 이처럼 하나의 같은 현상(새가 날아가고 있는 현상)이라도 어느 기준계에서 보느냐에 따라 달라질 수 있다는 사실을 알 수 있다.

이상에서 살펴본 바와 같이 물리학에서는 동일한 현상이라도 어느 기준계에서 보고 있는가가 중요하고 이를 구분할 수 있어야 한다. 그러면 계속해서 질문을 던져보자. 동일한 현상도 기준계를 달리해서 볼 때 각각 다르게 보인다면 과연 어느 것이 옳은 것일까? 답은 '모두 옳다!'이다. 왜냐하면, 모든 운동은 상대적이기 때문이다. 하나의 운동이 기준계에 따라 각각 다르게 기술될 수 있는데도 불구하고 그것이 모두 옳은 것이라면 우리는 많은 무기를 가진 셈이 된다. 즉 하나가 아닌 여러 개의 방정식을 세울 수가 있다는 말과 같다.

그러기 위해서는 하나의 동일한 현상을 이쪽 기준계에서 보기도 하고 저쪽 기준계에서 보기도 해야 한다. 즉 날아가는 새의 속도를 기차에서 관찰하기도 하고 자동차에서 관찰하기도 하는 것이다. 이렇게 언제든지 필요하면 두 기준계를 서로 왔다 갔다 할 수 있어야 하며 이렇게 기준계를 자유자재로 바꾸는 것이 좌표 변환이다.

물리학, 특히 우리가 지금 공부하고 있는 상대론에서는 좌표 변환의 의미와 중요성은 이루 말할 수 없을 정도로 크다고 할 수 있다. 좌표 변환의 의미는 크게 두 가지 정도로 말할 수 있다. 첫째, 앞에서도 말한 바와 같이 동일한 현상을 두 가지 이상의 방법으로 해석할 수 있게 된다. 같은 사물을 여러 각도로 관찰할 수 있다면 그 본질에 더욱 가까이 갈 수 있는 것 아닌가? 좌표 변환 하나만으로도 상대론에서 다루는 거의 모든 운동에 대한 해석이 가능하다. 가령 외력이 없는 우주 공간의 모든 물체는 측지선을 따라 움직이는데 좌표변환만으로 이 측지선방정식을 유도할 수 있다. 왜냐하면, 자유 낙하하는 물체를 다른 좌표계에서 관찰한 것이 다름 아닌 측지선방정식이기 때문이다. 식의 유도는 이 책의 '측지선' 챕터에서 할 것이다.

둘째, 좌표변환은 관찰 대상이 불변량(the invariant)인지 아닌지를 판별해 주는 강력한 도구이다. 앞에서 말한 기차와 자동차, 그리고 새의 예에서 기준계가 달라지면 새의 속도도 다르게 관찰된다고 하였다. 그런데 기준계가 달라져도 변하지 않는 것이 있다. 만일 새의 속도가 아니라

둥근 애드벌룬의 크기가 얼마인지를 보고 있었다면 그 크기는 기차에서 보나 혹은 자동차에서 보나 서로 다르지 않을 것이다. 새의 '속도'는 다르지만 애드벌룬의 '크기'는 다르지 않다? 이것은 무엇을 의미하는 것일까? 그렇다. 속도는 달라지지만 크기는 달라지지 않는다. 속도는 벡터이고 크기는 스칼라이다. 그렇다면 길이, 크기, 온도와 같은 스칼라는 좌표계가 달라져도 변하지 않는 불변량이라는 것을 추론할 수 있다. 그런 것에는 빛의 속도(c)도 포함된다. 빛의 속도는 좌표계가 달라져도 항상 같은 속도로 관찰된다. 이 사실로부터 그 유명한 특수상대성이론이 시작되었다는 것은 다 알고 있다. 자, 그러면 이를 일반화해서 결론처럼 내려보자. 어떤 물리량이 있어 이를 좌표변환을 했을 때, 그 형태(물리량을 표현하는 식이나 기호)가 변하지 않고 그대로 있으면 텐서(tensor)이다. 반면에 그 형태가 유지되지 않는다면 텐서가 아닌 것으로 판정한다. 변화무쌍한 상대론의 공간에서는 텐서량인지 아닌지가 매우 중요하다. 자칫 텐서가 아닌 물리량을 방정식에 포함시키는 결과가 생긴다면 그것은 재앙이다. 그런 경우의 대표적인 예가 '크리스토펠 기호(Christoffel symbol)'이다. 크리스토펠 기호는 상대론에서 매우 중요한 역할을 하지만 불행히도 텐서가 아니다. 그것은 좌표 변환을 해 보면 알 수 있다. 이 책의 '크리스토펠 기호' 챕터에서 볼 수 있다. 여기서 한 가지 유의할 점은 스칼라와 같은 불변량과 앞에서 말한 텐서의 경우와는 미묘한 차이가 있다. 불변량(the invariant)은 좌표변환을 해도 사물 그 자체가 변하지 않는 것을 말하지만, 텐서(the tensorial)는 좌표 변환을 해도 함수 또는 관계가 변하지 않고 그 **형태를 유지**하는 것을 말한다. 이를 **공변성**(covariance)이라고 한다.

좌표 변환의 의의에 대해서는 이 정도로 해 두고 이제부터는 좌표(계)란 무엇인지 알아보고 간단한 좌표 변환의 예를 들어본다. 그리고 휘어진 공간에서도 적용할 수 있는 일반적인 변환 룰(transformation rule)을 유도한다.

무엇보다도 먼저 우리가 흔히 사용하고 있는 좌표 또는 좌표계에 대해서 갖고 있는 기존의 고정 관념을 깨야 할 필요가 있다. 우리는 지금까지 주로 직각좌표계(Cartesian coordinates)를 많이 사용해 왔다. 다른 말로 데카르트 좌표계이다. 수평축은 x축, 수직축은 y축인 그 낯익은 좌표계이다. 이 직각좌표계에서 그래프도 그리고 미분도 하고 적분도 했다. 그런가 하면 때론 극 좌표계(polar coordinates)라는 것도 사용했다. 좌표를 (x, y)로 나타내는 대신 (r, θ)로 나타낸다. r은 원점에서부터의 거리, θ는 수평축에서부터 시계 반대 방향으로 측정한 각도(라디안)이다. 이 두 개의 변수로 모든 점을 표현할 수 있는 그런 좌표계이다.

그런데 이러한 좌표라는 것이 매우 **임의적**(arbitrary)이라는 것이다.

우리가 지금까지 주로 사용했던 $x-y$ 직각좌표계도 사실은 편의상 선택한 것이다. 아무것도 없는 우주 공간에 어떤 물체가 한 곳에 떠 있다고 가정해 보자. 그러면 이 물체의 위치를 어떻게 특정할 것인가? 누군가 $x-y$ 직각좌표계를 갖다 대고서 이 물체가 원점에서 x 방향으로 얼마 떨어져 있고, 또 y 방향으로는 얼마만큼 떨어져 있다고 말한다면 누가 틀리다고 반박할 수 있겠는가? (없다!) 그런가 하면 또 다른 사람이 극 좌표계를 갖다 대고는 이 물체는 원점에서 얼마 떨어져 있고, 임의의 수평선을 그은 다음 이로부터 얼마만큼의 각도로 돌아가 있다고 말한다면 이 역시 틀렸다고 할 수 있는가? (다 옳다!)

다른 예를 들어 보자. 만일 직사각형의 면적을 계산한다고 했을 때, 직각좌표계에서는 밑변과 높이(※좌표축의 눈금을 세어서 구한다)를 곱하면 쉽게 구할 수 있다. 그러나 이 직사각형을 극 좌표계에서 계산한다면 매우 복잡한 결과가 나올 것이다. 반면 원의 면적을 구한다고 했을 때는 이와는 반대다. 직각좌표계보다 극 좌표계를 이용하는 것이 훨씬 더 쉽다.

좌표계의 선택도 임의적이지만, 표시 방법도 임의적이다. 직각좌표계 (x, y)든, 극 좌표계 (r, θ)든 꼭 정해진 표시 방법(notation)은 없다. 누군가 (x, y) 대신 (p, q)로 쓰고, (r, θ) 대신 (a, ϕ)로 바꾸어 쓴다고 해도 문제 될 것이 없다. 또한, 좌표축 눈금 매기기도 그렇다. 누구는 눈금을 촘촘하게 매길 수도 있고, 다른 사람은 듬성듬성 매길 수도 있다. 그러므로 굳이 $x-y$ 또는 $r-\theta$ 등의 문자로만 고집할 필요가 없으며, 자유롭게 눈금 매기기(labelling)를 하여도 아무 상관이 없다. 다만 관례에 의해 사람들이 많이 쓰는 방식은 있을 것이다.

좌표계란 이런 것이다. 우리는 상황에 따라 그 어떤 좌표계라도 선택할 수 있다. 선택의 문제이고 약속의 문제이다. 우리는 그동안 직각좌표계에만 너무 익숙해져 있었던 것은 아닐까?

상대론의 세계에서는 좌표계의 선택이 자유롭다. 좌표계의 선택이 자유롭고 동등하다는 것은 정지해 있거나 운동하는 모든 대상이 자신만의 좌표계를 가질 수 있다는 의미이다. 지구에 있는 나, 지구 대기권으로 진입하고 있는 뮤온(muon, μ)입자, 달, 별, 심지어 빛의 입자(photon)까지 이 세상 모든 것이 다 좌표계로 대체될 수 있다. 마치 움직이는 무빙 프레임(moving frame)을 달고 다니는 것과 같다. 상대론에서는 전체를 커버할 수 있는 좌표계란 존재하지 않는다. 오직 국소적 범위에서만 유효한 좌표계가 있을 뿐이다. 이것은 상대론의 등가원리(principle of equivalance)에서 연유한다. 중력과 가속도가 같은 것이라는 등가원리는 오로지 국소적인 범위에서만 유효하다. 다만 국소 좌표계끼리 연결해 줄 수 있는 연결고리가 있으면 된다. 특정 좌표계 간의 그런 연결고리(상관관계 또는 함수관계)만 알면 모두 언제나 자유롭게 상호 변환이 가능하다. 모든 좌표계가 동등한 지위에 있으며, 다른 것에 우선하거나 우월한 좌표계가 있을 수 없다. 이것은 상대론을 떠받치고 있는 상대성원리(principle of relativity)에 의한 것이다.

좌표 변환의 쉽고 친근한 예는 많다. 그중 먼저 갈릴레이 변환과 로렌츠 변환을 살펴보기로 하자. 그런 다음 직각좌표계와 극 좌표계 둘 사이의 변환을 알아보고 그로부터 좌표 변환 룰이 일반화되는 과정을 진행해 보자.

운동하는 좌표계 변환의 가장 대표적인 예가 갈릴레이 변환과 로렌츠 변환(Lorentz transformation)이다. 전자는 고전적 속도법칙을 따르고, 후자는 상대론적 속도법칙을 따른다. 전자는 두 기준계의 상대속도만 감안해 주면 되지만, 후자는 특수상대성이론에 의한 길이수축과 시간 팽창을 고려하여야 한다.

로렌츠 변환과 특수상대성이론

상대론을 공부하면서 다소 의아하게 생각되는 것 중의 하나가 로렌츠 변환이다. 분명히 그 내용은 특수상대성이론인데 아인슈타인 변환이 아니고 로렌츠 변환이라는 이름이 붙어 있다. 로렌츠 변환은 특수상대성이론이 발표되기 전에 이미 네덜란드의 물리학자 헨드릭 로렌츠(H. Lorentz, 1853~1928)에 의해 발견되어 있었다. 그러나 그것은 광속불변의 법칙에서 도출된 것이 아니라 그저 실험 결과에 따라 짜 맞춘 것이었다. 물리학자이자 전기 작가인 C. P. Snow는 아마도 1905년 특수상대성이론이 아인슈타인에 의해 발표되지 않았더라도 5년 내에 누군가에 의해 발견되었을 것이라고 말한 적이 있다. 그 누군가 중의 한 사람이 바로 로렌츠다. 젊은 아인슈타인이 가장 존경하고 가장 많은 영향을 받은 사람도 그였다.

그럼 두 개의 변환을 실제로 해 보자. 먼저 갈릴레이 변환이다. 등속도로 운동하는 두 좌표계가 있다고 하자. 하나는 좌표 (x, y, z, t)로 표현되는 A 기준계이고, 다른 하나는 (x', y', z', t')으로 표현되는 B 기준계이다. 두 기준계가 x축 방향으로만 운동한다고 가정한다. 처음($t=t'=0$)에는 두 기준계가 일치하고 있다가 프라임계인 B 기준계가 오른쪽으로 v의 속도로 등속도로 운동한다고 하자(※ 이것이 좌표계 간의 연결고리이다.). 그러면 다음과 같은 관계식이 성립한다.

$$x' = x - vt, \quad y' = y, \quad z' = z, \quad t' = t$$

이 4개의 식을 행렬을 사용해서 하나의 행렬방정식으로 나타내 보자. 행렬을 이용하면 변환에 대한 이해가 더욱 견고해진다.

$$\begin{bmatrix} x' \\ y' \\ z' \\ t' \end{bmatrix} = \begin{bmatrix} 1 & 0 & 0 & -v \\ 0 & 1 & 0 & 0 \\ 0 & 0 & 1 & 0 \\ 0 & 0 & 0 & 1 \end{bmatrix} \begin{bmatrix} x \\ y \\ z \\ t \end{bmatrix}$$

이 행렬이 갈릴레이 변환의 변환행렬(transformation matrix)이다.

그럼 이번에는 로렌츠 변환을 해보자. 로렌츠 변환은 좀 더 복잡하다. 왜냐하면 길이수축과 시간팽창이 고려(※ 이것이 좌표계 간의 연결고리)되어야 하기 때문이다. 로렌츠 변환식은 앞에서도 보았듯이(※ $c=1$로 놓았다.) 아래와 같이 표현된다.

$$t' = \gamma(t - vx)$$

$$x' = \gamma(x - vt)$$

$$y' = y$$

$$z' = z$$

이 4개의 식도 행렬을 써서 하나의 행렬방정식으로 표현해 보자. (※ t항을 맨 위에 두었다.)

$$\begin{bmatrix} t' \\ x' \\ y' \\ z' \end{bmatrix} = \begin{bmatrix} \gamma & -\gamma v & 0 & 0 \\ -\gamma v & \gamma & 0 & 0 \\ 0 & 0 & 1 & 0 \\ 0 & 0 & 0 & 1 \end{bmatrix} \begin{bmatrix} t \\ x \\ y \\ z \end{bmatrix}.$$

가운데 있는 행렬이 로렌츠 변환행렬이다.

변환행렬을 잘 관찰하면 좌표 변환의 모든 것이 들어있음을 알 수 있다. 좌표 변환이 구(old)좌표를 사용해서 새로운 좌표를 표현하는 것이라면, 변환행렬은 바로 **구좌표 앞의 계수**들만을 단순히 모아 놓은 것이다. 가령 로렌츠 변환행렬의 첫 번째 행(row)은 t'에 대한 로렌츠 변환식 $t' = \gamma(t - vx)$에서 t항의 계수 γ, x항의 계수 $-\gamma v$, y항의 계수 0, z항의 계수 0을 차례로 열거한 것이다. 나머지 행들에 대해서도 같은 방식이다.

그럼 이번에는 직각좌표계를 극 좌표계로, 극 좌표계를 직각좌표계로 좌표 변환하여 보자.

우선 두 좌표 사이의 관계식은 다음과 같다.

$$x = r\cos\theta, \quad y = r\sin\theta$$

곱의 법칙을 써서 미분하면,

$$dx = dr\cos\theta + r(-\sin\theta)\,d\theta$$
$$dy = dr\sin\theta + r\cos\theta\,d\theta$$

위의 두 식을 벡터와 행렬로 나타내면

$$\begin{bmatrix} dx \\ dy \end{bmatrix} = \begin{bmatrix} \cos\theta & -r\sin\theta \\ \sin\theta & r\cos\theta \end{bmatrix} \begin{bmatrix} dr \\ d\theta \end{bmatrix}$$

가운데 변환행렬을 편미분 성분으로 바꾸면

$$\begin{bmatrix} dx \\ dy \end{bmatrix} = \begin{bmatrix} \partial x/\partial r & \partial x/\partial \theta \\ \partial y/\partial r & \partial y/\partial \theta \end{bmatrix} \begin{bmatrix} dr \\ d\theta \end{bmatrix} .$$

이것을 다시 두 개의 식으로 나누어 전개하면

$$dx = \frac{\partial x}{\partial r} dr + \frac{\partial x}{\partial \theta} d\theta ,$$

$$dy = \frac{\partial y}{\partial r} dr + \frac{\partial y}{\partial \theta} d\theta .$$

이것은 다름 아닌 dx, dy에 대한 전미분(total differential) 식이다. 여기서 우리는 변환행렬의 성분이 바로 전미분 식의 계수들을 모아 놓은 것이라는 놀라운 사실을 알게 된다.

따라서 이것으로부터 우리는 변환행렬이 일반화된 형태, 즉 변환법칙(transformation rule)을 도출할 수 있다. 우리가 위의 예에서 본 변환행렬은 사실 특정 좌표계 변환에 해당하는 것이었다. 이를 모든 변환, 즉 휘어진 공간에서의 변환에도 유효하려면 더욱 일반적인 변환 룰이 필요하다. 선형과 비선형, 편평한 공간과 휘어진 공간을 가리지 않고 적용할 수 있는 룰을 만들려면 무한소의 세계로 들어가야 한다. 앞의 예에서도 보았듯이 무한소의 세계에서 변수 간의 변화를 근사적으로 표현한 것이 1차 항까지(to first order)의 테일러 전개(Taylor expansion)이다. 이것은 곧 전미분 공식이기도 하다. 일반화된 전미분 식의 계수가 바로 변환행렬이며, 이것이 곧 일반화된 **좌표 변환룰**(coordinate transformation rule)이다.

벡터와 텐서는 이 변환 룰에 따라 변환된다.

① 반변벡터(contravariant vector)의 변환은 다음과 같다.

$$V'^{\mu} = \frac{\partial x'^{\mu}}{\partial x^{\nu}} V^{\nu}$$

② 좌표축 미분소(coordinate differential)도 반변벡터이므로 비슷하게

$$dx'^{\mu} = \frac{\partial x'^{\mu}}{\partial x^{\nu}} dx^{\nu} .$$

특수상대성이론을 떠받치고 있는 유명한 두 개의 공준 중의 하나는 "모든 등속 관성계에서 물리법칙은 동일하다."이다. 이와 같은 사실은 일반상대성이론에서도 마찬가지이다. 아인슈타인은 등속계뿐만 아니라 가속계에서도 같은 공준이 성립해야 한다고 보았기 때문이다. 그래서 모든 물리법칙은 기준계와 상관없이 동일해야 한다. 우주선 속의 운동법칙이 지구 상에서의 운동법칙과 달라서는 안 된다. 따라서 기준계 간에 좌표 변환을 하여도 물리법칙은 변하지 말아야 한다. 아인슈타인은 중력장방정식을 구축하는 과정에서 가장 중요하게 생각한 것이 바로 이 점이었다. 소위 공변성의 원리(principle of covariance)였다. 하나의 물리법칙

이 상대성의 세계에서 보편적 법칙으로 살아남을 수 있으려면 어떠한 기준계에서 보더라도 변하지 않는 물리량으로 그 법칙이 기술되어야 한다. 뉴턴의 제2법칙 $F = ma$에 대하여 로렌츠 변환을 하면 방정식의 형태를 그대로 유지하지 못하는 것을 볼 수 있다. 반면에 맥스웰의 전자기방정식은 로렌츠 변환을 하여도 방정식의 형태를 그대로 유지한다. 맥스웰의 전자기방정식은 비록 상대론이 나오기 이전에 만들어졌지만, 상대론적 상황에서도 잘 작동되는 우주 보편적인 방정식이라는 이야기이다.

좌표 변환과 관련해서 가장 중요한 개념 중의 하나가 **국소 좌표계**(local inertial frame, LIF)이다. 국소좌표계의 원형은 **리만표준좌표계**(Riemannian normal coordinates)이다. 리만은 원점을 지나는 측지선을 좌표축으로 삼았다. 휘어진 공간에서 직선에 해당하는 것은 측지선이므로 이를 좌표축으로 하는 것은 매우 자연스러운 설정이다.

앞에서도 본 바와 같이 우주상의 모든 물체는 자신만의 좌표계를 가지고 있다. 그리고 서로 간에 어떤 함수관계가 성립한다면 좌표 간 변환이 항상 가능하다. 모든 좌표계가 동등하고 그래서 서로 좌표변환도 되고…. 그런데 거기까지였다면 아무 일도 일어나지 않았을 것이다. 바로 이 대목에서 우리는 또 한 번의 발상의 전환을 목도한다. 다름 아니라 각자의 좌표계는 자신의 입장에서 볼 때는 모두 **정지좌표계**인 것이다. 나는 정지해 있고 나를 제외한 모든 것이 움직이는 것이다. 이미 특수상대성이론에서는 이것은 당연한 일이었다. 등속 운동계에서는 내가 정지해 있고 다른 사람이 움직이는지 아니면 상대방이 정지해 있고 내가 움직이는지를 알 방법이 없다. 즉, 정지 상태와 등속운동 상태는 구분할 수가 없다는 것이다. 그래서 물리적 측면에서 볼 때 등속운동계는 정지

좌표계와 조금도 다르지 않다.

1907년의 소위 '행복한 생각'에서(※ 그때를 일생 중 가장 행복했던 순간이라고 회상) 아인슈타인은 등속계에서만 성립하던 이 원리를 가속계에까지 확장하였다. 등속운동을 하는 좌표계뿐만 아니라 가속운동을 하는 좌표계에서도 같은 원리로 정지좌표계가 성립한다고 본 것이다. 가령 내가 속한 곳을 정지좌표계로 놓으면 새로운 사실들을 알 수 있다. 측지선 방정식이 그렇다. 우주의 모든 물체는 외력이 없는 한 측지선을 따라 운동하고 있다. 만일 내가 측지선을 따라 움직이고 있다면 나의 좌표계는 순간적으로 정지좌표계로 간주할 수 있다. 내 입장에서는 등속관성계이고 따라서 가속도가 0인 상태이다. 그것을 다른 기준계로 좌표변환을 하면 측지선 방정식이 나온다. 왜냐하면, 다른 기준계에서 볼 때 나는 측지선을 따라 자유낙하하고 있기 때문이다. 당연히 그 역(reverse)도 성립한다. 방정식의 유도는 측지선방정식 절에서 할 것이다.

다만, 국소좌표계는 아주 작은 규모와 아주 짧은 시간 동안만 유효하다. 그것은 등가원리(principle of equivalence)가 아주 작은 규모의 기준계에서만 성립한다는 사실로부터 연유한다.

국소좌표계, local inertial frame

다양체의 모든 점 근방은 민코프스키 공간으로 생각할 수 있다. 휘어진 시공간의 메트릭도 점 근방에서는 편평한 시공간의 메트릭이 된다. 즉

$$\begin{bmatrix} * & * & * & * \\ * & * & * & * \\ * & * & * & * \\ * & * & * & * \end{bmatrix} \Rightarrow \begin{bmatrix} -1 & 0 & 0 & 0 \\ 0 & 1 & 0 & 0 \\ 0 & 0 & 1 & 0 \\ 0 & 0 & 0 & 1 \end{bmatrix}.$$

$$g_{\mu\nu} \qquad\qquad \eta_{\mu\nu}$$

$g_{\mu\nu}$를 국소좌표계로 좌표 변환하면 $\eta_{\mu\nu}$가 된다. 이것은 또 행렬에서 말하는 대각화(diagonalization)이다. 행렬의 대각화 여부는 고유벡터(eigenvector)에 달려있다. 고유벡터가 모두 선형독립(linearly independent)이면 대각화가 가능하다. 고유벡터는 다음 식으로 구한다.

$$A\vec{x} = \lambda\vec{x} \quad \text{또는} \quad (A\vec{x} - \lambda I) = 0$$

그런데 **대칭행렬(symmetry matrix)의 고유벡터는 항상 선형독립**이다. 모든 대칭행렬이 적절한 기저변환을 통해 항상 대각행렬이 된다는 사실은 다양체의 모든 점에서 국소좌표계가 존재한다는 것을 반증한다.

그럼 이제부터는 실제로 좌표 변환을 한번 해 보기로 하자.

변환행렬을 잘 관찰하면 좌표 변환의 모든 것이 들어있음을 알 수 있다. 좌표 변환이 구(old)좌표를 사용해서 새로운 좌표를 표현하는 것이라면, 변환행렬은 바로 구좌표 앞의 계수들만을 단순히 모아 놓은 것이다. 가령 로렌츠 변환행렬의 첫 번째 행(row)은 t'에 관한 로렌츠 변환식 $t' = \gamma(t - vx)$에서 t항의 계수 γ, x항의 계수 $-\gamma v$, y항의 계수 0, z항의 계수 0 을 차례로 열거한 것이다. 나머지 행들에 대해서도 같은 방식이다.

여기서 우리가 관찰할 수 있는 것은 각 계수가 해당 변수에 대한 비례 상수, 즉 변화율이라는 것이다. t'에 대한 로렌츠 변환식 $t' = \gamma(t - vx)$을 $t' = \gamma \bullet t - \gamma v \bullet x + 0 \bullet y + 0 \bullet z$로 풀어써 보면, 각 계수는 t'가 각 변수에 대하여 갖는 변화율이라고도 할 수 있다. 그런데 각 변수에 대한 변화율은 다름 아닌 바로 도함수, 미분계수이다. 다만, 다변수함수이므로 편도함수이다.

자 이쯤에서 다시 정리해보자. 변환행렬의 각 원소는 새로운 좌표, 아니 새로운 변수의 각 구변수에 대한 변화율, 즉 편미분이다. 이것은 바로 **야코비언 행렬**(Jacobian matrix)이기도 하다.

우리가 위에서 예를 든 갈릴레이 변환과 로렌츠 변환은 x축 방향으로의 등속도 운동으로 제한하였기에 다행히 선형적 해석이 되었지만, 대부분의 좌표변환은 비선형 변환인 경우가 많다. 이때 선형이나 비선형의 변환에 모두 사용할 수 있는 것이 바로 야코비언 변환행렬이다. 두 좌표계 간의 함수관계만 정립된다면 이를 토대로 각 변수 간의 모든 경우에 대한 편미분을 계산하면 변환행렬을 만들 수가 있다. 미분의 세계는 마술과도 같다. 한 점의 근방에서는 곡선이 직선으로 되고, 비선형이 선형으로 된다.

임의의 좌표계를 ξ와 η라고 하면 미소변위는 전미분 공식(※ 어떤 함수의 총 미소변위는 각 변수의 미소변위를 모두 더한 것인데, 이때 변수들의 미소변위는 편미분계수만큼 할인된 값이다.)에 의하여 다음과 같이 쓸 수 있다.

$$\xi = \xi(x, y), \quad \Delta\xi = \frac{\partial \xi}{\partial x}\Delta x + \frac{\partial \xi}{\partial y}\Delta y \ ,$$

$$\eta = \eta(x, y), \quad \Delta\eta = \frac{\partial\eta}{\partial x}\Delta x + \frac{\partial\eta}{\partial y}\Delta y \ .$$

이 두 개의 식을 행렬(matix)을 써서 하나의 식으로 표현하면

$$\begin{bmatrix} \Delta\xi \\ \Delta\eta \end{bmatrix} = \begin{bmatrix} \partial\xi/\partial x & \partial\xi/\partial y \\ \partial\eta/\partial x & \partial\eta/\partial y \end{bmatrix} \begin{bmatrix} \Delta x \\ \Delta y \end{bmatrix}$$

좌변은 벡터 $V^{\alpha'}$ 이고, 행렬 $\begin{bmatrix} \partial\xi/\partial x & \partial\xi/\partial y \\ \partial\eta/\partial x & \partial\eta/\partial y \end{bmatrix}$ 을 $\Lambda^{\alpha'}{}_{\beta}$ 로 표현하면,

$$V^{\alpha'} = \Lambda^{\alpha'}{}_{\beta} \ V^{\beta}$$

로 나타낼 수 있다. 이것은 벡터 V^{β} 가 새로운 벡터 $V^{\alpha'}$ 로 변환되는 식이다. 행렬 $\Lambda^{\alpha'}{}_{\beta}$ 에서 위 첨자 α' 는 새로운 좌표 행(row)을 나타내고, 아래 첨자 β는 구좌표 열(column)을 나타낸다.

행렬 $\Lambda^{\alpha'}{}_{\beta}$

변환행렬을 나타내는 행렬 $\Lambda^{\alpha'}{}_{\beta}$ 는 매우 작위적인 탄생 배경을 갖고 있다. 그래서 흔히 선형대수학에서 보는 보통의 행렬(A_{ij}로 표기)과는 근본적으로 다르다. 그렇기 때문에 $\Lambda^{\alpha'}{}_{\beta}$ 이 무엇을 의미하는지를 명확히 인식하지 않으면 매우 헷갈릴 수 있다. 변환행렬은 좌표 변환 식을 분해하는 과정에서 인위적으로

생성되었기 때문에 그 정체성도 좌표 변환에서 찾아야 한다. $\Lambda^{\alpha'}{}_{\beta}$에서 위첨자 α'는 새로운 좌표 t', x', y', z'를 각각 나타낸다. 아래 첨자 β는 구좌표 t, x, y, z를 나타낸다. 꼭 α, β를 써야 하는 것은 아니다. 어떤 문자, 숫자라도 가능하다. 다시 말해 변환행렬의 위 첨자는 새로운 좌표를, 아래 첨자는 구좌표를 나타낸다. 상대론에서는 좌표축 t, x, y, z를 각각 x^0, x^1, x^2, x^3으로 표시한다. 그러면 새 좌표축은 $x^{\bar{0}}$, $x^{\bar{1}}$, $x^{\bar{2}}$, $x^{\bar{3}}$로 표기할 수 있다. 물론 이것도 $0'$, $1'$ 등으로 표기할 수도 있다. 새 좌표축이라는 것만 나타낸다면 아무런 관계가 없다. 그러면 다음과 같은 로렌츠 변환 행렬을 위와 같은 방식으로 표기해 보자. 새 좌표를 구하는 변환식을 그냥 행렬로 표시한 것뿐이다!

$$\begin{bmatrix} t' \\ x' \\ y' \\ z' \end{bmatrix} = \begin{bmatrix} \gamma & -\gamma v & 0 & 0 \\ -\gamma v & \gamma & 0 & 0 \\ 0 & 0 & 1 & 0 \\ 0 & 0 & 0 & 1 \end{bmatrix} \begin{bmatrix} t \\ x \\ y \\ z \end{bmatrix}$$

행렬의 맨 왼쪽 위에 있는 원소 γ는 $\Lambda^{\bar{0}}{}_{0}$으로 표시된다. 그 옆의 $-\gamma v$ 는 $\Lambda^{\bar{0}}{}_{1}$이다. 그 옆의 0, 0은 각각 $\Lambda^{\bar{0}}{}_{2}$, $\Lambda^{\bar{0}}{}_{3}$로 표기된다. 그러면 새로운 좌표 t'를 나타내는 변환식

$$t' = \gamma \bullet t - \gamma v \bullet x + 0 \bullet y + 0 \bullet z$$
$$\Rightarrow t' = \Lambda^{\bar{0}}{}_{0}\ t + \Lambda^{\bar{0}}{}_{1}\ x + \Lambda^{\bar{0}}{}_{2}\ y + \Lambda^{\bar{0}}{}_{3}\ z\ .$$

첨자 표기로 모두 바꾸면

$$x^{\bar{0}} = \Lambda^{\bar{0}}{}_{0}\ x^0 + \Lambda^{\bar{0}}{}_{1}\ x^1 + \Lambda^{\bar{0}}{}_{2}\ x^2 + \Lambda^{\bar{0}}{}_{3}\ x^3\ .$$

아인슈타인 합 관례를 사용해서 다시 쓰면

$$x^{\bar{0}} = \Lambda^{\bar{0}}{}_{\beta}\; x^{\beta}$$

이를 일반화시키면

$$x^{\alpha'} = \Lambda^{\alpha'}{}_{\beta}\; x^{\beta} .$$

결론적으로 변환행렬 $\Lambda^{\alpha'}{}_{\beta}$ 는 구좌표 (β)를 신좌표(α')로 변환해주는 행렬이다.

좌표 (ξ, η)와 (x, y)의 차원과 표기를 일반화하고 **아인슈타인 합관례**(Einstein summation convention)을 사용하면 일반벡터, 즉 반변벡터(contravariant vector)의 변환공식은 다음과 같이 쓸 수 있다.

$$V'^{\mu} = \frac{\partial x'^{\mu}}{\partial x^{\nu}}\; V^{\nu}$$

좌표축 미분소(coordinate differential)의 변환은 비슷하게

$$dx'^{\mu} = \frac{\partial x'^{\mu}}{\partial x^{\nu}}\; dx^{\nu}$$

가 된다. 이것으로 보아 반변벡터와 같은 룰에 의해 변환되므로 좌표축 미분소도 반변벡터라고 할 수 있다.

아인슈타인 합 관례

벡터를 표현하는 방식은 두 가지가 있다. 하나는 성분과 기저의 선형결합으로 나타내는 것이고, 또 하나는 행렬로 나타내는 방식이다. 예를 들면, 전자는 $V^1e_1+V^2e_2+V^3e_3$이고 후자는 $\begin{bmatrix} V^1 \\ V^2 \\ V^3 \end{bmatrix}$이다. 행렬 표현 방식은 기저를 생략하고 성분만 표시한다. 합으로 나타낼 때는 줄여서 $\sum_{\mu=1}^{3} V^{\mu} e_{\mu}$으로 쓰는 것이 원칙이지만, 첨자 μ가 두 번 중복해서 나타나는 경우는 의례적으로 더하는 것이므로 $\sum$를 쓰지 않고 $V^{\mu} e_{\mu}$로만 쓰기로 한 것이다. 시그마 기호를 생략함으로써 index notation만으로 연산할 때는 계산이 한결 편리해진다는 것을 알 수 있다.

덧셈(summation)은 상대론에서 가장 중요한 연산 중의 하나이다. 왜냐하면, 모든 벡터와 텐서들은 성분과 기저의 선형결합인 덧셈으로 표현되기 때문이다. 그런데 텐서의 항들은 벡터의 항들보다 그 수가 훨씬 많다. 가령 3차원인 경우는 성분의 수만 해도 $3^2 = 9$개다. 더구나 곱셈 연산이라도 할라치면 성분의 수는 기하급수적으로 늘어난다. $\sum$ 기호 또는 합 관례를 쓸 수밖에 없다. 그렇지 않으면 덧셈 수식으로만 지면을 가득 채울 것이다.

그럼 공변벡터(covariant vector, ※ 듀얼벡터이다.)는 어떻게 변환할까? 공변벡터의 대표적 예는 **그래디언트**(gradient)이다. 새로운 좌표계에서의 그래디언트를 연쇄법칙(※ $\Phi = \Phi(x^{\nu})$이므로)을 써서 나타내면

$$\frac{\partial \Phi}{\partial x'^{\mu}} = \frac{\partial x^{\nu}}{\partial x'^{\mu}} \frac{\partial \Phi}{\partial x^{\nu}} .$$

오른쪽 항의 $\partial \Phi / \partial x^{\nu}$는 원래 좌표계의 그래디언트이다. 따라서 이때는 $\partial x^{\nu} / \partial x'^{\mu}$가 변환행렬(transformation matrix)이 된다. 그런데 이 변환행렬이 반변벡터의 경우와 차이가 좀 있다. 반변의 경우는 프라임(′) 항이 위(분자)에 있는 데 반하여 공변인 경우는 프라임 항이 아래(분모)에 있다. 여기서 우리는 하나의 법칙을 도출해 낼 수 있다. 즉 '변환행렬의 분자에 프라임 항이 있는 경우는 반변, 분모에 프라임 항이 있는 경우는 공변'이다. 따라서 공변벡터 V_{ν}가 V'_{μ}로 변환될 때는 다음과 같이 된다.

$$V'_{\mu} = \frac{\partial x^{\nu}}{\partial x'^{\mu}} V_{\nu} .$$

암기할 때는 반변벡터는 위 첨자이므로 프라임 항도 위, 공변벡터는 아래 첨자이므로 프라임 항도 아래라고 외우면 편리하다.

그럼 마지막으로 기저벡터(basis vector)는 어떻게 변환할까? 반변벡터의 기저벡터는 공변기저, 공변벡터의 기저벡터는 반변기저가 된다. 앞에서 기저벡터는 좌표축의 정보가 있는 미분연산자로 정의한다고 하였다. 공변기저벡터의 경우 연쇄법칙을 써서 다음과 같이 나타낼 수 있다. 즉,

$$\vec{e}'_{\mu} = \frac{\partial}{\partial x'^{\mu}} = \frac{\partial}{\partial x^{\nu}} \frac{\partial x^{\nu}}{\partial x'^{\mu}} = \frac{\partial x^{\nu}}{\partial x'^{\mu}} \vec{e}_{\nu} .$$

지표 표기법 2

벡터나 텐서는 성분을 갖고 있는 물리량이다. 가령 3차원 벡터 $\vec{V}$ = (V_1, V_2, V_3)는 성분 V_1, V_2, V_3을 갖고 있다. 성분은 실수, 즉 스칼라이다. 첨자 1, 2, 3은 해당 기저벡터의 첨자와 일치한다. 그런데 이 성분을 V_a로 표시할 수도 있다. 다만 a = 1, 2, 3이라는 조건을 달면 된다. 그러니까 V_a이라고 쓰고 a는 각각 1, 2, 3이라는 것만 염두에 둔다면, 일일이 V_1, V_2, V_3라고 하나씩 다 쓸 필요가 없다. 바로 이것이 지표 표기법(index notation)의 핵심 아이디어이다.

첨자가 두 개 붙어 있으면 랭크 2 텐서(tensor)다. 가령 메트릭 텐서 $g_{\mu\nu}$는 4차원이므로 $\mu = 0,1,2,3$ $\nu = 0,1,2,3$의 첨자를 갖는다. 각각 4개씩이므로 $\mu\nu$의 조합은 총 16개가 된다. 즉 g_{00}, g_{01}, g_{02}, g_{03}, g_{10}, …, g_{33}이다. (※ 4×4 행렬의 각 성분으로 배치된다.) 16개의 성분을 $g_{\mu\nu}$ 단 하나로 표기하는 것이 지표 표기법이다. 이 얼마나 간단한가!

그럼 지표 표기법을 사용하여 벡터내적을 계산하여 보자. 벡터 $\vec{A}$, $\vec{B}$ 를 다음과 같이 표기한다. (※ 아인슈타인 합관례가 사용됨) e_α, e_β 는 기저벡터이다.

$$\vec{A} = A^\alpha \ e_\alpha, \quad \vec{B} = B^\beta \ e_\beta$$

이들 벡터의 내적은

$$\vec{A} \bullet \vec{B} = (A^\alpha \ e_\alpha) \bullet (B^\beta \ e_\beta) = A^\alpha B^\beta (e_\alpha \bullet e_\beta).$$

지표 표기법이 혼란스럽게 느껴지는 것 중의 하나는 그것이 두 가지의 의미를 갖기 때문이다. 가령 A^α라고 했을 때는 벡터이다. 그러나 첨자 α에 어떤 숫자를 부여하는 순간 이것은 스칼라이다. A^{α}는 마치 함수와도 같다. 함수도 특정 함숫값을 주면 실수가 되지 않는가? 그래서 만일 A^{α}를 미분한다면 벡터 함수를 미분하는 것과 같다고 생각하면 된다. 이와 같이 A^{α}가 여러 개에 해당하는데도 마치 하나의 총체적인 실체인 것처럼 행동할 때는 여간 주의하지 않으면 안 된다.

지금까지 이해를 돕기 위하여 간단한 예시를 들었지만, 지표 표기법은 만만한 것이 아니다. 지표 표기법은 상대성이론을 공부하기 위해서는 필히 넘어야 할 산이다. 상대론을 공부를 시작하려는 많은 사람들이 초장에 이 지표 표기법 때문에 포기하는 경우가 많다. 그러나 지표 표기법은 선택이 아니라 필수이다. 지표 표기법은 상대론에서 최적화된 나름의 독자적인 연산법칙이다. 처음에는 낯설고 귀찮지만 부단히 노력하여 익숙해지면 이보다 편리하고 우아한 표기법이 없다는 것을 알게 된다. 아니 멋이 아니라 숙명이다. 지표 표기법의 정확성과 아름다움을 알 때쯤이면 당신은 상대론의 고수가 되어 있을 것이다. 지표 표기법의 장점은 ① 뛰어난 단순성이다. 4차원이든 20차원이든 그냥 $\Gamma^{\lambda}{}_{\mu\nu}$, $T_{\alpha\beta}$이다. 만약에 이것을 행렬로 표현한다면 책 한 권 두께의 종이도 못 당할 것이다. ② 철저히 성분을 기반(componentwise)으로 표기하는 특성 때문에 교환, 결합법칙에서 자유롭다. 그래서 지표 표기법은 특히 벡터, 행렬 연산에서 그 진가를 발휘한다.

이제 우리는 좌표 변환의 의미가 무엇인지를 알았고 그 중심에는 변환행렬이 있다는 것을 알았다. 그리고 구좌표와 새로운 좌표 사이의 함수관계로부터 변환행렬을 추출해 냄으로써 언제 어디서나 자유자재로 좌표변환을 할 수 있게 되었다.

공변 미분

휘어진 공간에 오면 모든 것이 벡터이고 미분이다. 공간의 모든 점이 벡터 함수로 표현되고(※ 벡터장 vector field) 공간의 모든 것이 변하고 있기 때문이다. 휘어진 공간에는 직선이 없다. 다 구부러지고 휘어져 있다. 그래서 미분 • 적분 개념을 도입하지 않을 수 없다. 휘어진 공간은 점을 기반으로 하는 구조다. 어려운 말로 다양체(manifold)라고 하는데 다양체의 본질은 점(point)이다. 다양체에 어떤 구조를 추가해 주지 않는 한 그냥 점들의 집합체일 뿐이다. 메트릭을 주고 미분을 정의해 주면 그제야 수학적, 물리적 실체로 기능한다.

공변 미분의 의의

공변 미분(covariant derivatives)은 휘어진 공간에서 하는 미분이다. 여기서는 보통 함수의 미분보다는 주로 벡터 함수에 대한 미분을 고찰한다. 편평한 유클리드 공간에서도 벡터 미분을 했었다. 그러나 그때와는 분명히 다르다. 지금은 휘어진 공간이다.

그러면 휘어진 공간에서의 미분은 어떻게 다른가? 편평한 공간과의 차이가 무엇인가? 그 질문에 답하기 전에 우선 벡터가 어떤 모양인지를 살펴볼 필요가 있다.

아시다시피 벡터는 성분과 기저의 합으로 되어 있다. 그런데 편평한 공간(※ 그냥 평면 직각 좌표라고 생각하는 것이 편하다.)에서 벡터 미분을 할 때는 기저벡터는 그대로 두고 **성분에 대해서만 미분**을 한다. 그것이 지금까지 우리가 흔히 해 오던 벡터 함수의 미분이었다. 그러나 곰곰이 다시 생각해 보면 우리가 한 것은 성분과 기저에 대한 곱의 미분을 한 것이었다. 다름 아닌 우주 보편의 법칙, 라이프니츠 룰(Leibniz rule)이다. 벡터의 성분과 기저는 곱의 형태이므로 미분을 하게 되면 당연히 곱의 미분 법칙인 라이프니츠 룰을 적용한다. 미분이란 미소 변위에 대한 미소 변화량을 보는 것이다. 그런데 편평한 공간에서는 벡터를 옆으로 좀 옮겨도 성분만 변할 뿐 기저벡터는 그대로 있다. 기저벡터는 변화가 없으므로 라이프니츠 룰을 적용하면 제로가 된다. 그래서 결과적으로 성분만 미분한 것으로 보였던 것이다.

그러나 휘어진 공간에서는 다르다. 여기서는 벡터를 조금만 옮겨도 성분뿐만 아니라 기저벡터까지 변한다. 벡터를 어느 곳에 갖다 놓아도 같은 기저를 사용하던 좋은 시절은 지나갔다. 휘어진 공간에서는 성분도 변하고 기저도 변하므로 미분할 때는 당연히 두 개 모두 미분한다. **기저에 대한 미분**이 추가되는 것이다. 그렇다고 미분하는 방식이 달라지는 것은 아니고 라이프니츠 룰을 그냥 그대로 적용하면 된다. 그렇게 하는 것이 공변 미분이다.

우리는 미분이, 아니 좀 더 구체적으로 말해 미분연산자가 dy/dx, $\partial y/\partial x$, ∇_a 식으로 확장되어 왔다는 것을 안다. 쉽게 말하면 첫 번째는 일 변수 함수 미분, 두 번째는 특정변수 방향의 편미분, 세 번째는 임의 방향의 방향도함수를 나타낸다. 그러면 일반적으로 휘어진 공간에서 사용할 수 있는 미분연산자는 어떻게 정의되어야 할까? 먼저 방향도함수를 일반화하여 더 높은 차원으로 확장하면 되지 않을까 생각된다. 그리고 우선 다음 두 가지 조건을 만족하면 휘어진 공간에서 사용할 수 있는 미분 연산자로서의 자격이 갖추어진다고 할 수 있다.

① 선형성(Linearity)
② 곱의 미분 법칙(Leibniz rule)

이러한 조건을 갖춘 미분연산자는 휘어진 공간에서도 기능을 발휘한다. 미분 세계에서는 모든 것이 선형적이고 라이프니츠 룰은 우주 보편 법칙이다.

공변 미분은 대략 다음과 같은 수학적 의미를 갖고 있다.
첫째, 미분을 하더라도 그 결과가 **텐서적**(tensorial)이다. '텐서적'이라는 의미는 좌표계가 바뀌더라도 그 형태가 그대로 유지되는 것을 말한다. 그것은 휘어진 공간에서는 위치가 변함에 따라 좌표계도 바뀌는 것을 생각한다면 당연한 요구이다. 만일 미분한 결과가 텐서적이지 않다면 휘어진 공간에서의 미분 자체가 정의되지 않는다고 볼 수 있다.

둘째, 미분이 '**내재적**(intrinsic)인 방식으로 정의되었는가.'이다. 공간의 내재적 성질이 중요하게 다루어지는 이유는 매립되어 있는 주변 공간의 어떠한 영향도 받지 않는 그 공간 자체의 고유한 성질이기 때문이다. 따라서 휘어진 공간에서 하는 미분은 좌표계와 무관한 내재적 방식으로 정의되어야 한다. 휘어진 공간에서는 점을 원점으로 하는 접공간(tangent space)이 본체에 해당하는 다양체의 차원보다 한 차원이 낮다. 예를 들면 3차원 다양체인 구의 경우 접평면은 2차원이다. 그런데 접평면에 있는 벡터를 미분하면 미분 결과가 꼭 접평면에 있으란 보장이 없다. 일반적으로 법선 방향 차원이 하나 더 생기게 된다. 왜냐하면, 본체인 구는 한 차원 높은 3차원이기 때문이다.

1854년 리만은 스승 가우스 앞에서 발표한 논문에서 벡터의 미분을 내재적으로 정의하기 위해 미분 결과를 접평면에 정사영하는 방법을 사용하였다(※ 2차원 생물이 알 수 있는 것은 접평면 내의 벡터뿐이다.). 비록 법선 방향의 성분에 대한 정보는 잃게 되지만, 그 상태로(※ 2차원만으로) 미분을 정의하는 데에는 아무런 문제가 없다고 본 것이다. 그리하여 공간의 벡터장 미분을 순전히 접평면을 스팬하는 벡터로만 나타내는 이른바 내재적 정의가 완성된다. 이와 같은 공변 미분에 대한 새로운 정의는 내재적일 뿐 아니라 다차원 공간에 대해서도 확장 가능하다. 그리하여 리만 기하학의 문을 열었다.

공식의 유도

그러면 휘어진 공간의 벡터에 대해 실제로 미분을 해 보자. 벡터 $\vec{V}$를 좌표축에 대해 미분을 해 보면,

$$\frac{\partial \vec{V}}{\partial x^{\beta}} = \frac{\partial}{\partial x^{\beta}}(V^{\alpha}\vec{e}_{\alpha}) = \frac{\partial V^{\alpha}}{\partial x^{\beta}}\vec{e}_{\alpha} + V^{\alpha}\frac{\partial \vec{e}_{\alpha}}{\partial x^{\beta}}.$$

보시다시피 기저벡터의 미분 항이 추가되었음을 알 수 있다. 기저벡터에 대한 미분은 다시 다음과 같이 전개할 수 있다. 즉,

$$\frac{\partial \vec{e}_{\alpha}}{\partial x^{\beta}} = \Gamma^{\lambda}{}_{\alpha\beta}\,\vec{e}_{\lambda}.$$

이 식에서 $\Gamma^{\lambda}{}_{\alpha\beta}$는 **크리스토펠 기호**(Christoffel symbol)라 하는데, 기저벡터의 미분 결과를 다시 기저벡터의 선형결합으로 나타냈을 때의 계수를 표현한다. 그러니까 Γ의 아래 첨자 $\alpha\beta$의 의미는 α축 기저벡터를 β축 방향으로 미분하는 경우 그 결과를 기저벡터 $\vec{e}_{\lambda}$를 써서 전개했을 때 각 성분이 바로 $\Gamma^{\lambda}{}_{\alpha\beta}$이다. 그러니까 첨자 λ는 각 성분의 순서를 표시한다. 좀 더 구체적인 예를 들어보기로 하자.

시공간에서 미분한다고 할 때, 먼저 기저벡터가 4개(※ 시간축 1개와 공간축 3개)이고 이들 각각에 대하여 4개의 좌표축으로 미분한 것이므로

모두 16개의 값이 나온다. 그런데 벡터는 미분해도 벡터이므로 이 16개는 모두 벡터이다. 다시 말하면 이 벡터는 미소변화량을 나타내는 또 다른 벡터가 될 것이다. 따라서 $\partial \vec{e}_\alpha \;/\; \partial x^\beta$는 모두 16개의 벡터를 나타내고 있다. 그런데 이 16개의 벡터는 각각 다시 원래 기저벡터를 기저로 하는 1차 결합의 형태로 나타낼 수가 있다. 그랬을 때 성분은 벡터 하나당 4개가 있으므로 총 64개의 성분이 나온다. 이 64개의 성분을 나타낸 것이 바로 크리스토펠 기호이다. 즉,

$$\frac{\partial \vec{e}_\alpha}{\partial x^\beta} = \Gamma^\mu{}_{\alpha\beta}\, \vec{e}_\mu \;.$$

(※ 여기서 첨자 μ는 더미 첨자이므로 λ 등 임의의 다른 문자로 바꿀 수 있다.)

$\Gamma^\mu{}_{\alpha\beta}$의 가장 직관적인 이해는 '벡터 $\partial \vec{e}_\alpha \;/\; \partial x^\beta$의 μ번째 성분'이다. 그러므로 $\Gamma^\mu{}_{\alpha\beta}$는 스칼라이다. 그렇다고 $\Gamma^\mu{}_{\alpha\beta}$가 텐서처럼 하나의 총체적인 의미를 갖는 물리량이라고 할 수도 없다. 그러므로 $\Gamma^\mu{}_{\alpha\beta}$ 는 텐서가 아니다. 텐서가 아니므로 즉 좌표 종속적이다. 따라서 단독으로는 물리 방정식에 포함될 수 없다. 그럼에도 불구하고 크리스토펠 기호는 상대론에서 매우 중요한 개념 중의 하나이므로 별도의 장에서 자세히 다룰 것이다.

그러면 지금부터 공변 미분에 대해 본격적인 정의를 해 보자. 앞의 공변 미분 식에서 마지막 항을 크리스토펠 기호를 써서 다시 나타내면,

$$\frac{\partial \vec{V}}{\partial x^{\beta}} = \frac{\partial V^{\alpha}}{\partial x^{\beta}} \vec{e}_{\alpha} + V^{\alpha} \Gamma^{\mu}{}_{\alpha\beta} \vec{e}_{\mu} .$$

여기서 우측 두 번째 항의 기저벡터의 첨자를 첫 번째 항의 기저벡터 첨자와 같도록 고쳐보자. 두 번째 항의 첨자 μ와 α는 더미 첨자(dummy index)이므로 다른 문자로 바꾼다 해도 전혀 문제 될 것이 없다. 여기서는 서로 맞바꾸는 것으로 하자. 즉 $\mu \rightarrow \alpha$, $\alpha \rightarrow \mu$로 바꾼다. 그러면 우변에서 다음과 같이 $\vec{e}_{\alpha}$를 묶어낼 수 있다.

$$\frac{\partial \vec{V}}{\partial x^{\beta}} = \frac{\partial V^{\alpha}}{\partial x^{\beta}} \vec{e}_{\alpha} + V^{\mu} \Gamma^{\alpha}{}_{\mu\beta} \vec{e}_{\alpha}$$

$$\Rightarrow \frac{\partial \vec{V}}{\partial x^{\beta}} = \left(\frac{\partial V^{\alpha}}{\partial x^{\beta}} + V^{\mu} \Gamma^{\alpha}{}_{\mu\beta}\right) \vec{e}_{\alpha} .$$

벡터의 성분과 기저를 라이프니츠 룰에 따라 모두 편미분하였더니 위 식과 같이 비교적 단순한 형태로 압축되었다. 그런데 이 식을 자세히 뜯어보면 $\left(\frac{\partial V^{\alpha}}{\partial x^{\beta}} + V^{\mu} \Gamma^{\alpha}{}_{\mu\beta}\right)$ 항은 다름 아닌 벡터 V^{α}를 공변 미분했을 때 얻게 되는 텐서의 x^{β}축 방향 성분을 나타내고 있다. 그리하여 우리는 이 괄호 항에 대해서 성분 표기법으로 공변 미분을 정의할 수 있게 되었다.

$$\boxed{\nabla_{\beta} V^{\alpha} = \frac{\partial V^{\alpha}}{\partial x^{\beta}} + V^{\mu} \Gamma^{\alpha}{}_{\mu\beta}}$$

$\nabla_\beta V^\alpha$는 $\nabla \vec{V}$의 x^β축 방향 성분이다. 스칼라를 델 미분하면 벡터가 되고, 벡터를 델 미분하면 텐서가 된다는 것을 생각한다면 $\nabla_\beta V^\alpha$가 텐서 $\nabla \vec{V}$의 성분이라는 것은 자연스러운 것이다. 벡터를 공변 미분하면 텐서의 성분이 나오는 과정과 위 식의 괄호 밖에 있는 $\vec{e}_\alpha$(※ $\vec{e}_\alpha \otimes \vec{e}^\beta$의 성분)에 대해서는 이 책의 범위를 벗어나므로 생략하기로 한다.

$\nabla \vec{V}$와 ∇ 기호

$\nabla \vec{V}$는 벡터를 공간미분한 것이다. ∇ 기호는 '델' 또는 '나블라'라고 부른다. 소위 공간미분 연산자이다. 우리는 이 기호를 그래디언트에서 보았다. 스칼라 함수 Φ에 대한 공간미분은 그래디언트라고 하고 $\nabla \Phi$로 쓴다. 함수에 대한 각 좌표축의 편미분 연산자가 성분별로 들러붙어 마치 벡터와 같은 모양을 이룬다. 임의의 방향으로의 방향도함수는 이 그래디언트에 단위벡터를 내적한 값이다. 소위 그래디언트의 최댓값이다. dx나 dy처럼 특정 변수 방향으로 미분할 때와 달리 임의의 벡터 방향으로 미분할 때는 좌표축이 모두 동시에 같이 변화한다. 따라서 그 함숫값의 변화량도 각 성분으로 쪼개져 나타난다. 즉 함숫값의 변화량이 벡터와 같이 거동하는 것이다. 그래디언트가 벡터의 모양을 갖는 것도 바로 이런 이유에서이다. 이 그래디언트 벡터와 임의 방향 단위벡터를 서로 내적하면 내적의 최댓값, 즉 방향도함수가 된다. 그것이 방향도함수를 나타내는 식 $D_u f = \nabla f \bullet \vec{u}$이다. 직교좌표계에서의 ∇은 $(\frac{\partial}{\partial x}, \frac{\partial}{\partial y}, \frac{\partial}{\partial z})$이다. 그러므로 그래디언트 ∇f는 $(\frac{\partial f}{\partial x}, \frac{\partial f}{\partial y}, \frac{\partial f}{\partial z})$이다.

스칼라를 델 미분하면 그래디언트 벡터가 된다. 이로 미루어볼 때 벡터를 델 미분한 $\nabla \vec{V}$는 텐서임이 분명하다. $\nabla_\beta V^\alpha$는 벡터 V^α를 x^β 방향으로 미분한 것으로 텐서 $\nabla \vec{V}$의 성분이다.

그래디언트의 성질 중 가장 중요한 것 중의 하나는 그것이 곧 '듀얼벡터'라는 것이다. 예를 들어, 곡선좌표축 u_1에 대한 그래디언트는 $u_1 = c_1$인 면에 수직인 벡터 $\boldsymbol{e}_1$이다. 그런가 하면 직교좌표축 x에 관한 그래디언트는 곧 $\boldsymbol{i}$이다.

〈증명〉

$$\nabla \Phi = \frac{\partial \Phi}{\partial x}\boldsymbol{i} + \frac{\partial \Phi}{\partial y}\boldsymbol{j} + \frac{\partial \Phi}{\partial z}\boldsymbol{k}$$

$$\Rightarrow \nabla x = \frac{\partial x}{\partial x}\boldsymbol{i} + 0 + 0$$

$$\therefore \nabla x = \boldsymbol{i}$$

일반좌표계로 확장하면,

$$\nabla \Phi = \frac{\partial \Phi}{\partial u_1}\boldsymbol{e}_1 + \frac{\partial \Phi}{\partial u_2}\boldsymbol{e}_2 + \frac{\partial \Phi}{\partial u_3}\boldsymbol{e}_3$$

$$\Rightarrow \nabla u_1 = \frac{\partial u_1}{\partial u_1}\boldsymbol{e}_1 + 0 + 0$$

$$\therefore \nabla u_1 = \boldsymbol{e}_1$$

이 $\boldsymbol{i}$는 $x = c$인 면(곧 $y-z$ 평면이다.)에 수직인 벡터이다. 이것으로 알 수 있는 것은 직교좌표계에서는 접선벡터와 듀얼벡터가 일치하지만, 좌표축이 휘어지면 즉 곡선좌표계가 되면 접선벡터와 듀얼벡터가 분리된다는 것이다. 한 세트의 접선벡터와 한 세트의 듀얼벡터는 서로 역격자(reciprocal) 의 관계에 있다.

휘어진 공간에서의 미분, 즉 공변미분은 말하자면 방향도함수이다. 따라서 공변미분연산자를 ∇_v로 표시하는 것은 자연스럽다. 벡터 $\vec{v}$ 방향으로 미분하라는 지시어인 셈이다.

편미분 $\frac{\partial V^{\alpha}}{\partial x^{\beta}}$을 '쉼표'를 써서 간단히 $V^{\alpha}{}_{,\beta}$로 표시하기로 하고, 공변 미분은 '세미콜론'을 써서 $V^{\alpha}{}_{;\beta}$로 표기하면 편리하다. 즉 쉼표가 있으면 그냥 편미분, 세미콜론이면 공변 미분이다. 이 간단한 표기를 사용해서 다시 쓰면,

$$V^{\alpha}{}_{;\beta} = V^{\alpha}{}_{,\beta} + V^{\mu}\ \Gamma^{\alpha}{}_{\mu\beta}$$

이 반변 벡터의 공변 미분 식을 다시 한 번 해석해 본다면 다음과 같다. 즉, V^{α}라는 벡터를 공변 미분한다는 것은 우선 그에 대해 일반 편미분을 한 다음, 그 결과가 공변될 수 있도록 크리스토펠 기호를 써서 보정한 것이다. 이를 좀 더 직관적으로 설명한다면, 공변 미분은 벡터 성분의 변화량($V^{\alpha}{}_{,\beta}$)에다 공간의 휘어진 정도에 따른 변화량(V^{μ} $\Gamma^{\alpha}{}_{\mu\beta}$)을 더해 준 것이다. 따라서 편평한 공간에서는 $\Gamma^{\alpha}{}_{\mu\beta} = 0$이기 때문에 공변 미분이 그냥 편미분과 같아진다. 반면 휘어진 공간에서는 본래의 미분에다가 공간의 휘어진 정도까지 감안하기 때문에 자연스럽게 공변 미분이 된다. 그러므로 공변 미분은 **좌표계의 선택과는 무관**한 미분 방식이라 할 수 있다.

공변 미분은 다차원 공간 미분이므로 공간미분 기호 ▽(nabla)을 써서 표현하기도 한다. 즉,

$$\nabla_{\beta}\ V^{\alpha} = \partial_{\beta}\ V^{\alpha} + V^{\mu}\ \Gamma^{\alpha}{}_{\mu\beta}\ .$$

벡터 성분 V^{α}에 대한 미분이므로 ∇ 대신 첨자가 붙은 ∇_{β}가 사용되었다. 즉 $\nabla_{\beta} V^{\alpha}$은 성분 V^{α}를 $\vec{e}_{\beta}$ 방향으로 공변 미분하라는 뜻이다.

지금까지는 **반변벡터 V^{α}에 대한 공변 미분**이었다. 그러면 듀얼벡터 V_{α}에 대한 공변 미분은 어떻게 달라지나? 듀얼벡터 V_{α}를 공변 미분해 보자.

$$\frac{\partial \vec{V}}{\partial x^{\beta}} = \frac{\partial}{\partial x^{\beta}} (V_{\alpha} \vec{e}^{\alpha}) = \frac{\partial V_{\alpha}}{\partial x^{\beta}} \vec{e}^{\alpha} + V_{\alpha} \frac{\partial \vec{e}^{\alpha}}{\partial x^{\beta}} \quad (1)$$

그런데 이번에는 $\frac{\partial \vec{e}^{\alpha}}{\partial x^{\beta}}$를 크리스토펠 기호로 바꾸는데 약간의 주의가 필요하다. 반변벡터의 경우와는 다르기 때문이다. 여기서는 크로네커 델타를 미분하면 0이 된다는 사실을 이용한다. $(\vec{e}^{\mu} \cdot \vec{e}_{\alpha}) = \delta^{\mu}{}_{\alpha}$라고 놓고 미분하면,

$$\frac{\partial}{\partial x^{\beta}} (\vec{e}^{\mu} \cdot \vec{e}_{\alpha}) = 0$$

라이프니츠 룰을 적용하면,

$$\frac{\partial \vec{e}^{\mu}}{\partial x^{\beta}} \vec{e}_{\alpha} + \vec{e}^{\mu} \frac{\partial \vec{e}_{\alpha}}{\partial x^{\beta}} = 0$$

두 번째 항을 우변으로 이항하면

$$\frac{\partial \vec{e}^{\mu}}{\partial x^{\beta}}\ \vec{e}_{\alpha} = -\vec{e}^{\mu}\ \frac{\partial \vec{e}_{\alpha}}{\partial x^{\beta}}$$

우변의 $\frac{\partial \vec{e}_{\alpha}}{\partial x^{\beta}}$은 $\Gamma^{\mu}{}_{\alpha\beta}\ \vec{e}_{\mu}$임을 알고 있다. 대입하면,

$$\frac{\partial \vec{e}^{\mu}}{\partial x^{\beta}}\ \vec{e}_{\alpha} = -\Gamma^{\mu}{}_{\alpha\beta}$$

그런데 우리가 필요한 것은 $\frac{\partial \vec{e}^{\mu}}{\partial x^{\beta}}$가 아니라 $\frac{\partial \vec{e}^{\alpha}}{\partial x^{\beta}}$이다. 따라서 첨자 $\mu \leftrightarrow \alpha$로 교환하면

$$\frac{\partial \vec{e}^{\alpha}}{\partial x^{\beta}}\ \vec{e}_{\mu} = -\Gamma^{\alpha}{}_{\mu\beta} \Rightarrow \frac{\partial \vec{e}^{\alpha}}{\partial x^{\beta}} = -\vec{e}^{\mu}\ \Gamma^{\alpha}{}_{\mu\beta}$$

이것을 (1) 식에 대입하면

$$\frac{\partial \vec{V}}{\partial x^{\beta}} = \frac{\partial V_{\alpha}}{\partial x^{\beta}}\ \vec{e}^{\alpha} - V_{\alpha}\ \Gamma^{\alpha}{}_{\mu\beta}\ \vec{e}^{\mu}$$

우변 둘째 항을 첨자 교환($\mu \leftrightarrow \alpha$)하면,

$$\frac{\partial \vec{V}}{\partial x^{\beta}} = \frac{\partial V_{\alpha}}{\partial x^{\beta}}\ \vec{e}^{\alpha} - V_{\mu}\ \Gamma^{\mu}{}_{\alpha\beta}\ \vec{e}^{\alpha}$$

$$= \left(\frac{\partial V_\alpha}{\partial x^\beta} - V_\mu \Gamma^\mu{}_{\alpha\beta} \right) \vec{e}^{\,\alpha}$$

$$\boxed{V_{\alpha;\beta} = V_{\alpha,\beta} - V_\mu \Gamma^\mu{}_{\alpha\beta}}$$

이것은 **듀얼벡터** V_α**에 대한 공변 미분**이다.

공변 미분은 편평한 공간이든, 휘어진 공간이든 다 통용되는 그야말로 일반적인 미분 방식이다. 편평한 공간에서는 기저벡터가 변하지 않으므로 Γ 값이 제로이다. 따라서 편평한 공간에서의 공변 미분은 그냥 보통의 편미분과 같다. ($V^\alpha{}_{;\beta} \equiv V^\alpha{}_{,\beta}$)

공변 미분과 평행 이동

사실 지금까지 설명한 공변 미분은 미분을 정의했다기보다는 공식을 유도했다고 해야 옳을 것이다. 미분을 제대로 정의하려면 뉴턴 몫(Newton quotient)을 구해서 극한을 취해야 한다. 즉 벡터(장)가 미소구간을 이동했을 때 변화하는 양을 미소구간으로 나눈 다음 극한을 취하는 방법이다. 당연히 공변 미분도 이러한 방식으로 정의될 수 있어야 한다. 그러나 여기에는 우리가 지금까지 상상도 할 수 없는 놀라운 일이 숨겨져 있다. 과연 무슨 일이 벌어지는 걸까?

공변 미분을 정의하려면 먼저 뉴턴 몫을 구해야 한다. 그러려면 벡터가 미소구간을 이동했을 때 생기는 변화량을 구해야 한다. 그것은 뉴턴 몫의 분모가 될 것이다. 벡터가 미소구간을 이동했을 때 변화량을 구하려면 이동 전후의 벡터를 서로 차감해야 할 것이다. 그러나 우리는 휘어진 공간에서는 아무리 미소구간이라도 위치가 바뀌면 접공간이 달라지므로 벡터를 서로 더하지도 빼지도 못한다고 알고 있다. 그런데 기가 막힌 방법이 있다!

다름 아니라 **평행이동**(parallel transport)을 시키는 것이다. 접공간이 다른데 평행이동을 한다고? 그런데 무한소의 작은 범위에서는 휘어진 공간도 편평한 공간으로 간주할 수 있다. 다른 말로 표현하면 국소적 평행이동(local parallelism)의 개념이다. 국소적 규모에서 하는 평행이동은 유클리드 공간에서 하는 평행이동과 다를 것이 없다. 평행이동이 이렇게 정의되면 공변 미분의 정의도 자연스럽게 가능해진다. 그렇다면 평행이동이 정의되면 곧 공변 미분이 정의되는 것이고, 공변 미분이 정의되면 평행이동이 정의되는 것이다. 또한 공변 미분은 **미분연산자**(derivative operator)로 표현되므로 평행이동이 정의되면 공변 미분연산자가 정해지는 것과 같다.

국소적 평행이동의 개념을 하나의 곡선을 따라서 연결해 나가면 접공간이 연결되기 시작한다. 국소적 평행이동이 글로벌한 평행이동이 된다. 글로벌한 평행이동은 내재적이다. 그렇게도 난공불락이던 서로 다른 접공간들도 오로지 평행이동이라는 수단에는 어쩔 수 없이 길을 열어주는 것이다. 공간이 휘어지든 안 휘어지든 벡터가 평행이동을 하고 있다면 그 벡터에는 아무런 변화도 일어나지 않는 것이기 때문이다. 그것이 평행이동의 정의이다. 이로써 접공간들은 국소적 평행이동 또는 내재적 평행이동 개념에 의해 하나로 통합된다. 이것이 **접속**(connection)이다. 평행이동은 접속이 잘 정의되어 있을 것을 요구한다. 접속은 곧 공변 미분연산자이다. 접속은 두 개의 서로 다른 벡터 공간을 연결해 주는 비밀 통로와도 같다. 만일 접속이 없다면 두 점은 연결되지 않는다. 접속은 두 점을 잇는 경로에 의해 정의되므로 수없이 많은 접속이 존재한다. 그 중 하나가 크리스토펠 기호다. 다만 이것은 두 개의 특수한 조건(① metric compatibility ② torsion free)을 만족하는 접속이다. 우리가 아는 크리스토펠 기호의 정의는 이 두 조건을 만족하는 것을 전제로 한 것이다. 메트릭이 주어지면 유일무이한 접속, 즉 크리스토펠 기호가 결정된다.

지금까지의 내용이 어렵게 느껴지는 독자는 이 부분은 건너뛰어도 좋다. 여기에는 리만 기하학의 개념들이 많이 들어있기 때문이다. 스킵해도 상대론을 알아 가는 데는 크게 지장이 없다.

평행이동을 수학적으로 표현한다면,

$$\frac{dV^{\alpha}}{d\lambda} = 0 \ .$$

위 식은 말하자면 벡터 $\vec{V}$가 매개변수(※ 시간 등)가 커지는 방향으로 가도 벡터가 변하지 않고 그대로 있다는 이야기이다.

글로벌한 의미의 내재적 평행이동을 쉽게 설명하는 방법이 있다. 북극점에서 어떤 사람이 창(spear)을 지면과 나란히 들고 있다고 하자. 이 사람이 창을 들고 지구 자오선을 따라 정남 쪽으로 반듯이 간다고 했을 때 창의 움직임이 바로 벡터의 평행이동이다. 바로 직전의 벡터와 가장 평행하게 유지한 채 다음 지점으로 가고 또 그 지점에서 직전의 벡터와 평행하게 다시 다음으로 가고 그렇게 한 걸음 한 걸음 가는 것이다. 그리하여 적도에 이르렀을 때, 그 창을 그대로 든 채(창은 남쪽을 가리키고 있을 것이다) 옆걸음으로 서쪽으로 계속 가다가 어느 지점에서 다시 북극을 향해서 간다고 하자. 그러면 창은 남쪽을 가리킨 채 사람은 북쪽을 향해서 가게 될 것이다. 그 사람이 북극에 도달했을 때 창의 방향은 출발할 때의 방향보다 오른쪽으로 회전되어 있을 것이다. 이 사람의 창은 시종일관 평행이동을 하였건만 원래 지점으로 돌아와 보니 창의 방향이 달라져 있다. 수학자 리만은 창의 방향이 차이가 나는 것은 순전히 지구의 표면이 휘어져 있기 때문이라고 생각하였다. 만일 지구가 아닌 편평한 평면에서 이같이 움직였다면 시작과 끝의 창의 방향이 일치했을 것이기 때문이다. 가우스 사상(Gauss map)은 지면에 수직인 법선 벡터의 변화량으로 곡률을 계산한다. 그러나 리만은 이 법선벡터를 접평면에 눕힌 채로 움직여서 그 변화량으로 곡률을 계산하였다. 바로 내재적 관점으로 본 것이다. 그리하여 리만은 모든 차원의 휘어진 공간의 곡률을 계산할 수 있었다. 이것이 리만곡률텐서(Riemann curvature tensor)이다.

텐서의 공변 미분

자, 마지막으로 텐서에 대한 공변 미분을 이야기하고 이 장을 마치기로 하자. 텐서에 대해서는 아직 잘 모르지만, 원리적인 면에서는 벡터의 공변 미분과 다를 것이 없을 것이다. 공변 미분의 원리란 앞에서도 보았듯이 보통 편미분한 것에다 크리스토펠 기호로 된 보정항(correction term)을 더하는 것이다. 그럼 텐서 $T^{\mu\nu}$에 대해 공변 미분해 보자.

$$T^{\mu\nu}{}_{;\beta} = T^{\mu\nu}{}_{,\beta} + \Gamma^{\mu}{}_{\alpha\beta}\ T^{\alpha\nu} + \Gamma^{\nu}{}_{\alpha\beta}\ T^{\mu\alpha}$$

텐서 공변 미분 전개 방법

① 먼저 편미분한 것($T^{\mu\nu}{}_{,\beta}$)을 우변 첫째항에 놓는다. 그다음은 보정항을 만드는 것인데, 텐서는 첨자가 μ, ν 2개이므로 각각에 대하여 보정해야 한다. 그러므로 보정항이 두 개 생긴다. ② 먼저 μ에 대해서 하면, μ를 β로 미분하는 것이므로 크리스토펠 기호 위 첨자를 μ로 하고 아래 첨자 둘째 자리에 β를 배치한다. 그런 다음 β 앞자리에 임의의 첨자 α를 놓고 그 첨자에 맞추어 텐서 $T^{\alpha\nu}$를 만든다. 첨자 α가 텐서의 위 첨자 μ의 자리에 대체되었다. ③ 다음은 ν에 대해서 앞에서와 같은 요령으로 하면, 크리스토펠 기호 위 첨자를 ν로 하고 아래 첨자 둘째 자리에 β를 배치한다. 그런 다음 β 앞자리에 임의의 첨자 α를 놓고 그 첨자에 맞추어 텐서 $T^{\mu\alpha}$를 만든다. 이번에는 첨자 α가 텐서의 위 첨자 ν의 자리에 대체되었다. 임의로 도입된 첨자 α는 summation용이다.

같은 방법으로 공변텐서 $T_{\mu\nu}$와 혼합텐서 $T^{\mu}{}_{\nu}$에 대해서도 공변 미분하면 다음과 같다.

$$T_{\mu\nu;\beta} = T_{\mu\nu,\beta} - \Gamma^{\alpha}{}_{\mu\beta} T_{\alpha\nu} - \Gamma^{\alpha}{}_{\nu\beta} T_{\mu\alpha} ,$$

$$T^{\mu}{}_{\nu;\beta} = T^{\mu}{}_{\nu,\beta} + \Gamma^{\mu}{}_{\alpha\beta} T^{\alpha}{}_{\nu} - \Gamma^{\alpha}{}_{\nu\beta} T^{\mu}{}_{\alpha} .$$

반변텐서 때와 같은 요령이지만 다만 크리스토펠 기호 앞의 부호에 유의한다. 텐서의 위 첨자 보정일 때는 + 부호를, 아래첨자 보정일 때는 - 부호를 붙인다.

크리스토펠 기호 $\Gamma^{\mu}{}_{\alpha\beta}$

상대론에서 크리스토펠 기호는 말할 수 없이 중요하다. 왜냐하면, 휘어진 공간의 곡률을 나타내는 리만곡률텐서가 바로 이 크리스토펠 기호로 구성되어 있기 때문이다. 그러면 이 크리스토펠 기호는 과연 무엇인가?

우리는 앞에서 휘어진 공간에서 벡터 미분을 할 때는 성분뿐만 아니라 기저벡터에 대해서도 미분해야 한다는 것을 알았다. 휘어진 공간에서는 기저벡터도 변하기 때문이다. 변하는 것은 모두 미분 대상이다. 기저벡터를 4개의 좌표축에 대해 각각 미분하면 16개의 성분이 나오는데 이 성분을 다시 원래의 기저벡터의 선형결합으로 나타내면 총 64개의 성분을 얻을 수 있다. 이것이 바로 크리스토펠 기호이다. 그러니까 크리스토펠 기호는 기저벡터를 미분했을 때 나오는 또 다른 벡터의 성분 그 이상도 이하도 아니다.

크리스토펠 기호를 구하는 과정을 좀 더 자세히 살펴보기로 하자.

공변 미분 과정에서 우리는 크리스토펠 기호($\Gamma^{\mu}{}_{\alpha\beta}$)라는 것이 나타난다는 것을 알았다. 벡터에 대한 공변 미분 식을 다시 쓰면

$$V_{\alpha;\beta} = V_{\alpha,\beta} - V_{\mu}\ \Gamma^{\mu}{}_{\alpha\beta}\ .$$

알다시피 이 식에서의 $\Gamma^{\mu}{}_{\alpha\beta}$는 $\frac{\partial \vec{e}_{\alpha}}{\partial x^{\beta}} = \Gamma^{\mu}{}_{\alpha\beta}\ \vec{e}_{\mu}$로 정의된다. 즉 기저벡터를 미분했을 때 그것을 다시 기저의 **선형결합으로 표시했을 때의 성분**을 나타낸다. 4차원 시공간의 경우 좌표축이 4개이므로 총 64개의 값이 나온다.

크리스토펠 기호는 겉으로 보기에 마치 텐서처럼 보인다. 위아래의 첨자가 총 3개이므로 랭크 3의 텐서와 그 모양이 비슷하다. 표기방법으로만 볼 때는 모두 성분을 나타낸다는 점은 공통이다. 그러나 앞에서 본 것처럼 크리스토펠 기호는 기저벡터의 성분을 표시한 것 이상도 이하도 아니다. 그저 64개의 각각의 성분일 뿐이다. 전체적이고 총체적인 물리적 의미가 없다. 반면 랭크 3의 텐서는 64개의 성분이 모여 있는 하나의 총체적인 물리량이다. 그래서 공변한다. 그러나 크리스토펠 기호는 공변 자체가 없다. 크리스토펠 기호를 좌표변환하면 형태가 유지되지 않는 이유가 여기에 있다.

그럼에도 불구하고 크리스토펠 기호는 기저벡터 미분의 성분이라는 단순한 스칼라를 넘어 그 이상의 의미를 갖고 있다. 그것은 크리스토펠 기호가 휘어진 공간의 정보를 갖고 있기 때문이다. 생각해 보라. 휘어진 공간이 아니고 편평한 유클리드 공간에서였다면 크리스토펠 기호는 없어

도 되는 존재이다. 위 공변 미분 식에서 크리스토펠 기호가 0이면, **공변 미분은 보통 편미분과 같아진다**. 편평한 공간에서의 미분과 같아지는 것이다. 그렇다면 크리스토펠 기호가 가지는 의미는 공간의 휘어짐에 대한 정보와 관련이 있음이 분명하다.

$$V_{\alpha;\beta} = V_{\alpha,\beta} \quad \text{(※ 편평한 공간 또는 국소좌표계)}$$

그런데 우리는 공간의 휘어짐에 대한 정보가 크리스토펠 기호 이외에 또 다른 곳에도 존재한다는 것을 안다. 다름 아닌 메트릭 텐서(metric tensor)이다. 공간 내 임의의 점을 기반으로 하는 메트릭 텐서는 그 점에서의 기저벡터의 내적으로 표현된다.

그렇다면 공간의 휘어짐에 대한 정보를 각각 갖고 있는 크리스토펠 기호와 메트릭 둘 사이에는 분명 어떤 연관성이 있으리라는 추론도 가능할 것이다.

다음과 같은 텐서에 대한 공변 미분 공식을 관찰하여 보자.

$$T_{\mu\nu;\beta} = T_{\mu\nu,\beta} - \Gamma^{\alpha}{}_{\mu\beta}\, T_{\alpha\nu} - \Gamma^{\alpha}{}_{\nu\beta}\, T_{\mu\alpha}\,.$$

텐서의 공변 미분은 일반 편미분에 보정 항 두 개를 추가한 것으로 표현된다. 이 식을 메트릭 텐서에 관한 것으로 바꾸어 보자.

$$g_{\mu\nu;\beta} = g_{\mu\nu,\beta} - \Gamma^{\alpha}{}_{\mu\beta}\, g_{\alpha\nu} - \Gamma^{\alpha}{}_{\nu\beta}\, g_{\mu\alpha}\,.$$

그런데 우리가 논의하고 있는 상대론의 휘어진 공간은 약간 특수한 조건이 만족되는 공간이라는 것이 밝혀져 있다. 그것은 ① 메트릭 양립성(metric compatibility)이라는 것인데, 메트릭을 공변 미분하면 항상 제로가 되는 공간이라는 것이다. 즉,

$$g_{\mu\nu;\beta} = 0$$

우리의 공간은 이것 말고도 또 하나의 조건을 만족하는데 그것은 ② 비틀림 없음(torsion free)이다. 그것은 소위 비틀림이 없는 '착한' 공간이어서 한 쌍의 좌표축에 대하여 서로 번갈아 가며 바꾸어 미분하더라도 그 값이 항상 동일하게 나온다는 것을 의미한다. (※ 양자역학의 어떤 공간에서는 torsion free가 성립하지 않는다.) 그리하여 다음과 같은 조건이 성립한다.

$$\Gamma^{\mu}{}_{\alpha\beta} = \Gamma^{\mu}{}_{\beta\alpha} .$$

다시 메트릭에 관한 식으로 돌아가서 메트릭 양립성(조건 ①)에 의해, 메트릭 텐서의 공변 미분이 제로가 되므로

$$g_{\mu\nu,\beta} - \Gamma^{\alpha}{}_{\mu\beta}\, g_{\alpha\nu} - \Gamma^{\alpha}{}_{\nu\beta}\, g_{\mu\alpha} = 0$$

이 성립한다. 그래서

$$g_{\mu\nu,\beta} = \Gamma^{\alpha}{}_{\mu\beta}\, g_{\alpha\nu} + \Gamma^{\alpha}{}_{\nu\beta}\, g_{\mu\alpha} .$$

첨자 μ, ν, β를 차례로 순환시키면 다음 두 개의 방정식을 더 얻는다.

$$g_{\nu\beta,\mu} = \Gamma^{\alpha}{}_{\nu\mu}\ g_{\alpha\beta} + \Gamma^{\alpha}{}_{\beta\mu}\ g_{\nu\alpha}$$

$$g_{\beta\mu,\nu} = \Gamma^{\alpha}{}_{\beta\nu}\ g_{\alpha\mu} + \Gamma^{\alpha}{}_{\mu\nu}\ g_{\beta\alpha}$$

이 세 개의 식 중 첫째 식과 둘째 식을 서로 더하고 마지막 식을 빼면,

$$g_{\mu\nu,\beta} + g_{\nu\beta,\mu} - g_{\beta\mu,\nu} = 2\ \Gamma^{\alpha}{}_{\mu\beta}\ g_{\alpha\nu}\ .$$

양변에 $g^{\alpha\nu}$를 곱한 다음 정리하면

$$\boxed{\Gamma^{\alpha}{}_{\mu\beta} = \frac{1}{2}\ g^{\alpha\nu}\ (g_{\mu\nu,\beta} + g_{\nu\beta,\mu} - g_{\beta\mu,\nu})}$$

상대론을 하는 사람이면 이 공식은 꼭 외워야 한다. 그만큼 중요한 식이다. 왜냐하면, 크리스토펠 기호와 그 미분 값은 **리만곡률텐서 또는 리치텐서를 구성**하기 때문이다. 더군다나 메트릭으로부터 직접 구할 수 있는 공식이 있음으로써 매우 명쾌하고 용이한 방법으로 크리스토펠 기호 값을 구할 수 있다. 물론 크리스토펠 기호의 원래 정의에 의해 기저벡터의 미분으로부터 구하는 방법도 있으나 계산이 매우 복잡하고 번거로운 단점이 있다.

크리스토펠 기호 공식 암기하는 법

크리스토펠 기호를 전개하는 규칙을 알면 편리하다.

$$\Gamma^{\gamma}{}_{\beta\mu} = \frac{1}{2} g^{\alpha\gamma} (\partial_{\mu}\, g_{\alpha\beta} + \partial_{\beta}\, g_{\alpha\mu} - \partial_{\alpha}\, g_{\beta\mu})$$

① 먼저 새로운 첨자 α를 도입하여 크리스토펠 기호의 위 첨자 γ와 함께 $\frac{1}{2}$ $g^{\alpha\gamma}$를 만든다(※ 새로운 임의의 첨자는 더미로서 순전히 summation 목적이다.).
② 크리스토펠 기호 아래 첨자 β, μ로 한 번씩 번갈아 가며 미분하되, μ로 미분할 때는 g 아래 첨자 μ 자리에 α를, β로 미분할 때는 β 자리에 α를 놓아 첫째 항과 둘째 항을 구성한다. ③ 그리고 끝으로 α로 미분하여 마지막 셋째 항을 만든다. 이때 부호는 –를 붙인다.

크리스토펠 기호 계산하기

- 극좌표의 사례 -

실제로 크리스토펠 기호를 구해보는 것만큼 좋은 상대론 공부는 없다. 가장 간단한 극좌표계(polar coordinates)를 예로 들어보자. 극좌표계는 편평한 유클리드 공간에 있지만 곡선좌표계이므로 기저벡터가 위치 종속적이다.

따라서 휘어진 공간에 대한 직관을 얻을 수 있는 좋은 본보기가 된다.

크리스토펠 기호를 구하는 방법은 두 가지이다. 첫째는 정의한 대로 기저 벡터의 미분으로부터 구하는 법이고, 둘째는 공식을 이용하여 메트릭으로부터 구하는 방법이다.

① $\dfrac{\partial \vec{e}_{\alpha}}{\partial x^{\beta}} = \Gamma^{\mu}{}_{\alpha\beta}\ \vec{e}_{\mu},$

② $\Gamma^{\alpha}{}_{\mu\beta} = \dfrac{1}{2}\ g^{\alpha\nu}\ (g_{\mu\nu,\beta} + g_{\nu\beta,\mu} - g_{\beta\mu,\nu})$

첫 번째로 기저벡터로부터 구하는 방법부터 해 보기로 하자. 우리가 구하고자 하는 것은 극 좌표계의 기저벡터 $\vec{e}_r$, $\vec{e}_\theta$이다. 기저벡터는 보통 위치 벡터(position vector, 임의의 위치를 나타내는 벡터함수)를 미분해서 구하면 되는데, 여기서는 기저벡터의 좌표변환을 통해서 직접적으로 구하는 방법으로 한다. 왜냐하면, 위치벡터를 이용하는 것은 내재적 기하가 아니기 때문에 4차원 이상의 휘어진 공간에서는 사용할 수가 없다.

좌표 변환은 직교좌표계의 기저벡터를 극좌표계의 기저벡터로 바꾸면 된다. 당연히 기저벡터 변환 룰을 적용한다. 반대의 경우는 변환행렬을 역행렬로 바꾸면 된다. 우리가 아는 기저벡터 변환 룰은 다음과 같다.

$$\vec{e}_{\alpha'} = \Lambda^{\beta}{}_{\alpha'}\ \vec{e}_{\beta} \quad \text{또는} \quad \vec{e}_{\alpha'} = \frac{\partial x^{\beta}}{\partial x^{\alpha'}}\ \vec{e}_{\beta}$$

$\vec{e}_{\alpha'}$는 2차원 극좌표의 기저이므로 $\vec{e}_r$, $\vec{e}_\theta$이다. 그러니까 첨자 α'은 r, θ를 나타낸다. (※ 첨자 α', β 등에 스트레스 받지 말자. 그냥 각각 new 좌표, old 좌표를 표현할 뿐이다. 보통 new 좌표에 프라임을 많이 쓴다. 물론 다른 첨자를 써도 관계없다.) 한편 $\vec{e}_{\beta}$는 직각좌표의 기저이므로 $\vec{e}_x$, $\vec{e}_y$이

다. 변환행렬은 $\frac{\partial x^{\beta}}{\partial x^{\alpha'}}$ 또는 $\Lambda^{\beta}{}_{\alpha'}$이다. 만일 반대로 극좌표 기저를 직각좌표 기저로 변환하고 싶다면 변환행렬을 역행렬로 바꾸면 된다.

기저벡터를 변환하기 위해 제일 먼저 해야 할 일은 바로 변환행렬을 구하는 것이다. 여기서는 바로 $\frac{\partial x^{\beta}}{\partial x^{\alpha'}}$이다. 이를 2×2 행렬로 나타내면

$$\begin{bmatrix} \frac{\partial x}{\partial r} & \frac{\partial x}{\partial \theta} \\ \frac{\partial y}{\partial r} & \frac{\partial y}{\partial \theta} \end{bmatrix}$$

이 행렬의 각 원소를 구하면 된다. 그런데 우리는 직각좌표계와 극 좌표계 사이에는 다음과 같은 관계가 성립한다는 것을 안다.

$$x = r\cos\theta, \quad y = r\sin\theta\,.$$

그러므로 변환행렬은

$$\begin{bmatrix} \cos\theta & -r\sin\theta \\ \sin\theta & r\cos\theta \end{bmatrix}.$$

$\frac{\partial x^{\beta}}{\partial x^{\alpha'}}\vec{e}_{\beta}$는 다름 아닌 직각좌표계 기저들의 summation이다. 따라서

$$\vec{e}_r = \cos\theta\,\vec{e}_x + \sin\theta\,\vec{e}_y\,,$$

$$\vec{e}_{\theta} = -r\sin\theta\,\vec{e}_x + r\cos\theta\,\vec{e}_y\,.$$

이제 이 기저벡터들을 각 좌표축으로 각각 미분하면 크리스토펠 기호를 골라 낼 수 있다.

2차원 극좌표이므로 위 기저벡터 두 개를 좌표축 r과 θ로 각각 미분하면,

$$\frac{\partial \vec{e}_r}{\partial r} = 0 \quad \Rightarrow \quad \Gamma^r{}_{rr} = 0, \quad \Gamma^\theta{}_{rr} = 0,$$

$$\frac{\partial \vec{e}_r}{\partial \theta} = \frac{1}{r}\vec{e}_\theta \quad \Rightarrow \quad \Gamma^r{}_{r\theta} = 0, \quad \Gamma^\theta{}_{r\theta} = \frac{1}{r},$$

$$\frac{\partial \vec{e}_\theta}{\partial r} = \frac{1}{r}\vec{e}_\theta \quad \Rightarrow \quad \Gamma^r{}_{\theta r} = 0, \quad \Gamma^\theta{}_{\theta r} = \frac{1}{r},$$

$$\frac{\partial \vec{e}_\theta}{\partial \theta} = -r\,\vec{e}_r \quad \Rightarrow \quad \Gamma^r{}_{\theta\theta} = -r, \quad \Gamma^\theta{}_{\theta\theta} = 0.$$

크리스토펠 기호를 기저벡터의 미분으로 정의한 그대로 결과들이 잘 나오고 있음을 볼 수 있다. 가령 두 번째 $\frac{\partial \vec{e}_r}{\partial \theta} = \frac{1}{r}\vec{e}_\theta$는 다름 아닌 $\frac{\partial \vec{e}_r}{\partial \theta} = 0 \cdot \vec{e}_r + \frac{1}{r}\vec{e}_\theta$인 셈이므로 각 계수는 $\Gamma^r{}_{r\theta} = 0$, $\Gamma^\theta{}_{r\theta} = \frac{1}{r}$이다.

두 번째로 공식을 이용해서 메트릭으로부터 크리스토펠 기호를 구해 보기로 하자.

이 방법을 쓰려면 먼저 메트릭을 알아야 한다. 극좌표계의 메트릭은

$$[g_{\alpha\beta}] = \begin{bmatrix} \vec{e}_r \cdot \vec{e}_r & \vec{e}_r \cdot \vec{e}_\theta \\ \vec{e}_\theta \cdot \vec{e}_r & \vec{e}_\theta \cdot \vec{e}_\theta \end{bmatrix}$$

이므로

$$[g_{\alpha\beta}] = \begin{bmatrix} 1 & 0 \\ 0 & r^2 \end{bmatrix} .$$

이것은 원소별로 쓰면 $g_{rr} = 1$, $g_{r\theta} = 0$, $g_{\theta r} = 0$, $g_{\theta\theta} = r^2$이다.

한편, 참고로 역행렬은

$$[g^{\alpha\beta}] = \begin{bmatrix} 1 & 0 \\ 0 & 1/r^2 \end{bmatrix} .$$

그럼 예를 들어 앞에서 구한 $\Gamma^{\theta}{}_{r\theta} = \frac{1}{r}$이 공식을 사용해서 구한 값과 일치하는지 알아보자. 공식에 의해

$$\Gamma^{\theta}{}_{r\theta} = \frac{1}{2} g^{a\theta} (g_{ra,\theta} + g_{a\theta,r} - g_{r\theta,a}) .$$

첨자 a는 summation을 위해 도입된 임의의 첨자이다. 그리하여 a는 r, θ를 각각 대입한 후 모두 합하면 된다. 즉,

$$\Gamma^{\theta}{}_{r\theta} = \frac{1}{2} g^{r\theta} (g_{rr,\theta} + g_{r\theta,r} - g_{r\theta,r})$$
$$+\frac{1}{2} g^{\theta\theta} (g_{r\theta,\theta} + g_{\theta\theta,r} - g_{r\theta,\theta})$$

그런데 첫째 항의 $g^{r\theta}$는 0이고, 둘째 항의 $g_{r\theta}$도 0이므로 결국 다음과 같이 된다.

$$\Gamma^{\theta}{}_{r\theta} = \frac{1}{2} g^{\theta\theta} (g_{\theta\theta,r})$$

$$= \frac{1}{2r^2} \ \partial_r (r^2)$$

$$= \frac{1}{2r^2} \ (2r)$$

$$= \frac{1}{r} \ .$$

앞에서 기저벡터 미분으로 구한 값과 잘 일치하고 있음을 알 수 있다.

크리스토펠 기호는 기저벡터의 계수 이상도 이하도 아니다. 그럼에도 불구하고 공간의 휘어짐에 대한 정보를 갖고 있어서 매우 중요하게 다루어지며 나중에 곡률텐서의 성분을 구성한다.

여기서 우리가 주목해야 할 것은 크리스토펠 기호가 내재적(intrinsic)이라는 점이다. 기저벡터를 미분하면 그 결과가 접공간에 있으란 법은 없다. 그러나 리만은 접공간에 정사영하는 방법을 써서 미분 후 추가로 생성되는 차원을 제거하였다. 이른바 공변 도함수의 내재적 정의이다. 그러므로 기저벡터 미분 결과를 접공간의 기저로 나타내었을 때 그 계수들이 바로 크리스토펠 기호인 것이다. 따라서 크리스토펠 기호는 본디 내재적 기하의 산물이라고 할 수 있다.

만일 4차원 시공간에서 크리스토펠 기호를 구한다고 할 때는 구좌표가 x, y, z, t, 신좌표가 x', y', z', t' 이므로 위의 극좌표의 경우보다 변수가 2개 더 많아져 계산이 더 복잡할 뿐 방법이 달라지는 것은 아니다. 물론 메트릭도 4×4 행렬이 될 것이다. 계산해야 하는 크리스토펠 개수도 총 64개다. 그러나 좋은 소식(good news)은 우리가 다루는 공간은 거의 모두 대칭구조를 갖고 있거나 비대각 성분이 제로인 경우가 많으므로 실제로 계산해야 하는 크리스토펠 기호는 몇 개 되지 않는다. 실제로 슈바르츠실트 공간의 경우 0이 아닌 독립적인 크리스토펠 기호는 9개에 불과하다.

측 지 선

우주를 떠다니는 천체들은 저마다 운동을 하고 있다. 중력 이외에는 다른 어떤 힘도 받지 않는 그야말로 자유낙하(freely falling) 궤도 운동 상태이다. 그런데 놀라운 것은 이들이 모두 최단 경로인 측지선(geodesic)을 따라 움직이고 있다는 사실이다! 궤도가 측지선인 것이다. 그러면 측지선이란 구체적으로 무엇일까? 지금부터 그에 관한 이야기를 하려고 한다.

측지선의 정의

평면에서 두 점 사이의 가장 가까운 거리는 말할 것도 없이 직선(straight line)이다. 그러면 휘어진 공간에서 최단 경로는 무엇일까? 직선이 아님은 분명하다. 왜냐하면 휘어진 공간에는 직선이 존재할 수 없기 때문이다.

휘어진 공간의 가장 좋은 예는 지구 표면이다. 그러면 지구 표면에서 최단 경로는 어떻게 구해야 할까? 좀 더 구체적으로 말해보자. 가령 서울과 부산을 잇는 최단 경로는 무엇인가? 그것을 찾기 위해 우리는 지도상에서 서울-부산을 잇는 직선을 그을 것이다. 그렇다. 그것이 바로 우리가 찾는 최단거리이다. 그러나 좀 더 곰곰이 생각해 보면, 그 직선은 지도상에서 보기에 직선일 뿐 실제로는 서울에서 부산까지 아주 완만하게 굽어 있는 지구 표면을 따라가는 선이다. 즉 곡선인 것이다. 그런데 한 가지 분명한 것은 이 곡선은 대전을 거쳐서 가는 우회 경로인 서울-대전-부산 곡선보다는 짧을 것이다. 그리고 그 밖에 다른 어떤 경로보다도 짧은 것이 분명하다. 이처럼 직선은 아니지만 마치 직선 같은, **가장 직선에 가까운** 이 선이 바로 두 점을 잇는 **최단 경로**이다.

이와 같이 휘어진 공간에서 ① 가장 짧은(the shortest) 경로이면서 동시에 ② 가장 직선처럼 보이는(the straightest) 바로 이것을 **측지선**(geodesic)이라고 한다.

지구 표면의 두 점을 잇는 측지선은 사실 두 점을 지나는 지구 대원(great circle, ※ 지구 중심을 통과하는 원)의 일부이다. 서울-부산을 잇는 최단 경로도 이 두 지점을 지나는 지구 대원의 극히 일부에 해당한다. 측지선과 지구 대원을 이해하기 위한 좋은 예를 하나 더 들어보자.

가령 대한민국 서울에서 미국 워싱턴으로 갈 때, 비행기는 알래스카 쪽으로 갔다가 다시 워싱턴으로 내려온다. 지도를 보면 하와이 쪽 태평양을 수평으로 가로질러서 가도 될 텐데 그렇게 하지 않는다. 왜 그럴까? 그것은 알래스카 쪽 비행경로가 태평양 쪽의 비행경로보다 더 짧기 때문이다. 알래스카 쪽 비행경로가 다름 아닌 서울-워싱턴을 잇는 측지선이라는 이야기이다. 알래스카 쪽의 서울-워싱턴 경로가 지구의 대원과 일치하는 측지선이고, 태평양을 지나는 서울-워싱턴 경로는 우회 경로인 셈이다. 우회 경로가 측지선보다 더 먼 것은 당연하지 않은가? 다시 말해서 지구 표면 위 임의의 두 점을 잇는 선은 그에 해당하는 **단 하나의** 지구 대원과 일치시킬 수가 있다. 그 두 점을 잇는 선 말고는 전부 우회하는 선이다. 따라서 대원과 일치되는 선, 즉 측지선이 두 점을 잇는 가장 짧은 선이 되는 것이다

그러면 우주와 같은 공간에서의 측지선은 어떨까?

태양계의 행성들은 태양 주위를 공전하고 있다. 태양을 중심으로 해서 돌고 있다는 것은 다른 말로 태양을 향해서 자유낙하(freely falling)하고 있는 것과 같다고 볼 수 있다. 태양의 중력에 이끌려서 자유낙하를 하다가 힘의 균형이 이루어져 궤도 운동을 하고 있는 것이다. 그러니까 궤도 운동과 자유낙하는 물리적으로 동일한 현상이다. 어떤 중력에 이끌려 자유 낙하하는 물체는 언제나 최단 경로로 움직인다. 상식적으로도 자유 낙하하는 물체가 이리저리 곡선 운동을 하면서 떨어진다는 것은 말이 안 된다. 그러니까 중력만을 받는 우주의 모든 천체는 모두 하나같이 자유낙하 운동을 하고 있는 것이며, 바로 최단 경로인 측지선을 따라 움직이고 있는 것이다.

그럼 지금부터 측지선 방정식에 대해 본격적으로 알아보자.

그나저나 밍밍대해와 같은 공간에서 어떻게 측지선을 찾는단 말인가? 여기서 우리가 알고 있는 것은 측지선은 두 점 사이를 잇는 최단거리라는 것뿐이다. 그러나 곰곰 생각해 보면 어디선가 최단거리와 비슷한 말을

들어본 적이 있는 듯하다. 그렇다. 이제부터 다소 생소하지만 중요한 두 가지에 대해서 알아야 한다. 바로 라그랑지언(Lagrangian)과 변분법(calculus of variation)! 라그랑지언은 경로를 표현하는 개념이고, 변분법은 최솟값을 찾기 위한 기법이다. 그러니까 공간상의 두 지점 사이 경로를 라그랑지언으로 나타낸 다음 이 값이 최소가 되는 경우를 찾으면 그게 측지선이다.

라그랑지언, 변분법 그리고 **오일러-라그랑주 방정식**

그런데 라그랑지언이라는 것이 도대체 무엇인가? 단도직입적으로 말한다면 라그랑지언은 **운동에너지에서 위치에너지를 뺀 값**이다. 그런데 이것이 경로와 무슨 상관이란 말인가?

지금부터 다소 신기하고 놀라운 이야기를 하겠다. 18세기 뉴턴역학을 연구하던 라그랑주를 비롯한 일련의 과학자들은 운동하는 모든 물체에는 일정한 패턴이 있음을 발견한다. 즉 운동에너지(T)에서 위치에너지(V)를 뺀 값, 즉 라그랑지언(L)이 최소가 되는 경로로만 움직인다는 것이다. 좀 더 정확히는 라그랑지언을 적분한 값이 최소가 되는 경로이다. 이 적분 값을 좀 특이한 말로 작용(action)이라고 하는데 어쨌든 이것을 수식으로 표현하면 다음과 같다.

$$\text{작용} = S = \int_{t_1}^{t_2} [\text{운동에너지} - \text{위치에너지}]\ dt\ .$$

그러니까 **모든 물체는 이 작용(S)이 최소가 되는 경로**로만 움직인다.

여기서 덧붙여 설명하자면, 라그랑지언은 에너지와 관련된 양이고 그런가 하면 위치(x)와 속도($\dot{x}$)의 함수이기도 하다. (※ $\dot{x}$는 시간에 대한 미분을 말한다. 뉴턴이 사용했던 표기법이다.) 움직이는 물체의 위치와 속도를 안다는 것은 운동에 관한 거의 모든 정보를 아는 것이라고 할 수 있기 때문에, 그 물리계의 라그랑지언을 알면 물체의 운동을 거의 완벽하게 설명할 수 있다. 위치와 속도의 함수이므로 당연히 시간(t)의 함수이기도 하다. 그래서 다음과 같이 표기한다.

$$L = L(x, \dot{x}, t)$$

라그랑지언의 쓰임새는 작용의 최대 또는 최솟값을 찾는 데 있으므로 라그랑지언은 위치, 속도, 시간의 함수이기만 하면 그 어떤 것이라도 가능하다. 다만 계산에 유리한 것으로 선택할 수 있다. 여기서 t 는 당연한 것이므로 $L(x, \dot{x})$을 사용하는 것이 보통이다.

그리하여 작용(S)을 라그랑지언(L)으로 표시하면 다음과 같다.

$$S = \int_{t_1}^{t_2} L(x, \dot{x})\, dt\ .$$

여기서 S는 $S[x(t)]$이다. 즉 $x(t)$의 함수이다.

간단한 라그랑지언의 예를 한 번 들어보자. 여기 수평 방향(x 축 방향)으로만 움직이는 용수철계가 있다 하자. 수직 벽에 수평으로 위치한

용수철에 달린 물체의 질량을 m이라고 하고, 용수철의 탄성계수는 k이다. 그 물체를 잡아당긴 후 놓으면 물체가 진동 운동을 한다. 그때의 라그랑지언은 물체의 운동에너지 마이너스 위치에너지이므로

$$L = \frac{1}{2} m \dot{x}^2 - \frac{1}{2} k x^2 .$$

라그랑주 역학에 의해, 모든 물체는 작용 S가 최소가 되는 경로로 움직인다고 했다. 그러면 작용이 최소가 되는 경로는 어떻게 구할 것인가? 흔히 생각하기에 최솟값은 미분하면 얻어질 수 있다고 생각한다. 왜냐하면, 최솟값 또는 최댓값에서의 접선의 기울기가 제로가 되기 때문이다. 그러나 이것은 함숫값을 구할 때 이야기다. 우리가 최솟값을 구하려는 작용 S는 함수가 아니라 함수의 함수, 즉 **범함수**(functional)이다. 즉 이것은 정의역이 x, y와 같은 변수가 아니라 $f(x)$와 같은 함수이다. 함수 하나에 실수 하나가 대응되는 사상(map), 그래서 범함수라고 부른다. 그러면 범함수의 최솟값은 어떻게 구하면 되나?

범함수의 최솟값은 미분으로 구할 수 없고 근사적인 방법을 써야 한다. 소위 **변분법**(calculus of variation)이라는 것이다. 변분법의 원리는 범함수의 기하학적 모양을 이용하는 것이다. 가령 여기 범함수의 최솟값이 있다고 하자. 편의상 그 모양은 아래로 볼록한 포물선과 같은 모양이라고 생각해도 좋다. 다만 정의역이 변수가 아니고 함수라는 것만 다르다. 중요한 것은 지금부터다. 그 최솟값의 좌우로 미소거리 만큼 떨어진 곳으로 이동해도 범함수의 값이 거의 변하지 않는다는 것이다. 그것은 최솟값의 근방(neighborhood)에서는 곡선과 직선이 잘 구분되지

않는다는 기하학적 형태에서 연유된다. 그렇지만 만일 이를 아주 정밀하게 측정한다면 변하는 값을 알아낼 수도 있을 것이다. 그러나 그것은 오차의 2차, 3차 항까지 계산할 때의 이야기이다. 여기서는 오차의 1차 항까지만(to first order) 계산한다면, 즉 러프하게 계산해서 근사적으로 변화가 없다고 말할 수 있다. 다시 말해서 '범함수 최솟값의 좌우로 함수의 값을 미세하게 변화시켜도 오차 1차 항까지만 계산했을 때는 그 변화가 감지되지 않는다.'라는 이야기이다. 그러니까 그 변화되는 양을 거의 제로로 놓아도 된다는 것이다. 식으로 나타내면 다음과 같다.

$$\delta S \cong 0 .$$

변화되는 양, 즉 δS를 변분(variation)이라고 한다. 변분 δS의 의미는 다음처럼 이해할 수도 있다. 최소경로에 대응되는 작용을 $\bar{S}$, 아주 근접한 다른 경로에 대응되는 작용을 S라고 하면,

$$\delta S = S - \bar{S} .$$

그럼 지금부터는 $\delta S \cong 0$의 조건을 만족하는 상태가 무엇인지를 따라가 보자. 아마도 하나의 멋진 식이 나오지 않을까?

δS를 라그랑지언으로 표현하면

$$\delta S = \int_{t_1}^{t_2} \delta L(x, \dot{x}, t)\, dt$$

$$= \int_{t_1}^{t_2} \left[\frac{\partial L}{\partial \dot{x}} \delta \dot{x} + \frac{\partial L}{\partial x} \delta x \right] dt$$

※ 1차 항까지의 테일러 전개식 $\delta L = \frac{\partial L}{\partial \dot{x}} \delta \dot{x} + \frac{\partial L}{\partial x} \delta x$가 사용되었다.

적분기호 속 첫째 항에 대하여 부분 적분을 하면,

$$= \frac{\partial L}{\partial \dot{x}} \delta x \Bigg|_{t_1}^{t_2} - \int_{t_1}^{t_2} \frac{d}{dt} \frac{\partial L}{\partial \dot{x}} \delta x \, dt + \int_{t_1}^{t_2} \frac{\partial L}{\partial x} \delta x \, dt$$

$$= \int_{t_1}^{t_2} \left[- \frac{d}{dt} \frac{\partial L}{\partial \dot{x}} + \frac{\partial L}{\partial x} \right] \delta x \, dt \equiv 0$$

$\frac{\partial L}{\partial \dot{x}} \delta x \Big|_{t_1}^{t_2}$의 값은 정의에 의해 0이 된다. 따라서

$$- \frac{d}{dt} \frac{\partial L}{\partial \dot{x}} + \frac{\partial L}{\partial x} = 0$$

또는

$$\frac{\partial L}{\partial x} - \frac{d}{dt} \frac{\partial L}{\partial \dot{x}} = 0$$

이것을 모든 좌표축으로 확장하면

$$\frac{\partial L}{\partial x^{\mu}} - \frac{d}{d\sigma} \frac{\partial L}{\partial \dot{x}^{\mu}} = 0$$

.

이 식이 바로 **오일러-라그랑주 방정식**(Euler-Lagrange equation)이다. $E-L$ 방정식은 다름 아니라 작용(action)이 최소가 되게 하는 조건식인 셈이다. 다시 말해 물체가 움직이는 최소경로를 구하려면 라그랑지언을 구한 다음 $E-L$ 방정식에 대입하면 되는 것이다.

변분법

변분법은 뉴턴이 55세 때 만들었다. 변분법은 함수의 최소가 아니라 범함수(functional)의 최소를 구하는 수학이다. 발단은 젊은 요한 베르누이가 경로를 최소화하는 수학문제를 공개적으로 내고 응답을 구한 것이다. 당시 이에 응한 사람은 뉴턴, 라이프니치, 로피탈 등 쟁쟁한 수학자들이었다. 뉴턴은 한나절만에 문제를 해결하고 그 결과를 익명으로 베르누이에게 보냈다. 그것을 받아 본 베르누이는 "발톱 자국을 보니 사자가 한 일이다."라고 말했다 한다. 거장을 한눈에 알아본 것이다.

변분법을 가장 알기 쉽게 설명한 책은 『파인만의 물리학 강의 Vol. II』이다. 이를 보면 파인만은 수학을 마치 떡 주무르듯이 자유자재로 다룬다는 것을 알 수 있다.

변분법에는 다음 두 가지 방법이 있다.

① 흔히 함수의 최솟값을 구할 때 우리는 한번 미분한 값을 0으로 놓는다. 즉 접선의 기울기가 수평이 되는 곳에서 최소 또는 최댓값이 존재하기 때문이다. 이러한 정리가 성립하는 이유는 최솟점 근방에서는 변수가

조금 변하더라도 함숫값은 변하지 않는다는 기하학적 사실을 이용하고 있기 때문이다. 그러나 이 같은 방법도 미분이 가능한 곳에서나 할 수 있는 이야기이다. 그렇다면 만약에 미분이 잘 정의되지 않는 곳이라면 최솟값을 어떻게 구해야 하나?

미분이 잘 정의되지 않는 곳에서 최솟값을 구할 때는 '**근사적인 방법**'을 쓴다. 여기서도 기하학적인 특성을 이용하여 최솟값을 찾는 방식은 다를 것이 없다. 즉 변수의 작은 변화에 함숫값의 변화가 거의 없으면 최솟값이 존재한다고 보는 것이다. 그러나 이번에는 '거의 없다'이다. 함숫값의 변화량을 근사적으로 0으로 본다는 것이 다른 점이다.

자, 이제 우리의 문제를 보자. 우리의 목적은 최소경로를 찾는 것이다. 보통 경로는 정적분의 형태로 표시되며 이것은 소위 범함수(functional)이다. 그러므로 최소경로가 되려면 이 범함수를 최소화하여야 한다. 즉 범함수를 미분하여 제로로 놓으면 된다. 그런데 문제는 범함수의 미분이 그리 간단치 않다는 데 있다. 범함수의 미분은 정의역인 함수에 관하여 미분하는 것이므로 우리가 아는 변수 정의역에 관한 미분과는 다르다. 그래서 범함수의 최솟값을 찾을 때는 미분 대신 '근사적인 방법'을 사용한다. 즉 범함수의 변화, 즉 **변분**(variation)을 근사적으로 0과 같게 놓자는 것이다. 다음과 같이 말이다.

$$\delta S \cong 0$$

이 방법은 본문에서 설명하였으므로 여기서는 생략한다.

② 이번에는 일반 미적분에서와같이 **일차 미분**으로 최솟값을 구하는 방법이다. 그러나 이 방법을 쓰려면 약간의 수학적 트릭이 필요하다. 임의의 함수와 매개변수를 도입하여 범함수의 미분이 쉽게 되도록 하는 것이다. ①의 방법에서도 공히 적용되는 일인데, 우선 이 문제를 시작하기 전에 먼저 경로의 시작점과 끝점을 정할 필요가 있다. 그러니까 작용이 최소가 되는 경로를 어느 특정한 두 점 사이로 고정시키고 이 두 점 사이에서만 보겠다는 것이다. 일종의 경계조건을 주고 시작하는 셈이다. 만일

이렇게 하지 않는다면 경로가(시점과 종점도 없이) 너무나 임의적이어서 우리의 논의 자체를 계속해 나갈 수가 없게 된다. 그리고 작용이 최소화되는 경로를 찾는 문제는 경로를 최소화하는 문제와 같다고 간주한다. 또한, 여기서는 (x, t) 좌표계에만 국한하여 생각한다.

이렇게 정해진 두 점 사이에는 우리가 찾는 최소경로를 포함하여 무수히 많은 경로가 존재할 것이다. 그러면 임의의 경로$X(t)$는 최소경로 $x(t)$에 어떤 함수 $\eta(t)$를 더한 것으로 나타낼 수 있지 않을까? 그것을 식으로 나타내면 다음과 같다.

$$X(t) = x(t) + \eta(t) .$$

$\eta(x)$는 우리가 정한 시점과 종점에서는 각각 함숫값이 0이 되도록 정의한 것만 빼고는 완전히 임의적인(arbitrary) 함수이다. 그러므로 $x(t)$와 합쳐져 그 어떤 함수도 다 만들어 낼 수 있다. $x(t)$는 고정된 값이므로 $\eta(t)$의 변화에 따른 $X(t)$의 변화를 관찰하여 $X(t)$의 최솟값을 찾으면 될 것이다. 그러나 이것이 그렇게 만만하지가 않다. 왜냐하면 $X(t)$가 함수 $\eta(t)$를 독립변수로 하는 범함수이기 때문이다. $X(t)$의 최솟값을 구하기 위해서는 독립변수에 대해 미분한 다음 그것을 0으로 놓고 풀어야 하는데, 그 독립변수가 '함수'이니 여간 골치 아픈 것이 아니다.

이 대목에서 신의 한 수가 나온다. 다름 아니라 매개변수 ϵ을 도입해서 위 식을 다음과 같이 바꾸는 것이다.

$$X(t, \epsilon) = x(t) + \epsilon\ \eta(t) \quad (\epsilon \ll 1)$$

이 식이 의미하는 바는 두 가지이다. 하나는 ϵ를 도입함으로써 X가 함수 $\eta(t)$의 함수라기보다는 ϵ의 함수가 되었다는 것이다. ϵ 값 하나하나에 X 값이 각각 하나씩 대응된다. 다른 하나는 $\epsilon = 0$일 때 임의의 경로 X는 최소경로($x(t)$)가 된다는 것이다.

이제 우리는 다음 조건을 이용하여 일반 미적분에서 최솟값을 구하는 것과 같은 방법으로 범함수 X의 최솟값을 구할 수가 있게 되었다.

$$\frac{dX}{d\epsilon} = 0 .$$

그러나 최소경로를 구하기 위해서는 또 하나의 조건이 필요하다. 다름 아닌 $\epsilon = 0$이다. 이 두 조건은 최소경로를 구하기 위한 필요충분조건이다.

그러면 이번에는 일차 미분을 이용해서 오일러-라그랑주 방정식을 유도해 보자.

$$S = \int_{t_1}^{t_2} L(x, \dot{x}, t)\, dt$$

이것을 매개변수 ϵ에 대하여 미분하면(※ ϵ에 관해 미분하는 것은 ϵ의 변화에 대한 S의 변화를 보자는 것이다.)

$$\frac{\partial S}{\partial \epsilon} = \int_{t_1}^{t_2} \left[\frac{\partial L}{\partial x}\frac{\partial x}{\partial \epsilon} + \frac{\partial L}{\partial \dot{x}}\frac{\partial \dot{x}}{\partial \epsilon} \right] dt = 0 .$$

그런데 $x(t, \epsilon) = x(t, 0) + \epsilon\ \eta(t)$으로부터

$$\frac{\partial x}{\partial \epsilon} = \eta(t), \quad \frac{\partial \dot{x}}{\partial \epsilon} = \frac{d\eta(t)}{dt}$$

이므로 이를 대입하면

$$\frac{\partial S}{\partial \epsilon} = \int_{t_1}^{t_2} \left[\frac{\partial L}{\partial x}\eta(t) + \frac{\partial L}{\partial \dot{x}}\frac{d\eta(t)}{dt} \right] dt = 0$$

두 번째 항을 **부분적분**하면,

$$\int_{t_1}^{t_2} \frac{d\eta(t)}{dt}\frac{\partial L}{\partial \dot{x}}\, dt = \eta(t)\frac{\partial L}{\partial \dot{x}}\Bigg|_{t_1}^{t_2} -$$

$$\int_{t_1}^{t_2} \eta(t) \frac{d}{dt} \frac{\partial L}{\partial \dot{x}} \, dt$$

그런데 우변 첫 항은 0이 되어 사라진다. 따라서

$$\frac{\partial S}{\partial \epsilon} = \int_{t_1}^{t_2} \left[\frac{\partial L}{\partial x} - \frac{d}{dt} \frac{\partial L}{\partial \dot{x}} \right] \eta(t) \, dt = 0 \ .$$

$\eta(t)$는 정의에 의한 임의의 함수이다. 그러므로 이 식이 항상 0이 되려면 브라켓 속에 있는 값이 0이 되어야 한다.

$$\text{따라서} \ \frac{\partial L}{\partial x} - \frac{d}{dt} \frac{\partial L}{\partial \dot{x}} = 0 \ .$$

최소작용의 원리와 변분법에서 가장 중요한 개념은 바로 $\delta S = 0$이다. 즉 작용의 변분이 제로라는 것은 곧 최적값(extrema)을 갖는다는 의미이다. 작용의 변분과 경로의 변분을 굳이 구분할 필요는 없을 것 같다. 이 조건은 결국 유명한 오일러-라그랑주 방정식과 동치임이 밝혀진다.

작용 또는 경로의 최소와 최대는 큰 의미가 없다. 다만 정류점(stationary point)에서 갖는 최적값이 중요한 의미가 있다. 예를 들어 시간과 공간이 함께 어우러져 있는 시공간 상의 경로는 최대, 최소가 그저 상대적인 값에 불과하다. 또한, 실제에 있어서도 라그랑지언은 그 운동계에서 주어지는 값으로, 최소인지 최대인지를 맥락상 알 수 있기 때문에 이를 굳이 구분할 필요가 없다.

라그랑주 역학은 새로운 물리법칙이라기보다는 뉴턴역학의 '에너지 버전'이다. 따라서 라그랑지언으로 표현된 방정식을 위치와 속도로 환원하면 정확히 뉴턴의 운동법칙이 된다. 라그랑지언은 뉴턴역학을 스칼라인 에너지로 바꾸어 쓴 것이기 때문에 좌표계의 선택과 무관하다. 라그랑지언 물리법칙은 휘어진 공간에서도 그 형태를 유지한다. 그리하여 상대론은 물론 양자역학에서도 통용된다. 그래서 혹자는 만일 우주의 다른 모든 자연법칙이 무너지는 상황이 오더라도 오직 유일하게 존속할 수 있는 물리법칙은 라그랑주 역학이라고까지 말하기도 한다. 오일러-라그랑주 방정식은 우주에도 적용되는 라그랑주 역학의 결정체이다.

그러나 아직 끝난 것이 아니다. 우리의 최종 목적은 휘어진 시공간에서의 측지선이다. 앞에서 측지선은 두 지점 사이의 최단거리라고 정의하였다. 그러면 시공간에서 최단거리는 무엇이란 말인가?

먼저 분명한 것은 시공간의 최단거리는 그냥 공간상의 최단거리와는 확실히 다를 것이다. 자, 결론부터 바로 말해보자. 시공간에서의 최단거리는 경험한 고유시간(proper time)이 최대일 때이다. 가장 알기 쉬운 예는 쌍둥이 역설(twin paradox)이다. 지구에 가만히 있는 동생이 우주여행을 하고 돌아온 형보다 더 많은 시간이 흐르는 것을 경험한다. 말하자면 동생의 경로(※ 정지해 있으므로 시간 축으로만 움직인다. 세계선도 수직선이다.)는 형보다 짧은 것이 분명한데 그가 경험한 고유시간은 더 많다. 시공간에서 지점은 사건이다. 그러므로 두 지점은 각각 두 사람이 헤어지는 사건(event)과 다시 만나는 사건이다. 우회 경로를 택한 사람은 어떤 경우에도 다시 만날 때까지 경험하는 고유시간이 적어진다. 이것은 시간 지연 효과로 인하여 움직이는 사람의 시간이 더 천천히 흐르기 때문이다.

그럼 이쯤에서 정리를 한번 해 보자. 앞에서 우리는 중력장 속을 움직이는 모든 물체는 최소작용의 원리에 의해 작용(action)이 최소가 되는 경로로 움직인다는 것을 보았다. 그것은 바로 거리가 가장 짧은 최단 경로였다. 그러면 이것을 4차원 시공간 버전으로 바꾸어 보자. 중력이 있는 시공간을 움직이는 모든 물체도 물론 최소작용의 원리에 따른다. 그런데 이번에는 '시공간' 최소작용의 원리다. 즉 **고유시간이 최대가 되는 경로**로 움직인다. 그래서 이걸 아예 최대고유시간 원리(principle of extremal proper time)라고 한다. 또한 이것으로부터 좀 더 유추해 본다면 자유낙하 하는 모든 물체는 측지선을 따라 움직인다.

이제 시공간의 측지선 방정식을 유도하는 일만 남았다. 우리가 구하는 것은 작용이 극값(extremum, ※ 최소로 알고 있으나, 사실은 극값이다.)이 되는 경로를 구하는 것이므로 바로 고유시간이 최대가 되는 경로를 구하면 된다. 그래서 고유시간(τ)을 작용(S)으로 놓고 변분법을 적용한다. τ도 범함수(functional)이다.

최대, 최소, 극값

작용 또는 경로의 최소, 최대는 큰 의미가 없다. 다만 정류점(stationary point)에서 갖는 극값(extremum)이 중요한 의미가 있다. 예를 들어 시간과 공간이 함께 어우러져 있는 시공간 상의 경로는 최대, 최소가 그저 상대적인 값에 불과하다. 또한 실제에 있어서도 라그랑지언은 그 운동계에서 주어지는 값으로, 최소인지 최대인지를 맥락상 알 수 있기 때문에 이를 굳이 구분할 필요가 없다.

두 점 사이의 고유시간은 다음과 같이 쓸 수 있다.

$$\tau_{AB} = \int_A^B d\tau = \int_0^1 d\sigma \left[-g_{\mu\nu} \frac{dx^\mu}{d\sigma} \frac{dx^\nu}{d\sigma} \right]^{\frac{1}{2}} .$$

여기서는 $\tau_{A\ B}$가 작용(action)이므로, 라그랑지언은

$$L\left(\frac{dx^{\mu}}{d\sigma},\ x^{\mu}\right) = \left[-g_{\mu\nu}\frac{dx^{\mu}}{d\sigma}\frac{dx^{\nu}}{d\sigma}\right]^{\frac{1}{2}} .$$

그런데 $E-L$ 방정식은 다음과 같다.

$$-\frac{d}{d\sigma}\frac{\partial L}{\partial \dot{x}} + \frac{\partial L}{\partial x} = 0 .$$

이 식에 라그랑지언을 대입하면 다음과 같은 휘어진 시공간의 측지선 방정식을 얻는다.

$$\boxed{\frac{d^2x^{\rho}}{d\sigma^2} + \Gamma^{\rho}{}_{\mu\nu}\frac{dx^{\mu}}{d\sigma}\frac{dx^{\nu}}{d\sigma} = 0} .$$

※ 다음은 참고로 측지선 방정식을 '지표 표기법'을 써서 유도한 것이다. 흥미가 없는 독자는 건너뛰어도 상관없다. 그러나 상대론을 깊이 공부하려면 지표 표기법에 익숙해져야 한다. 지표 표기법은 벡터나 텐서를 성분별로 표기하는 방식이다. 그래서 연산도 성분별로 한다. 4차원 이상의 공간에서는 국소적 또는 성분적 관찰이 중요하다. 왜냐하면, 전체를 보려는 소위 외재적 관점은 도움이 안 되고 또 가능하지도 않기 때문이다.

지표 표기법으로 유도한 측지선 방정식

불변량인 고유시간을 최대로 하는 경로가 가장 짧은 경로이고 이는 곧 물체가 그리는 측지선이다. 그런데 일반적인 휘어진 시공간에서는 시공간 간격을 다음과 같이 표현할 수 있다.

$$ds^2 = g_{\mu\nu}\ dx^\mu\ dx^\nu\ .$$

그렇다면 고유시간을 라그랑지언으로 쓰기보다는 그의 또 하나의 다른 얼굴인 시공간 간격 ds를 라그랑지언으로 쓰는 것도 가능하다. 라그랑지언은 미분값만 같다면 어떤 형태를 써도 상관이 없다. (※ $E-L$ 방정식은 L 에 대한 미분이므로 미분값에 영향을 주지 않는 범위 내에서 라그랑지언의 모양을 변형(상수곱, 제곱근, 제곱 등)시키는 것은 얼마든지 가능하다.) 다만 정의역이 위치와 속도로 구성된 함수가 되어야 할 것이다. 시공간 간격을 라그랑지언으로 쓰면 뛰어난 장점이 있다. 시공간 간격이 곧 곡선장(arc-length)이므로 매개변수를 곡선장으로 하고 그 제곱으로 양변을 나누면

$$1 = g_{\mu\nu}\ d\dot{x}^\mu\ d\dot{x}^\nu$$

위처럼 되어 라그랑지언을 1로 만들 수 있다. 그렇게 되면 복잡한 계산도 매우 간단하게 할 수가 있다. 이때 라그랑지언을 제곱형이나 제곱근형으로 만들어도 라그랑지언으로 사용할 수가 있다. 왜냐하면 1은 제곱 또는 제곱근을 취해도 1이기 때문이다.

다시 일반적인 경우로 돌아와서 라그랑지언은 $L = L(x^\mu,\ \dot{x}^\mu) = g_{\mu\nu}(x)\,\dot{x}^\mu\,\dot{x}^\nu$ 또는 간략하게 $L(x,\ \dot{x}) = g_{\mu\nu}(x)\,\dot{x}^\mu\,\dot{x}^\nu$와 같이 표기할 수 있다. 이제 휘어진 공간의 라그랑지언을 찾아냈으므로 이것을 오일러-라그랑주 방정식에 대입해 보자.

먼저 라그랑지언의 첨자 $\mu\nu$를 좌표축 첨자와 중복을 피하기 위해 다음과 같이 $\kappa\lambda$로 바꾼다. (※ 곧 좌표축으로 미분하기 때문에 그렇다. 그래도 일반성을 잃지 않는다.)

$$L(x, \dot{x}) = g_{\kappa\lambda}(x)\dot{x}^{\kappa}\dot{x}^{\lambda}$$

오일러-라그랑주 방정식은 다음과 같다.

$$\frac{\partial L}{\partial x^{\mu}} - \frac{d}{d\lambda}\left(\frac{\partial L}{\partial \dot{x}^{\mu}}\right) = 0$$

그러면 좌변 항들을 차례로 계산해 보자.

$$- \frac{\partial L}{\partial x^{\mu}} = \frac{\partial}{\partial x^{\mu}}\left(g_{\kappa\lambda}(x)\dot{x}^{\kappa}\dot{x}^{\lambda}\right) = g_{\kappa\lambda,\mu}\dot{x}^{\kappa}\dot{x}^{\lambda}$$

(※ g가 x^{μ}만의 함수이므로)

$$-\left(\frac{\partial L}{\partial \dot{x}^{\mu}}\right) = \frac{\partial}{\partial \dot{x}^{\mu}}(g_{\kappa\lambda}(x)\dot{x}^{\kappa}\dot{x}^{\lambda}) = g_{\kappa\lambda}\left[\frac{\partial \dot{x}^{\kappa}}{\partial \dot{x}^{\mu}}\dot{x}^{\lambda} + \dot{x}^{\kappa}\frac{\partial \dot{x}^{\lambda}}{\partial \dot{x}^{\mu}}\right]$$

$$= \delta^{\kappa}_{\mu}\, g_{\kappa\lambda}\dot{x}^{\lambda} + \delta^{\lambda}_{\mu}\, g_{\kappa\lambda}\dot{x}^{\kappa}$$

$$= g_{\mu\lambda}\dot{x}^{\lambda} + g_{\mu\kappa}\dot{x}^{\kappa} \quad (※\ \lambda \rightarrow \kappa)$$

$$= 2\, g_{\mu\kappa}\dot{x}^{\kappa}$$

$$- \frac{d}{d\lambda}\left(\frac{\partial L}{\partial \dot{x}^{\mu}}\right) = \frac{d}{d\lambda}(2\, g_{\mu\kappa}\dot{x}^{\kappa})$$

$$= 2\left[\frac{\partial g_{\mu\kappa}}{\partial x^{\lambda}}\frac{\partial x^{\lambda}}{\partial \lambda}\dot{x}^{\kappa} + g_{\mu\kappa}\ddot{x}^{\kappa}\right]$$

$$= 2\, g_{\mu\kappa,\lambda}\, \dot{x}^{\kappa}\, \dot{x}^{\lambda} + 2\, g_{\mu\kappa}\, \ddot{x}^{\kappa}$$

이 값들을 넣어서 오일러-라그랑주 방정식을 완성하면

$$g_{\kappa\lambda,\mu}\, \dot{x}^{\kappa}\, \dot{x}^{\lambda} - 2\, g_{\mu\kappa,\lambda}\, \dot{x}^{\kappa}\, \dot{x}^{\lambda} - 2\, g_{\mu\kappa}\, \ddot{x}^{\kappa} = 0 \text{ (※ 체인룰)}$$

양변에 $g^{\mu\rho}$를 곱하고 2로 나누면

$$\ddot{x}^{\rho} + g^{\mu\rho}\, g_{\mu\kappa,\lambda}\, \dot{x}^{\kappa}\, \dot{x}^{\lambda} - \frac{1}{2}\, g^{\mu\rho}\, g_{\kappa\lambda,\mu}\, \dot{x}^{\kappa}\, \dot{x}^{\lambda} = 0$$

그런데 여기서 두 번째 항에 있는 $g_{\mu\kappa,\lambda}\, \dot{x}^{\kappa}\, \dot{x}^{\lambda}$는 더미(dummy) 첨자를 서로 바꾸어도($\kappa \leftrightarrow \lambda$) 같은 값을 갖는다. 즉 $g_{\mu\kappa,\lambda}\, \dot{x}^{\kappa}\, \dot{x}^{\lambda} \equiv g_{\mu\lambda,\kappa}\, \dot{x}^{\lambda}\, \dot{x}^{\kappa}$라는 것인데, 더미에 숫자(※ 0, 1, 2, 3도 좋고, 그냥 간단히 0, 1 두 개로 해 보아도 좋다)를 넣어 차례대로 더해 보면 두 값이 결국 같은 것임을 알 수 있다. $\sum_{\lambda}\sum_{\kappa}$로 하느냐 $\sum_{\kappa}\sum_{\lambda}$로 하느냐의 문제이지 결과는 같게 나온다. 이것은 $\dot{x}^{\kappa}\, \dot{x}^{\lambda}$가 대칭 구조이기 때문에 그렇다. (※ 상대론을 공부할 때 이렇게 더미 첨자가 헷갈리면 실제로 첨자에 숫자를 차례대로 넣어 보는 것이 가장 좋은 방법이다.)

그리하여 $g_{\mu\kappa,\lambda} = \frac{1}{2}\,(g_{\mu\kappa,\lambda} + g_{\mu\lambda,\kappa})$로 쓸 수 있다. 따라서,

$$\ddot{x}^{\rho} + \frac{1}{2}\, g^{\mu\rho}\, (g_{\mu\kappa,\lambda} + g_{\mu\lambda,\kappa} - g_{\kappa\lambda,\mu})\, \dot{x}^{\kappa}\, \dot{x}^{\lambda} = 0\ .$$

이것은 곧 다음과 같이 된다.

$$\ddot{x}^{\rho} + \Gamma^{\rho}{}_{\kappa\lambda}\,\dot{x}^{\kappa}\,\dot{x}^{\lambda} = 0\ .$$

이것이 곧 휘어진 시공간에서의 측지선 방정식(geodesic equation)이다. 아핀 매개변수 s를 써서 다시 쓰면

$$\frac{d^2x^{\rho}}{ds^2} + \Gamma^{\rho}{}_{\kappa\lambda}\,\frac{dx^{\kappa}}{ds}\,\frac{dx^{\lambda}}{ds} = 0\ .$$

측지선 방정식은 **사실상 4개의 방정식**이 한데 뭉쳐 있는 것이다. 좌표축별로 방정식이 하나씩 있기 때문이다. 그러니까 4차원 시공간인 경우 첨자 ρ는 $0, 1, 2, 3$이므로 각 숫자에 해당하는 방정식이 하나씩 총 4개 있는 셈이다. 나머지 첨자 κ와 λ는 더미(dummy) 첨자이므로 오직 더하기(summation)와 관계가 있다. 그 말은 하나의 방정식은 총 16개의 항이 더해져서 만들어진다는 이야기다.

측지선 방정식은 아무리 보아도 얼른 이해가 되지 않는 구조다. 그것은 언제나 약간 불편한 크리스토펠 기호가 포함되어 있다는 것 때문이기도 하지만 그보다도 첨자를 사용하여 사실상 4개의 방정식을 한꺼번에 표현하고 있기 때문이다. 크리스토펠 기호는 그렇다 치고, 좌표축 별로 표현된 방식을 이해하는 데 도움을 줄 수 있는 물리학의 다른 방정식의 예를 한번 들어보기로 하자.

그 예는 뉴턴의 운동방정식이다. $F = ma$도 사실 알고 보면 벡터 방정식이다. 만일 이 식이 3차원 공간에 있는 물체의 운동을 설명하는

것이라면 당연히 x, y, z 세 개의 축별 성분으로 나누어서 표현할 수 있을 것이다. 그렇다면 이것도 사실상 3개의 방정식을 한꺼번에 표현하고 있는 셈이다. 우리가 익숙한 3차원 공간에서는 $F = ma$와 같이 하나의 식으로 표현할 수 있는 방법이 있기 때문에 굳이 따로 성분별로 표현하지 않아도 된다. 그러나 4차원 이상이 되면 성분별 표시 방법 외에 마땅한 것을 찾기 어렵다. 그리하여 각 성분을 대표하는 첨자를 사용해서 나타내는 것이다. 이것이 상대론에서 지표 표기법을 사용할 수밖에 없는 이유이자 사정이다.

지표 표기법이 독자들을 어렵고 혼란스럽게 하는 것은 사실이지만 그것이 4차원 이상 세계의 수식을 표현하기 위한 최선의 방법, 아니 어쩔 수 없는 선택이었다는 것을 이해한다면 좀 용서가 될 것이다.

예 제

그럼 가장 간단한 형태의 측지선 방정식을 구해보기로 하자. 그것은 4차원 시공간이지만 편평한 민코프스키 공간에서의 측지선이다. 먼저 라그랑지언을 구해보자. 일반적인 시공간의 라그랑지언은 다음과 같다.

$$L = \left[- g_{\mu\nu} \frac{dx^{\mu}}{d\sigma} \frac{dx^{\nu}}{d\sigma} \right]^{\frac{1}{2}} .$$

그런데 편평한 민코프스키 공간이므로 $g_{\mu\nu} \rightarrow \eta_{\mu\nu}$이 되고, 그래서 라그랑지언은 다음과 같이 바뀐다.

$$L = \left[-\eta_{\mu\nu} \frac{dx^{\mu}}{d\sigma} \frac{dx^{\nu}}{d\sigma} \right]^{\frac{1}{2}} .$$

먼저 x^1축에 대해서 생각하기로 하자. 그러면 $E - L$ 방정식은 다음과 같다.

$$-\frac{d}{d\sigma} \frac{\partial L}{\partial \dot{x}^1} + \frac{\partial L}{\partial x^1} = 0 .$$

왼쪽 두 번째 항은 0이다. 왜냐하면, 라그랑지언에는 x^{μ}항이 없기 때문이다. 첫 번째 항에 있는 $\partial L / \partial \dot{x}^1$을 계산해야 하는데 약간 주의를 요한다. $\mu = 1$일 때의 라그랑지언 계산이다. 지금 이 라그랑지언은 텐서이므로 더미 첨자인 ν항에 대해 sum을 해야 한다. 즉, $\mu = 1$로 fix하고 $\nu = 0, 1, 2, 3$을 모두 조합해서 더해야 하는데 η_{11}을 제외하고는 모두 제로이므로 라그랑지언은 다음과 같이 된다.

$$L = \left[-\eta_{11} \frac{dx^{1}}{d\sigma} \frac{dx^{1}}{d\sigma} \right]^{\frac{1}{2}} .$$

이것을 $\dot{x}^1$으로 미분하면,

$$\frac{\partial L}{\partial \dot{x}^1} = \frac{1}{L} \frac{dx^1}{d\sigma} .$$

따라서 $E-L$ 방정식은 다음과 같이 된다.

$$\frac{d}{d\sigma}\left[\frac{1}{L}\frac{dx^1}{d\sigma}\right]=0\ .$$

그런데 라그랑지언은 바로 $d\tau/d\sigma$이다. 그리고 $\tau\neq0$이므로(※ $\tau=0$은 빛의 세계선이다.) 매개변수를 σ 대신 τ로 바꿀 수 있다. 그러면 $L=1$이고 위 식은

$$\frac{d^2x^1}{d\tau^2}=0\ .$$

지금 이것은 x^1축에 대한 측지선 방정식이다. 그래서 첨자를 사용하여 전체 축으로 일반화하면,

$$\frac{d^2x^\alpha}{d\tau^2}=0\ .$$

이것이 바로 편평한 민코프스키 시공간에서의 측지선 방정식이다. 이는 두 번 미분해서 제로가 된다는 것이므로 그 해는 명백히 직선의 방정식임을 알 수 있다.

측지선은 평행이동의 개념을 이용해서도 유도할 수 있다. 측지선의 정의인 '가장 직선에 가까운(the straightest)' 경로의 성질을 이용하는 것이

다. 그것은 접선벡터가 언제나 평행하게 이동하는 것과 같다.

휘어진 공간상의 임의의 매개곡선을 $x^{\mu}(\lambda)$라고 하고, 접선벡터를 $\vec{T}$ ($\vec{T} = T^{\mu} e_{\mu}$)라 하면, 이 매개곡선이 측지선이 되려면 평행이동 조건인 $d\vec{T}/d\lambda = 0$을 만족해야 한다.

$$\frac{d\vec{T}}{d\lambda} = \frac{d}{d\lambda}(T^{\mu} e_{\mu}) = \frac{dT^{\mu}}{d\lambda} e_{\mu} + T^{\mu} \frac{de_{\mu}}{d\lambda} = \frac{dT^{\mu}}{d\lambda} e_{\mu} + T^{\mu} \frac{de_{\mu}}{dx^{\nu}} \frac{dx^{\nu}}{d\lambda}$$

$$= \frac{dT^{\mu}}{d\lambda} e_{\mu} + T^{\mu} \Gamma^{\alpha}{}_{\mu\nu} e_{\alpha} T^{\nu} \ (\alpha \rightarrow \mu,\ \mu \rightarrow \alpha)$$

$$= \frac{dT^{\mu}}{d\lambda} e_{\mu} + T^{\alpha} \Gamma^{\alpha}{}_{\alpha\nu} e_{\mu} T^{\nu}$$

$$= \left[\frac{dT^{\mu}}{d\lambda} + T^{\alpha} \Gamma^{\mu}{}_{\alpha\nu} T^{\nu} \right] e_{\mu} \equiv 0 \qquad \text{(a)}$$

$T^{\mu} = \dfrac{dx^{\mu}(\lambda)}{d\lambda}$이므로

$$\boxed{\frac{d^2x^{\mu}}{d\lambda^2} + \Gamma^{\alpha}{}_{\alpha\nu} \frac{dx^{\alpha}}{d\lambda} \frac{dx^{\nu}}{d\lambda} = 0}$$

이 방정식으로부터 우리가 가정한 매개곡선 $x^{\mu}(\lambda)$가 바로 측지선임을 알 수 있다.

또한, (a) 식으로부터

$$\frac{dT^{\mu}}{d\lambda} + T^{\alpha} \Gamma^{\mu}{}_{\alpha\nu} T^{\nu} = \frac{dT^{\mu}}{dx^{\alpha}} \frac{dx^{\alpha}}{d\lambda} + \Gamma^{\mu}{}_{\alpha\nu} T^{\alpha} T^{\nu}$$

$$= \frac{dT^{\mu}}{dx^{\alpha}} T^{\alpha} + \Gamma^{\mu}{}_{\alpha\nu} T^{\alpha} T^{\nu}$$

$$= T^{\alpha} \left(\frac{dT^{\mu}}{dx^{\alpha}} + \Gamma^{\mu}{}_{\alpha\nu} T^{\nu} \right)$$

$$= \boxed{T^{\alpha} \nabla_{\alpha} T^{\nu}} .$$

이번에는 좌표변환을 이용해서 측지선방정식을 구해보자.
앞에서 우리는 자유 낙하하는 모든 물체는 측지선을 따라 운동한다는 것을 알았다. 그렇다면 그와 같은 조건을 만족시키도록 하면 또 이때도 측지선 방정식을 얻을 수 있지 않을까? 자유낙하 운동을 하는 물체는 중력 이외에는 아무런 힘도 받지 않고 공간이 휘어진 정도에 따라 아주 자연스럽게 움직일 것이다. 그렇다면 그 궤적은 휘어진 공간을 나타내는 곡선좌표축이 정해주는 좌표의 궤적과 정확히 일치해야 할 것이다.

자유 낙하하는 물체의 좌표계를 ξ^{α}라 하자. (중력 이외에) 아무런 힘도 작용하지 않으므로 즉, 가속도가 0이므로 다음 식이 성립한다.

$$\frac{d^2 \xi^{\alpha}}{d\tau^2} = 0 \quad (\tau\text{: 고유시간})$$

그런데 이것을 다른 좌표계, 즉 지구 위 정지좌표계(곡선좌표계, 가속좌표계, 회전좌표계 등 모든 다른 좌표계일 수도 있다.)에서 관측한다고 했을 때 이 좌표계를 x^{μ}라 하자. 그리고 $\xi^{\alpha} \Rightarrow x^{\mu}$로 좌표 변환을 해 보자. 우선 ξ^{α}

는 어떤 식으로든지 x^{μ}와 함수관계($\xi^{\alpha} = \xi^{\alpha}(x^{\mu})$)에 있을 것이므로 chain rule에 의하여,

$$0 = \frac{d}{d\tau}\left(\frac{\partial \xi^{\alpha}}{\partial x^{\mu}}\frac{dx^{\mu}}{d\tau}\right)$$

$$= \frac{\partial \xi^{\alpha}}{\partial x^{\mu}}\frac{d^2 x^{\mu}}{d\tau^2} + \frac{\partial^2 \xi^{\alpha}}{\partial x^{\mu}\partial x^{\nu}}\frac{dx^{\mu}}{d\tau}\frac{dx^{\nu}}{d\tau}$$

양변에 $\frac{\partial x^{\lambda}}{\partial \xi^{\alpha}}$를 곱하면,

$$0 = \frac{\partial x^{\lambda}}{\partial \xi^{\alpha}}\frac{\partial \xi^{\alpha}}{\partial x^{\mu}}\frac{d^2 x^{\mu}}{d\tau} + \frac{\partial x^{\lambda}}{\partial \xi^{\alpha}}\frac{\partial^2 \xi^{\alpha}}{\partial x^{\mu}\partial x^{\nu}}\frac{dx^{\mu}}{d\tau}\frac{dx^{\nu}}{d\tau}$$

정리하면,

$$\boxed{0 = \frac{d^2 x^{\lambda}}{d\tau^2} + \Gamma^{\lambda}{}_{\mu\nu}\frac{dx^{\mu}}{d\tau}\frac{dx^{\nu}}{d\tau}}\ .$$

이 식은 평행이동으로 얻은 측지선 방정식과 정확히 일치한다(※첨자가 달라도 형태가 같으면 동일한 식이다.). 그리고 이 두 가지 유도 방법으로부터 $\Gamma^{\lambda}{}_{\mu\nu}$가 다음과 같다는 것을 알 수 있다.

$$\Gamma^{\lambda}{}_{\mu\nu} \equiv \frac{\partial x^{\lambda}}{\partial \xi^{\alpha}}\frac{\partial^2 \xi^{\alpha}}{\partial x^{\mu}\partial x^{\nu}}\ .$$

중력 이외의 외력이 작용하지 않는 공간에서의 물체의 움직임은 측지선 방정식에 의해서 결정된다. 공간의 휘어짐에 대한 정보는 메트릭에 있다. 휘어진 공간을 따라 물체가 움직이는 궤적이 측지선이라면 결국 메트릭과 측지선 방정식은 같은 것이다. 나중에 '빛의 휘어짐' 장에서 메트릭으로부터 빛의 측지선 방정식을 유도할 수 있는 것은 다 이 같은 까닭이다. 그리고 측지선 방정식은 변분법, 접선벡터의 평행이동, 좌표변환 등에 의해 각각 유도될 수 있음을 보았다.

지금까지는 빛보다 천천히 움직이는 질량이 있는 물체의 움직임에 관해서 이야기하였다. 그러면 빛의 경우는 이들과 어떻게 다를까?

빛의 경로와 측지선을 구하기 전에, 정작 빛(광자)이 다른 입자와 어떻게 다른지에 대해 알아보는 것이 급선무일 것이다. 이를 위하여 잠시 특수상대성이론을 소환해 보자. 일반상대성이론의 이론적 고향은 언제나 특수상대성이론이다. 왜냐하면, 휘어진 공간의 국소적 지점은 편평한 공간이고 이들 편평한 공간이 수없이 많이 모여서 휘어진 공간을 이루기 때문에 우선 편평한 공간의 이치를 아는 것이 중요하다.

시공간의 두 이벤트 사이의 간격, 즉 시공간 간격(spacetime interval)은 다음의 식으로 나타난다.

$$ds^2 = -(c\,dt)^2 + dx^2 + dy^2 + dz^2 \ .$$

이 식에서 보다시피 시공간 간격은 시간이 공간축의 일부로 얽혀 들어가 하나의 시공간을 이루면서 시간과 공간이 서로 보완 관계가 되어 좌표변환에도 변하지 않는 불변량(스칼라)이 된다. 좀 더 구체적으로 식을 들여다보기로 하자. 우변 첫째 항은 시간에 광속 c를 곱하여 공간의 차원과 같도록 하였다. 즉 시간을 공간화한 것이다. 시공간에서 움직이고 있는 입자가 있다고 했을 때 첫째 항은 빛이 간 거리가 되고(시간 간격), 나머지 세 항의 합은 입자가 원점으로부터 이격된 거리(공간 간격)가 된다.

예를 들면, 지구 상에서 흔히 움직이는 물체들은 거의 빛이 간 거리만큼의 (-) 값의 시공간 간격을 갖는다. 왜냐하면, 빛의 속도에 비해 그 물체들은 너무 느린 속도로 움직이기 때문이다. 그래서 시간성(timelike) 간격이라고 한다. 그런가 하면, 빛보다 빠른 물체가 있다고 한다면 그것의 시공간 간격은 (+) 값일 것이다. 빛이 간 거리보다 원점에서 더 멀리 떨어져 있기 때문이다. 공간성(spacelike) 간격이라고 한다. 모두 앞에서도 본 내용이다.

자, 이제부터 본론으로 들어가 보자. 그럼 빛의 시공간 간격은 무엇일까? 그것은 0이다. 왜냐하면, 빛이 움직인 거리와 광자(photon)가 원점으로부터 이격된 거리가 같기 때문이다. 이것은 빛(lightlike) 간격이라고 한다. 즉 빛은 시간 간격과 공간 간격이 같기 때문에 그것의 **시공간 간격은 0**이다.

$$ds^2 = 0 \ .$$

또 이렇게도 설명된다. 광파의 제일 앞부분의 공간 속도는 $|d\vec{x}/dt| = c$이다. 그런데 시간축의 속도도 c이므로 시공간 간격 식에 대입하면 $ds^2/dt^2 = -(c\,dt/dt)^2 + (|d\vec{x}/dt|)^2 = 0$이 된다. 빛은 시공간에서 ds^2가 0인 null 세계선을 따라 움직인다.

상대론에서 시공간 간격은 매우 중요한 물리량이다. 왜냐하면, 이를 매개변수에 관하여 미분하면 속도를 구할 수도 있고, 여기서 구해지는 **일차 적분**(first integral, ※ 2계 미분방정식을 차수를 낮추어 줌으로써 단 한 번의 미분으로 제로가 되는 형태로 만든 것. 이것은 상수 함수이므로 방정식이 손쉽게 풀린다.)은 측지선 방정식을 푸는 열쇠가 되기도 한다.

광자의 움직임에 관한 식이라고 할 수 있는 위의 식을 좀 더 자세히 들여다보자. 시공간 간격이 제로이면 고유시간도 제로이다. 왜냐하면 $ds^2 = -d\tau^2$이기 때문이다. 고유시간이 제로가 되면 여러 특수한 상황이 벌어진다. 첫째, 4차원 속도(four velocity)가 정의되지 않는다. 왜냐하면, 미분해야 할 고유시간이 제로이기 때문이다. (※ 그러나 이 문제는 affine parameter를 써서 해결한다.) 둘째, 고유시간은 정지좌표계의 물리량인데 그것이 제로이므로 정지좌표계가 존재할 수가 없다. 그래서 광자의 경로를 null line이라고 한다.

빛의 측지선에 대해 이야기하기 전에, 빛의 4-velocity에 대해 먼저 알아보자. 질량이 있는 일반적인 입자의 4-velocity는 다음과 같다.

$$
\begin{aligned}
\boldsymbol{u} \cdot \boldsymbol{u} &= \eta_{\alpha\beta} \frac{dx^\alpha}{d\tau} \frac{dx^\beta}{d\tau} \\
&= -\gamma^2 + \gamma^2 v_x^2 + \gamma^2 v_y^2 + \gamma^2 v_z^2 \\
&= -1
\end{aligned}
$$

그러나 광자의 경우는 $ds^2 = 0$이기 때문에 다음과 같이 된다.

$$\boldsymbol{u} \cdot \boldsymbol{u} = g_{\alpha\beta} \frac{dx^{\alpha}}{d\lambda} \frac{dx^{\beta}}{d\lambda} = 0 \ .$$

아핀 매개변수로 광자의 4-velocity가 정의되었다. 그러면 광자의 경로는 어떻게 되나? 광자는 등속운동을 하므로 세계선도 직선이다. 시공간 도표에서 원점을 지나는 45° 기울기의 직선이다. 즉 $x = t$이다. 이를 아핀(affine) 매개변수로 나타내면

$$x^{\mu} = u^{\mu} \lambda \ .$$

여기서 u^{μ} 는 광자 세계선의 접선벡터이다. 이것은 u^{μ}를 기울기로 갖는 직선의 방정식이다. 크기가 0이고 광자 진행 방향을 x축으로 맞추었으므로 $u^{\alpha} = (1,\ 1,\ 0,\ 0)$이다. 내적을 구해보면 $\boldsymbol{u} \cdot \boldsymbol{u} = -1 + 1 + 0 + 0 = 0$이 된다.

빛의 측지선 방정식을 다음과 같은 일반적인 입자의 측지선 방정식으로 정의할 수는 없다.

$$\frac{d^2x^{\alpha}}{d\tau^2} = -\Gamma^{\alpha}{}_{\beta\gamma} \frac{dx^{\beta}}{d\tau} \frac{dx^{\gamma}}{d\tau} \ .$$

왜냐하면, 고유시간 $d\tau = 0$이므로 τ로 미분하는 것은 불가능하기 때문이다. (※ 당연히 곡선장 매개변수 s로 미분하는 것도 안 된다.) 그러므로 아핀 매개변수(affine parameter) λ를 쓰면

$$\frac{d^2x^\alpha}{d\lambda^2} = - \Gamma^\alpha{}_{\beta\gamma}\frac{dx^\beta}{d\lambda}\frac{dx^\gamma}{d\lambda}.$$

이 식을 만족하는 null curve를 null geodesics라고 한다. 빛은 이 null geodesics 위를 움직인다. affine parameter λ는 시공간의 거리가 아니다. 빛의 시공간 거리는 τ이고 그 값은 0이기 때문이다! 그보다 λ는 위와 같은 빛의 측지선 방정식을 만들기 위해 선택된 매개변수일 뿐이다.

빛의 측지선 방정식은 장차 일반상대론의 주요 검증 대상 중의 하나인 '빛의 휘어짐'에서 구체적으로 설명될 것이다. 광자에 관한 측지선 미분방정식을 풀면(적분하면) 그것이 곧 빛이 진행하는 궤적 곡선이다.

광자와 관계되는 것은 언제나 우리의 상식과 직관을 넘어선다. 광자가 진행하는 시공간 간격도 0이고, 그래서 고유시간도 0이다. 광자의 정지좌표계(rest frame)도 존재하지 않는다. 그렇다고 광자의 움직임을 알 수 없는 것은 아니다. 그만큼 여러 특수한 조건과 수정이 필요해진다. 그럼에도 불구하고 우리가 미지의 광자(photons) 움직임을 이나마도 알 수 있게 된 것은 모두 상대성이론 덕분이다.

리만곡률텐서

곡률의 역사

공간이 휘어져 있을 때, 그 휘어진 정도를 알 수 있으려면 어떻게 해야 하나? 가장 객관적이고 확실한 방법은 바로 곡률을 체크하는 일일 것이다.

먼저 1차원 공간부터 알아보자. 만약에 원(circle)의 휘어진 정도를 알고자 한다면 바로 원의 곡률을 알아보면 된다. 알다시피 원의 곡률은 반지름의 역수로 나타낸다. 일반적인 공간곡선의 경우는 접선벡터가 항상 단위벡터가 되도록 곡선을 매개화(※ 곡선장, arc length을 매개변수로 한다.)하면, 그 접선벡터의 방향 변화가 바로 곡선의 휘어짐을 나타내는 계량으로 사용될 수 있다. 벡터의 방향 변화가 클수록 많이 휘어진 것이다. 곡선의 곡률은 그러한데 자, 문제는 곡면의 곡률이다. 이것은 어떻게 잴 것인가?

휘어진 곡면에서는 흔히 가우스 곡률(Gauss curvature)을 사용한다. 가우스 곡률은 $K = \kappa_1 \times \kappa_2$로 나타낸다. κ_1, κ_2는 각각 곡면의 최대, 최소 곡률이다. 반지름 R인 구면의 가우스 곡률은 $K = 1/R \times 1/R = 1/R^2$이다. 대칭 구조를 갖는 구면의 경우는 최대, 최소 곡률이 서로 같기 때문이다. 그런데 가우스 곡률과 같이 최대, 최소 곡률 둘만을 곱해서 곡면의 곡률이라고 정의하는 것이 과연 타당한 것일까? (※ 다음을 계속해서 읽어보면 타당함을 알 수 있다.)

이에 대해 좀 더 알려면 오일러 시대로 거슬러 올라가야 한다. 곡면을 최초로 본격 연구한 사람은 수학자 오일러(L. Euler, 1707~1783)이다. 오일러는 곡면 위의 한 점에서 접평면이 유일하게 결정되고, 그 점에서 임의의 접벡터와 법선벡터가 만드는 평면이 곡면과 교차할 때 만들어지는 곡선의 곡률(※ 법곡률, normal curvature)이 중요한 역할을 하게 됨을 간파하였다. 그리하여 곡면 위 점 p에서 360° 모든 방향의 접벡터에 대응하는 법곡률을 전부 알게 되면 점 p 부근에서 곡면이 어떤 모양인지를 알 수 있게 된다. 그러나 이 경우 모든 방향의 법곡률을 모두 다 알아야만 하는 난처한 문제에 봉착하게 된다. 오일러는 이 문제를 해결하는 과정에서 매우 놀라운 현상을 발견한다. 다름 아니라 모든 법곡률에는 최댓값과 최솟값이 정확히 하나씩 존재하고 이 둘의 방향은 서로 직각이라는 사실이다. 이는 법곡률이 단위 접벡터들로 이루어진 단위원으로부터 각각 사상되는 하나의 연속함수임에 주목하고, 이 단위원이 컴팩트 집합에 해당하므로 그 사상인 법곡률 함수에는 당연히 최댓값과 최솟값이 존재하게 된다. 그리고 이 둘은 서로 직각을 이룬다는 것을 증명하였다.

그 후 독일의 수학자 가우스는 가우스 곡률을 정의한다. 곡면은 그 절단면이 만드는 곡선에 따라 수없이 많은 곡률을 가질 수 있다. 이 중에서 최대 곡률과 최소 곡률을 곱한 것을 가우스 곡률로 정의하였다. 사실은 이 두 곱은 가우스 사상이 나타내는 행렬의 determinant이다. 가우스는 이때 '놀라운 정리(Theorema Egregium)'라는 이름을 붙였는데, 위상이 같은 공간이면 이를 아무리 변형시켜도(※ 단, 찢거나 붙이지 않는다.) 가우스 곡률은 항상 같다는 정리이다. 가우스 곡률이 외재적 개념인 가우스 사상(※ 법선벡터를 단위 구면 위에 대응시켜 곡률을 계산한다.)을 이용해서 구해지는데도 정작 그 자체는 놀랍게도 내재적 곡률(intrinsic curvature)이다.

다시 원의 예로 돌아가 보자. 그러면 곡면의 경우와 같이 원도 내재적 곡률이 있는 것인가? 내재적 곡률이 있다면 얼마인가? 결론부터 말하면 원의 내재적 곡률은 0이다. 다시 말하면 곡률이 없는 셈이다. 원은 곧바로 펴면 직선이 되므로 원이 본래부터 갖고 있는 곡률은 없다고 할 수 있다. 그러면 우리가 이제까지 알고 사용하던 원의 곡률(※ 반지름의 역수)은 무엇이란 말인가? 그것은 단지 원이 놓인 공간보다 한 차원 높은 공간에서 바라보았을 때의 휘어짐일 뿐이다. 즉 우리가 보통 원을 볼 때는 3차원 공간에 원을 매장해 두고서(embedding) 보는 것이다. 만일 원의 둘레를 기어가는 1차원 생물이 있다면 이 생물은 원이 휘어져 있는지를 모른다. 그냥 직선 위로만 기어가고 있을 뿐이다. 이렇게 어떤 공간(※이 예에서는 원주이다)을 그보다 한 차원 높은 공간에서 바라볼 때의 곡률을 외재적 곡률(extrinsic curvature)이라고 한다. 따라서 우리가 아는 원의 곡률은 외재적 곡률일 뿐, 원이 본래부터 갖고 있는 내재적 곡률은 아니다.

내재적 곡률

그러면 내재적 곡률이 왜 이렇게 중요한가? 그것은 내재적 곡률은 주위를 둘러싸고 있는 공간과 관계없이 자신이 본래 갖고 있는 고유의 성질이기 때문이다. 상대론의 휘어진 시공간도 그보다 더 높은 차원에서 바라볼 수 있는 방법이 없기 때문에 오로지 내재적 곡률에만 의존해야 한다.

어떤 도형이나 공간의 외재적 곡률은 그것을 넣어두고 바라보는 공간 자체의 휘어짐에 따라서 달라지는 양이다. 만일에 원을 넣어두고서 바라보는 공간 자체가 휘어진 공간이라면 그 휘어진 정도가 바로 원의 휘어짐에 반영될 것이다. 반면에 내재적 곡률은 그 공간이 본래부터 고유하게 갖고 있는 곡률이기 때문에 주위를 감싸고 있는 공간과 관계없는 불변량이다.

그러면 내재적 곡률은 어떻게 알 수 있는가? 내재적 곡률은 그 공간 내에서의 정보만으로 알아낼 수 있는 곡률이다. 다음은 내재적 곡률에 대한 직관을 얻기 위한 좋은 예이다.

가령 지구의 북극점에 서 있는 사람이 남쪽으로 똑바로 내려오면서 잰 거리를 S라고 하자. 그러면 북극점을 중심으로 반경 S의 동심원을 그릴 수 있다. 한편 그런가 하면 그 사람이 있는 지점에서 지구를 수평으로 절단했을 때 만들어지는 원이 있을 것이다. 그 원의 반경을 r이라 하자. 그러면 지구 표면이 휘어져 있으므로 당연히 S가 r보다 클 것이다. 그러므로 S를 반경으로 하는 원주의 길이와 r을 반경으로 하는 원주의 길이에는 차이가 생긴다. 바로 이 차이를 내재적 곡률로 생각하자는 것이다. 만일 구면이 아니고 평면이었다면 이 둘의 차이는 생기지 않기 때문이다.

가우스 곡률은 내재적 곡률이기는 하지만 공간의 매장(embedding)이라는 외재적 방식으로 도출된다.

수학자 리만은 스승이 발견한 가우스 곡률이 갖는 이와 같은 문제를 해결하기 위해 순전히 내재적인 방법으로 곡률을 구할 수 있는 길을 모색하게 된다. 그러면 그 내재적인 방법이라는 것이 무엇인가? 가우스는 접평면에 수직인 법벡터(normal vector)와 그의 미분인 가우스 사상(Gauss map)을 이용해서 곡률을 계산하였다. 그러나 리만은 법벡터를 이용하지 않고 곡률을 계산하는 방법을 강구한다. 그것은 바로 접공간에 있는 접선벡터를 이용하는 것이었다. 그것은 다름 아닌 가우스 사상에서 세워진 법벡터의 변화량을 접평면에 있는 접벡터의 변화량으로 대체한 것이다. 즉 내재적 기하로 관점을 바꾼 것이다. 이것은 다음과 같은 특수한 과정을 통하여 설명된다. 휘어진 곡면에 하나의 폐회로 사각 루프(loop)를 설정한 다음, 접선벡터를 한 바퀴 평행 이동(parallel transport)시켜서 원위치로 돌아오면 벡터의 방향이 바뀌게 된다. 평행 이동한 벡터의 변화량만큼 '곡률'이 존재한다고 본 것이다. 만일 곡면이 편평하다면 원래 지점으로 돌아온 벡터는 출발할 때의 벡터와 비교했을 때 아무런 변화가 없을 것이다.

내재적 방식으로 곡률을 알아내는 쉬운 예를 하나 들어보자. 알다시피 지구 표면은 대표적인 2차원의 휘어진 공간이다. 적도 상의 한 지점에서 북극을 향해 접하고 있는 벡터가 있다고 하자. 이 벡터를 북극까지 평행 이동하였다가 북극에서 다시 오른쪽 직각 방향으로 적도까지 평행

이동한 다음 다시 적도를 따라서 원래 출발점까지 돌아왔을 때는 출발할 때의 벡터와 정확히 90° 만큼 회전되어 있음을 쉽게 알 수 있다.

벡터를 평행 이동시킬 때 주의해야 할 점은 바로 직전의 벡터와 **최대한 평행**하게 이동시켜야 한다는 것이다. (※ 이때의 평행이동은 본질적으로 유클리드 공간에서의 평행이동과 동일하다. 휘어진 공간이라고 해서 평행이동 방법이 달라지는 것은 아니다. 그보다는 우리의 평소 습관대로 외재적 의미의 평행이동을 하는 건 아닌지 주의해야 할 필요가 있다.)

즉 적도에서 북극을 지나 다시 원래의 지점으로 돌아올 때, 바로 직전의 벡터와 최대한 평행하게 다음 지점으로 옮기고, 또다시 그 벡터와 최대한 평행하게 다음 지점으로 옮기고 하는 과정을 계속해서 일관되게 반복하여 원점으로 돌아와야 한다는 것이다. 그렇게 하였을 때 돌아온 벡터가 원래 출발할 때의 벡터와 정확히 일치한다면 **곡률은 없는 것**이다. 그것은 바로 평면일 것이다. 그러나 조금이라도 일치하지 않는다면 그만큼의 곡률이 존재할 것이다.

비유클리드 기하학

기하학에서도 역사의 아이러니는 있었다. 인류는 수천 년 동안 유클리드 제5 공준을 증명하려고 부단히 노력하였으나 결국 증명에는 실패한다. 그러나 대신, 비유클리드 기하학이라는 생각지도 못했던 위대한 선물을 받았다. 유클리드 제5 공준은 흔히 평행선 공준으로 알려져 있다. 즉 '한 직선과 한 점이 있을 때 그 점을 지나면서 직선에 평행한 직선은 단 한 개뿐이다.' 그런데 왜 이 공준이 문제가 되었나? 그것은 다른 4개의 공준이 거의 직관적이며 자명한 진술인 데 비하여, 이 공준만이 마치 다른 공준을 이용하여 증명될 수 있을 것처럼 진술되어 있다는 것이다. 그러나 증명을 시도한 모든 수학자의 노력은 수포로 돌아갔다. 다만 다른 동치 진술만을 확보한 것이 유일한 성과라면 성과였다. 그 동치 진술 중의 하나가 "삼각형의 내각의 합은 180도이다."였다. 그러나 그마저도 가우스 시대에 이르러 삼각형의 내각의 합이 180도가 아닐 수도 있으며 평행선도 여러 개 있거나 아니면 하나도 존재하지 않는 공간이 있다는 것이 알려졌다. 가령 말안장과 같은 **쌍곡선기하** 공간에서는 삼각형의 내각의 합이 180도보다 작아지며, 또 한 점을 지나면서 다른 직선에 평행한 직선을 무수히 그릴 수 있다. 그런가 하면 지구와 같은 **타원기하학**에서는 삼각형의 내각의 합이 180도보다 커지며, 또 평행선이 단 한 개도 존재하지 않고 모두 만나게 된다. 리만은 이들을 구별하는 것은 바로 곡률이며 곡률이 0보다 크면 타원기하학, 곡률이 0보다 작으면 쌍곡선기하학, 곡률이 0이면 유클리드 기하학이라고 정리하였다. 이로써 비유클리드 기하학이 기존의 유클리드 기하학과 서로 모순이 되는 것이 아니고 다만 공간이 편평한 특수한 경우의 기하학이 바로 유클리드 기하학이라는 사실을 알게 되었다.

리만곡률텐서

리만은 여기서 멈추지 않고 평행 이동한 후의 벡터의 차이를 계량화하고자 했다. 벡터의 차이를 알아내는 데는 두 가지 방식이 있다. 하나는 벡터가 한 점에서 출발하여 루프를 한 바퀴 돈 다음 원점으로 다시 돌아왔을 때 원래의 벡터와 차이를 보는 방법이고, 다른 하나는 두 개의 벡터가 원점에서 각각 다른 경로로 출발한 후 원점과 대각선 방향에 있는 루프 상의 한 점에서 다시 만났을 때 그 점에서 두 벡터의 차이를 보는 것이다. 두 경우 모두 결과는 당연히 같을 것이다.

여기서는 우선 두 벡터가 각각 다른 경로를 거쳐 한 점에서 만났을 때 그 차이를 보는 방식을 먼저 살펴보자.

루프를 미분 크기로 아주 작게 만든다면 그때의 벡터 이동 양상은 벡터를 경로에 따라 공변 미분한 것과 정확히 같아지게 된다. 왜냐하면, 두 경우 모두 벡터의 미소 변위에 대한 미소 변화량을 보는 것이기 때문이다. 루프를 평형사변형으로 보고 각 좌표축에 따라 번갈아 가며 두 번 미분한다면 그 차이는 다음과 같은 미완성 상태의 수식으로 나타날 것이다.

$$\nabla_X \nabla_Y Z - \nabla_Y \nabla_X Z = \boxed{}\ Z$$

여기서 X, Y는 루프를 이루는 두 개의 좌표축을 나타내는 벡터이며, Z는 임의의 벡터(장)이다. 좌변은 벡터를 두 번 공변 미분한 것이므로 첨자가 3개인 랭크 3 텐서임이 분명하다. 우변의 $\boxed{}$ 에는 무엇이 와야 할까? 벡터 Z와 축약이 되어 좌변과 같은 랭크 3인 텐서가 되려면 분명 랭크 4인 텐서가 와야 할 것이다. 바로 이 랭크 4텐서가 리만곡률텐서(Riemann curvature tensor)이다. 리만곡률텐서는 $R(X, Y)$ 또는 $R^{\rho}{}_{\sigma\mu\nu}$로 표기한다. 그리하여 위 식을 완성하면

$$\nabla_X \nabla_Y Z - \nabla_Y \nabla_X Z = R(X, Y)\ Z\text{이다.}$$

결국, 리만텐서는 가우스 곡률을 일반화한 것이다. 반지름이 R 인 구면에 대한 가우스 곡률은 $1/R^2$이다. 이를 리만곡률텐서를 써서 구하

더라도 같은 값을 얻을 수 있다.

리만은 곡률을 나타내는 데에 곡률 텐서를 사용함으로써 완벽하게 내재적 방식으로 해결하였을 뿐만 아니라 4차원 이상의 다차원 공간에서도 확장하여 적용할 수 있는 길을 열었다.

그러면 위 식의 좌변을 공변 미분으로 실제로 계산해 보면 어떤 결과가 나올까? 좌변의 $\nabla_Y Z$와 $\nabla_X Z$는 텐서이므로 텐서에 대한 공변 미분 공식을 적용하면 될 것이다.

듀얼벡터 v_a(※ 공간의 벡터장은 듀얼벡터이다.)에 대한 b 방향 공변미분은 다음과 같다.

$$\nabla_b v_a = \partial_b v_a - \Gamma^d{}_{ab} v_d$$

이것을 c 방향으로 한 번 더 공변 미분한다.

$$\begin{aligned}\nabla_c \nabla_b v_a &= \partial_c (\nabla_b v_a) - \Gamma^e{}_{ac} \nabla_b v_e - \Gamma^e{}_{bc} \nabla_e v_a \\ &= \partial_c \partial_b v_a - (\partial_c \Gamma^d{}_{ab}) v_d - \Gamma^d{}_{ab} \partial_c v_d - \Gamma^e{}_{ac} \\ &\quad (\partial_b v_e - \Gamma^d{}_{eb} v_d) - \Gamma^e{}_{bc} (\partial_e v_a - \Gamma^d{}_{ae} v_d).\end{aligned}$$

이번에는 듀얼벡터 v_a에 대하여 먼저 c 방향으로 공변 미분하고 그다음 b 방향으로 공변 미분한 것이 필요한데, 위 식의 첨자 b, c를 서로 교환하면 바로 구할 수 있다. 즉,

$$\nabla_b \nabla_c v_a$$

$$= \partial_b \partial_c v_a - (\partial_b \Gamma^d{}_{ac}) v_d - \Gamma^d{}_{ac} \partial_b v_d - \Gamma^e{}_{ab} (\partial_c v_e - \Gamma^d{}_{ec} v_d) - \Gamma^e{}_{cb} (\partial_e v_a - \Gamma^d{}_{ae} v_d) .$$

첫째 식에서 둘째 식을 빼면,

$$\nabla_c \nabla_b v_a - \nabla_b \nabla_c v_a$$

$$= [\partial_b \Gamma^d{}_{ac} - \partial_c \Gamma^d{}_{ab} + \Gamma^e{}_{ac} \Gamma^d{}_{eb} - \Gamma^e{}_{ab} \Gamma^d{}_{ec}] v_d .$$

여기서 [ ] 속의 양이 rank 4 텐서인 '리만 곡률 텐서'라고 할 수 있다.

$$R^d{}_{abc} = \partial_b \Gamma^d{}_{ac} - \partial_c \Gamma^d{}_{ab} + \Gamma^e{}_{ac} \Gamma^d{}_{eb} - \Gamma^e{}_{ab} \Gamma^d{}_{ec} .$$

다음으로 하나의 폐곡선으로 둘러싸인 곡면이 있을 때 리만곡률텐서가 어떻게 나타나는지를 보기로 하자.

하나의 벡터가 폐곡선 루프를 한 바퀴 돈 다음 원점으로 돌아왔을 때 생기는 차이로부터 폐곡선으로 둘러싸인 곡면의 곡률을 알아낼 수 있다. 결과는 앞에서 말한 두 개의 벡터를 이용하는 방법과 다르지 않을 것이다. 그러나 루프를 왕복(round trip)하는 방식은 선적분을 이용하는 것이기 때문에 이와 관련하여 몇 가지 유의할 점이 있다.

우선 벡터의 변화량은 폐곡선 둘레를 따라 선적분을 수행하면 구할 수 있다. 그것은 폐곡선이 크건 작건 관계가 없다. 무조건 폐곡선 둘레를 따라서 적분만 하면 된다. 이는 폐곡선으로 둘러싸인 곡면을 아무리 여러 개의 작은 폐곡면으로 쪼개더라도 서로 인접한 경계선에서의 적분값은 모두 상쇄되기 때문에 가능한 일이다. 그러므로 아주 작은 크기의 폐곡선 하나에 대한 벡터의 변화량을 알 수 있다면 임의의 크기의 폐곡선에 대한 변화량도 알 수 있다. 그저 선적분의 적분 구간만 늘려주면 되는 것이다. 이것은 미분 • 적분의 문제가 아니다. 단지 적분 구간을 어떻게 잡느냐의 문제이다.

그러면 작은 크기의 폐곡선에 대한 벡터의 변화량을 구하는 것만이 우리가 해야 할 일이다. 과연 리만곡률텐서의 존재를 발견할 수 있을까?

아래 그림과 같이 작은 크기의 폐사각형을 만들고 벡터 하나를 점 A에서부터 시계방향으로 평행 이동시켜 보자. 즉 $A-B-C-D-A$로 돌아오는 것이다.

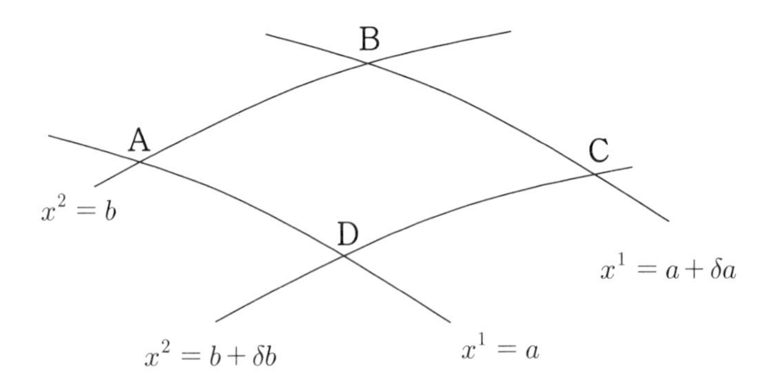

우리는 휘어진 공간에서는 공변 미분이 제로 값일 때 평행이동이 이루어진다는 것을 알고 있다. 다시 말해 벡터가 한 지점에서 다른 지점으로 이동하더라도 그 변화량이 없어야 평행이동된 것이라고 할 수 있는데, 휘어진 공간에서는 벡터의 변화량이 제로가 되려면 공변 미분 값(※벡터의 성분변화량과 기저벡터 변화량의 합)이 제로이어야 한다. 이를 식으로 나타내면,

$$\frac{\partial V^{\alpha}}{\partial x^{\beta}} + V^{\mu} \Gamma^{\alpha}{}_{\mu\beta} = 0 .$$

두 번째 항을 우측으로 이항하면,

$$\frac{\partial V^{\alpha}}{\partial x^{\beta}} = - V^{\mu} \Gamma^{\alpha}{}_{\mu\beta} .$$

이 식을 미소 폐사각형 전 구간에 대하여 적분하면 벡터 성분 V^{α}의 최종 변화량을 구할 수 있다.

일반적으로 벡터 성분 V^{α}의 미소변위 dV^{α}는 다음과 같이 쓸 수 있다.

$$dV^{\alpha} = \frac{\partial V^{\alpha}}{\partial x} dx .$$

양변을 구간 $A - B$에 걸쳐 적분하면

$$V^{\alpha}(B) = V^{\alpha}(A) + \int_{A}^{B} \frac{\partial V^{\alpha}}{\partial x} dx \ .$$

이 식과 공변 미분 식을 이용하여 구간별로 적분을 수행한다. 여기서는 좌표축이 x^1과 x^2 두 개이므로 β = 1, 2이다.

① $A \rightarrow B$

$$V^{\alpha}(B) - V^{\alpha}(A) = -\int_{a}^{a+\delta a} \Gamma^{\alpha}{}_{\mu 1}\ V^{\mu}\ dx^1$$

② $B \rightarrow C$

$$V^{\alpha}(C) - V^{\alpha}(B) = -\int_{b}^{b+\delta b} \Gamma^{\alpha}{}_{\mu 2}\ V^{\mu}\ dx^2$$

③ $C \rightarrow D$

$$V^{\alpha}(D) - V^{\alpha}(C) = \int_{a}^{a+\delta a} \Gamma^{\alpha}{}_{\mu 1}\ V^{\mu}\ dx^1$$

④ $D \rightarrow A$

$$V^{\alpha}(A) - V^{\alpha}(D) = \int_{b}^{b+\delta b} \Gamma^{\alpha}{}_{\mu 2}\ V^{\mu}\ dx^2.$$

변화량 δV^{α}를 구하려면 ①+②+③+④을 하면 된다. 즉,

$$\delta V^{\alpha} = \int_{b}^{b+\delta b} \Gamma^{\alpha}{}_{\mu 2} V^{\mu} dx^{2} - \int_{b}^{b+\delta b} \Gamma^{\alpha}{}_{\mu 2} V^{\mu} dx^{2} + \int_{a}^{a+\delta a} \Gamma^{\alpha}{}_{\mu 1} V^{\mu} dx^{1} - \int_{a}^{a+\delta a} \Gamma^{\alpha}{}_{\mu 1} V^{\mu} dx^{1}$$

그런데 귀찮지만 매우 중요한 일이 남아 있다. 위 식을 보면 첫째 항과 둘째 항, 셋째 항과 넷째 항이 각각 서로 같은 것으로 보이나 사실은 그렇지 않다. 그것은 둘째 항의 $\Gamma^{\alpha}{}_{\mu 2} V^{\mu}$과 첫째 항의 $\Gamma^{\alpha}{}_{\mu 2} V^{\mu}$이 미세하게 차이가 난다고 할 수 있다. 왜냐하면, 둘째 항의 노선은 첫째 항의 노선에서 δb(※ δa가 아님을 주의하라.)만큼 이격되어 있기 때문이다. 만일 편평한 공간이었다면 아무런 차이가 없었을 것이다. 그러나 휘어진 공간에서는 그렇지 않다. 따라서 δb만큼 둘째 항의 함숫값 $\Gamma^{\alpha}{}_{\mu 2} V^{\mu}$을 보정해 주어야 한다. 이런 경우 사용할 수 있는 것이 테일러 전개(Taylor expansion)이다. 휘어진 공간에서의 간격은 계산이 거의 불가능하므로 테일러 전개식을 써서 유클리드 공간의 간격으로 근사하는 것이다. 피적분 함수 $\Gamma^{\alpha}{}_{\mu 2} V^{\mu}$를 사실상 하나의 함수로 간주하고 1차 항까지(to first order) 테일러 전개를 하면

$$\Gamma^{\alpha}{}_{\mu 2} V^{\mu} \Big|_{b+\delta b} \simeq \Gamma^{\alpha}{}_{\mu 2} V^{\mu} \Big|_{b} + \delta a \frac{\partial}{\partial x^{1}} (\Gamma^{\alpha}{}_{\mu 2} V^{\mu}) .$$

이 전개식을 δV^{α} 식의 둘째 항에 대입하면 다음과 같다.

$$\int_{b}^{b+\delta b} \Gamma^{\alpha}{}_{\mu 2}\ V^{\mu}\ dx^{2} - \int_{b}^{b+\delta b} \Gamma^{\alpha}{}_{\mu 2}\ V^{\mu}\ dx^{2}$$

$$\simeq \int_{b}^{b+\delta b} \Gamma^{\alpha}{}_{\mu 2}\, V^{\mu}\, dx^{2} - \int_{b}^{b+\delta b} [\Gamma^{\alpha}{}_{\mu 2}\, V^{\mu} + \delta a \frac{\partial}{\partial x^{1}} (\Gamma^{\alpha}{}_{\mu 2}\, V^{\mu})]\ dx^{2}$$

같은 방식으로 셋째 항에 대해서도 대입하면 다음과 같다.

$$\int_{a}^{a+\delta a} \Gamma^{\alpha}{}_{\mu 1}\ V^{\mu}\ dx^{1} - \int_{a}^{a+\delta a} \Gamma^{\alpha}{}_{\mu 1}\ V^{\mu}\ dx^{1}$$

$$\simeq \int_{a}^{a+\delta a} \Gamma^{\alpha}{}_{\mu 1}\, V^{\mu}\, dx^{1} - \int_{a}^{a+\delta a} [\Gamma^{\alpha}{}_{\mu 1}\, V^{\mu} + \delta b \frac{\partial}{\partial x^{2}} (\Gamma^{\alpha}{}_{\mu 1}\, V^{\mu})]\, dx^{1} .$$

이들을 모두 하나의 식으로 정리하면

$$\delta V^{\alpha} \simeq -\delta a \frac{\partial}{\partial x^{1}} (\Gamma^{\alpha}{}_{\mu 2}\, V^{\mu}) \int_{b}^{b+\delta b} dx^{2} + \delta b \frac{\partial}{\partial x^{2}} (\Gamma^{\alpha}{}_{\mu 1}\, V^{\mu}) \int_{a}^{a+\delta a} dx^{1} .$$

$$\approx\ \delta a\ \delta b\ [-\frac{\partial}{\partial x^{1}}\ (\Gamma^{\alpha}{}_{\mu 2}\, V^{\mu}) + \frac{\partial}{\partial x^{2}}\ (\Gamma^{\alpha}{}_{\mu 1}\, V^{\mu}\ )] .$$

(※ 적분 기호 앞부분 괄호 안의 양은 적분변수 x^2 또는 x^1의 미소변화에 대하여 거의 변화가 없다고 볼 수 있으므로 상수 취급하여 기호 밖으로 나간다. 가령 첫째 항의 경우 x^2가 변할 때($\Gamma^{\alpha}{}_{\mu 2}\, V^{\mu}$) 양도 거의 변화가 없다. V^{μ}의 변화도 미미하고, $\Gamma^{\alpha}{}_{\mu 2}$가 μ번째 기저벡터를 x^2축으로 미분한 것의 α번째 계수이므로 x^2의 미소변화에 대해

그 변화가 미미하다고 볼 수밖에 없다. 따라서 이들 함수를 상수로 취급하여 적분기호 앞으로 내보내고 기호 ≈를 써서 근사적으로 처리한 것이다.)

테일러 전개, Taylor expansion

수학의 신이 인간에게 선물을 하였다면 그중의 하나가 바로 이 테일러 정리일 것이다. 그만큼 테일러 정리는 수학 역사상 가장 신비롭고 위대한 인류의 지적 산물 중의 하나라고 할 수 있다. $\sin x$, e^x, $\log x$와 같은 특수한 함수가 비록 근사적이지만 일반다항식 형태로 바뀔 수 있다면 이 얼마나 놀라운 일인가? 테일러 정리 또는 테일러 전개는 실수의 세계와 미분의 세계를 연결해주는 메신저와 같다. 그리하여 다루기 힘든 특수한 함수들을 일반다항식으로 마술처럼 변환해 준다. 그럼 어떻게 이와 같은 일이 가능한지를 살펴보기로 하자.

$\sin x$를 x의 n차 다항식으로 쓸 수 있다고 가정해 보자. 즉,

$$\sin x = c_0 + c_1 x + c_2 x^2 + \cdots + c_n x^n$$

양변을 미분하면

$$(\sin x)' = \cos x = c_1 + 2c_2 x + \cdots + n c_n x^{n-1}$$

$x = 0$을 대입하면, $c_1 = 1$.

또 미분하면

$$(\sin x)'' = -\sin x = 2c_2 + 3\cdot 2 c_3 x + \cdots + n(n-1) c_n x^{n-2}$$

$x = 0$을 대입하면, $2c_2 = 0 \Rightarrow c_2 = 0$.

또 미분하면

$$(\sin x)''' = -\cos x = 3 \cdot 2 c_3 + \cdots + n(n-1)c_n x^{n-2}$$

$x = 0$을 대입하면 $c_3 = -\dfrac{1}{3 \cdot 2}$.

이런 식으로 계속하면 c_1, c_2, c_3 $\cdots$ 의 값을 모두 구할 수 있다. 이 값들을 원식에 대입하면,

$$\sin x = x - \frac{x^3}{3!} + \frac{x^5}{5!} + \cdots$$

이 과정을 일반화해 보자. 함수 f가 실수 a와 b 사이에서 정의된다고 하면,

$$f(b) = f(a) + \frac{f'(a)}{1!}(b-a) + \frac{f''(a)}{2!}(b-a)^2 + \cdots$$

이다. 이것이 유명한 테일러 정리(Taylor theorem)이다.

이 테일러 정리를 약간 변형해 보자. 즉 $(b-a) = h$로 놓으면,

$$f(a+h) = f(a) + f'(a)h + \cdots$$

이것이 함수의 근사식으로 사용되는 테일러 전개식(Taylor expansion)이다. 이렇게 테일러 정리는 함수를 일반다항식으로 근사시킴으로써 미적분을 용이하게 하고, 또 미소변위에 따른 함수의 근사식을 가능케 하여 수학과 물리학의 발전에 지대한 공헌을 하였다.

상대론에서도 테일러 전개는 수시로 나온다. 왜냐하면, 국소적 영역에서 휘어진 공간의 간격을 유클리드 접공간의 간격으로 근사해야 하는 경우가 많기 때문이다. 그런데 대부분의 테일러전개는 제 1차 항까지만(to first order) 한다. 2차 항 이상은 너무 작아서 무시하는 것이 보통이다. 그러나 1차 항까지만으로 구분이 안 될 때는 그 이상의 항을 고려할 때도 있다.

$\Gamma^{\alpha}{}_{\mu 2} V^{\mu}$와 $\Gamma^{\alpha}{}_{\mu 1} V^{\mu}$에 대하여 각각 곱의 미분을 수행하고, $\partial V^{\alpha} / \partial x^{\beta} = -V^{\mu}\ \Gamma^{\alpha}{}_{\mu\beta}$ 식을 이용하여 정리하면 다음과 같이 된다.

$$\delta V^{\alpha} = \delta a\ \delta b\ [\ \Gamma^{\alpha}{}_{\mu 1,2} - \Gamma^{\alpha}{}_{\mu 2,1} + \Gamma^{\alpha}{}_{\nu 2}\ \Gamma^{\nu}{}_{\mu 1} - \Gamma^{\alpha}{}_{\nu 1}\ \Gamma^{\nu}{}_{\mu 2}\ ]\ V^{\mu}\ .$$

이 식에서 δa와 δb는 각각 좌표축의 미소변위이므로 좌표기저벡터를 써서 벡터로 표현할 수 있다.

즉, $\delta V^{\alpha} = \delta a \vec{e}_{\sigma} \delta b \vec{e}_{\lambda}\ [\Gamma^{\alpha}{}_{\mu 1,2} - \Gamma^{\alpha}{}_{\mu 2,1} + \Gamma^{\alpha}{}_{\nu 2} \Gamma^{\nu}{}_{\mu 1} - \Gamma^{\alpha}{}_{\nu 1} \Gamma^{\nu}{}_{\mu 2}]\ V^{\mu}$

이제 좌표축 x^1, x^2을 일반적인 좌표축 x^{σ}, x^{λ}로 바꾸면

$$\delta V^{\alpha} = x^{\sigma}\ x^{\lambda}\ [\Gamma^{\alpha}{}_{\mu\sigma,\lambda} - \Gamma^{\alpha}{}_{\mu\lambda,\sigma} + \Gamma^{\alpha}{}_{\nu\lambda}\ \Gamma^{\nu}{}_{\mu\sigma} - \Gamma^{\alpha}{}_{\nu\sigma}\ \Gamma^{\nu}{}_{\mu\lambda}]\ V^{\mu}$$

이 식을 보면 평행이동 후에 나타나는 벡터의 변화량 δV^{α}은 '폐사각형의 면적 x^{σ} • x^{λ}과 브라켓 [ ]과의 곱'으로 계산됨을 알 수 있다.

그런데 이 [ ]이 정체불명이다. 여기서 잠깐! 만일 편평한 공간이라

면 벡터의 변화량, 즉 δV^{α}은 제로일 것이다. 그렇다면 δV^{α}를 제로로 만들 수 있는 것은 우변에서 [ ]밖에 없다. 미소 폐회로의 면적이나 벡터의 크기가 제로가 될 수는 없기 때문이다. 이것은 [ ]이 공간의 휘어짐과 관련된 어떤 양이라는 것을 짐작할 수 있게 해 준다. 이제 우리는 곡률을 정의할 수 있게 되었다. [ ]을 $\boldsymbol{R}$이라고 하자. 그러면 위 식은

$$\delta V^{\alpha} = x^{\sigma} \ x^{\lambda} \ \boldsymbol{R} \ V^{\mu}$$

위처럼 쓸 수 있다. 그런데 $\boldsymbol{R}$ 이외의 다른 모든 항들은 텐서로 되어있다. 그러므로 quotient theorem에 의하여, $\boldsymbol{R}$도 텐서이다. (※ $\boldsymbol{R}$ 에 2차 텐서($x^{\sigma} x^{\lambda}$)와 1차 텐서 V^{μ}가 작용해서 1차 텐서 δV^{α}가 나왔으므로 $\boldsymbol{R}$은 분명 4차 텐서임을 알 수 있다.) 지표 표기법으로 나타내면,

$$\delta V^{\alpha} = x^{\sigma} x^{\lambda} \ \underline{R^{\alpha}{}_{\mu\lambda\sigma}} \ V^{\mu}$$

이 $R^{\alpha}{}_{\mu\lambda\sigma}$가 '리만 곡률 텐서(Riemann curvature tensor)'이다.

그리하여 리만 곡률 텐서는 다음과 같이 정의된다.

$$R^{\alpha}{}_{\mu\lambda\sigma} = \Gamma^{\alpha}{}_{\mu\sigma,\lambda} - \Gamma^{\alpha}{}_{\mu\lambda,\sigma} + \Gamma^{\alpha}{}_{\nu\lambda} \ \Gamma^{\nu}{}_{\mu\sigma} - \Gamma^{\alpha}{}_{\nu\sigma} \ \Gamma^{\nu}{}_{\mu\lambda}$$

그런데 이것은 앞에서 본 두 개의 벡터를 서로 다른 경로로 평행이동시킨 후 한 점에서 만났을 때의 리만곡률텐서와 정확히 일치한다. 리만곡

률텐서는 수학자 리만의 이니셜인 알파벳 대문자 R로 나타낸다.

$R^{\alpha}{}_{\mu\lambda\sigma}$에 붙어있는 첨자는 다음과 같이 암기하면 편리하다. 즉 미소면적 둘레를 일주하고 난 벡터의 변화량 δV^{α}는 앞의 식에서처럼 미소면적 $x^{\sigma} x^{\lambda}$에 리만텐서와 벡터 V^{μ}를 곱한 것으로 표현된다. 그것은 벡터 x^{σ}, x^{λ}, V^{μ}가 리만텐서와 작용(=축약)하여 δV^{α}가 나온 것이다. 그러므로 리만텐서는 σ, λ, μ를 아래 첨자로, α를 위첨자로 갖는 랭크 4인 텐서임을 알 수 있다. 다음은 리만텐서의 아래 첨자 3개의 순서를 정하는 일이다. V^{μ}에 대하여 한 번은 좌표축 x^{λ}로, 다른 한 번은 좌표축 x^{σ}로 미분하는 것이므로 μ를 맨 앞에 두고 λ와 σ를 차례로 쓰면 된다. α, β, μ, ν의 배열같이 첨자의 순서를 가지런히 만들기 위하여 $R^{\alpha}{}_{\mu\lambda\sigma}$를 $R^{\alpha}{}_{\beta\mu\nu}$로 첨자를 바꾸어 쓰기도 한다.

리만곡률텐서 전개하는 법

리만곡률텐서는 크리스토펠 기호로 이루어진 총 4개의 항으로 전개할 수 있다.

$$R^{\alpha}{}_{\mu\lambda\sigma} = \Gamma^{\alpha}{}_{\mu\sigma,\lambda} - \Gamma^{\alpha}{}_{\mu\lambda,\sigma} + \Gamma^{\alpha}{}_{\nu\lambda}\,\underline{\Gamma^{\nu}{}_{\mu\sigma}} - \Gamma^{\alpha}{}_{\nu\sigma}\,\underline{\Gamma^{\nu}{}_{\mu\lambda}}$$

이렇게 전개하는 데는 일종의 규칙이 있다. 이 규칙을 알아두면 외우기에 편리하다.

① 먼저 리만텐서의 아래 첨자 우측 두 개(λ, σ)에 대하여 λ 먼저, 다음 σ 순으로 미분해서 우변의 첫 두 개 항을 구성한다. 부호는 +,- 순이다.

② 새로운 위 첨자 ν를 도입하여 ①에서 만든 두 개 항의 아래 첨자 두 개(미분첨자는 제외)와 각각 결합하여 순서대로 두 개의 감마 항 $\Gamma^{\nu}{}_{\mu\sigma}$, $\Gamma^{\nu}{}_{\mu\lambda}$을 만든 다음, 밑줄 친 부분처럼 우변의 셋째 항과 넷째 항 자리에

우선 배치하고 +, - 부호는 ①에서 붙인 순서대로 붙인다.

③ 새로 도입한 첨자를 이번에는 아래 첨자로 배치한 감마 항을 만든 후 아까 만든 셋째 항과 넷째 항과 각각 결합한다. 그런 다음 아래 첨자 빈 공간을 λ와 σ로 채워 넣는다.

리만곡률텐서는 휘어진 공간이면 어디든지 존재한다. 그 좋은 사례를 바로 측지선에서 찾을 수 있다. 공간이 휘어지면 두 개의 인접 측지선이 서로 계속해서 평행하게 진행하지 않게 된다. 이 현상을 측지선 편차라 하는데 여기서도 리만곡률텐서를 발견할 수 있다.

측지선 편차 geodesic deviation

공간의 휘어진 정도를 알 수 있는 또 다른 방법이 있다. 다름 아닌 측지선의 성질을 이용하는 것이다. 처음에는 평행이던 인접한 두 개의 측지선이 공간의 휘어짐 때문에 점점 가까워지거나 또는 멀어진다. 만일 휘어짐이 없다면 두 개의 측지선은 계속해서 평행을 유지할 것이다. 이러한 현상을 측지선 편차라 하고 여기에는 리만곡률텐서가 관계하고 있음을 짐작할 수 있다.

두 개의 입자 P, Q의 측지선을 각각 $x^a(u)$, $\overline{x}^a(u)$라 하고, Q의 측지선이 P의 측지선으로부터 $\xi^a(u)$만큼 이격되어 있다 하자. 이를 식으로 나타내면 다음과 같다.

$$\overline{x}^a(u) = x^a(u) + \xi^a(u)$$

만일 두 측지선이 평행이라면 $\xi^a(u)$은 일정한 값을 계속해서 유지할 것이다. 즉 $\xi^a(u)$의 변화율은 제로일 것이다. 만약에 두 측지선이 편평한 공간에 있는데 점점 벌어지거나 가까워진다면 변화율은 일정한 값을 가질 것이다. 변화율의 변화율, 즉 가속도는 제로일 것이다. 자, 그러나 우리의 공간은 지금 휘어져 있다. 따라서 두 측지선이 멀어지거나 가까워지고 있다면 분명 $\xi^a(u)$의 2차 미분 값은 제로가 아닐 것이다. 즉 미는 가속도 또는 당기는 가속도가 생기는 것이다. 만약에 점 질량을 향해 자유 낙하하는 측지선이라면 당기는 가속도일 것이다. 이제 우리가 할 일은 이 가속도의 거동을 살피는 일이다.

계산의 편의를 위하여 점 P를 자유낙하(freely falling)하는 국소좌표계로 정하면 점 P의 측지선 방정식은 다음과 같다.

$$\frac{d^2 x^a}{du^2} = 0 \qquad \cdots \qquad ①$$

그리고 점 Q의 측지선 방정식은

$$\frac{d^2 \bar{x}^a}{du^2} + \Gamma^a{}_{bc}(Q)\frac{d\bar{x}^b}{du}\frac{d\bar{x}^c}{du} = 0 \qquad \cdots \qquad ②$$

ξ만큼 이격되어 있으므로 Taylor 전개에 의하여,

$$\Gamma^a{}_{bc}(Q) \cong \Gamma^a{}_{bc}(P) + \frac{\partial \Gamma^a{}_{bc}}{\partial x^d}\xi^d$$

이것을 Q의 측지선 방정식에 대입한 후, ② 식에서 ① 식을 빼고 일차항까지만 정리하면

$$\ddot{\xi}^a + (\partial_d \Gamma^a{}_{bc})\dot{x}^b \dot{x}^c \xi^d = 0 \qquad \cdots \qquad ③$$

$$(\text{여기서 } \dot{x}^b = \frac{d}{du} x^b)$$

그런데 ξ^a에 대한 **절대미분**(※ 좌표축이 아닌 특정 변수에 관한 미분. 체인룰을 사용해서 Γ 로 표현함)을 생각해 보면,

$$\frac{D^2\xi^a}{Du^2} = \frac{d}{du}(\dot{\xi}^a + \Gamma^a{}_{bc}\,\xi^b\,\dot{x}^c) = \ddot{\xi}^a + (\partial_d\,\Gamma^a{}_{bc})\,\xi^b\,\dot{x}^c\,\dot{x}^d \quad \cdots \quad ④$$

③ 식과 ④ 식의 괄호 항 우측 3개 변수의 더미 첨자를 서로 통일하고 두 식을 연립하면,

$$\frac{D^2\xi^a}{Du^2} + (\partial_b\,\Gamma^a{}_{cd} - \partial_d\,\Gamma^a{}_{bc})\,\xi^b\,\dot{x}^c\,\dot{x}^d = 0$$

위 식을 자세히 보면 괄호 안의 식은 다름 아닌 점 P 의 국소좌표계에서의 리만곡률텐서이다. (※ 크리스토펠 기호 = 0) 리만곡률텐서 기호를 써서 다시 나타내면,

$$\frac{D^2\xi^a}{Du^2} + R^a{}_{cbd}\,\xi^b\,\dot{x}^c\,\dot{x}^d = 0$$

이 식을 측지선 편차 방정식(the equation of geodesic deviation)이라 한다. 두 측지선이 서로 가까워지는 거동을 관찰하였는데 뜻밖에 곡률텐서를 발견하게 되었다.

리만곡률텐서와 크리스토펠 기호

이제 우리는 공간의 곡률을 나타내는 '리만곡률텐서'라는 매우 중요한 물리량을 알게 되었다. 여기 그 식을 다시 한 번 써 보자.

$$R^{\alpha}{}_{\mu\lambda\sigma} = \Gamma^{\alpha}{}_{\mu\sigma,\lambda} - \Gamma^{\alpha}{}_{\mu\lambda,\sigma} + \Gamma^{\alpha}{}_{\nu\lambda}\,\Gamma^{\nu}{}_{\mu\sigma} - \Gamma^{\alpha}{}_{\nu\sigma}\,\Gamma^{\nu}{}_{\mu\lambda}$$

이 식을 보면 리만곡률텐서가 크리스토펠 기호와 그 1차 미분으로 구성되어 있다는 것을 알 수 있다. 그런데 지금 우리의 목적은 바로 이 리만곡률텐서가 정말로 휘어진 공간의 곡률을 제대로 표현해 주고 있는지를 증명하는 것이다. 왜냐하면, 공간이 휘어진 정도를 나타내는 것은 리만텐서 이전에도 메트릭 텐서와 크리스토펠 기호라는 것이 있었다. 리만 텐서는 이들과 과연 무슨 차이가 있는가?

우리의 증명은 다음으로 압축될 수 있다.

$$R^{\alpha}{}_{\mu\lambda\sigma} = 0 \quad \Leftrightarrow \quad \text{편평한 공간}$$

'리만텐서가 제로이면 편평한 공간'이다. 그 역인 '편평한 공간이면 리만텐서가 제로'라는 것도 성립한다.

① ⇒ : 리만텐서가 제로이면 편평한 공간이다.

〈증명〉 식으로부터 리만텐서가 제로가 되려면 크리스토펠 기호와 그 1차 미분이 모두 제로이어야 한다. 그런데 크리스토펠 기호와 그 1차 미분이 모두 제로이면 그것은 곧 편평한 공간이다.

② ⟸ : 편평한 공간이면 리만텐서가 제로이다.

〈증명〉 편평한 공간은 크리스토펠 기호도 제로이고 그 1차 미분도 제로이어야 한다. 따라서 리만텐서도 제로가 된다. 즉 $R^{\alpha}{}_{\mu\lambda\sigma} = 0$ 이다.

이로써 리만곡률텐서 = 0은 편평한 공간이 되기 위한 필요충분조건(necessary and sufficient condition)임이 증명되었다.

그런데 평소 우리는 크리스토펠 기호가 제로이면 편평한 공간이라고 알고 있었다. 그러나 이것은 '국소적인(local)' 영역에서만 그렇다. 크리스토펠 기호는 국소적 영역 밖의 휘어짐에 대해서는 아무런 정보도 주지 못한다. 그것은 1차 미분(※ 매트릭 텐서의 2 차 미분과 같다.)을 해 보아야 비로소 알 수가 있다. 그런데 그 1차 미분의 정보까지 갖고 있는 것이 바로 리만곡률텐서이다. 밖은 휘어져 있는데 국소적 영역에서만 편평한 경우는 바로 크리스토펠 기호는 제로인데(※ 사실은 제로에 근사하는 것이다.) 그 1차 미분은 제로가 아니라는 말과 같다. 매트릭 텐서를 두 번 미분해야 휘어진 정보를 얻을 수 있다는 것은 고교 미적분 시간에 배운 함수의 위로 볼록, 아래로 볼록을 생각나게 한다. 그래프도 두 번 미분해야 휘어진 모양을 알 수 있지 않았던가?

지금까지의 설명을 더욱 상대론적 용어로 바꾸어 보자. 리만곡률텐서는 텐서(※ 랭크 4 텐서이다.)인 반면, 크리스토펠 기호는 텐서가 아니다. 리만곡률텐서는 텐서이므로 좌표변환과 무관하다. 그러나 크리스토펠 기호는 좌표변환에 따라 그 값이 달라진다. 그러므로 크리스토펠 기호는 국소 좌표계에서는 항상 0으로 만들 수 있다. 반면 리만곡률텐서는 국소

좌표계에서 0이면 다른 모든 좌표계에서도 0이다. 바로 이런 이유 때문에 국소 좌표계를 이용하면 복잡한 곡률계산도 매우 단순하게 할 수 있다. 그리하여 국소좌표계에서 계산된 리만곡률텐서는 다른 모든 기준계에서도 똑같이 통용될 수 있다.

리만곡률텐서는 순전히 크리스토펠 기호의 좌표변환 과정에서 도출할 수도 있다(Weinberg 참조). 크리스토펠 기호는 텐서가 아니므로 좌표변환을 하면 2차 도함수 항들이 나타난다. 그 2차 도함수 항을 한 번 더 미분하고, 다시 2차 도함수 항을 제거하는 쪽으로 수식을 정리하면 크리스토펠 기호들로 구성된 어떤 물리량에 대한 깨끗한 좌표변환 식을 만들 수 있다. 바로 그 어떤 물리량이 리만곡률텐서이다.

지금 우리는 상대론의 심장부에 도착해 있다. 리만곡률텐서는 일반상대성이론에서 정복해야 할 몇 개 고지 중의 하나이다. 그만큼 리만곡률텐서는 상대성이론의 핵심 중의 핵심이라고 할 수 있다. 중력은 실재하는 힘이 아니라 휘어진 공간 때문에 생기는 가상의 힘, 즉 관성력에 불과하다는 것이 상대론의 핵심 사상이다. 그런데 여기에 나오는 '휘어진 공간'을 수학적으로 가장 잘 표현하고 있는 것이 바로 리만곡률텐서라고 말할 수 있다.

수학자 리만은 스승 가우스가 발견한 가우스곡률(※ 스스로 '놀라운 정리(Thorema Egregium)'라고 명명하였다.)을 훨씬 뛰어넘어 모든 차원의 공간에서 적용할 수 있는 리만곡률을 제안하였다. 리만곡률은 내재적(intrinsic) 곡률이다. 그러므로 하나 더 높은 차원의 공간을 별도로 도입하지 않고도 순전히 자신의 내재적 공간 정보만으로 알아낼 수 있는 곡률이다. 3차원의 존재인 우리 인간이 상대론의 휘어진 시공간이 어떨게 얼마나 휘어져 있는지를 알 수 있는 유일한 방법은 바로 리만의 내재적 곡률을 계산하는 일이다. 휘어진 공간 내 폐회로 위를 평행 이동시킨 벡터장의 변화량으로 곡률을 정한다는 매우 단순하면서도 독창적인 이 발상은 가우스가 예언한 대로 기하학과 물리학의 역사를 바꾸었다.

리만기하학

일반상대성이론의 수학적 골격은 리만기하학이다. 전무후무한 위대한 수학자 가우스의 제자였던 리만은 스승이 막 시작해 놓은 비유클리드 기하학을 충실히 이어받아 3차원 이상의 공간에까지 확장, 일반화시켰다. 리만기하학의 핵심은 그것이 내재적 기하학이라는 것이다. 리만의 내재적 관점에서 보면 가우스의 제 1 기본 형식은 다름 아닌 리만 메트릭의 2차원 버전이며, 외재적 법곡률 개념으로 만든 제 2 기본형식은 바로 리만곡률이다. 리만은 이를 위해 공변미분, 평행이동, 측지선 개념 등 철저히 내재적 관점에서 자신의 새로운 기하학을 써 나갔다.

기하학의 역사를 바꾼 1854년 그의 유명한 시범강의에서 '내재적 관점이란 기존의 위치 고정(position-fixing)에서 n개의 수치 결정(n numerical determinations)으로 바꾸는 것'이라고 쓰고 있다. 즉 R^3에 넣어(embedding) 보던 것을 임의의 점을 기준으로 n개의 수치, 즉 메트릭으로 나타낸다는 것이다. 사실 공간에는 내재적 성질과 외재적 성질이 있음을 인류 최초로 인지한 사람은 가우스였다. 또한, 그는 곡면에 관한 연구로 미분기하학의 문을 열었다. 그럼에도 불구하고 기하학에 대한 내재적 관점에까지는 이르지 못하였다.

가우스 곡률은 대표적인 내재적 곡률의 예이다. 내재적 곡률은 공간이 본래 갖고 있는 고유한 곡률이며, 외재적 곡률은 한 차원 높은 공간에 넣어놓고(embedding) 보는 겉보기 곡률을 말한다. 그래서 기하학자들이 관심을 두어야 할 것은 주변의 공간에 전혀 영향을 받지 않는 불변의 내재적 곡률을 알아내는 일이다. 가령 A_4 용지의 내재적 곡률과 그것을 말아서 만든 원기둥의 내재적 곡률은 같다. 그것은 종이를 찢거나 붙이지 않고 그대로 둥글게 말아서 원기둥을 만들었기 때문에 종이와 원기둥은 본질적으로 같은 공간이며, 따라서 내재적 곡률이 같은 것이다.

주변 공간과는 관계없는 불변의 내재적 곡률은 오직 내재적 관점에서 보아야만 알 수가 있다. 그래야만 공간을 인식하는 데 왜곡이 발생하지 않기 때문이다. 흔히 공간을 1차원 또는 2차원 생물(bug)이 보는 세상으로 비유하는 것도 바로 이런 이유에서다.

가우스는 제1기본형식(The first fundamental form)과 제2기본형식을 이용하여 가우스곡률을 정의하였다. 그런데 그는 이 가우스곡률이야말로 그 공간이 갖는 고유의 내재적 곡률이라는 사실을 알게 되었다. 외재적 성질인 제2기본형식을 이용하여 얻은 가우스곡률이 다름 아닌 내재적 곡률이라는 것을 보고 놀란 나머지 가우스는 이 정리를 '놀라운 정리'라고 명명하였다(※ 가우스는 이를 미스터리하다고 생각하였다.). 그러나 리만의 내재적 관점으로 계산하면 가우스곡률은 다차원 내재적 곡률의 2차원 버전 그 이상도 이하도 아니라는 것을 알 수 있다.

1854년 기하학에 관한 리만의 시범강의는 단지 6쪽에 불과한, 계산식이라고는 찾아보기가 힘든 대부분 난해한 철학적 수사로 가득하지만, 리만의 혁명적 사상이 그대로 녹아 있는 수학 역사상 가장 뛰어난 논문 중의 하나다(※ 수식이 거의 없었던 것은 아마도 5명의 심사위원 중 유일한 수학자인 가우스를 제외한 다른 사람들을 배려한 것으로 보이나, 논문의 수준이나 깊이로 볼 때 이미 수식을 통한 수많은 계산과 증명 과정을 마친 후에 썼다는 것을 짐작하기 어렵지 않다.). 발표를 듣고 난 가우스는 너무나 놀랍고 충격을 받은 나머지 집으로 돌아가던 중에 동료 연구자인 Wilhelm Weber에게 "리만의 생각의 깊이에 큰 감명을 받았다."라며 평소와 다르게 최고의 찬사들을 쏟아내었다고 한다. (※ 리만에 대한 가우스의 칭찬은 이번이 처음이 아니다. 리만의 박사학위 논문을 지도했던 가우스는 심사위원회 공식보고서에서 "리만 씨가 제출한 논문을 보면 저자는 실로 창의적이고 자발적인 수학 정신의 소유자이며, 주제에 대해 심도 있고 철저

한 연구를 수행한 것으로 보임. 또한, 논문의 독창성이 매우 뛰어나 앞으로 수많은 후속 연구의 원천이 될 것으로 예상됨."이라고 썼다. 평소 칭찬에 인색했던 가우스를 생각해 본다면 매우 이례적인 일이다.). 통상 시범강의 전에 미리 제출하는 논문은 3개인데, 지도교수는 대부분 앞의 두 논문 중에서 하나를 선택하는 것이 관례였다. 그러나 리만의 경우는 세 번째 논문인 「기하학 기초에 대하여」가 채택되었다. 예상과 달리 가우스가 세 번째 논문을 택한 것은 자신이 60평생 고민하고 추구해 온 기하학 분야에서 젊은 제자가 쓴 논문이 과연 어떤 것인지 매우 궁금해했기 때문이라고 한다.

리만은 불과 40년이라는 짧은 생애에도 리만기하학 이외에 리만 적분, 코시-리만 방정식 등 해석학과 복소함수론에도 뛰어난 업적을 남겼다. 또한, 소수의 규칙성을 다룬 리만 가설은 아직도 증명되지 않은 수학계 최대 난제로 남아 있다.

리만곡률텐서의 성질

리만곡률텐서에는 매우 중요한 성질이 있는데 그중 하나가 바로 대칭(symmetry)이다. 이 대칭의 성질 때문에 256개나 되는 성분이 단 20개의 독립 성분으로 줄어든다. 앞에서 보았듯이 아무리 휘어진 공간이라도 적절히 좌표 선택만 잘한다면 메트릭의 1차 미분값을 항상 제로로 만들 수가 있다. 그러나 메트릭의 2차 미분값은 아무리 좌표변환을 잘한다 하더라도 제로로 만들 수 없다.

이 20개의 독립 성분이 좌표변환만으로 메트릭의 2차 미분값을 제로로 만들 수 없는 경우의 수, 스무 개와 같다는 것은 우연이 아니다. 공간이 조금이라도 휘어져 있으면 이 20개의 독립 성분은 어떻게 하더라도 숨길 수가 없다. 따라서 리만곡률텐서는 좌표변환으로도 숨길 수 없는 진짜 휘어짐을 표현한 것이라고 말할 수 있다.

그러면 리만곡률텐서에 어떤 대칭이 있는지를 알아보자. 리만곡률텐서를 국소좌표계($\Gamma = 0$)에서 생각한다면 다음과 같이 간단해진다.

$$R^{\alpha}{}_{\beta\mu\nu}\Big|_{P} = \Gamma^{\alpha}{}_{\beta\nu,\mu} - \Gamma^{\alpha}{}_{\beta\mu,\nu} .$$

우변 첫째 항에 대하여 계산을 하면,

$$\Gamma^{\alpha}{}_{\beta\nu,\mu} = \partial_{\mu}\ [\frac{1}{2} g^{\alpha\sigma}\ (g_{\sigma\beta,\nu} + g_{\sigma\nu,\beta} - g_{\beta\nu,\sigma})] .$$

$$\Gamma^{\alpha}{}_{\beta\nu,\mu} = \frac{1}{2} g^{\alpha\sigma}\ (g_{\sigma\beta,\nu\mu} + g_{\sigma\nu,\beta\mu} - g_{\beta\nu,\sigma\mu})] \cdots ①$$

우변의 둘째 항에 대하여 계산을 하면,

$$\Gamma^{\alpha}{}_{\beta\mu,\nu} = \frac{1}{2} g^{\alpha\sigma}\ (g_{\sigma\beta,\nu\mu} + g_{\sigma\mu,\beta\nu} - g_{\beta\mu,\sigma\nu})] \cdots ②$$

① - ② 하면

$$R^{\alpha}{}_{\beta\mu\nu} = \frac{1}{2} g^{\alpha\sigma}\ (g_{\sigma\nu,\beta\mu} - g_{\sigma\mu,\beta\nu} + g_{\beta\mu,\sigma\nu} - g_{\beta\nu,\sigma\mu}) .$$

이때 위첨자인 α를 아래로 내려서 순수한 공변텐서로 만들면 리만텐서의 대칭(symmetric)과 반대칭(antisymmeric) 특성을 알아보기가 쉬워진다. $R^{\alpha}{}_{\beta\mu\nu}$를 $R_{\alpha\beta\mu\nu}$로 고치려면 메트릭 텐서를 써서 첨자 내리기를 시도하면 된다. 임의 첨자 λ를 도입하면

$$
\begin{aligned}
R_{\alpha\beta\mu\nu} &= g_{\alpha\lambda}\ R^{\lambda}{}_{\beta\mu\nu} \\
&= \frac{1}{2}\ (g_{\alpha\nu,\beta\mu} - g_{\alpha\mu,\beta\nu} + g_{\beta\mu,\alpha\nu} - g_{\beta\nu,\alpha\mu})
\end{aligned}
$$

① 첨자 α와 β를 교환하면 $R_{\alpha\beta\mu\nu} = - R_{\beta\alpha\mu\nu}$이 된다. 반대칭(anti-symmetry)이다.
② 첨자 μ와 ν를 교환하면 $R_{\alpha\beta\mu\nu} = - R_{\alpha\beta\nu\mu}$이다.
③ $\alpha\beta$와 $\mu\nu$를 통째로 교환하면 $R_{\alpha\beta\mu\nu} = R_{\mu\nu\alpha\beta}$이다.

위 ①, ②, ③을 모두 종합하면 다음과 같은 대수적 항등식(algebraic identities)이 된다.

$$
R_{\alpha\beta\mu\nu} = - R_{\beta\alpha\mu\nu} = - R_{\alpha\beta\nu\mu} = R_{\mu\nu\alpha\beta}
$$

이외에도 리만텐서의 성질에 의해 다음과 같은 미분 항등식(differential identities)이 성립하기도 한다.

$R_{\alpha\beta\mu\nu}$를 α만 고정시키고 나머지 $\beta\mu\nu$를 첨자 순환시키면 다음 세

개의 식을 얻을 수 있다. 즉,

$$R_{\alpha\beta\mu\nu} = \frac{1}{2}\left(g_{\alpha\nu,\beta\mu} - g_{\alpha\mu,\beta\nu} + g_{\beta\mu,\alpha\nu} - g_{\beta\nu,\alpha\mu}\right)$$

$$R_{\alpha\mu\nu\beta} = \frac{1}{2}\left(g_{\alpha\beta,\mu\nu} - g_{\alpha\nu,\mu\beta} + g_{\mu\nu,\alpha\beta} - g_{\mu\beta,\alpha\nu}\right)$$

$$R_{\alpha\nu\beta\mu} = \frac{1}{2}\left(g_{\alpha\mu,\nu\beta} - g_{\alpha\beta,\nu\mu} + g_{\nu\beta,\alpha\mu} - g_{\nu\mu,\alpha\beta}\right)$$

그런데 이 세 개의 식을 모두 더하면 제로가 된다. 즉,

$$R_{\alpha\beta\mu\nu} + R_{\alpha\mu\nu\beta} + R_{\alpha\nu\beta\mu} = 0 \ .$$

이 식을 비앙키 제1 항등식(the first Bianchi identities)이라고 한다.

비앙키 항등식

정말 중요한 식은 우리가 지금부터 유도하고자 하는 비앙키 항등식(Bianchi identities)이다. 앞에서 말한 비앙키 제1 항등식과 구분하기 위하여 **비앙키 제2 항등식**이라고도 한다. 그러나 제1 항등식과는 비교할 수 없을 정도로 중요하기 때문에 이를 그냥 비앙키 항등식이라고 말한다. 왜 그렇게 중요하냐 하면 이 비앙키 항등식으로부터 중력 장방정식의 좌변인 아인슈타인 텐서가 유도되기 때문이다. 우리는 리만텐서가

다음과 같이 메트릭 텐서의 2차 미분의 선형결합으로 표현된다는 것을 알고 있다.

$$R_{\alpha\beta\mu\nu} = \frac{1}{2}\left(g_{\alpha\nu,\beta\mu} - g_{\alpha\mu,\beta\nu} + g_{\beta\mu,\alpha\nu} - g_{\beta\nu,\alpha\mu}\right)$$

이를 좌표축 x^{λ}로 미분하면

$$R_{\alpha\beta\mu\nu,\lambda} = \frac{1}{2}\left(g_{\alpha\nu,\beta\mu\lambda} - g_{\alpha\mu,\beta\nu\lambda} + g_{\beta\mu,\alpha\nu\lambda} - g_{\beta\nu,\alpha\mu\lambda}\right)$$

첨자 $\alpha\beta$를 고정시키고 나머지 첨자 $\mu\nu\lambda$에 대해서 첨자 순환을 한 후 모두 더하면 다음과 같은 식을 얻게 된다.

$$R_{\alpha\beta\mu\nu,\lambda} + R_{\alpha\beta\nu\lambda,\mu} + R_{\alpha\beta\lambda\mu,\nu} = 0$$

그런데 우리가 지금 이러한 계산을 하고 있는 좌표계는 국소좌표계(Γ = 0)이다. 따라서 편미분과 공변미분이 서로 차이가 없다. 따라서 이 식은 다음과 같이 쓸 수 있다.

$$\boxed{R_{\alpha\beta\mu\nu;\lambda} + R_{\alpha\beta\nu\lambda;\mu} + R_{\alpha\beta\lambda\mu;\nu} = 0} .$$

이 식이 유명한 비앙키 항등식이다.

비앙키 항등식의 직관적 의미는 리만텐서를 각 좌표축으로 공변미분한 것들을 모두 더하면 정확히 폐합(closure)된다는 것이다. 리만텐서에 대한 이러한 폐합 조건은 마치 암흑 속에서 만난 한 줄기 빛과도 같았다. 왜냐하면, 리만텐서가 갖는 대칭 · 반대칭 성질과 함께, 이 항등식은 중력장 방정식의 좌변을 이루는 아인슈타인 텐서로 가는 길을 알려주기 때문이다. 그러나 무엇보다도 중요한 것은 에너지 보존법칙을 만족시키는 방정식을 만들 수 있게 되었다는 점이다!

리치 텐서와 아인슈타인 텐서

리치 텐서

휘어진 공간의 곡률은 리만곡률텐서로 나타낸다. 그런데 이 리만곡률텐서는 첨자가 4 개인 rank 4 텐서이다. 그 성분의 개수만도 $4^4 = 256$개다. 메트릭 텐서 등 상대론에서 주로 다루어지는 대부분의 텐서들은 rank가 2이다. 휘어진 공간에서 벡터를 평행 이동시켰을 때 나타나는 차이로부터 구해지는 리만곡률텐서는 상대론에서 사용하기에는 좀 많은 정보가 담겨있는 셈이다. 이들 정보 중 꼭 필요한 것들만 추려서 상대론에 적합한 랭크 2인 텐서로 만드는 방법은 없을까? 그것은 바로 축약(contraction)을 이용하는 것이다. 축약은 텐서의 모든 성분 중에서 그 텐서의 특징을 가장 잘 대표해 주는 대각선 성분(diagonal components)만을 추려낸 것이라고 할 수 있다.

리만곡률텐서를 축약하면 다음과 같이 랭크 2인 리치텐서(Ricci tensor)가 나온다.

$$R^{\mu}{}_{\alpha\mu\beta} \equiv R_{\alpha\beta} = R_{\beta\alpha} .$$

리만곡률텐서를 축약하는 방법은 단 한 가지 방법밖에 없다. 그것은 위와 같이 1－3 첨자를 축약하는 것이다. 1－2 첨자를 축약하든지, 1－4 첨자를 축약하는 방법이 있는데 이 둘은 각각 0이 되거나, 부호만 마이너스인 값이 나오므로 오직 1－3 첨자를 축약하는 방법만이 유일하고 독립적이다.

1－3 첨자 축약하는 이유

① 1－2 첨자를 축약하면 0이 된다. 즉 $R^{\mu}{}_{\mu\alpha\beta} = 0$이다. 왜 그런지 증명해 보자.

$$R^{\mu}{}_{\mu\alpha\beta} = g^{\mu\nu} R_{\nu\mu\alpha\beta} = - g^{\mu\nu} R_{\mu\nu\alpha\beta}$$
$$= - g^{\nu\mu} R_{\mu\nu\alpha\beta} = - R^{\nu}{}_{\nu\alpha\beta}$$

$R^{\mu}{}_{\mu\alpha\beta}$와 $R^{\nu}{}_{\nu\alpha\beta}$는 같은 수이다. 그런데 위의 결과와 같이 마이너스 값이 그 수와 같으려면 그 수는 제로일 수밖에 없다. 또 다른 방법은 $R^{\mu}{}_{\mu\alpha\beta}$을 크리스토펠 기호로 전개하면 그 값이 제로가 된다.

② 1－4 첨자 축약은 리만텐서의 반대칭 성질을 이용하면 1－3 첨자 축약에 단순히 마이너스한 값과 같다. 즉 $R^{\mu}{}_{\alpha\beta\mu}$의 $\beta\mu$를 교환하면 $-R^{\mu}{}_{\alpha\mu\beta}$이 되기 때문이다.

따라서 오직 1－3 축약만이 리치텐서를 만드는 유일한 방법이다.

리만곡률텐서를 단 하나의 스칼라로 나타낼 수도 있다. 리치텐서를 또 한 번 축약하면 된다. 그러니까 리치텐서의 대각성분을 모두 더하는 것이다. 텐서의 대각성분은 그 텐서를 가장 잘 대표해 줄 수 있는 값들이다. 이렇게 만든 스칼라를 리치 스칼라(Ricci scalar) 또는 곡률 스칼라(curvature scalar)라고 한다. 우리가 흔히 알고 있는 곡면의 곡률은 바로 리치 스칼라이다.

$$R := g^{\mu\nu} R_{\mu\nu} = g^{\mu\nu} g^{\alpha\beta} R_{\alpha\mu\beta\nu} .$$

아인슈타인 텐서

중력장 방정식의 좌변에는 공간의 휘어짐을 나타내는 텐서가 온다. 우리는 공간의 휘어짐을 나타내는 텐서가 바로 리만곡률텐서라는 것을 알고 있다. 그러나 리만텐서는 정보량이 과다하게 많아(※ 성분의 수가 256개나 된다.) 적절한 크기인 리치텐서로 바꾸어야 한다. 그러기 위해서는 비앙키 항등식을 이용한다. 항등식의 양변에 메트릭 $g^{\alpha\mu}$를 사용해 축약을 시도해 보자.

$$g^{\alpha\mu} [R_{\alpha\beta\mu\nu;\lambda} + R_{\alpha\beta\lambda\mu;\nu} + R_{\alpha\beta\nu\lambda;\mu}] = 0$$

$$R_{\beta\nu;\lambda} + (- R_{\beta\lambda;\nu}) + R^{\mu}{}_{\beta\nu\lambda;\mu} = 0$$

(※ ① 둘째 항은 $\lambda\,\mu$를 서로 바꾸고 $1-3$ 축약을 했으므로 반대칭 조건에 의해 - 부호가 붙은 것이며, 마지막 항은 축약을 하지 않고 첨자 올리기만 했음을 주목하라. ② $g^{\alpha\mu}$가 공변 미분에 영향을 받지 않고 안과 밖으로 자유로이 출입할 수 있는 것은 조건 $g_{\alpha\beta;\mu} = 0$ 또는 $g^{\alpha\beta}{}_{;\mu} = 0$이 성립하기 때문이다.)

이 식에 또 하나의 메트릭 $g^{\beta\nu}$를 적용하여 첨자 올리기와 축약을 또 한 번 시도한다.

$$g^{\beta\nu}\ [R_{\beta\nu;\lambda} - R_{\beta\lambda;\nu} + R^{\mu}{}_{\beta\nu\lambda;\mu}] = 0$$

$$R_{;\lambda} - R^{\nu}{}_{\lambda;\nu} + (- R^{\mu}{}_{\lambda;\mu}) = 0$$

ν와 μ는 각각 더미(dummy) 첨자이므로 둘째 항과 셋째 항은 결국 같은 것이다.

$$(2R^{\mu}{}_{\lambda} - \delta^{\mu}{}_{\lambda}\ R)_{;\mu} = 0$$

$g^{\lambda\nu}$를 양변에 곱하면

$$g^{\lambda\nu}\ (2R^{\mu}{}_{\lambda} - \delta^{\mu}{}_{\lambda}\ R)_{;\mu} = 0\ ,$$

$$(2\ R^{\mu\nu} - g^{\mu\nu}\ R)_{;\mu} = 0\ ,$$

$$(R^{\mu\nu} - \frac{1}{2}\ g^{\mu\nu}\ R)_{;\mu} = 0\ .$$

좌변의 괄호에 있는 양을 $G^{\mu\nu}$라고 정의하자. 즉,

$$G^{\mu\nu} = R^{\mu\nu} - \frac{1}{2}\ g^{\mu\nu}\ R$$

이 $G^{\mu\nu}$를 아인슈타인 텐서(Einstein tensor)라고 한다. 이 양은 나중에 중력장 방정식의 좌변이 된다. 이 물리량의 중요성을 최초로 밝힌 아인슈타인의 이름을 따서 명명되었다.

그런데 $G^{\mu\nu}{}_{;\mu} = 0$는 무슨 의미일까? 그것을 알아보기 전에 $V^{\alpha}{}_{;\alpha}$는 발산(divergence)임을 안다. 즉 $\nabla \cdot \vec{V}$이다. $G^{\mu\nu}{}_{;\mu}$는 아인슈타인 텐서에 대한 발산을 의미한다. 발산의 직관적 의미는 유출량과 유입량의 차이를 나타낸다. 그렇다면 이것이 제로와 같다는 것은 바로 유출량과 유입량이 같다는 것이고 이는 에너지가 보존된다는 의미이다. 아인슈타인 텐서의 다이버전스가 제로라 함은 이 텐서에 대해 에너지 보존법칙이 성립한다는 것과 같다. 이렇게 비앙키 항등식을 축약하면 아인슈타인 텐서를 얻을 수 있을 뿐만 아니라, 에너지 보존법칙이 잘 성립한다는 것도 부수적으로 알 수가 있게 된다.

아인슈타인이 당초 가정한 중력장방정식의 좌변은 리치텐서였다. 리치텐서는 공간의 휘어짐을 나타내는 리만곡률텐서를 축약하여 랭크 2로 만든 텐서이므로 논리적으로는 하등 이상할 것이 없었다. 그런데 불행히도 리치텐서는 divergence free가 아니다. 즉 에너지 보존법칙이 성립하지 않는다. 그것은 비앙키 항등식으로부터 유도된 $(R^{\mu\nu} - 1/2g^{\mu\nu}R)_{;\mu} = 0$이라는 식에서 바로 알 수 있다. 우주 불변의 진리에 해당하는 '에너지보존 법칙'에 위배되는 물리 방정식은 존재할 수 없다.

아인슈타인을 괴롭힌 문제는 에너지 보존법칙만이 아니었다. 그는 중력장 방정식이 상대론적 효과가 크지 않은 특수한 상황에서는 뉴턴의 만유인력 법칙으로 근사되는 것이 자연스럽고 당연하다고 생각했다. 마치 특수상대성이론에서 물체의 운동속도 v가 광속에 비해 매우 느린 경우에는 로렌츠 인자 γ가 1이 되어 갈릴레이 변환과 같아지는 것과 같은 이치이다. 그러나 이 식은 뉴턴의 만유인력법칙으로 환원되지도 않았다.

어쨌든 중력장 방정식의 좌변은 에너지 보존 법칙을 만족하는 새로운 양이 되어야 했다. 나중에서야 비앙키 항등식을 이용하면 지금의 중력장방정식의 좌변인 아인슈타인 텐서가 바로 유도된다는 것을 알았지만, 당시만 해도 그는 비앙키항등식이 존재하는지조차 몰랐다 한다. 두 가지 문제에 부딪힌 아인슈타인은 결국 3년을 방황한 끝에 해결책을 들고 다시 중력장 방정식으로 돌아온다.

국소좌표계와 리만표준좌표계

일반상대성이론의 핵심개념은 등가원리(principle of equivalence)이다. 중력과 가속도가 다르지 않다는 것이다. 이 등가원리는 조건이 있다. 다름이 아니라 매우 작은 기준계에서만 적용된다. 다시 말해 등가원리가 전체적으로 적용되는 글로벌(global)한 기준계는 존재하지 않는다. 가령 자유 낙하하는 작은 엘리베이터 규모라야 등가원리가 성립한다고 볼 수 있다. 만일 너비가 $1\,km$나 되는 거대한 엘리베이터라고 한다면 한쪽 벽면과 맞은편 벽면에서의 가속도가 같다고 보기 어렵다. 왜냐하면, 지구 질량 중심에 가까워질수록 서로 당기는 가속도가 생기는 효과, 소위 조석효과(tidal effect)가 나타나기 때문이다. 그리하여 일반상대성이론에서는 국소좌표계(locally inertial frame)가 매우 중요하다. 다양체의 모든 점에서 국소좌표계를 도입하여 해석할 필요가 있다. 국소좌표계에서 성립하는 법칙은 일반좌표계에서도 그대로 성립하기 때문이다. 국소좌표계를 도입하는 데는 하등의 문제가 있을 수 없다. 등가원리가 적용되는 모든 기준계는 우선하는 기준계가 없이 모두 동등하기 때문이다. 다만 한 국소좌표계에서 다른 좌표계로의 좌표변환만이 문제가 될 것이다. 그 역도 마찬가지다.

국소좌표계를 도입하면 계산이 놀랍도록 간단해진다. 예를 들어 국소좌표계에서 리만곡률텐서는 크리스토펠 기호의 미분항만 살아남는다. 국소좌표계는 다양체에 존재하는 편평한 유클리드 공간이라고 할 수 있다. 그래서 메트릭의 1차 미분인 크리스토펠 기호는 제로가 된다. 그러나 여기서 주의할 점은 크리스토펠 기호의 미분, 즉 메트릭의 2차 미분(※ 변화량의 변화량)은 제로가 아니다. 왜냐하면, 조금이라도 휘어지면 2차 미분이 제로가 아니기 때문이다. 그러므로 휘어진 공간에서는 어떠한 좌표계를 선택하더라도 2차 미분을 제로로 만들 수가 없다. 만일 완전히 편평한 공간이라면 2차 미분 값조차도 제로가 될 것이다. 그러나 휘어진 공간은 편평하지가 않다. 그러면 어떻게 하는 것이 최선일까? 그것은 2차 미분값을 무시해도 좋을 만큼의 아주 작은 범위의 좌표계를 설정하는 것이다. 우리가 휘어진 공간에서 할 수 있는 최선의 방법은 그렇게 근사적 방법을 쓰는 수밖에 없다.

우리는 상대성의 원리(principle of relativity)에 의해 모든 좌표계는 동등하며 우선하는 좌표계는 없다는 것을 알고 있다. 따라서 국소좌표계에서 성립하는 물리법칙은 휘어진 공간 어느 곳의 좌표계로 가더라도 여전히 성립한다. 이것이 일반상대성 이론의 공변성의 원리(principle of covariance)이다. 다른 좌표계에서 아무리 복잡해 보이는 물리법칙도 국소좌표계로 가져오면 놀랍도록 간단해진다. 당연히 역도 성립한다.

국소좌표계의 원형은 리만표준좌표계(Riemann normal coordinates)이다. 리만은 1854년 시범 강의에서 현대 리만기하학의 기초가 되는 여러 가지 개념들에 대하여 언급하였다. 그중의 하나가 리만표준좌표계이다. 리만은 측지선 위의 한 점을 원점으로 하고 그 점을 지나는 측지선을 좌표축으로 하는 좌표계를 만들었다. 측지선은 직선을 일반화한 것이므로 이를 좌표축으로 삼는 것은 아주 자연스러운 것이었다. 그러나 그런 좌표계는 편평한(flat) 공간에서만 세울 수가 있다. 즉 메트릭의 일차 미분 값이 제로가 되어야 했다. 그것은 메트릭의 원소가 상수라는 이야기이다. 그런데 과연 메트릭의 미분값이 제로가 되는 좌표계가 존재할까?

리만은 임의의 좌표계를 가정하고 메트릭을 미분하여 제로로 놓은 후 처음에 가정한 좌표계의 상수계수를 구함으로써 그 좌표계가 존재한다는 것을 증명하였다. 리만이 시도한 방법 이외에도 편평한 국소좌표계가 존재한다는 것을 증명하는 방법이 또 있다. 메트릭을 인접한 점으로 테일러 전개했을 때의 값을 좌표변환 했을 때의 값과 같다고 놓고 미정계수법을 적용한다. 구체적인 좌표계를 구하기보다는 경우의 수를 따져서 존재 가능성만을 확인하면 된다. 상수항은 $\eta_{\mu\nu}$가 되도록 하고, 1차 미분항은 제로가 되게 하는 경우가 존재하는지를 보는 것이다. 그랬을 때 상수항은 $\eta_{\mu\nu}$을 만들고도 남음이 있으며, 1차 미분항은 정확히 미지수와 방정식의 수가 일치하므로 메트릭을 제로로 만들 수 있다. 그러나 2차 미분항은 미지수가 방정식 수보다 많아 메트릭을 제로로 만드는 것이 불가능해진다. 이것으로 보아 2차 미분항을 무시할 수 있을 정도로 아주 작은 범위 내에서만 국소좌표계가 존재한다는 것을 알 수 있다.

리만이 다양체 위에 국소좌표계가 항상 존재할 수 있다는 것을 발견한 것은 대단히 놀라운 일이다. 사실 리만은 메트릭이 국소좌표계의 선택과 관계없이 항상 일정하다는 것을 보이기 위해 측지선을 이용한 임의의 좌표계를 구축했다고 보는 것이 맞을 것이다. 리만의 표준좌표계 개념은 상대론의 국소좌표계로 진화된다. 휘어진 공간의 모든 물리현상은 편평한 공간의 국소좌표계로 환원될 수 있다. 이것은 모든 좌표계가 동등한 지위에 있다고 하는 상대성 원리(principle of relativity)에 기인한다. 등가원리도 국소적 범위에서만 유효하다. 국소좌표계의 유용성은 국소좌표계에서 성립하는 모든 물리법칙은 휘어진 공간의 모든 좌표계에서도 그대로 성립한다는 데에서 절정에 이른다. 국소좌표계는 특수상대론의 공간과 일반상대론의 공간을 연결시켜준다. 아인슈타인은 수학자들이 순수한 추상적 사고만으로도 휘어진 공간의 개념에 도달할 수 있었다는 것에 대해 매우 놀라워했고, 그 후로는 수학자들을 진심으로 존경하게 되었다고 한다.

리만표준좌표계는 다양체의 한 점을 기준으로 설치된 일종의 무빙 프레임(moving frame)이다. 리만표준좌표계는 곡선 위의 프레네-세레 프레임을 다차원 공간으로 확장한 것으로 다양체에 유클리드 공간을 심어놓은 것이라고 할 수 있다. 이를 보면 리만은 이미 상대론 수학의 대부분을 이미 완성해 놓고 있었음을 알 수 있다.

에너지 모멘텀 텐서

휘어진 공간은 리만곡률텐서에 의해서 수학적으로 표현된다는 것을 알았다. 그런데 리만곡률텐서는 랭크 4인 텐서이기 때문에 중력장 방정식에 사용하기에는 정보량이 과다하다고 할 수 있다. 그래서 방정식의 좌변에는 랭크 2 텐서로 축소된(downsizing) 리치텐서를 사용한다. 텐서의 크기를 줄일 때는 축약(contraction)이라는 기법을 사용하는데, 주로 대각성분을 살리는 것이므로 텐서의 전체 크기는 줄이고 주요 정보는 최대한 보존하는 방법이다. 아시다시피 행렬은 그 대각성분이 코어(core)이기 때문이다.

자, 이제부터는 중력장 방정식의 우변이 문제이다. 우변 $8\pi G T^{\mu\nu}$에서 $T^{\mu\nu}$는 에너지 모멘텀 텐서라고 부르는데 이 텐서의 정체는 무엇일까?

질량 에너지 등가: $E = mc^2$

아인슈타인은 공간을 휘어지게 하는 것은 질량이라고 생각했다. 그리고 물체는 그 휘어진 공간을 따라 운동하는데 그것이 마치 중력이 작용하는 것처럼 보인다고 주장했다. 질량이 전혀 없는 곳은 그저 편평한 공간일 뿐이다. 그러나 질량이 있으면 그것이 공간을 왜곡시킨다. 그런데 이 질량이 시공간에서는 에너지(energy)와 등가이다. 질량이 곧 에너지요, 에너지가 곧 질량이다. 이 놀라운 사실은 저 유명한 식, $E = mc^2$에서 비롯되었다.

$E = mc^2$은 비교적 쉽게 유도할 수 있다. 물리학에서 운동에너지는 곧 힘이 한 일(work)이므로 '힘×거리'를 적분해서 구한다. 그런데 힘은 곧 운동량을 시간으로 미분한 것이므로 바로 '운동량 미분×거리'를 적분하면 운동에너지가 된다는 말과 같다. 그런데 운동량은 질량에 속도를 곱한 것으로 운동량 안에는 질량 항이 들어있다. 이게 문제다. 시공간에서의 질량은 특수상대성이론에 의해 로렌츠 변환을 한다. 즉 정지질량에 로렌츠 인자 $\gamma = 1/\sqrt{1-v^2/c^2}$ 만큼을 곱해주어야 한다. 그러므로 로렌츠인자가 곱해진 질량을 적분해서 정리하면 $E = mc^2$ 식을 유도할 수 있다.

$E = mc^2$ 식의 유도

아인슈타인을 저명인사로 만든 유명한 식이다. 특수상대성이론으로부터 나왔다. 이 식을 유도하기 위한 수학은 기껏해야 부분적분이다.

E는 에너지, 즉 일과 같다. 일(work)은 '힘 × 움직인 거리'를 적분하면 구할 수 있다.

$$W = \int_0^s F\,ds$$

그런데 힘 F는 운동량을 시간으로 미분한 값이다. 운동량은 $p = mv$이다. 그런데 상대론적 운동량은 달라진다. 질량이 로렌츠 factor γ만큼 변하기 때문이다. 따라서 상대론적 운동량은 $p = \gamma m_0 v$이다. 이제 상대론적 운동량을 사용해서 다시 일을 나타내면

$$W = \int_0^s F\,ds = \int_0^s \frac{d(\gamma m_0 v)}{dt}\,ds = \int_0^v v\,m_0\,d(\gamma v)$$

ds/dt는 v가 되었고, 적분의 상한 s가 v로 바뀐 것에 주목하라. m_0(정지질량)은 상수이므로 밖으로 빼면,

$$W = m_0 \int_0^v v \quad d\left(\frac{v}{\sqrt{1-v^2/c^2}}\right).$$

이 적분은 부분적분(integral by part)으로 계산한다. 부분적분의 일반 공식은 다음과 같은데, 다름 아닌 곱의 미분공식(라이프니츠 룰)으로부터 유도할 수 있다.

$$\boxed{\int u\,dv = uv - \int v\,du}$$

※ 함수 u, v에 대한 곱의 미분공식은 다음과 같다.

$$d(uv) = u\,dv + v\,du$$

양변을 적분하면

$$\int d(uv) = \int [u\,dv + v\,du]$$

$$uv = \int u\,dv + \int v\,du$$

우변 둘째 항을 좌변으로 이항하면 위의 부분적분공식이 나온다.

우리가 계산하고자 하는 적분 속의 v는 공식의 u에 해당하고, $d\left(\frac{v}{\sqrt{1-v^2/c^2}}\right)$는 공식의 dv에 해당하므로

$$\int_0^v v\,d\left(\frac{v}{\sqrt{1-v^2/c^2}}\right) = v\left(\frac{v}{\sqrt{1-v^2/c^2}}\right) - \int_0^v \frac{v}{\sqrt{1-v^2/c^2}}\,dv$$

$$= \frac{v^2}{\sqrt{1-v^2/c^2}} - \int_0^v \frac{v}{\sqrt{1-v^2/c^2}}\,dv$$

오른쪽 둘째 항을 계산하기 위해 $1-v^2/c^2 = k$로 놓고(치환적분이다.), 양변을 미분하면

$$dk = -\frac{2}{c^2}v\,dv \quad (\rightarrow v\,dv = -\frac{c^2}{2}dk\ )$$

또한 $dv \rightarrow dk$로 되었으므로, 적분 하한과 상한도 각각 1, $1-v^2/c^2$이 된다.

$$\int_0^v \frac{v}{\sqrt{1-v^2/c^2}}\,dv = \int_1^{1-v^2/c^2} \frac{-(c^2/2)\,dk}{\sqrt{k}}$$

$$= -\frac{c^2}{2}\int_{1}^{1-v^2/c^2} k^{-1/2}\, dk$$

$$= -c^2\left(\sqrt{1-v^2/c^2} - 1\right).$$

이 결과를 원 식에 대입하고, 정리하면

$$W = \mathrm{KE} = \frac{m_0 c^2}{\sqrt{1-v^2/c^2}} - m_0 c^2 = \gamma m_0 c^2 - m_0 c^2 .$$

즉,

$$\mathrm{KE} = \gamma m_0 c^2 - m_0 c^2$$

가 됨을 알 수 있다. 매우 빠른 속도로 움직이는 물체의 일, 즉 운동에너지를 구하려고(상대론적) 운동량을 적분하였더니 위와 같은 식이 나왔다. 우리는 이 식을 면밀히 들여다볼 필요가 있다.

위 식의 첫째 항($\gamma m_0 c^2$)은 물체의 속도에 따라 달라지는 값인데, 두 번째 항($m_0 c^2$)은 물체의 속도와는 관계없는 상수임을 알 수 있다. 첫째 항은 속도 v의 함수이기 때문에 속도가 증가할수록 커진다. 속도가 광속에 가까워지면 그 값은 무한대가 된다. 만일 물체의 속도가 0이라면, 즉 정지 상태라면 로렌츠 상수 $\gamma = 1$이 되어 운동에너지는 0이 됨을 알 수 있는데 이는 우리의 직관과도 일치한다. 그런데 물체의 속도와는 전혀 관계없는 두 번째 항이 언제나 존재하고 있는데, 이것의 정체는 무엇일까? 식 $\mathrm{KE} = \gamma m_0 c^2 - m_0 c^2$에서 $m_0 c^2$을 이항하면 다음과 같이 된다.

$$\gamma m_0 c^2 = \mathrm{KE} + m_0 c^2 .$$

$\gamma m_0 c^2$은 운동에너지 KE와 $m_0 c^2$의 합이므로, 총 에너지라고 명명함이 옳을 듯하다. 그런데 여기서 우리는 **지금까지 몰랐던 새로운 사실**을 알게 된다. 위 식의 우변 '둘째 항'에 주목해 보자. 이것은 모든 물체는 (운동과 관계없이) 오직 질량에만 관계되는 에너지를 갖고 있다는 놀라운 사실을 말해 준다. 그러니까 정지한 상태에서 질량을 가진 모든 물체는 이와 같은 에너지를 본래 갖고 있다는 것이다. 소위 '동결된' 에너지이다. 이를 질량에너지라고 하고 다음과 같이 정의한다.

$$E = mc^2$$

이렇게 질량을 가진 모든 물체에는 어마 무시한 에너지가 있다. 그러나 모든 물체가 다 에너지가 되는 것은 아니다. 조건이 잘 맞아야 한다. 대표적인 예로 라듐, 플로토늄과 같은 방사능 물질이다. 그와 같은 금속들은 아주 소량의 질량으로 엄청난 양의 에너지를 방출한다. 그 이름은 원자폭탄(atomic bomb)이다.

에너지 모멘텀 텐서

어쨌든 질량과 에너지가 같은 것이므로 질량이 공간을 휘게 한다는 말은 에너지가 공간을 휘게 한다는 말과 다르지 않다. 그렇다면 지금부터는 에너지의 흐름을 쫓아야 하는데 갑자기 막막해진다. 그러나 약간의 힌트가 있기는 하다. 다름이 아니라 4차원 시공간에서는 운동량 벡터의 시간 성분이 바로 에너지라는 것에 주목한다. 그나저나 왜 이렇게 이상하고 비상식적인 결과가 나오는지 잠시 알아보고 넘어가자.

운동량은 질량에 속도를 곱한 것($p = mv$)이다. p와 v는 사실 벡터이다. 3차원인 경우 각각 성분이 3개씩 있는 3차원 벡터이다. 즉 $p = (p_x, p_y, p_z)$, $v = (v_x, v_y, v_z)$이다. 그러면 4차원 시공간에서의 운동량은 어떻게 나타낼까? 이를 구하려면 4차원에서의 속도를 알아야 한다. 속도는 변위를 시간으로 미분한 것이다. 그런데 4차원 시공간에서의 변위는 $(\Delta ct, \Delta x, \Delta y, \Delta z)$로 나타낼 수 있다. 여기서 주의해야 할 것은 시간으로 미분한다고 해서 t로 미분해서는 안 된다. 왜냐하면 t는 이제 뉴턴시대의 절대적인 위치에서 내려와 공간 좌표축들과 같은 지위에서 평범한 시간축의 역할을 하고 있기 때문이다. 그렇다면 종전의 절대적 위치를 대신하여 줄 수 있는 것은 무엇인가? 여기서는 명시적으로 나타나 있지 않지만, 물체가 움직이는 시공간 상의 궤적 곡선(※ 세계선이라 한다.)은 고유시간 τ로 이미 매개화된 곡선임이 틀림없다. 알다시피 고유시간은 좌표계와 관계없는 불변량이다. 따라서 곡선의 매개변수 τ로 미분해 주면 된다. 시간 지연 효과에 의해, 고유시간 간격 $\Delta\tau$과 시간 성분 Δt 사이에는

$$\Delta\tau = \frac{\Delta t}{\gamma}$$

위의 관계가 성립한다. 자, 이제 4차원 속도 벡터를 구할 수 있게 되었다.

$$\boldsymbol{U} = (\Delta ct, \Delta x, \Delta y, \Delta z) / \Delta\tau$$

$$= \left(\gamma\frac{c\Delta t}{\Delta t},\ \gamma\frac{\Delta x}{\Delta t},\ \gamma\frac{\Delta y}{\Delta t},\ \gamma\frac{\Delta z}{\Delta t}\right)$$

$$= \gamma\ (c,\ \ v_x,\ \ v_y,\ \ v_z)$$

편의상 극한 기호는 생략하였다. 4차원 속도 벡터를 구했으니 여기에 질량을 곱하면 4차원 운동량이 나온다. 즉,

$$p_4 = m\gamma\ (c,\ v_x,\ v_y,\ v_z)$$

이를 변형하면

$$p_4 = (m\gamma c,\ \ m\gamma v_x,\ \ m\gamma v_y,\ \ m\gamma v_z)$$

$$= (\frac{\gamma mc^2}{c},\ m\gamma v_x,\ \ m\gamma v_y,\ \ m\gamma v_z)$$

$$= (\frac{E}{c},\ p_x,\ p_y,\ p_z)$$

여기에는 $E = mc^2$ 식이 사용되었다. 그런데 놀랍게도 **4차원 운동량의 시간 성분은 에너지**이다!

운동량의 시간 성분이 에너지라고 하는 사실은 곧 에너지의 흐름을 알려면 바로 운동량의 움직임을 따라가면 된다는 점을 시사한다. 아인슈타인은 시공간에서의 에너지 움직임을 파악하는 데 있어 맥스웰의 전자기장 방정식을 모델로 삼았다. 전하량이 전자기장을 형성하는 원천으로 작용하듯이 에너지의 흐름이 공간을 휘어지게 하는 원천으로 생각하였

다. 이에 따라 에너지 흐름의 정도를 계량화할 수 있는 방법 중 하나로 운동량의 선속을 사용하였다. 즉, 입자의 운동량 벡터가 그 흐름에 수직인 면을 통과하는 선속의 개수로써 물질 분포를 계량화한 것이다. 여기서 수직인 면은 사실은 4차원 시공간에서 흐름 방향을 제외한 나머지 세 축이 만드는 입체를 말한다. 소위 다차원의 초평면(hypersurface)이다. 그러면 운동량의 4개 성분 방향 각각에 대하여 초평면 4개가 대응되므로 총 16개의 성분을 생각할 수가 있다. 이것이 바로 에너지 모멘텀 텐서 $T^{\mu\nu}$를 이룬다. 대부분의 상대론 교과서에 나오는 $T^{\mu\nu}$의 정의도 '일정한 x^{ν}의 면을 가로지르는 모멘텀 p^{μ}의 선속'이라고 되어 있다.

이처럼 에너지 모멘텀 텐서는 결국 운동량 벡터와 개수밀도 벡터(number density vector)의 텐서곱으로 나타낼 수 있다.

$$T^{\mu\nu} = p^{\mu} \otimes N^{\nu}$$

개수밀도 벡터의 시간 성분은

$$N^{t} = \frac{c\,\#}{\Delta x'\,\Delta y'\,\Delta z'} = \frac{c\,\#}{(\Delta x/\gamma)\Delta y\,\Delta z} = \frac{\gamma\,\#}{\Delta x\,\Delta y\,\Delta z}c = n\gamma c$$

이다.

여기서 n은 개수밀도(number density)이다. 공간성분도 이와 같은 방법으로 계산할 수 있다.

개수밀도 벡터를 지표 표기법으로 표기하면

$$N^{\mu} = n \begin{bmatrix} \gamma c \\ \gamma V_1 \\ \gamma V_2 \\ \gamma V_3 \end{bmatrix} = n V^{\mu}$$

결국, 개수밀도 벡터는 개수밀도에 4벡터를 곱한 것임을 알 수 있다.

그러므로 $T^{\mu\nu}$는

$$\begin{aligned} T^{\mu\nu} &= m U^{\mu} \; n U^{\nu} \\ &= m n U^{\mu} U^{\nu} \\ &= \rho \; U^{\mu} U^{\nu} \end{aligned}$$

지금부터는 $T^{\mu\nu}$의 각 성분에 대하여 하나하나 살펴보기로 하자. 먼저 시간-시간 성분 T^{00}는

$$T^{00} = \frac{dp^0}{c} \; / \; dx \;\; dy \;\; dz$$

인데, 이것은 곧 에너지 밀도(energy density)이다. 이것으로 보아 시간-시간 성분인 T^{00}는 에너지 모멘텀 텐서에서 가장 강력하고 주도적인 역할을 하고 있음을 알 수 있다.

다음은 시간 행의 두 번째 성분 T^{01}을 보자.

$$T^{01} = \frac{dp^0}{c} \; / \; dy \;\; dz \;\; c\,dt = \frac{dE}{dt} \; / \; dy \;\; dz$$

같은 방법으로 T^{02}, T^{03}을 구할 수 있다. 이들은 에너지 선속(energy flux)이다. 이들은 $T^{\mu\nu}$의 대칭성에 의하여 다음에 나오는 시간 칼럼의 운동량 밀도와 동일한 양이 된다.

다음은 시간 열의 두 번째 성분 T^{10}을 보자.

$$T^{10} = \frac{dp^1}{c} \ / \ dx \ \ dy \ \ dz$$

같은 방법으로 T^{20}, T^{30}을 구할 수 있다. 이들은 운동량을 부피로 나눈 것이므로 운동량 밀도(momentum density)이다. $T^{\mu\nu}$의 대칭성에 의하여 앞에서 본 에너지 선속과 같은 양이다.

이제 시간 행과 시간 열을 제외한 9개의 성분이 남았다. 이들은 모두 운동량 선속이다. 그중에서도 대각성분 3 개 T^{11}, T^{22}, T^{33}는 계산해 보면 면에 수직인 힘이 작용하는 것과 같은 것으로 나온다. 즉 압축 또는 인장 응력(pressure)이다. 비대각 성분은 모두 전단응력(shear stress)이다. 이 9개의 성분은 어디서 많이 본 것과 닮아있다. 다름 아닌 역학에서 본 응력텐서이다.

지금까지 에너지 모멘텀 텐서 $T^{\mu\nu}$의 구조에 대해서 상세히 알아보았다. 그러면 이렇게 만들어지는 에너지 모멘텀 텐서의 유일성(uniqueness)은 어떤 근거에서 비롯되는 것일까? 어째서 시공간 한 점마다 하나의 텐서가 대응되는 것이 가능할까?

그것은 우주 물질의 흐름을 하나의 완전유체(perfect fluid)와 같다고 가정하는 데서 비롯된다. 휘어진 공간의 한 지점에서 어떤 질량에 의

해 공간이 휘어진 정도를 계산한다고 해 보자. 그 질량은 태양이 될 수도 있고 다른 행성들, 또는 은하수와 같은 성운이 될 수도 있다. 태양이나 몇 개의 행성에 대한 것이라면 그 하나하나의 질량이 공간의 휘어짐에 기여하는 바를 계산하여 모두 더하면 전체 휘어짐을 쉽게 알 수 있을 것이다. 그러나 우주에는 태양만 있는 것이 아니다. 그렇다고 모든 행성, 성운에 대하여 일일이 계산하는 것도 거의 불가능하다. 그런데 계산이 어렵다는 것만이 문제가 아니다. 그보다 더 큰 문제가 있다. 휘어진 공간에서는 서로 다른 지점에서의 물리량을 서로 더할 수도 뺄 수도 없다는 것이 문제다. 왜냐하면, 각각의 질량은 서로 다른 벡터공간에 있기 때문이다.

이러한 문제를 해결하기 위한 것이 바로 각각의 질량을 개별로 보지 않고 전체적인 하나의 집단으로 간주하는 것이다. 가령 속도와 같은 물리량도 각각의 개별 속도는 무시하고 전체 집단이 갖는 하나의 속도로 통합된다. 이러한 물리적 관점은 이미 원자의 세계에서는 적용되고 있다고 볼 수 있다. 가령 야구공이 어떤 속도로 던져졌다고 했을 때 정작 야구공을 이루는 원자들의 개별 속도는 그리 중요하지 않다. 마찬가지로 우주에 있는 별들에도 같은 원리가 적용될 수 있다.

중력 장방정식

아인슈타인이 중력 장방정식을 만드는 과정을 보면 마치 한 편의 드라마를 보는 것과 같다. 수없이 많은 시행착오를 거치면서도 그래도 한 가지 일관된 생각은 물질의 분포가 시공간을 휘게 한다는 것이었다. 그렇다면 그의 방정식은 휘어진 시공간과 물질의 분포가 등식을 이루어야 했다. 그래서 방정식의 좌변에 휘어진 시공간의 기하학적 형태를 나타내는 아인슈타인 텐서를 두고, 우변에는 물질의 분포를 나타내는 에너지 모멘텀 텐서를 배치했다. 그리고 이 둘 사이에 다음과 같이 일차적인 비례관계가 성립할 것이라고 추정했다.

$$G_{\mu\nu} = kT^{\mu\nu}$$

그러면 비례상수인 k는 어떻게 정할 것인가?

아인슈타인은 이 대목에서 또 한 번의 원대한 생각을 한다. 자신이 만들고 있는 새로운 중력이론이 우주 전체에 통용되는 거시적인 이론이라면 당연히 미시적 세계에서 적용되는 뉴턴의 중력이론을 그 안에 포함하는 것이 마땅하다. 그것은 마치 비유클리드 기하학이 유클리드 기하학을 부정하지 않고 하나의 특수한 경우로 인정하는 것과 마찬가지였다.

그러기 위해서는 아인슈타인 중력이론이 **뉴턴의 한계**(Newtonian limit)라고 불리는 다음 세 가지 조건을 만나면 정확히 뉴턴의 만유인력 법칙으로 환원되어야 한다. ① 느린 속도 ② 약한 중력장 ③ 시간에 대하여 변화가 없는 상태.

그러면 GR 방정식이 명실상부한 우주 보편의 법칙이 되려면 뉴턴의 한계를 어떻게 수용해야 할까?

우선 텐서방정식의 어느 성분에 주목하자. 어느 특정 성분에 대한 k 값을 정할 수 있다면 그 k 값은 텐서 방정식의 전체 비례상수로서도 유효할 것이다. 왜냐하면, 텐서방정식은 성분별로 쪼개어 쓰면 각각의 성분에 해당하는 개별 방정식들이 모여 있는 것과 같기 때문이다. 여기서 우리가 특별히 주목하는 특정 성분은 다름 아닌 **시간-시간 성분**이다. 행렬의 좌측 맨 위쪽에 있는 성분이다. 예를 들어 에너지 모멘텀 텐서의 시간-시간 성분인 ρ는 물질이 거의 없는 매우 약한 중력장에서도 살아남을 수 있다. 당분간 우리가 집중해야 할 수식은 다음과 같다.

$$G_{00} = k \ T^{00}$$

중력이 없어지면 공간도 편평해진다. 따라서 약한 중력장이 있는 시공간은 '거의' 편평하다고 생각할 수 있다. 그때의 메트릭은 다음과 같다.

$$g_{\mu\nu} = \eta_{\mu\nu} + h_{\mu\nu}, \qquad |h_{\mu\nu}| \ll 1$$

$h_{\mu\nu}$은 편평한 공간에 더해진 약간의 요동(搖動, perturbation) 정도를 나타내므로 매우 작은 수이다.

우리는 실마리를 풀기 위해 먼저 측지선방정식을 살펴본다. 왜냐하면, 약한 중력장에서 측지선방정식으로 계산된 물체의 가속도는 뉴턴 법칙에서 계산한 물체의 가속도와 일치할 것이기 때문이다.

$$\frac{d^2x^\alpha}{d\lambda^2} + \Gamma^\alpha{}_{\mu\nu}\frac{dx^\mu}{d\lambda}\frac{dx^\nu}{d\lambda} = 0$$

앞에서 언급한 바와 같이 시간-시간 성분 하나에 대해서만 생각한다. 그러면 측지선방정식은 다음과 같아진다.

$$\frac{d^2x^\alpha}{d\lambda^2} + \Gamma^\alpha{}_{00}\left(\frac{dx^0}{d\lambda}\right)^2 = 0$$

약한 중력장에서의 메트릭은 $g_{\mu\nu} = \eta_{\mu\nu} + h_{\mu\nu}$와 같다고 가정하였으므로 이 메트릭으로 $\Gamma^\alpha{}_{00}$을 계산해 보기로 하자.

$$\Gamma^\alpha{}_{00} = \frac{1}{2}g^{\alpha\beta}(g_{\beta 0,0} + g_{\beta 0,0} - g_{00,\beta})$$

인데, 우변 첫째 항과 둘째 항은 시간에 대한 편도함수이므로 모두 0이다. 따라서,

$$\Gamma^{\alpha}{}_{00} = -\frac{1}{2} g^{\alpha\beta} g_{00,\beta}$$

가 된다. 그런데 $g^{\alpha\beta}$은 첨자가 위에 붙어있다. 그래서 $g_{\mu\nu} = \eta_{\mu\nu} + h_{\mu\nu}$ 식을 사용할 수가 없다. 약간의 첨자 연산을 시도하면 $g^{\mu\nu} = \eta^{\mu\nu} - h^{\mu\nu}$가 된다는 것을 알 수 있다.

($g_{\mu\nu}$ **와** $g^{\mu\nu}$) $g^{\mu\nu} = \eta^{\mu\nu} + m^{\mu\nu}$라 가정해 놓고, $g^{\mu\nu} g_{\nu\sigma} = \delta^{\mu}{}_{\sigma}$의 정의를 이용한다.

$$g^{\mu\nu} g_{\nu\sigma} = (\eta^{\mu\nu} + m^{\mu\nu})(\eta_{\nu\sigma} + h_{\nu\sigma})$$

$$\Rightarrow \quad \delta^{\mu}{}_{\sigma} = \delta^{\mu}{}_{\sigma} + \eta^{\mu\nu} h_{\nu\sigma} + m^{\mu\nu}\eta_{\nu\sigma} + m^{\mu\nu} h_{\nu\sigma} .$$

마지막 항은 2차 항이므로 무시하고 다시 적으면

$$0 = h^{\mu}{}_{\sigma} + m^{\mu}{}_{\sigma}$$

$$\Rightarrow \quad m^{\mu}{}_{\sigma} = -h^{\mu}{}_{\sigma}$$

$$\Rightarrow \quad m^{\mu\sigma} = -h^{\mu\sigma} .$$

$g^{\alpha\beta} = \eta^{\alpha\beta} - h^{\alpha\beta}$를 위 식에 대입하면

$$\Gamma^{\alpha}{}_{00} = -\frac{1}{2} (\eta^{\alpha\beta} - h^{\alpha\beta}) g_{00,\beta}$$

$$= -\frac{1}{2} \eta^{\alpha\beta} g_{00,\beta} + \frac{1}{2} h^{\alpha\beta} g_{00,\beta} .$$

둘째 항은 매우 작은 양이므로 무시할 수 있고, $g_{00,\beta}$ 항은 η_{00}가 상수이므로 $h_{00,\beta}$이 된다. (※ $g_{00,\beta} = \partial_{\beta}\eta_{00} + h_{00,\beta}$)

따라서,

$$\Gamma^{\alpha}{}_{00} = -\frac{1}{2}\eta^{\alpha\beta}h_{00,\beta}$$

시간-시간 성분의 크리스토펠 기호 $\Gamma^{\alpha}{}_{00}$를 얻었으므로 이를 측지선방정식에 대입하면

$$\frac{d^2x^{\alpha}}{d\lambda^2} - \frac{1}{2}\eta^{\alpha\beta}h_{00,\beta}\left(\frac{dx^0}{d\lambda}\right)^2 = 0$$

$\alpha = 0$인 경우에 대해 생각하기로 하자. 그러면,

$$\frac{d^2t}{d\lambda^2} - \frac{1}{2}\eta^{0\beta}h_{00,\beta}\left(\frac{dx^0}{d\lambda}\right)^2 = 0$$

위처럼 쓸 수 있고, 이 식은 β가 $0, i(i = 1,2,3)$일 때의 총 4개의 방정식을 나타내고 있다. 그 각각을 살펴보면

① $\beta = 0$이면, $h_{00,\beta}$가 0이 되므로 $\frac{d^2t}{d\lambda^2} = 0$.

② $\beta = i$이면

$$\frac{d^2 x^i}{d\lambda^2} - \frac{1}{2}\ \eta^{0i}\ h_{00,i} \left(\frac{dx^0}{d\lambda}\right)^2 = 0$$

$\frac{dx^0}{d\lambda} = 1$이므로

$$\frac{d^2 x^i}{d\lambda^2} - \frac{1}{2}\ \eta^{0i}\ h_{00,i} = 0\ .$$

η^{0i}은 모두 1이므로 벡터 형식으로 바꾸면

$$\frac{d^2 \vec{x}}{d\lambda^2} = \frac{1}{2}\ \nabla h_{00}$$

이로써 우리는 약한 중력장에서 측지선방정식에 의해 계산된 가속도는 $\frac{1}{2}\ \nabla h_{00}$이 됨을 알았다.

다음은 뉴턴 법칙으로부터 구하는 가속도는 어떤 모양인지에 대해 알아보기로 하자. 결론부터 말하자면 위에서 구한 측지선방정식의 가속도와 지금 구하려는 뉴턴법칙의 가속도를 서로 같다고 놓으면 어떤 새로운 관계식이 나올 것이다. 그리고 이 관계식으로부터 비례상수 k의 값을 유도할 수 있는 실마리를 찾을 수 있을지 모른다.

지금 우리가 하고자 하는 문제, 즉 뉴턴법칙에서 가속도를 도출하는 문제는 그리 간단치 않다. 왜냐하면 뉴턴법칙을 중력퍼텐셜로 다시 표현

해야 하고 이로부터 가속도를 구하는 것이므로 상당한 수준의 수학과 물리가 동원되어야 한다. 지금부터의 설명이 잘 이해가 되지 않는다면 수학과 물리의 기초가 부족하다고 생각하고 그 부분은 스스로 노력해서 채울 수밖에 없다. 어쨌거나 그럼 시작해 보자.

뉴턴의 만유인력 법칙은 곰곰이 따지고 보면 개별적인 힘에 관한 것이라기보다는 중력장(gravitational field)이라는 모든 점에서 존재하는 힘에 관한 법칙이다. 지구 중력의 예를 보자. 지구 주위에는 지구의 질량이 만들어 내는 중력장이 도처에 형성되어 있다. 물체를 지구 반경의 연장선 어느 곳에 갖다 놓아도 중력은 각기 다 다르다. 왜냐하면, 만유인력 법칙에 의해 지구 중심에서 멀어질수록 중력은 점점 약해지기 때문이다. 어떤 점이라 하더라도 그 점의 위치는 지구 중심에서의 반경 크기로 나타낼 수 있고, 중력은 반경의 제곱에 반비례하므로 그 중력이 얼마인지를 계산할 수 있다. 이 말은 지구 반경의 연장선 상 어떤 점이라도 중력이 모두 다르다는 것을 의미한다. 이것은 바로 다음과 같은 결론에 도달하게 한다. 즉 모든 점에서의 중력은 바로 그 점에서의 **만유인력으로 정의**된다. 만일 중력장이 아니고 전기장이라면 모든 지점에서의 전기력은 쿨롱의 법칙에 의해 정의될 것이다.

뉴턴의 만유인력법칙에 의하여, 예를 들어 지구가 태양으로부터 받는 힘과 가속도를 구해보자. 우리가 익히 아는 다음과 같은 만유인력법칙은 사실은 힘의 크기만 나타낸 것이다.

$$F = \frac{GMm}{r^2} \quad .$$

이를 방향이 있는 벡터 방정식으로 표현하면

$$\vec{F} = -\frac{GMm}{r^2}\vec{u}$$

이고, 여기서 G는 뉴턴의 중력상수, M은 태양의 질량, m은 지구 질량, 그리고 $\vec{u} = \vec{r} / \|\vec{r}\|$ (거리방향 단위벡터)이다. 그런데 뉴턴의 제2법칙은

$$\vec{F} = m\vec{a}$$

이므로 다음과 같은 등식이 성립한다.

$$m\vec{a} = -\frac{GMm}{r^2}\vec{u}.$$

m을 소거하고 정리하면

$$\vec{a} = -\frac{GM}{r^3}\vec{r}$$

$\vec{u} = \vec{r} / \|\vec{r}\|$ 이므로 $\vec{r} / r^3$이 되었음을 주목하자.

여기서 잠시 눈을 돌려, 중력에 대하여 좀 더 심도 있는 이야기를 해

보자. 중력을 발산이라는 관점에서 생각해 볼 수도 있다. 발산(divergence)이란 유체와 같은 흐름이 어떤 원천으로부터 계속해서 솟아 나오느냐(증가) 아니면 마치 배수구처럼 계속 빠져나가느냐(감소) 아니면 그 양이 늘어나고 줄어듦이 없이 일정한가를 물리적으로 계량하는 것이다. 그래서 발산은 편미분의 일종이며 기호로는 델(▽)을 사용한다. 중력도 지구를 원천으로 계속해서 방사형으로 발산되는 것으로 볼 수 있으므로 발산을 계량할 수가 있다. 그럼 중력의 발산에 대하여 알아보자.

중력의 발산은 중력장에 델을 내적한 것이다. 기호로 나타내면

$$\nabla \bullet \nabla \Phi \ (\equiv \nabla^2 \ \Phi)$$

이다. 중력 퍼텐셜 Φ에 델연산자를 작용시키면 중력이라는 벡터가 되는데, 여기에 델벡터를 내적한 것이다. 따라서 발산은 스칼라량임을 알 수 있다. 먼저 여기서 중력 퍼텐셜은 무엇인가를 살펴보아야 하겠다. 중력 퍼텐셜 Φ는 어떻게 구하는가?

중력퍼텐셜은 중력퍼텐셜에너지를 단위질량으로 나눈 것이다. 따라서 중력퍼텐셜을 알려면 중력퍼텐셜에너지가 무엇인지부터 알아야 한다. 중력퍼텐셜에너지는 다음과 같이 표시한다.

$$U = - \frac{GMm}{r}$$

위의 식이 어떻게 나왔는지 증명해 보자. 중력퍼텐셜에너지는 쉬운 말로 위치에너지와 같다. 흔히 지구 상의 물체의 위치에너지는 mgh로 나타

낸다. 그러나 이것은 중력이 고도에 따라 변하지 않고 일정하다고 보았을 때의 위치에너지 값이다. 지금 우리의 문제는 지구표면에 국한하지 않고 우주 공간상의 어느 점에서 지구에 대한 위치에너지를 생각하고 있다. 그러면 위치에너지는 지구 중심에서 떨어진 거리에 따라 달라진다. 그럼 지구 중심으로부터 R만큼 떨어진 곳에서의 위치에너지는 얼마일까? 중력이 거리의 제곱에 반비례하여 작아지니까 적분을 써서 다음과 같이 계산하면 될 것이다. 즉,

$$
\begin{aligned}
\text{위치에너지} &= \int_0^R -\frac{GMm}{r^2}\,dr \\
&= -GMm\left[-\frac{1}{r}\right]_0^R \\
&= -GMm\left[-\frac{1}{R}+\frac{1}{0}\right].
\end{aligned}
$$

그런데 아뿔싸! 이것은 불능이 되어 계산이 안 된다. 이것으로 위치에너지 즉 중력퍼텐셜에너지는 그 자체만으로는 정의가 안 된다는 것을 알 수 있다. 그러면 어떻게 해야 위치에너지를 알 수 있을까? 중력퍼텐셜에너지는 에너지이므로 그 계에서 한 일(work)과 어떤 관련이 분명 있을 것이라는 데 착안해 보자. 일은 항상 두 지점 사이에서 이루어진다. 따라서 일은 다름 아닌 중력퍼텐셜에너지의 차이라는 것을 어렵지 않게 유추할 수 있다. 그렇다. 중력이 한 일이 중력퍼텐셜에너지의 차이와 같다는 사실로부터 어느 특정 지점에서의 위치에너지를 구할 수 있다. 그래서 중력퍼텐셜에너지 차이 ΔU를 다음과 같이 정의해 보자.

$$\Delta U = -W \quad (\Delta U = U_f - U_i)$$

일에 - 부호가 붙은 것은 퍼텐셜에너지의 이동방향과 중력이 한 일의 방향은 언제나 반대로 나타나기 때문이다. 가령 ΔU가 양의 부호이면(퍼텐셜에너지가 커지는 방향으로 이동), 중력이 음으로 일을 한 것이고, ΔU가 음의 부호이면(퍼텐셜에너지가 작아지는 쪽으로 이동), 중력이 (양으로) 일을 한 것이다. 이것은 중력에 거슬려서 만든 에너지가 그대로 퍼텐셜에너지로 저장된다는 단순한 원리에서 비롯된 것이다. 그래서 어떠한 경우에도 **ΔU와 W의 부호는 반대**가 됨을 알 수 있다. 따라서 어느 지점의 중력퍼텐셜에너지를 알려면 그 자체로서는 알기가 어렵고 숙명적으로 위 식에 의존하여 계산해야 하는 것이다. 현재 우리가 알고 싶은 것은 시점의 U_i이다. U_i를 알기 위해서는 W와 종점의 U_f를 알아야 한다. 그런데 W와 U_f는 별도의 다른 양이 아니고 서로 영향을 주는 양이다. 즉 W가 커지면 U_f도 커지고 W가 작아지면 U_f도 작아진다. 그래서 그 둘의 차이는 항상 일정하게 유지한다. 그렇다면 이 말은 U_f의 위치를 임의로 편한 지점에 잡아도 U_i의 값에는 아무런 영향을 주지 않는다는 뜻이다. 이것이 바로 기준점(reference point) 개념이다. 물리학 교과서에서 기준점은 아무렇게나 편한 지점에 잡으면 된다는 말이 바로 이런 의미이다.

그럼 지금부터 중력퍼텐셜에너지의 차이와 일을 계산해 보자. 가령 질량 m인 물체를 지구 중심으로부터 R_i만큼 떨어진 공간 위의 점 P에서 더 멀리 R_f만큼 떨어진 점 Q까지 이동시켰다 하자. 이때 중력장이 한 일은 다음과 같이 나타난다. (※ 이런 문제를 할 때는 항상 '중력장'이 한 일을 기준으로 하는 것이 좋다.)

$$W = \int_{R_i}^{R_f} -\frac{GMm}{r^2}\,dr$$

$$= -GMm\left[-\frac{1}{r}\right]_{R_i}^{R_f}$$

$$= -GMm\left[-\frac{1}{R_f}+\frac{1}{R_i}\right]$$

여기서 우리는 앞에서 이야기한 기준점을 잘 잡아야 할 필요가 있다. 이 식의 특성으로 보아 R_f 값이 무한대가 되면 이미 알고 있는 R_i 값만으로도 W의 값을 쉽게 계산할 수 있다는 것을 알 수 있다. 이같이 기준점을 무한대로 잡으면 또 하나의 이점이 있다. 나중에 퍼텐셜에너지의 차이($\Delta U = U_f - U_i$)를 구할 때 U_f 값을 0으로 처리할 수 있다. 왜냐하면, 무한대의 거리에서는 중력장의 크기가 0이기 때문이다.

자, 이제 다 되었다. 그러면 위 식은 다음과 같다.

$$W = -\frac{GMm}{R_i}$$

이 값을 $\Delta U = U_f - U_i = -W$ 식에 넣으면,

$$0 - U_i = -\frac{GMm}{R_i}$$

$$U_i = -\frac{GMm}{R_i}$$

이로써 증명이 모두 끝났다.

그리하여 질량 m인 물체가 지구 중심으로부터 r만큼 떨어진 위치에서 갖는 중력퍼텐셜에너지 U는 다음과 같이 간단하고 멋진 식으로 표현된다.

$$U = -\frac{GMm}{r}$$

이제야 드디어 우리는 중력퍼텐셜 Φ를 정의할 수 있게 되었다. 중력퍼텐셜은 위에서 구한 중력퍼텐셜에너지를 단위 질량으로 나눈 것이다. 따라서 중력퍼텐셜 Φ는 아래와 같이 정의된다.

$$\Phi = -\frac{GM}{r}$$

중력퍼텐셜은 상대성이론에서 매우 중요한 의미를 갖는다. 왜냐하면, 뉴턴역학은 바로 느린 속도, 약한 중력, 그리고 시간이 지나도 변하지 않는 상태에 관한 아인슈타인 중력장방정식의 특수한 경우일 뿐이기 때문이다.

중력퍼텐셜 Φ를 정의하였으므로 이제 발산(divergence)으로 가보자. 발산은 중력퍼텐셜에 델연산자를 내적한 것이라 하였다. 발산의 물리적 의미는 임의로 설정한 어느 경계선(면)을 통과하는 중력의 흐름이 원천으로부터 증가되는 흐름인지, 특정 지점으로 감소되는 건지, 아니면 증감이 없는 균일한 상태인지를 알아보는 것이다. 중력장을 발산의 관점에서 고찰하는 것이다.

중력장과 같은 장(field)에서의 발산를 표현하는 유명한 방정식이 있다. 바로 라플라스 방정식과 푸아송 방정식이다.

(라플라스 방정식) $\nabla^2 \Phi = 0$

(푸아송 방정식) $\nabla^2 \Phi = f(x, y)$

라플라스 방정식은 우변이 0이다. 이것은 우변이 변화의 움직임을 일으키는 원천항(source term)인데, 그 원천이 아무것도 없다는 의미이다. 반면 푸아송 방정식은 우변에 함수가 존재한다. 바로 원천이 있다는 이야기이다. 전기장이면 전하가, 열이면 열원이, 중력장이면 질량이 원천이다.

그러면 지구 중심으로부터 r만큼 떨어진 지점의 중력퍼텐셜에 대한 ∇^2은 무엇일까? 직관적으로 0일 것이라는 생각이 든다. 왜냐하면, 중력장 속의 한 점 주위의 임의의 경계면에는 원천도 sink도 존재하지 않기 때문에 입력과 출력이 동일하다. 따라서 중력퍼텐셜은 라플라스 방정식을 만족한다. 이를 수식으로도 증명할 수 있다. 중력퍼텐셜에 라플라시언(∇^2)을 취하면 0이 나온다. 즉 $\nabla^2 (1/r) = 0$임을 보이는 건데 어렵지 않다. 퍼텐셜의 라플라스 방정식과 중력장과의 관계는 다음과 같이 요약된다.

$$\nabla \cdot \boldsymbol{F} = -\nabla^2 \Phi = 0$$

이제 우리가 마지막으로 보여야 할 것은 다음과 같은 관계식이다. 이것은 푸아송 방정식이다.

$$\nabla^2 \Phi = 4\pi G\rho$$

이 식은 중력퍼텐셜의 라플라시언은 $4\pi G\rho$임을 보이고 있다. 여기서 G는 중력상수, ρ는 질량밀도(mass density)이다. 이 식은 뉴턴의 만유인력을 에너지 보존의 측면에서 다시 쓴 식이다. 그러므로 **만유인력의 다른 표현**인 것이다. 사실 이 식을 유도하기 위해 지금까지 퍼텐셜에너지가 무엇이고 또 발산이 무엇이고 하면서 그 난리를 쳤다고 해도 과언이 아니다. 덕분에 중력퍼텐셜에너지에 대해서는 확실하게 공부한 것 같기도 하다.

그런데 이 식을 유도하려면 질량의 집합체로부터 떨어져 있는 점 P의 퍼텐셜을 구할 때, 미소 질점들에 대한 각각의 퍼텐셜을 전체 부피에 대하여 적분하여 총 퍼텐셜을 구하는 방식으로는 부족하다. 왜냐하면, 우주의 지구는 어떤 질량의 집합체로부터 떨어져 있는 점이라기보다는 거시적으로 볼 때 성운에 둘러싸여 있는 성운 속의 한 점으로 보아야 하기 때문이다. 따라서 지구를 중심으로 둘러싸인 경계면에서의 중력의 다이버전스는 0이 될 수 없다. 이 다이버전스는 성운 전체의 다이버전스에서 지구 다이버전스를 빼는 방법으로 계산해야 하는데 다소 복잡하므로 여기까지만 소개하는 것으로 한다.

자, 이쯤에서 다시 우리가 원래 하던 일로 돌아가 보자. 그 일은 바로 뉴턴법칙으로부터 가속도를 구하는 것이었다. 이제 뉴턴법칙을 중력퍼텐셜을 써서 다시 표현하는 방식도 알았으니 이 중력퍼텐셜을 이용하여 가속도를 표현해 보자.

아시다시피 지구의 중력이 어떤 물체에 작용하는 중력장은 다음과 같다.

$$\vec{F} = -\frac{GMm}{r^2}\vec{u}\ .$$

그런데 뉴턴의 제2 법칙은 다음과 같다.

$$\vec{F} = m\vec{a}\ .$$

이 두 식을 연립하여 풀면,

$$\vec{a} = -\frac{GM}{r^2}\vec{u}\ .$$

그런데 중력퍼텐셜이 $\Phi = -\frac{GM}{r}$이므로, 가속도는 다음과 같이 나타낼 수 있다.

$$\vec{a} = -\nabla\Phi$$

단위벡터 $\vec{u}$의 존재는 스칼라 Φ를 델로 미분하면 벡터가 되기 때문에 나타나는 것임을 주목하자.

이 장의 앞부분에서 우리는 약한 중력장에서 측지선방정식에 의해 계산된 가속도는 $\frac{1}{2}\ \nabla h_{00}$이 된다는 것을 보았다. 그렇다면 이 가속도는 뉴턴법칙에서 유도된 가속도 $-\nabla\Phi$와 같아지는 것은 당연한 일이다. 그렇다면,

$$\frac{1}{2}\ \nabla h_{00} = -\nabla\Phi$$

이 되고 이를 정리하면,

$$h_{00} = -2\Phi$$

가 된다.

잠시 아인슈타인의 장방정식으로 다시 가보자. 아직은 k 값을 모르는 상태이다. (※ 현재까지 우리의 변하지 않는 목적은 우선 이 k 값을 구하는 것이다!)

$$R_{\mu\nu} - \frac{1}{2}\ g_{\mu\nu}\ R = k\ T_{\mu\nu}$$

이 상태에서 양변에 반변 메트릭 $g^{\mu\nu}$를 곱해서 축약을 시도해 보자.

$$g^{\mu\nu}\ [R_{\mu\nu} - \frac{1}{2}\ g_{\mu\nu}\ R] = k\ g^{\mu\nu}\ T_{\mu\nu}$$

$$R - \frac{1}{2} \times 4\ R = k\ T \quad (※\ g^{\mu\nu}g_{\mu\nu} = 4)$$

$$R = -k\ T$$

이 R의 값을 다시 아인슈타인 장방정식에 대입한 후, $R_{\mu\nu}$에 대해서 정리하면

$$R_{\mu\nu} = k\left(T_{\mu\nu} - \frac{1}{2} T g_{\mu\nu}\right).$$

이 식을 뉴턴 한계(Newtonian limit) 상태로 고치면

$$R_{00} = k\left(T_{00} - \frac{1}{2} T g_{00}\right)$$

이 식의 좌변과 우변은 k를 제외하고는 모두 계산이 가능한 항들이다!

① 먼저 좌변의 R_{00}를 계산해 보자. R_{00}는 $R^{i}{}_{0j0}$ 형태의 리만텐서를 축약해서 만든 리치텐서이다. 그런데 $R^{i}{}_{0j0}$ 형태는 다음과 같이 전개할 수 있다.

$$R^{i}{}_{0j0} = \partial_j \Gamma^{i}{}_{00} - \partial_0 \Gamma^{i}{}_{j0} + \Gamma^{i}{}_{j\lambda} \Gamma^{\lambda}{}_{00} - \Gamma^{i}{}_{0\lambda} \Gamma^{\lambda}{}_{j0}$$

그런데 우변의 Γ 제곱항 두 개는 무시할 수 있고, 두 번째 항 $\partial_0 \Gamma^{i}{}_{j0}$은 시간에 대한 미분이므로 이것도 0이 된다. 따라서 우변의 첫 항만이 살아남는다. 즉,

$$R^{i}{}_{0j0} = \partial_j \Gamma^{i}{}_{00}$$

그런데 R_{00}는 $R^{i}{}_{0j0}$의 첨자 i와 j를 축약한 것이므로 $R^{i}{}_{0i0}$ = $\partial_i \Gamma^{i}{}_{00}$를 다음과 같이 계산하면 된다.

$$R_{00} = R^{i}{}_{0i0} = \partial_i \Gamma^{i}{}_{00}$$

$$= \partial_i \left[\tfrac{1}{2} g^{i\lambda} (\partial_0 g_{\lambda 0} + \partial_0 g_{0\lambda} - \partial_\lambda g_{00})\right]$$

$$= -\tfrac{1}{2} \delta^{ij} \partial_i \partial_j h_{00} \text{ (※ } g^{i\lambda}=\eta^{i\lambda}=\delta^{i\lambda} \rightarrow \delta^{ij};\ \lambda=0\text{은 고려}\times)$$

$$= -\tfrac{1}{2} \nabla^2 h_{00} \text{ (※ 합 규약에 의해 } \delta^{ij} \partial_i \partial_j = \nabla^2)$$

② 이번에는 우변의 괄호에 대하여 계산해 보자.

$$T_{00} = \rho$$

$$T = g^{\mu\nu} T_{\mu\nu} = (\eta^{\mu\nu} - \eta^{\mu\alpha}\eta^{\mu\beta} h_{\alpha\beta}) T_{\mu\nu}$$

$$\Rightarrow (\eta^{00} - \eta^{00}\eta^{00} h_{00}) T_{00}$$
$$= [-1 - (-1)(-1)h_{00}] \rho$$

$$= -(1 + h_{00}) \rho$$

$$g_{00} = \eta^{00} + h_{00} = -1 + h_{00}$$

이상 세 개의 항을 우변 괄호에 대입하면

$$\text{우변 괄호} = \frac{1}{2}\rho$$

① 좌변과 ② $k\times$우변 괄호를 같게 놓으면,

$$-\frac{1}{2}\nabla^2 h_{00} = \frac{1}{2}k\rho$$

그런데 측지선방정식에서 구한 가속도로부터 $h_{00} = -2\Phi$임을 이미 알고 있다. 이를 대입하면

$$\nabla^2 \Phi = \frac{1}{2}k\rho$$

중력의 푸아송 방정식에 의해 $\nabla^2 \Phi = 4\pi G\rho$이므로

$$4\pi G\rho = \frac{1}{2}k\rho$$

이다. 따라서,

$$k = 8\pi G .$$

비례상수 k 값을 우리가 처음에 가정했던 중력 장방정식

$$G_{00} = kT^{00}$$

에 대입하면

$$G_{00} = 8\pi G \ T^{00}$$

그러나 이것은 $0-0$ 성분에 대한 방정식이다.

그럼에도 불구하고 이 챕터를 시작할 때 이야기한 것처럼 이 k 값은 전체 식에서도 매우 훌륭하게 사용될 수 있다. 왜냐하면, 이 방정식은 본래 텐서방정식이고 그래서 10개의 미분방정식이 모여서 하나를 이룬 것이므로 한 성분에 대해서 유효한 비례상수는 전체에 대해서도 당연히 유효하기 때문이다. 그리하여 $G_{00} \rightarrow G_{\mu\nu}$로, $T^{00} \rightarrow T^{\mu\nu}$로 각각 확장하더라도 아무런 문제가 되지 않는다. 따라서 다음과 같은 아인슈타인 중력 장방정식이 완성된다.

$$\boxed{R_{\mu\nu} - \frac{1}{2} R g_{\mu\nu} = 8\pi G T_{\mu\nu}} \ .$$

미분방정식의 풀이

슈바르츠실트 해

아인슈타인 중력 장방정식을 최초로 푼 사람은 독일의 물리학자인 칼 슈바르츠실트이다. 그것도 아인슈타인이 중력 장방정식을 발표하고 난 직후였다. 중력 장방정식은 연립 편미분방정식이기 때문에 일반해(general solution)를 구하는 것은 매우 어렵고, 그가 구한 것은 여러 조건을 부여한 특수해(special solution)이다. 그 특수해를 슈바르츠실트 해(Schwarzschild solution)이라고 부른다. 특수해를 보면 태양을 중심으로 한 태양계는 태양의 질량 때문에 공간이 휘어진다는 것을 알 수 있다. 태양에서 멀어질수록 공간은 편평해지고 태양과 가까워질수록 주변 공간은 휘어진다. 지구는 태양 주위를 타원형으로 공전하는데 태양에 가까워질수록 더 휘어진 공간을 경험하고 있는 셈이다. 슈바르츠실트 해가 상대론에서 매우 중요하고 특별한 의미를 갖는 이유는 그것이 중력 적색편이, 수성의 세차운동, 빛의 휘어짐 등 태양계에서 일어나는 주요 자연현상을 상대론으로 엄밀하게 규명하였다는 데 있다. 그뿐만 아니라 이를 바탕으로 한 상대론적 예측은 실제 관측 결과와도 예외 없이 정확히 맞아 떨어지는 것이었다. 일반상대성이론은 발표된 이후 끊임없이 그 타당성에 의심을 받아왔다. 슈바르츠실트 해는 이러한 세간의 의혹을 말끔히 씻어주는 계기를 만들어 주었다. 그리고 또 하나는 저 유명한 블랙홀(black hole)의 존재를 인류 최초로 예측하였다는 사실이다.

슈바르츠실트 해

독일의 물리학자이자 천문학자인 칼 슈바르츠실트(Karl Schwarzschild, 1873~1916)는 아인슈타인이 중력 장방정식을 발표한 지 불과 몇 개월이 지난 시점에 제1차 세계대전 참전 중인 동부전선 참호 속에서 특수해를 계산하였다. 그 결과를 편지로 받은 아인슈타인은 매우 감동하였고 그의 이름을 붙여 세상에 널리 알렸다. 이것이 그 유명한 슈바르츠실트 해(Schwarzschild solution)이다. 슈바르츠실트 해는 슈바르츠실트 공간 또는 기하를 구축한다. 슈바르츠실트 공간은 구 대칭(spherical symmetry)의 등방적(isotropic)이고 정적인(static) 시공간이다. 그런데 바로 이것이 태양계는 물론이고 우주에 있는 별들이 갖는 조건과 매우 정확한 근사를 보인다. 마치 국소적인 좌표계에서는 뉴턴의 중력법칙만으로도 설명되는 것과 같이 굳이 중력 장방정식의 일반해까지 가지 않아도 우주의 별이 만드는 가장 단순한 형태의 시공간을 설명할 수 있었다.

우리가 중력 장방정식을 풀어서 최종적으로 얻고자 하는 것은 바로 메트릭(metric)이다. 메트릭을 알면 그 공간에 대해서 거의 모든 것을 알 수 있다는 것은 이미 알고 있는 사실이다. 그래서 메트릭을 미지수로 놓고 그것을 중력 장방정식에 대입해서 방정식을 푼다. 그리하여 결국 미지수인 메트릭을 구한다. 다시 한 번 말하자면 중력 장방정식을 푼다는 것은 메트릭을 구하는 것이다.

그렇다면 슈바르츠실트는 어떤 식으로 방정식을 풀고자 했을까? 그는 우선 태양과 같은 공 모양의 별들 주위의 공간은 어떻게 휘어지는지에 대해 생각하였다. 그러기 위해서는 이 공간에 맞는 좌표계를 구축해야 한다. 공 모양 별 주위의 중력장은 방사형으로 퍼져나간다. 방사형의 중력장에 의해 공간이 휘어지는 것이므로 이 공간에 적합한 좌표계는 당연히 구형좌표계(spherical coordinates)일 것이다. 그러나 구형좌표계는 유클리드 좌표계이다. 그러므로 여기에 시간 좌표를 추가하여 태양을 중심으로 하는 휘어진 시공간의 좌표계를 완성한다.

그런데 이와 같은 시공간 구형좌표계를 구축하기 전에 공간에 대한 몇 가지 전제 조건이 필요하다. 그것은 ① 시간 독립성(time independence)이다. 시간이 흘러도 공간이 변하지 않는다고 가정하는 것이다. 그것은 우리 태양계가 시간이 좀 지났다고 해서 공간이 달라지는 것이 없다는 것을 보아도 알 수 있다. ② 중심점 외부에는 아무런 물질이 없는 진공 상태로 가정한다. 물론 태양의 외부에는 지구 등의 여러 위성이 존재하지만 태양에 비해 그 규모가 작으므로 없는 것으로 가정해도 실제 상황과 거의 맞아 떨어진다. 이 조건 때문에 중력 장방정식의 우변을 제로로 놓을 수 있다.

현재 우리가 생각하는 변수는 $(t,\ r,\ \theta,\ \phi)$이다. 메트릭 텐서는 좌우 대칭이므로 대각 성분을 포함한 행렬의 우상단 삼각형 부위에 배치된 10개의 성분만을 생각하면 된다. 즉 g_{tt}, g_{rr}, $g_{\theta\theta}$, $g_{\phi\phi}$, g_{tr}, $g_{t\theta}$, $g_{t\phi}$, $g_{r\theta}$, $g_{r\phi}$, $g_{\theta\phi}$이다. 그런데 이 중 $g_{t\theta}$, $g_{t\phi}$는 θ와 ϕ가 시간 의존적이 아니므로 모두 0이다. 또 $g_{r\theta}$, $g_{r\phi}$, $g_{\theta\phi}$도 각 첨자끼리는 서로

의존하지 않는다는 것은 이미 구형 극 좌표계에서 아는 사실이므로 모두 0이다. (※ $g_{r\theta} = \vec{e}_r \cdot \vec{e}_\theta$이므로 0이다.) 그런데 여기서 g_{tr}, 즉 t와 r의 관계는 바로 알기가 쉽지 않다. 그렇지만 r도 시간에 대해 대칭이라면 $t \to -t$을 대입했을 때 g 값이 변하지 않아야 한다. 그러나 아쉽게도 부호가 다른 값이 나온다. 부호가 서로 다른 값이 같아지려면 오직 그 값이 제로일 때밖에 없다. 결국, 대칭을 유지하려면 그 값이 0이 되어야 한다.

지금까지 살펴본 바에 의해 교차항은 모두 제거되고 제곱항만으로 이루어진 슈바르츠실트의 메트릭을 다음과 같이 잠정적으로 가정할 수 있다.

$$ds^2 = A(r)\ dt^2 - B(r)\ dr^2 - r^2\ (d\theta^2 + \sin^2\theta\ d\phi^2)$$

지금까지 한 것은 대칭 조건에 따른 다소 직관적이고 개략적인 방법이다.

그러나 모든 경우에 이런 간이적인 방식이 통하는 것은 아니다. 좀 더 엄밀하고 일반적인 메트릭 구축 방법은 좌표변환(coordinates transformation) 방식이다. 즉 교차항의 계수가 제로가 되는 좌표계로 바꾸는 것이다. 좌표변환은 구좌표와 신좌표의 함수관계이다. 그 함수관계에 따라 구좌표를 신좌표로 나타내는 것뿐이다. 그리고 좌표계의 선택에 따라 메트릭 텐서의 성분도 달라진다. 그렇다고 메트릭이 변하는 것은 아니다. 공간 구조는 그대로다. 같은 편평한 공간일지라도 직교좌표계를 선택하느냐 아니면 극 좌표계를 선택하느냐에 따라 메트릭 텐서의 성분이 달라지는 것을 보아도 알 수가 있다.

말이 나온 김에 r과 같은 좌표(축)에 대해서 우리가 분명히 알아두어야 할 사항이 있다. 여기서 r은 실제 반경 거리가 아니다. 그러니까 r에 대해서 어떤 물리적 의미를 두어서는 안 된다. 왜냐하면, 이들은 순전히 임의로(arbitrary) 정한 것이기 때문이다. 만일 아무것도 없는 우주 공간에 막대기가 하나 떠 있다고 하자. 그런데 누군가 이 막대의 길이가 1m라고 하고, 누군가는 2m라고 한다면 누구 말이 옳은가? 답은 '둘 다 옳다'이다. 왜냐하면, 눈금이 큰 자로 재면 1m가 될 것이고, 눈금이 좀 작은 자로 재면 2m가 될 것이다. 어떤 눈금의 자로 재었는가에 따라 달라지는 것이다. 좌표축도 바로 이런 자(ruler)와 같은 것이라고 생각하면 된다. 같은 직교좌표계를 설치하더라도 눈금이 촘촘하면 대상이 더 크게 측정될 것이고, 눈금이 듬성듬성하면 대상이 더 작게 표현될 것이다. 또 같은 대상이라도 직교좌표계로 표현하는 것과 극좌표계로 표현하는 것은 다르다. 이처럼 좌표계라는 것은 하나의 표현방식일 뿐, 어느 특정 좌표계라고 해서 절대적인 것도 아니고 우월적 지위에 있는 것도 아니다. 다만 어떤 대상을 가장 쉽게 잘 표현할 수 있는 좌표계를 선택하면 그뿐이다. 예를 들어, 원을 분석하기에 적합한 좌표계는 극좌표계일 것이며, 직사각형에 적합한 좌표계는 직교좌표계일 것이다. 만일 이를 서로 바꾸어서 적용한다면 매우 복잡하고 번거로운 일이 될 것이다.

좌표가 자의적으로 매겨진 눈금이라는 사실은 필요하다면 언제든지 다른 눈금으로 바꿀 수 있다는 것을 의미한다. 두 눈금 사이의 어떤 연관성만 확인될 수 있으면 된다. 이것이 바로 좌표변환이다. 앞에서도 이야기했듯이 좌표변환이란 구좌표와 신좌표 간의 함수관계 이상도 이하도 아니다. 함수관계에 따라 구좌표를 신좌표로 바꾸는 것이기 때문이다.

또 하나 간과해서는 안 될 것은 슈바르츠실트 공간을 표현하기 위해 채택된 구형 좌표계가 그 공간을 정확히 나타내주는 좌표라고는 할 수 없다. 왜냐하면, 우리가 채택한 구형좌표계는 여전히 편평한 좌표계인데 반해 슈바르츠실트 공간은 중심점으로 가까이 갈수록 공간이 휘어지기 때문이다. 편평한 r 좌표가 휘어진 공간을 온전히 표현할 수 있겠는가? 슈바르츠실트 공간의 가장 극단적인 모습이 바로 블랙홀(black hole)이다. 블랙홀은 어마어마한 질량이 아주 작은 반경의 구체 안에 집적되어 있는 현상을 말한다. 반면에 점 질량으로부터 아주 멀리 떨어진 곳에서는 공간의 굴곡이 매우 완만하여 거의 편평한 공간과 같다고 볼 수 있다. 이처럼 공간의 굴곡은 블랙홀에서 가장 심하고 점 질량에서 떨어질수록 굴곡이 완만해진다. 그러므로 반경 방향의 좌표 r과 실제 길이는 차이가 생긴다. 공간의 휘어지는 정도가 커질수록 그 차이는 점점 더 벌어질 것이다. 그래서 실제의 거리는 메트릭에 의해서 측정되어야 한다. 따라서 r과 t를 고정시켰을 때의 구의 반경은 r이 아니라, 메트릭에 의해 계산된 구의 표면적을 4π로 나눈 값의 제곱근이 된다.

물론 태양은 블랙홀보다는 질량의 집적도가 훨씬 작다. 그러므로 블랙홀처럼 공간이 심하게 휘지는 않는다. 이것으로부터 우리는 태양이 만드는 슈바르츠실트 공간의 모습을 유추해 볼 수 있다. 흔히 블랙홀 주위의 공간을 깔때기 모양으로 그린 그림을 많이 볼 수 있다. 그러나 이러한 모습은 매우 국소적(local)이며, 4차원 시공간의 한 단면(hypersurface)이다. 그러므로 공간의 전체적인 모습은 이러한 단면(※ 3차원이다.)들이 모여 있는 형상일 것이다. 그러나 이러한 상상은 큰 의미가 없으며 바람직하지도 않다. 왜냐하면, 일반상대성이론은 국소적인 범위에서만 유효한 이론이기 때문이다. 그래서 전체적인 그림은 의미가 없어진다. 오로지 국소적으로만 의미가 있다. 때론 이들 국소적인 것들을 모아서 전체를 추정하기도 하지만 그 또한 부분적이다. 그것이 바로 내재적 기하(intrinsic geometry)의 관점이다.

경우에 따라서는 미분에 편리하고 항상 양(+)의 값을 갖도록 함수 $A(r)$과 $B(r)$을 각각 지수함수 $e^{2\nu(r)}$, $e^{2\lambda(r)}$로 놓으면 위 식은 다음과 같이 쓸 수도 있다.

$$ds^2 = -e^{2\nu}\,dt^2 + e^{2\lambda}\,dr^2 + r^2\,(d\theta^2 + \sin^2\theta\,d\phi^2)\,.$$

슈바르츠실트 공간의 메트릭을 함수 $A(r)$과 $B(r)$으로 가정했으니 이를 이용하여 아인슈타인 장방정식을 풀어보기로 하자. 푸는 과정은 그야말로 기계적이다.

슈바르츠실트 공간의 점 질량의 외부는 물질이 없는 진공으로 가정했으므로 장방정식의 우변 에너지-모멘텀 텐서는 제로이다. 이는 좌변의 아인슈타인 텐서도 제로이고, 이는 곧 리치텐서도 제로가 된다는 뜻이다. 즉,

$$R_{\mu\nu} = 0$$

로 놓고 이를 만족하는 크리스토펠 기호를 구하면 된다.

※ 아인슈타인 텐서가 제로라고 해서 $R_{\mu\nu}$ 도 제로인가? 그렇다.
왜냐하면,

$$R_{\mu\nu} - \frac{1}{2}g_{\mu\nu}\,R = 0\,.$$

양변에 $g^{\mu\nu}$를 곱해서 리치텐서를 축약해 보자.

$$g^{\mu\nu}\left(R_{\mu\nu} - \frac{1}{2}g_{\mu\nu}R\right) = 0 \ .$$

그러면 다음과 같이 된다.

$$R - 2R = 0 \quad (※\ g^{\mu\nu}g_{\mu\nu} = \delta^{\mu}{}_{\mu} = 4)$$

따라서, $R = 0$! 그러므로

$$R_{\mu\nu} = 0 \ .$$

크리스토펠 기호는 다음 두 가지 방법으로 계산할 수 있다. ① 메트릭을 공식에 넣어 구하는 방법과 ② 측지선 방정식으로부터 구하는 방법이다. 첫 번째 방식은 단순히 공식을 이용하면 되고, 두 번째 방식은 라그랑지언을 이용, 측지선 방정식에 나타난 크리스토펠 기호를 읽어내는 방식인데 이 방법이 첫 번째 방법보다 계산이 간단하다는 장점이 있다.

① 메트릭으로부터 계산하는 방법:

크리스토펠 기호는 다음 공식에 메트릭을 대입하여 계산할 수 있다.

$$\Gamma^{\sigma}{}_{\mu\nu} = \frac{1}{2}\ g^{\sigma\rho}\left(\partial_{\nu}g_{\rho\mu} + \partial_{\mu}g_{\rho\nu} - \partial_{\rho}g_{\mu\nu}\right)$$

그런데 위 공식에는 $g^{\sigma\rho}$와 같은 반변 메트릭도 나타나므로 이를 미리 구해 놓는 것이 좋다. 반변 메트릭은 공변 메트릭의 역수를 취하면 된다.

$$g_{00} = A(r), \qquad g^{00} = 1/A(r)$$
$$g_{11} = -B(r), \qquad g^{11} = -1/B(r)$$
$$g_{22} = -r^2, \qquad g^{22} = -1/r^2$$
$$g_{33} = -r^2 \sin^2\theta, \qquad g^{33} = -1/(r^2 \sin^2\theta)$$

자, 그럼 크리스토펠 기호를 계산하기 위한 재료인 메트릭이 모두 준비되었다. 첨자에 주의하여 차례로 대입하면 필요한 크리스토펠 기호를 계산할 수 있다. 일반적으로 크리스토펠 기호는 첨자가 모두 3개이므로 총 개수는 64개다. 그러나 아래 첨자는 서로 대칭의 관계에 있으므로 이 중 24는 중복되는 수이다. 이 수를 제하고 나면 독립적인 크리스토펠 기호는 총 40개가 된다. 계산해 보면 알지만, 이 중에서 제로가 아닌 수는 단 9개다.(※ 13개인데 4개는 대칭) 대표적인 몇 개를 보기로 계산해 보자.

$$\Gamma^0{}_{00} = \tfrac{1}{2}\, g^{0\rho}\, (\partial_0\, g_{\rho 0} + \partial_0\, g_{\rho 0} - \partial_\rho\, g_{00})$$

여기서 $g^{0\rho}$의 ρ에는 0, 1, 2, 3 네 개의 숫자가 지정될 수 있는데 오직 0일 때만 살아남는다. 왜냐하면 g의 비대각(off-diagonal) 성분은 모두 제로가 되기 때문이다. 따라서 위의 식은 다음과 같이 된다.

$$\Gamma^0{}_{00} = \tfrac{1}{2}\, g^{00}\, (\partial_0\, g_{00} + \partial_0\, g_{00} - \partial_0\, g_{00})$$

그런데 괄호 속의 항들은 시간에 대한 미분 항이므로 전부 제로이다.

따라서,

$$\Gamma^{0}{}_{00} = 0 \ .$$

하나만 더 해 보자. 이번에는 $\Gamma^{2}{}_{12}$이다.

$$\Gamma^{2}{}_{12} = \frac{1}{2} g^{2\rho} \left(\partial_{2} \ g_{\rho 1} + \partial_{1} \ g_{\rho 2} - \partial_{\rho} \ g_{12} \right) .$$

여기서 ρ에 $0, 1, 2, 3$ 네 개의 숫자를 지정하는데 $\rho = 2$일 때만 살아남는다. 왜냐하면, 다른 숫자가 들어가면 g가 비대각 성분이 되어 모두 제로가 된다. 따라서 다음과 같이 쓸 수 있다.

$$\Gamma^{2}{}_{12} = \frac{1}{2} g^{22} \left(\partial_{2} \ g_{21} + \partial_{1} \ g_{22} - \partial_{2} \ g_{12} \right) .$$

그런데 괄호 속의 g_{21}와 g_{12}는 비대각 성분이므로 각각 제로이다.

따라서,

$$\begin{aligned} \Gamma^{2}{}_{12} &= \frac{1}{2} g^{22} \ \partial_{1} \ g_{22} \\ &= \frac{1}{2} \ (-1/r^{2}) \ \frac{\partial}{\partial r} \ (-r^{2}) \\ &= 1/r \ . \end{aligned}$$

이렇게 해서 40개의 크리스토펠 기호를 전부 계산해 보면 제로가 아닌 것이 모두 9개가 나온다. 결론적으로 말해서 슈바르츠실트 공간에 존재하는 모든 크리스토펠 기호는 이 9개를 제외하고는 모두 제로이다. 그러니까 이 9개와 첨자가 일치하지 않는 것들은 무조건 다 제로인 셈이다.

이 9개의 크리스토펠 기호 값을 정리하면 다음과 같다.

$$\Gamma^1{}_{00} = \frac{1}{2} g^{1\rho} (2\partial_0 g_{0\rho} - \partial_\rho g_{00}) = \frac{1}{2} g^{11} \partial_1 g_{00} = A'/2B$$

$$\Gamma^0{}_{01} (= \Gamma^0{}_{10}) = A'/2A$$

$$\Gamma^1{}_{11} = B'/2B$$

$$\Gamma^1{}_{22} = -r/B$$

$$\Gamma^1{}_{33} = -(r\sin^2\theta)/B$$

$$\Gamma^2{}_{12} (= \Gamma^2{}_{21}) = 1/r$$

$$\Gamma^2{}_{33} = -\sin\theta \cos\theta$$

$$\Gamma^3{}_{13} (= \Gamma^3{}_{31}) = 1/r$$

$$\Gamma^3{}_{23} (= \Gamma^3{}_{32}) = \cot\theta$$

이 9개를 제외한 모든 크리스토펠 기호는 모두 제로이다!

이제 크리스토펠 기호를 구했으니 다음 차례는 리치텐서이다. 리치텐서를 구하는 공식은 다음과 같다. 리치텐서는 리만텐서를 축약한 것이다.

$$R_{\mu\nu} = \Gamma^\kappa{}_{\mu\nu,\kappa} - \Gamma^\kappa{}_{\mu\kappa,\nu} + \Gamma^\kappa{}_{\rho\kappa}\Gamma^\rho{}_{\mu\nu} - \Gamma^\kappa{}_{\rho\nu}\Gamma^\rho{}_{\mu\kappa} .$$

그러면 우선 R_{00}을 구해본다. μ, ν에 0, 0을 넣으면 된다.

$$R_{00} = \Gamma^{\kappa}{}_{00,\kappa} - \Gamma^{\kappa}{}_{0\kappa,0} + \Gamma^{\kappa}{}_{\rho\kappa}\Gamma^{\rho}{}_{00} - \Gamma^{\kappa}{}_{\rho 0}\Gamma^{\rho}{}_{0\kappa}$$

그런데 이걸 계산하려면 κ와 ρ에 일일이 0에서 3까지 숫자를 넣어보는 수밖에 없다.

① $\Gamma^{\kappa}{}_{00,\kappa}$;

$$\Gamma^{\kappa}{}_{00,\kappa} = \Gamma^{0}{}_{00,0} + \Gamma^{1}{}_{00,1} + \Gamma^{2}{}_{00,2} + \Gamma^{3}{}_{00,3} = \Gamma^{1}{}_{00,1}$$

② $\Gamma^{\kappa}{}_{0\kappa,0}$;

$$\Gamma^{\kappa}{}_{0\kappa,0} = 0$$

③ $\Gamma^{\kappa}{}_{\rho\kappa}\Gamma^{\rho}{}_{00}$; $\Gamma^{1}{}_{00}$ 이외는 모두 0이므로 ρ는 1만 가능.

$$\Gamma^{\kappa}{}_{1\kappa}\Gamma^{1}{}_{00} = \Gamma^{0}{}_{10}\Gamma^{1}{}_{00} + \Gamma^{1}{}_{11}\Gamma^{1}{}_{00} + \Gamma^{2}{}_{12}\Gamma^{1}{}_{00} + \Gamma^{3}{}_{13}\Gamma^{1}{}_{00}$$

(※ 0이 되는 항이 없음)

④ $\Gamma^{\kappa}{}_{\rho 0}\Gamma^{\rho}{}_{0\kappa}$;

$$\Gamma^{\kappa}{}_{\rho 0}\Gamma^{\rho}{}_{0\kappa} = [\Gamma^{0}{}_{\rho 0}\Gamma^{\rho}{}_{00} + \Gamma^{1}{}_{\rho 0}\Gamma^{\rho}{}_{01} + \Gamma^{1}{}_{\rho 0}\Gamma^{\rho}{}_{01} + \Gamma^{1}{}_{\rho 0}\Gamma^{\rho}{}_{01}]$$

$$= \Gamma^{0}{}_{10}\Gamma^{1}{}_{00} + \Gamma^{1}{}_{00}\Gamma^{0}{}_{01}$$

그런데 우리가 구하고자 하는 리치텐서는 R_{00}, R_{11}, R_{22}, R_{33} 등 4개다. 왜냐하면, 슈바르츠실트 공간의 메트릭은 대각 성분만이 존재하므로 아인슈타인 중력장방정식 속에서 이에 대응하는 리치텐서도 대각 성분만 필요하기 때문이다.

리치텐서의 대각성분을 구하면 다음과 같다.

$$R_{00} = -\frac{A''}{2B} + \frac{A'}{4B}\left(\frac{A'}{A} + \frac{B'}{B}\right) - \frac{A'}{rB}$$

$$R_{11} = -\frac{A''}{2A} - \frac{A'}{4A}\left(\frac{A'}{A} + \frac{B'}{B}\right) - \frac{B'}{rB}$$

$$R_{22} = \frac{1}{B} - 1 + \frac{r}{2B}\left(\frac{A'}{A} - \frac{B'}{B}\right)$$

$$R_{33} = R_{22}\sin^2\theta$$

슈바르츠실트 해는 진공 해이므로 $R_{\mu\nu} = 0$를 만족해야 한다. 그러므로 위에 있는 3개의 식이 모두 제로가 되는 해를 구해야 한다. (※ R_{33}는 R_{22}에 의존하므로 마지막 식은 독립적인 방정식이 아니다.)

3개의 식을 연립하여 풀면,

$$A'B + AB' = 0 \ .$$

이것은 $(AB)' = 0$이므로 $AB = \text{constant}$라는 의미이다. $AB = \alpha$라고 하자. 그러면 $B = \alpha / A$이다. 이것을 위의 R_{22} 식에 대입하면, $A + rA' = \alpha$이 되고, 이를 다시 쓰면

$$\frac{d(rA)}{dr} = \alpha$$

이를 적분하면

$$A = \alpha\left(1+\frac{k}{r}\right), \quad B = \left(1+\frac{k}{r}\right)^{-1}. \quad (k = \text{적분상수})$$

여기까지 왔으니 이제 이 값들을 최초 우리가 가정했던 메트릭에 넣어 보자. 우리가 잠정적으로 가정했던 메트릭은

$$ds^2 = A(r)\ dt^2 - B(r)\ dr^2 - r^2\ (d\theta^2 + \sin^2\theta\ d\phi^2).$$

A와 B를 대입해 보면,

$$ds^2 = \alpha\left(1+\frac{k}{r}\right) dt^2 - \left(1+\frac{k}{r}\right)^{-1} dr^2 - r^2\ (d\theta^2 + \sin^2\theta\ d\phi^2).$$

아직은 미완성의 메트릭이다. α와 k 값을 알아야 하는데 어떻게 해야 할까? 여기에 하나의 힌트가 있다. 다름 아닌 약한 중력(weak gravity)의 조건을 사용하는 것이다. r 방향으로 무한히 멀어지면 즉 $r \to \infty$이면 중력효과가 약해져서 공간은 편평해진다. 특수상대성의 민코프스키 공간이 되는 것이다. 따라서,

$$\lim_{r\to\infty} \alpha\left(1-\frac{k}{r}\right) = 1$$

이 되어야 하는데, 그러려면,

$$\alpha = 1.$$

$\alpha = 1$임을 알았으니 이제 k를 구할 차례이다.

민코프스키 시공간에서는 메트릭의 시간-시간 성분, 즉 $g_{00} = \eta_{00} + h_{00}$라는 것을 안다. 그때 $\eta_{00} = 1$이고, h_{00}가 2Φ라는 것도 알고 있다. (※ '중력 장방정식' 참조) Φ는 중력퍼텐셜 $-\frac{GM}{r}$이다. 따라서 g_{00}는

$$g_{00} = 1 - \frac{2GM}{r} .$$

g_{00}는 다름 아닌 A이다.

$$1 - \frac{2GM}{r} = 1 + \frac{k}{r} .$$

따라서,

$$k = -2GM .$$

그리하여

$$A(r) = 1 - \frac{2GM}{r}, \quad B(r) = \left(1 - \frac{2GM}{r}\right)^{-1}$$

따라서 슈바르츠실트 메트릭은 다음과 같다.

$$ds^2 = \left(1 - \frac{2GM}{r}\right)dt^2 - \left(1 - \frac{2GM}{r}\right)^{-1} dr^2 - r^2\left(d\theta^2 + \sin^2\theta\, d\phi^2\right)$$

② 라그랑지언(Lagrangian)으로 계산하는 방법:

현재 우리의 목적은 리치텐서를 구축하기 위한 크리스토펠 기호를 알아내는 것이다. ①의 방법에서는 공식에 메트릭을 대입하여 각각의 크리스토펠 기호를 계산했는데 총 40개를 모두 체크해야 하는 번거로운 작업이었다. 그런데 이보다는 계산이 약간 수월한 한 방법이 있다. 다름 아닌 라그랑지언(Lagrangian)을 이용하는 방법이다. 라그랑지언은 '측지선 방정식'에서 자세히 알아본 적이 있다. 휘어진 공간의 측지선 방정식에는 크리스토펠 기호가 들어있다. 그러므로 메트릭을 라그랑지언으로 나타낸 다음, 오일러-라그랑주 방정식에 대입하면 측지선 방정식이 유도된다. 그러면 측지선 방정식에서 바로 크리스토펠 기호를 읽어낼 수 있다. 자, 그럼 시작해 보자.

알다시피 휘어진 공간의 선소(line element)는

$$ds^2 = g_{\mu\nu}\ dx^\mu\ dx^\nu$$

이고, 따라서 라그랑지언은

$$L = \frac{1}{2}\ g_{\mu\nu}\ d\dot{x}^\mu\ d\dot{x}^\nu$$

위와 같이 정할 수 있다. (※ 휘어진 공간의 라그랑지언은 모두 이런 형태이다.)

그런데 앞에서 가정한 슈바르츠실트 메트릭은 다음과 같다.

$$ds^2 = A(r)\ dt^2 - B(r)\ dr^2 - r^2\ (d\theta^2 + \sin^2\theta\ d\phi^2)$$

양변을 $d\lambda^2$로 나누면 라그랑지언으로 표현되는 식을 얻을 수 있다.

$$\frac{ds^2}{d\lambda^2} = \underline{2L = A(r)\,\dot{t}^2 - B(r)\,\dot{r}^2 - r^2\,\dot{\theta}^2 - r^2\,\sin^2\theta\,\dot{\phi}^2}$$

이 식을 4개의 좌표축 t, r, θ, ϕ에 대해서 각각 계산해야 한다.

그럼 먼저 시간 t 축에 대한 측지선 방정식부터 구해보자. 그러면 시간 축에 대한 오일러-라그랑주 방정식은

$$\frac{d}{d\lambda}\left(\frac{\partial L}{\partial \dot{t}}\right) = \frac{\partial L}{\partial t}\ .$$

그런데 슈바르츠실트 공간은 시간에 대하여 대칭인 공간이다. 즉 $\frac{\partial L}{\partial t}$ = 0이므로

$$\frac{d}{d\lambda}\left(\frac{\partial L}{\partial \dot{t}}\right) = 0\ .$$

- $\left(\frac{\partial L}{\partial \dot{t}}\right)$: $\frac{\partial}{\partial \dot{t}}(2L) = 2A(r)\,\dot{t} \Rightarrow \frac{\partial L}{\partial \dot{t}} = A(r)\,\dot{t}$

- $\frac{d}{d\lambda}\left(\frac{\partial L}{\partial \dot{t}}\right) = \frac{d}{d\lambda}\,(A(r)\,\dot{t})$

$$= A(r)\,\ddot{t} + A'\,\dot{r}\dot{t} = 0$$

$$\Rightarrow\ \ddot{t} + \frac{A'}{A}\,\dot{r}\dot{t} = 0$$

이 식을 다시 쓴다면 다음과 같다.

$$\ddot{t} + \left(\frac{A'}{2A} + \frac{A'}{2A}\right) \dot{r}\dot{t} = 0$$

$\dot{r}\dot{t} = \dot{t}\dot{r}$ 이므로,

$$\ddot{t} + \frac{A'}{2A} \dot{t}\dot{r} + \frac{A'}{2A}\dot{r}\dot{t} = 0$$

로 쓴다면, $\Gamma^0{}_{10} = \Gamma^0{}_{01}$ 이므로 결국,

$$\Gamma^0{}_{10} = \Gamma^0{}_{01} = \frac{A'}{2A} .$$

이라는 것을 알 수 있다.

다음은 r 축에 대한 측지선 방정식을 구해보자. r 방향은 대칭조건이 없으므로

$$\frac{d}{d\lambda}\left(\frac{\partial L}{\partial \dot{r}}\right) = \frac{\partial L}{\partial r} .$$

$$- \left(\frac{\partial L}{\partial \dot{r}}\right) : \frac{\partial}{\partial \dot{r}}(2L) = \Rightarrow \frac{\partial L}{\partial \dot{r}} = -B(r)\ \dot{r}$$

$$- \frac{d}{d\lambda}\left(\frac{\partial L}{\partial \dot{r}}\right) = \frac{d}{d\lambda}\left(-2B(r)\ \dot{r}\right) = -B(r)\ \ddot{r} - B'\ \dot{r}\dot{r}$$

$$-\frac{\partial L}{\partial r} = \frac{1}{2} A'\dot{t}^2 - \frac{1}{2} B'\dot{r}^2 - r\dot{\theta}^2 - r\sin^2\theta\ \dot{\phi}^2$$

따라서 $E-L$ 방정식은

$$-B(r)\ \ddot{r} - B'\ \dot{r}^2 = \frac{1}{2} A'\dot{t}^2 - \frac{1}{2} B'\dot{r}^2 - r\dot{\theta}^2 - r\sin^2\theta\ \dot{\phi}^2$$

$$\Rightarrow \quad B\ddot{r} + \frac{1}{2}A'\dot{t}^2 + \frac{1}{2}B'\dot{r}^2 - r\dot{\theta}^2 - r\sin^2\theta\ \dot{\phi}^2 = 0$$

양변을 B로 나누어 주면,

$$\ddot{r} + \frac{A'}{2B}\dot{t}^2 + \frac{B'}{2B}\dot{r}^2 - \frac{r}{B}\dot{\theta}^2 - \frac{r\sin^2\theta}{B}\ \dot{\phi}^2 = 0$$

자, 이제 이 식에서 그대로 크리스토펠 기호를 읽어내면 된다. 즉,

$$\Gamma^1{}_{00} = \frac{A'}{2B},\quad \Gamma^1{}_{11} = \frac{B'}{2B},\quad \Gamma^1{}_{22} = -\frac{r}{B},\quad \Gamma^1{}_{33} = -\frac{r\sin^2\theta}{B}$$

지금까지는 t 축과 r 축에 관한 것이다. 그러나 θ 축과 ϕ 축에 대한 측지선 방정식과 크리스토펠 기호도 같은 방식으로 읽어내면 된다. 여기서는 계산을 생략하기로 한다.

그러면 제로 값이 아닌 총 9개의 크리스토펠 기호를 구할 수 있다. 당연히 그것은 ①의 방식에서 구한 것과 일치한다.

이로써 슈바르츠실트 메트릭이 모두 완성되었다.

$$ds^2 = \left(1 - \frac{2GM}{r}\right)dt^2 - \left(1 - \frac{2GM}{r}\right)^{-1} dr^2 - r^2\left(d\theta^2 + \sin^2\theta\ d\phi^2\right).$$

슈바르츠실트가 전장 참호 속에서 완성한 이 식은 일반상대성이론이 예측한 많은 것들이 실제 자연현상에도 그대로 들어맞는다는 것을 보여주었다. 수성의 세차운동, 빛의 휘어짐, 중력 적색 편이 등이 그것이다. 아인슈타인 자신도 수성의 세차운동을 증명하기는 했다. (※ 거의 제정신이 아닐 정도로 기뻐했다고 한다.) 그러나 그가 사용한 메트릭은 슈바르츠실트가 사용한 것과 달랐다. 그래서 오류도 많았고 슈바르츠실트에 의해 지적을 받기도 했다.

일반상대성이론의 검증과 예측

빛의 휘어짐

일반상대성이론에 따르면 질량이 존재하면 공간이 휘어진다. 휘어진 공간에서는 빛조차도 휘어져 진행한다. 빛이 항상 직진할 것이라고 생각하는 것은 유클리드적 사고이며 고정관념이다. 그렇다면 태양 부근을 지나는 빛도 태양의 질량 때문에 휘어질 것이라고 생각하는 것은 전혀 이상한 일이 아니다.

중력장 방정식을 완성한 아인슈타인은 실제로 빛이 얼마나 휘어지는지를 수학적으로 계산하였고, 영국의 천문학자 에딩턴(Arthur Eddington, 1882~1944)은 개기일식 때 태양 뒤쪽 별을 관측하여 이를 증명하였다. 1919년에 일어난 이 역사적 사건은 일반상대성이론을 현실적으로 증명하였을 뿐만 아니라, 한 사람의 그저 유능한 물리학자였던 아인슈타인을 일약 세계적인 슈퍼스타로 만들어 주었다.

자, 그럼 태양 질량 때문에 휘어진 공간을 타고 별빛이 어떻게 휘어져 진행하는지를 살펴보기로 하자.

먼저 태양이 중심인 시공간의 구조, 즉 메트릭(metric)을 알아볼 필요가 있다. 태양을 하나의 점 질량으로 보고 그 바깥 주위는 텅 빈 공간이라고 가정한다. 그러니까 일단은 태양을 중심으로 한 구형 대칭(spherical symmetry) 구조이다. 여기에 시간 축을 더하면 시공간 메트릭이 완성된다. 이게 곧 슈바르츠실트 시공간이다. 이렇게 가정한 시공간의 구조는 실제로 태양은 물론 별들의 공간 구조와 매우 근사하게 들어맞는다.

두 번째 우리가 주목해야 하는 것은 측지선 방정식이다. 우주 공간을 다니는 모든 물체는 외력이 가해지지 않는 한, 모두 측지선을 따라 운동한다. 별빛을 이루고 있는 광자(photon)도 예외는 아니다. 그러나 광자는 질량이 없기 때문에 특별히 다루어야 한다. 광자는 시공간 도표 상에서 45° 기울어진 세계선을 따라 운동하기 때문에 시공간 간격이 $ds^2 = 0$이다. 질량 있는 입자의 경우인 $ds^2 = -1$과는 차이가 있다. 2 차원 시공간 도표 상에 단면으로 그려져 있는 빛의 세계선을 4차원 시공간으로 원상 복구하면 빛의 측지선이 된다.

앞의 '측지선' 장에서 우리는 메트릭으로부터 측지선을 유도한 적이 있다. 메트릭으로 라그랑지언(Lagrangian)을 정의하고 이를 오일러-라그랑주 방정식에 대입하면 측지선 방정식을 구할 수 있었다. 측지선 방정식은 이렇게 라그랑지언을 이용해서 구하는 방법 이외에도 접선벡터의 평행이동을 이용해서 유도하는 방법과 또 좌표변환을 통해서 구하는 방법이 있다. 측지선 장을 참조하기 바란다.

이렇게 메트릭으로부터 측지선 방정식을 유도할 수 있다는 것은 이 둘이 다른 것이 아니고 결국 같은 것임을 말해준다. 그것은 휘어진 공간을 나타내주는 것이 메트릭이고, 측지선은 그 휘어진 공간을 따라서 가는 경로이므로 상식적으로도 이 둘은 아주 밀접한 관계가 있음을 알 수 있다. 그래서 이들을 이리저리 변형시키면 '빛의 휘어진' 각도를 계산하는 데 한층 가까이 갈 수 있다. 자 그럼 메트릭과 측지선 방정식을 좀 더 다루어 보기로 하자.

지금 우리가 하고 있는 일은 모두 슈바르츠실트 시공간에서 이루어지고 있는 일이다. 그럼 먼저 슈바르츠실트 메트릭으로부터 측지선 방정식을 구해보자. 말이 구하는 것이지 방정식을 푸는 것이다. 측지선 방정식은 2계 미분방정식이다. 두 번 미분한 항이 들어있다는 이야기다. 그런 미분방정식은 적분하기가 좀 더 까다로워진다.

측지선 방정식을 구하려면 우선 크리스토펠 기호부터 구해야 한다. 크리스토펠 기호를 일일이 다 계산해야 하는데 이게 여간 번거로운 일이 아니다. 그것도 번거로운데 다 계산했다 하더라도 두 번 미분 항이 해결되는 것은 아니다. 그런데 여기에 좋은 방법이 있다. 바로 라그랑지언을 쓰는 것이다. 측지선 방정식은 본래 오일러-라그랑주 방정식으로부터 유도된 것이므로 라그랑지언을 쓴다는 것은 그 유도 과정을 그대로 따라가면서 본다는 것이므로 더 직접적이고 자연스러운 일이다.

라그랑지언을 사용해서 측지선 방정식을 구하면 계산이 많이 간편해진다. 지겨운 크리스토펠 기호 계산을 안 해도 되고 특히 좋은 것은 t축과 θ축 측지선 방정식은 두 번 미분 항이 어느새 사라진다. 단 한 번의 미분으로 방정식의 해를 구할 수 있는 것이다. 더군다나 이러한 **1차 적분**(first integral,※단 한 번의 적분으로 해를 구할 수 있는 형태)은 우리에게 중요한 불변량을 알려준다. 다름 아닌 에너지와 각 운동량이다. 슈바르츠실트 공간에서 t축과 θ축 측지선 방정식은 각각 에너지와 각운동량이 보존되는 경로이다.

슈바르츠실트 메트릭은 다음과 같다.

$$ds^2 = -\left(1 - \frac{2M}{r}\right)dt^2 + \left(1 - \frac{2M}{r}\right)^{-1} dr^2 + r^2 d\theta^2 + r^2 \sin^2\theta d\phi^2.$$

이 식의 라그랑지언은 $L = g_{\mu\nu}\dot{x}^{\mu}\dot{x}^{\nu}$로 정할 수 있고, 위 식을 다시 나타내면

$$L = -\left(1 - \frac{2M}{r}\right)\dot{t}^2 + \left(1 - \frac{2M}{r}\right)^{-1}\dot{r}^2 + r^2(\dot{\theta}^2 + \sin^2\theta\,\dot{\phi}^2).$$

오일러-라그랑지언 방정식은

$$\frac{\partial}{\partial\sigma}\left(\frac{\partial L}{\partial\dot{x}^{\mu}}\right) - \frac{\partial L}{\partial x^{\mu}} = 0$$

위와 같으므로 라그랑지언을 써서 계산하면, $\mu = 0, 1, 2, 3$, 즉 t, r, θ, ϕ 각각에 대한 측지선 방정식을 다음과 같이 얻을 수 있다.

$$\left(1 - \frac{2M}{r}\right)\dot{t} = E$$

$$\left(1-\frac{2M}{r}\right)^{-1}\ddot{r}+\frac{M}{r^2}\dot{t}^2-\left(1-\frac{2M}{r}\right)^{-2}\frac{M}{r^2}\dot{r}^2-r(\dot{\theta}^2+\sin^2\theta\dot{\phi}^2)=0$$

$$\ddot{\theta}+\frac{2}{r}\dot{r}\dot{\theta}-\sin\theta\cos\theta\,\dot{\phi}^2=0$$

$$r^2\sin^2\theta\,\dot{\phi}=l$$

첫째 식과 네 번째 식은 각각 에너지 E 와 각 운동량 l을 나타내고 있다. 이는 라그랑지언에 t 항과 ϕ 항이 없으므로 t 항 측지선과 θ 항 측지선에는 2차 미분 항이 나타나지 않는다는 것을 말해준다. 그래서 1차 적분(first integral)을 바로 적분하면 보존량인 E와 l을 구할 수가 있다. 일차 적분은 상수 함수를 말한다. 상수이므로 보존량과 관계가 있다. 대칭으로부터 일차 적분을 찾을 수 있지만, 속도 4-벡터의 정규화(normalization)에서도 일차 적분을 찾을 수 있다. 일차 적분을 찾으면 그만큼 미분방정식을 풀기가 용이해진다.

그런데 이것들이 각각 에너지와 각운동량이라는 것은 어떻게 나온 것일까? 이것을 알려면 시공간의 운동량 4-벡터와 에너지의 관계를 알아보아야 한다. 자, 차제에 시공간 에너지에 대해 다시 한 번 정리해보는 기회를 가져보자.

우리가 지금 아는 것은 시공간에서는 **운동량의 시간 성분이 에너지**라는 것이다. 운동량은 질량을 속도 4-벡터에 곱해서 구한다. 그런데 속도 4-벡터의 시간성분은 c^2이므로 질량 m을 곱하면 바로 mc^2이 된다. 이건 바로 $E = mc^2$에서 본 에너지가 아닌가?

시공간에서의 속도 4-벡터는 스스로 내적해서 정규화(normalization)된다.

$$\boldsymbol{u} \cdot \boldsymbol{u} = g_{\mu\nu} \frac{dx^{\alpha}}{d\tau} \frac{dx^{\beta}}{d\tau} = -1$$

이건 관찰자의 입장에서 본 속도의 크기다. 관찰자는 순간적으로 정지되어 있으므로 속도의 공간 성분은 모두 제로이고 오직 시간 성분만이 살아남는다. 그러므로,

$$g_{tt} \, [u^{t}]^{2} = -1$$

g_{tt}는 슈바르츠실트 메트릭에서 $-(1 - 2M/r)$이므로,

$$u^{t} = \left(1 - \frac{2M}{r}\right)^{-1/2}$$

그런데 속도 $\boldsymbol{u}$의 관찰자가 측정하는 광자의 에너지는

$$E = -\boldsymbol{p} \cdot \boldsymbol{u}_{obs}$$

여기서 우리는 중요한 조건을 하나 걸고자 한다. 바로 이 측지선을 따라 운동하는 입자의 운동범위를 구형 시공간의 적도면(equatorial plane)으로만 제한하고자 하는 것이다. 적도면은 바로 $\theta = \pi/2$이다. 그러면 위의 식은 다음과 같이 3개의 식으로 줄어든다.(※ 위의 세 번째 식은 모두 0가 된다.)

$$\left(1-\frac{2M}{r}\right)\dot{t} = E$$

$$\left(1-\frac{2M}{r}\right)^{-1}\ddot{r} + \frac{M}{r^2}\dot{t}^2 - \left(1-\frac{2M}{r}\right)^{-2}\frac{M}{r^2}\dot{r}^2 - r\dot{\phi}^2 = 0$$

$$r^2\dot{\phi} = l$$

이렇게 해서 우리는 적도면을 운행하는 입자의 측지선 방정식을 구해냈다. 그러나 아직 끝난 것이 아니다. 아무리 보아도 두 번째 식 r의 2차 미분 항 $\ddot{r}$은 좀 부담스럽다. 2계 편미분 방정식이라서 풀려면 적분을 한 번 더 해야 한다. 1차 미분 항 $\dot{r}$으로 줄이는 방법은 없을까?

우리는 상대론의 이 광활한 세계에서 한 줄기 빛과 같은 공식을 알고 있다. 바로 속도 4 벡터의 정규화(normalization) 공식이다. 우변의 -1은 사실은 $-c^2$이다.

$$\boxed{\mathbf{u}\cdot\mathbf{u} = -1}\ .$$

이 공식이 있기 때문에 빛의 측지선 방정식도 쉽게 풀릴 수 있다. 라그랑지언을 쓰지 않아도 미분 방정식을 공략할 수는 있다. 번거롭지만 크리스토펠 기호를 계산하면 된다. 그러나 이 속도 4 벡터의 정규화 공식이 없으면 측지선 방정식의 문은 잘 열리지 않는다. 그렇다면 이 천금(千金) 같은 수식은 어디서 온 것일까? 아무래도 특수상대성이론을 소환해야 할 것 같다.

특수상대성이론에 의하면 시공간에 있는 물체는 정지해 있든 움직이고 있든 모두 광속으로 이동하고 있다. 이건 시간 축 ct가 공간 축과 얽히면서 비롯된 것이다. 이 사실은 수학적으로도 증명된다. 속도 4 벡터를 정규화한다. 즉 자기 자신과의 내적이다.

$$\begin{aligned}
\boldsymbol{u} \cdot \boldsymbol{u} &= \eta_{\alpha\beta} \frac{dx^{\alpha}}{d\tau} \frac{dx^{\beta}}{d\tau} \\
&= \eta_{00} \left(\frac{c\,dt}{d\tau} \right)^2 + \eta_{11} \left(\frac{dx}{d\tau} \right)^2 + \eta_{22} \left(\frac{dy}{d\tau} \right)^2 + \eta_{33} \left(\frac{dz}{d\tau} \right)^2 \\
&= -c^2 \gamma^2 + \gamma^2 v_x^2 + \gamma^2 v_y^2 + \gamma^2 v_z^2 \\
&= -c^2 .
\end{aligned}$$

이건 휘어진 공간에서도 유효하다. 다만 $\eta_{\alpha\beta}$ 대신 $g_{\alpha\beta}$이다.

우리는 메트릭 즉 선소(line element)를 매개변수로 나누면 속도 4 벡터가 된다는 것을 알고 있다. 다시 $c = 1$로 놓자. 그리고 이 속도 4 벡터의 크기, 즉 자기 자신과의 내적은 일반 입자는 -1, 빛의 경우에는 0이라는 것도 알고 있다. 이 식은 측지선 방정식을 풀기 위한 하나의 일차 적분(first integral) 역할을 한다.

$$\boldsymbol{u} \cdot \boldsymbol{u} = g_{\mu\nu} \dot{x}^{\mu} \dot{x}^{\nu} = -1 \qquad \text{(non-null geodesic)}$$

$$\boldsymbol{u} \cdot \boldsymbol{u} = g_{\mu\nu} \dot{x}^{\mu} \dot{x}^{\nu} = 0 \qquad \text{(null geodesic)}$$

자, 다시 메트릭으로 돌아가 보자.

$$ds^2 = -\left(1-\frac{2M}{r}\right)dt^2 + \left(1-\frac{2M}{r}\right)^{-1}dr^2 + r^2\,d\theta^2 + r^2\,\sin^2\theta\,d\phi^2\,.$$

양변을 매개변수 $d\lambda^2$로 나누고, $\theta = \pi/2$를 적용하면

$$-\left(1-\frac{2M}{r}\right)\dot{t}^2 + \left(1-\frac{2M}{r}\right)^{-1}\dot{r}^2 + r^2\,\dot{\phi}^2 = -1 \quad \text{(non-null geodesic)}$$

$$-\left(1-\frac{2M}{r}\right)\dot{t}^2 + \left(1-\frac{2M}{r}\right)^{-1}\dot{r}^2 + r^2\,\dot{\phi}^2 = 0 \quad \text{(null geodesic)}$$

이상과 같이 반경 방향(radial) 운동을 기술하는 측지선 방정식이 일차미분인 $\dot{r}$ 항으로 표현되는 등 한결 수월해진 모양이 되었다. 그러면 우리의 관심사(※ 지금 빛의 휘어짐에 관심이 있다.)인 '**빛에 대한**' 측지선 방정식을 모두 모아보면,

$$\left(1-\frac{2M}{r}\right)\dot{t} = E$$

$$-\left(1-\frac{2M}{r}\right)\dot{t}^2 + \left(1-\frac{2M}{r}\right)^{-1}\dot{r}^2 + r^2\,\dot{\phi}^2 = 0$$

$$r^2\,\dot{\phi} = l$$

첫째 식과 셋째 식에 있는 $\dot{t}$과 $\dot{\phi}$을 둘째 식에 대입해 보자.

$$-E^2\left(1-\frac{2M}{r}\right)^{-1} + \left(1-\frac{2M}{r}\right)^{-1}\left(\frac{dr}{d\lambda}\right)^2 + \frac{l^2}{r^2} = 0$$

이 식을 적절히 정리해서 다시 쓰면,

$$E^2 = \dot{r}^2 + \frac{l^2}{r^2}\left(1-\frac{2M}{r}\right)$$

양변을 l^2으로 나누면

$$\frac{E^2}{l^2} = \frac{\dot{r}^2}{l^2} + \frac{1}{r^2}\left(1-\frac{2M}{r}\right)$$

$\frac{l}{E} = b$로 놓으면(※ 이때 이 b를 impact parameter라고 한다.),

$$\frac{1}{b^2} = \frac{1}{l^2}\left(\frac{dr}{d\lambda}\right)^2 + \frac{1}{r^2}\left(1-\frac{2M}{r}\right).$$

그리하여 이 식으로부터 $\frac{dr}{d\lambda}$를 구할 수 있다. 즉,

$$\frac{dr}{d\lambda} = l\left[\frac{1}{b^2} - \frac{1}{r^2}\left(1-\frac{2M}{r}\right)\right]^{\frac{1}{2}}.$$

우리는 지금 미분방정식인 빛의 측지선 방정식을 거의 다 풀어 가고 있다! 측지선 방정식을 풀기 위해 라그랑지언을 사용했고, 또 속도 4 벡터의 정규화 공식을 이용했다.

그러나 여기서 잠깐, 우리가 빛의 휘어짐을 알기 위해 결국 구해야 하는 것은 $d\Phi/dr$이다. 그러니까 $\boldsymbol{r}$에 대한 $\boldsymbol{\Phi}$의 변화량이다. r은 별까지 거리이고, Φ는 r값에 대응하는 각도이다. 다음 그림과 같이 r과 Φ를 세팅하면 거의 모든 것은 해결된다.

다음 그림은 별빛이 태양 부근에서 휘어지는 모양을 그린 개념도이다.

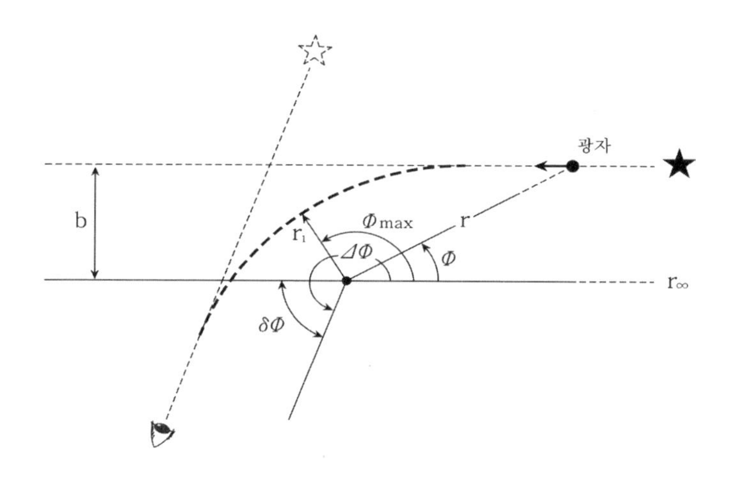

먼저 위 그림을 주의 깊게 살펴볼 필요가 있다. 우선 굵은 점선의 오른쪽 끝에는 별이 있다고 하고, 왼쪽 아래쪽에는 우리의 눈이 있다고 하자. 그러면 별이 있는 실제 위치와 우리가 보게 되는 별은 $\delta\Phi$만큼의 각도 차이가 생긴다. 바로 이것이 우리가 구하고자 하는 빛의 휘어짐 각(deflection)이다. 지금 그림은 매우 과장되게 그려져 있음을 감안하자.

다음은 r과 Φ에 대한 설명이다. 여기서 우리는 이 그림이 다름 아닌 슈바르츠실트 시공간을 부분적으로 나타내고 있음에 유의해야 한다. 즉, 슈바르츠실트 시공간에서 $\theta = \frac{\pi}{2}$인 적도면에 대해서만 생각하고 있는 것이다. 그러니까 위의 평면도는 바로 적도면을 그린 것이다. 말하자면 적도면의 오른쪽 끝부분 먼 쪽에 별이 있는 것이고, 그 별빛의 광자(photon)는 평면 위를 타고 태양을 끼고 돌아서 우리의 눈에 도달하고 있다. 이것은 다름 아닌 슈바르츠실트 시공간의 적도면이다. 따라서 태양 중심에서 별빛 위의 임의의 광자까지 좌표를 r이라고 하면 각도 Φ는 r이 최대인 $r = \infty$ (※ 별의 위치이다.)에서 최소인 태양 반지름(r_1)까지 변할 때 광자의 위치에 대응하는 각도인 셈이다.

자, 여기까지 했으면 이제부터는 간단한 기하학적 분석과 약간의 계산만이 남았다. 즉 그림에서 Φ의 최댓값 Φ_{max}를 2배(=$\Delta\Phi$) 한 후, π를 빼면 바로 우리가 찾는 $\delta\Phi$가 된다는 것을 쉽게 알 수 있다. 그러면 두 배의 Φ_{max} 값을 구하기만 하면 된다.

Φ_{max}는 $r = r_1$에서 $r = \infty$까지 적분하면 구해진다. 그러기 위해서는 r의 변화에 대한 Φ의 변화량, 즉 $d\Phi / dr$을 알아야 한다. 연쇄법칙에 의해

$$\frac{d\Phi}{dr} = \frac{d\phi}{d\lambda}\frac{d\lambda}{dr} = \frac{d\phi}{d\lambda}\frac{1}{\frac{dr}{d\lambda}} .$$

$\frac{dr}{d\lambda}$는 위에서 이미 구해 놓았고, $\frac{d\phi}{d\lambda}$는 각운동량 보존 공식 $r^2\dot{\phi} =$

l로부터 $\frac{l}{r^2}$이다! 다만 $\frac{dr}{d\lambda}$을 사용할 때는 부호에 주의해야 한다. 왜냐하면, 우리가 아는 $\frac{dr}{d\lambda}$는 슈바르츠실트 구형 좌표계에서 λ가 커질 때 r도 커지는 구조였다. 그러나 지금은 광자의 진행 방향에 따라 λ가 커지면서 r은 점점 작아지는 상황이다. 방향이 반대이므로 (-) 부호를 붙인다.

$$\boxed{\frac{d\Phi}{dr} = -\frac{1}{r^2}\left[\frac{1}{b^2} - \frac{1}{r^2}\left(1 - \frac{2M}{r}\right)\right]^{-\frac{1}{2}}}\ .$$

이것을 적분해서 구한 값을 두 배 하면 $\Delta\Phi$를 얻을 수 있고, 여기서 π를 빼면 드디어 별빛의 휘어진 각도인 $\delta\Phi$를 구하게 된다.

이제 남은 것은 적분이다! 아무리 훌륭한 미분방정식을 구축했더라도 적분으로 풀 수 없다면 아무 소용이 없다. (※ 당연한 말이지만 모든 미분방정식은 적분을 통하여 해를 구한다.) 지금부터 적분하여 보자. 위 식을 적분한 값의 2배가 $\Delta\Phi$이므로

$$\Delta\Phi = 2\int_{r_1}^{\infty} \frac{dr}{r^2}\left[\frac{1}{b^2} - \frac{1}{r^2}\left(1 - \frac{2M}{r}\right)\right]^{-\frac{1}{2}}\ .$$

(※ 적분기호의 하한이 ∞에서 r_1으로 바뀌었기 때문에 우변의 (-) 부호는 자연스럽게 사라진다.)

새로운 변수 w를 도입해 치환적분을 시도한다.

$$w = \frac{b}{r} \ (w_1 = \frac{b}{r_1}) \qquad ※ \ dw = -\frac{b}{r^2} dr$$

새로운 변수로 치환하면

$$\Delta\Phi = 2\int_0^{w_1} dw \left[1 - w^2\left(1 - \frac{2M}{b}w\right)\right]^{-\frac{1}{2}}.$$

치환 후 상한은 $0(r \to \infty, \ w \to 0)$, 하한은 $w_1(r_1 \to w_1)$으로 되지만, 적분기호 안의 (-) 부호를 (+)로 바꾸면서 상한과 하한을 서로 맞바꾸었다.

태양의 경우, b 값은 대략 태양의 반경인 70만km이고, M⊙ = $1.47km$이다. 따라서 $2M/b \cong 10^{-6}$으로, 매우 작은 수이다. 위의 적분은 이 매우 작은 수를 중심으로 약간의 트릭을 써서 전개해야 쉽게 풀 수가 있다. 다음과 같이 해 보자. 일단 1과 매우 작은 수를 하나의 괄호로 묶어서 인수분해한다.

$$\Delta\Phi = 2\int_0^{w_1} dw \left[\left(1 - \frac{2M}{b}w\right)\frac{1}{\left(1 - \frac{2M}{b}w\right)} - w^2\left(1 - \frac{2M}{b}w\right)\right]^{-\frac{1}{2}},$$

$$\Delta\Phi = 2\int_0^{w_1} dw \left(1 - \frac{2M}{b}w\right)^{-\frac{1}{2}} \left[\left(1 - \frac{2M}{b}w\right)^{-1} - w^2\right]^{-\frac{1}{2}}.$$

테일러 전개에 의해, $(1+x)^n \cong (1+nx)$이므로

$\left(1-\frac{2M}{b}w\right)^{-\frac{1}{2}}$ 항과 $\left(1-\frac{2M}{b}w\right)^{-1}$ 항을 각각 $1+\frac{M}{b}w$, $1+\frac{2M}{b}w$로 바꾸면

$$\Delta\Phi = 2\int_0^{w_1} dw \; \frac{1+(M/b)w}{\left[1+(2M/b)w-w^2\right]^{1/2}} \; .$$

이 적분은 치환적분을 이용하면 잘 풀어진다. 학창시절 적분을 계산할 때, 신기하게도 어떻게 치환만 잘하면 복잡한 문제가 쉽게 풀린 기억이 있을 것이다. 여기서도 마찬가지이다. 그러나 우리가 이 자리에서 그것을 고민할 필요는 없다. 이미 수학자나 물리학자들이 치환방법을 고안해 놓은 경우가 많기 때문이다. 여기서는 다음과 같은 방식으로 하였다. 즉 분모의 w^2 다항식을 약간 변형시키면

$$-w^2+\frac{2M}{b}w+1 = -\left(w-\frac{M}{b}\right)^2+\frac{M^2}{b^2}+1$$

이것을 0으로 놓고 w에 대하여 풀면,

$$\left(w-\frac{M}{b}\right)^2 = \frac{M^2}{b^2}+1$$

$$\Rightarrow \quad w-\frac{M}{b} = \sqrt{\frac{M^2}{b^2}+1} \qquad \text{(※ +값만 취한다)}$$

$$\Rightarrow \quad w = \frac{M}{b}+\sqrt{1+\frac{M^2}{b^2}}$$

이 값에 새로운 변수 'sin θ'를 도입하여 다음과 같이 w를 정의한다.

$$\boxed{w = \frac{M}{b} + \sqrt{1+\frac{M^2}{b^2}}\ \sin\theta}$$

그러면 $\dfrac{dw}{d\theta} = \sqrt{1+\dfrac{M^2}{b^2}}\ \cos\theta$이다.

우리가 구하고자 하는 적분은 다음과 같이 두 파트로 나눌 수 있다.

(1) $\Delta\Phi_1 = 2\displaystyle\int_0^{w_1} dw\ \frac{1}{\sqrt{\left(1+\frac{2M}{b}w - w^2\right)}}$

(2) $\Delta\Phi_2 = 2\displaystyle\int_0^{w_1} dw\ \frac{(M/b)\,w}{\sqrt{\left(1+\frac{2M}{b}w - w^2\right)}}$

새로 정의한 변수 w로 치환하여 (1), (2)를 각각 구해본다.

$$\Delta\Phi_1 = 2\int_{\theta_0}^{\pi/2} \frac{\sqrt{1+M^2/b^2}\ \cos\theta\ d\theta}{\cos\theta\ \sqrt{1+M^2/b^2}} = 2\int_{\theta_0}^{\pi/2} d\theta = \underline{\pi + \frac{2M}{b}}$$

다음은, $\Delta\Phi_2 = 2\dfrac{M}{b}\displaystyle\int_{\theta_0}^{\pi/2}\left(\frac{M}{b} + \sqrt{1+\frac{M^2}{b^2}}\ \sin\theta\right)d\theta$

$$= 2\frac{M}{b}\left[\int_{\theta_0}^{\pi/2}\frac{M}{b}\,d\theta + \sqrt{1+\frac{M^2}{b^2}}\int_{\theta_0}^{\pi/2}\sin\theta\,d\theta\right]$$

$$= 2\frac{M}{b}\left[\frac{M}{b}\left(\frac{\pi}{2} - \frac{M}{b}\right) + \sqrt{1+\frac{M^2}{b^2}}\ \left[-\cos\theta\right]_{\theta_0}^{\pi/2}\right]$$

$$= 2\frac{M}{b}\left[\frac{M}{b}\left(\frac{\pi}{2} - \frac{M}{b}\right) + \sqrt{1+\frac{M^2}{b^2}}\sqrt{1-\frac{M^2}{b^2}}\right]$$

$$= 2\left[\frac{M^2}{b^2}\left(\frac{\pi}{2} - \frac{M}{b}\right) + \frac{M}{b}\sqrt{1-\frac{M^4}{b^4}}\right]$$

$$= 2\left(0 + \frac{M}{b}\ \bullet 1\right)$$

$$= \frac{2M}{b}$$

따라서, 전체 각도는

$$\Delta\Phi = \Delta\Phi_1 + \Delta\Phi_2$$

$$= \pi + \frac{2M}{b} + \frac{2M}{b}$$

$$= \pi + \frac{4M}{b}\ .$$

태양 때문에 **'별빛이 휘어지는 각도'**는 이 값에서 π를 뺀 값이므로

$$\delta\Phi = \Delta\Phi - \pi$$

$$= \frac{4M}{b} \qquad \text{(small } M/b\text{)}$$

이렇게 계산한 결과는

$$\boxed{1.7''}$$

$1''$는 $1/3600^\circ$이므로 $1.7''$는 대략 $1/1800^\circ$ 정도이다. 이 값은 저 유명한 에딩턴 측정값과 거의 일치한다.

중력 적색 편이

중력 적색 편이(gravitational redshift)는 중력 때문에 빛의 파장이 길어지는 현상을 말한다. 별이 멀어질 때 도플러 효과에 의해서도 빛의 파장이 길어지지만, 이와 같이 중력에 의해서도 파장이 길어진다. 중력 적색 편이는 별빛의 휘어짐, 수성의 세차운동과 함께 일반상대성이론이 실제로 옳다는 것을 검증한 주요 자연현상 중의 하나이다.

중력 적색 편이를 수학적으로 증명하는 방법은 두 가지이다. 하나는 빛의 에너지를 따라가 보는 것이고, 다른 하나는 고유시간의 차이를 보는 방법인데 여기서는 첫 번째 방법을 논하기로 한다.

중력에 의해 빛의 파장이 길어지는 것(※ 빛의 스펙트럼에서 붉은색이 파장이 가장 길다. 그래서 적색편이라고 부른다.)을 관찰하는 것이므로, 슈바르츠실트 좌표계를 설정하고 분석하는 것이 바람직할 것이다. 왜냐하면, 별과 같은 점 질량의 중력은 질량중심에서 방사형으로 작용하기 때문에 구면좌표계를 기반으로 하는 슈바르츠실트 좌표계가 적합하다. 공간에서 어떤 좌표계를 사용하든 상관없다. 그러나 적절치 않은 좌표계를 선정하게 되면 그만큼 불편해지는 것을 감수해야 한다.

질량 중심과 가까운 거리 R인 지점에서 쏜 빛을, 매우 먼 거리 r만큼 떨어진 지점에 정지해 있는 관찰자가 관찰하는 것으로 한다. 그랬을 때 속도 4-벡터 $\boldsymbol{u}_{obs}$를 가진 관찰자(※ 정지했든 움직이든 세계선을 가고 있다.)가 측정한 광자의 에너지는

$$E = -\boldsymbol{p} \cdot \boldsymbol{u}_{obs} .$$

이것은 관찰되는 현상은 관찰자 자신의 기준계에서 측정한 값으로 표현된다는 원칙에 따른 것이다. 그런데 광자는 양자적 성질도 가지므로 $E = h\omega$에 의한 에너지를 갖는다. 따라서 두 식을 같게 놓으면

$$h\omega = -\boldsymbol{p} \cdot \boldsymbol{u}_{obs} .$$

여기서 잠시 또 다른 조건이 있는지 찾아보자. 일반적으로 속도 4-벡터는 메트릭으로 정의된다. 또한, 속도 4-벡터 $\boldsymbol{u}_{obs}$는 자신들끼리 서로 내적하면 자동으로 정규화된다. (※ 이것은 세계선을 매개화한 τ가 곡선장의 affine parameter이기 때문에 당연한 결과이다.) 다음과 같은 정규화 조건은 운동과 관계없이 언제나 불변량이므로 관찰자의 속도 4-벡터 계산이 가능하게 해 준다.

$$\boldsymbol{u}_{obs} \cdot \boldsymbol{u}_{obs} = g_{\alpha\beta}\, u^{\alpha}\, u^{\beta} = -1$$

그런데 슈바르츠실트 공간의 r 지점에 있는 관찰자는 정지해 있으므로, 관찰자 세계선의 접선벡터인 속도 4-벡터는 시간 성분만을 갖는다. 즉,

$$g_{tt}\left(u^{t}{}_{obs}\right)^{2} = -1$$

슈바르츠실트 메트릭으로부터 시간 성분은 g_{tt} = -$(1-2M/r)$이므로

$$u^{t}{}_{obs} = \left(1-\frac{2M}{r}\right)^{-1/2} .$$

그러면 속도 4-벡터는 다음과 같다.

$$u^{\alpha}{}_{obs} = \left[\left(1-\frac{2M}{r}\right)^{-1/2},\ 0,\ 0,\ 0\right]$$

이를 시간 대칭 킬링벡터 ξ^{α} = $(1,\ 0,\ 0,\ 0)$를 써서 나타내면(※ 슈바르츠실트 공간은 시간에 대칭인 구조이다.)

$$u^{\alpha}{}_{obs} = \left(1-\frac{2M}{r}\right)^{-1/2}\ \xi^{\alpha} .$$

성분표기를 벡터 표기로 바꾸면

$$\boldsymbol{u}_{obs} = \left(1-\frac{2M}{r}\right)^{-1/2}\ \boldsymbol{\xi} .$$

이것은 반경 방향으로 r만큼 떨어져 있는 정지 관찰자가 측정하는 속도 4-벡터이다. 그러므로 이 식을 반경 R에 있는 관찰자가 측정하는 것으로 바꾸고, 식 $h\omega = -\boldsymbol{p} \cdot \boldsymbol{u}_{obs}$에 대입하면 반경 R에서 관찰되는 광자의 진동수 ω_*는

$$h\omega_* = \left(1 - \frac{2M}{R}\right)^{-1/2} (-\boldsymbol{\xi} \cdot \boldsymbol{p})_R$$

위와 같이 계산할 수 있다. 한편 무한히 먼 곳에서 관찰되는 광자의 진동수 ω_∞는 $R \to \infty$ 이므로

$$h\omega_\infty = (-\boldsymbol{\xi} \cdot \boldsymbol{p})_\infty$$

여기서 $(-\boldsymbol{\xi} \cdot \boldsymbol{p})$은 불변량이므로 $(-\boldsymbol{\xi} \cdot \boldsymbol{p})_R = (-\boldsymbol{\xi} \cdot \boldsymbol{p})_\infty$이다. 두 식을 서로 나눈 다음 정리하면

$$\boxed{\omega_\infty = \omega_* \left(1 - \frac{2M}{R}\right)^{1/2}}\ .$$

이 식을 보면 무한히 먼 곳에서 관찰되는 광자의 진동수는 가까운 곳에서 방출되는 광자의 진동수에 비하여 인자 $(1-2M/R)^{1/2}$만큼 적어짐을 알 수 있다. 진동수가 적어진다는 것은 그만큼 파장이 길어진다는 것이므로 이는 곧 중력에 의한 적색 편이가 생긴다는 것을 말해 준다.

중력 적색 편이는 순수하게 등가원리(principle of equivalence)로부터 유도할 수도 있다. 중력을 가속도로 치환하여 시간 지연의 차이를 보는 것이다. 그러나 이것은 휘어진 시공간을 감안하지 않고 국지적으로 편평한 공간을 가정하고 계산한 것이다. 따라서 휘어진 시공간인 슈바르츠실트 공간에서 계산된 위 식에서 $2M/R$을 매우 작은 값으로 보고 테일러 근사식으로 계산하면 등가원리에 의해 계산된 결과와 일치한다는 것을 알 수 있다.

킬링 벡터

대칭의 물리학적 의미는 보존(conserved) 또는 불변(invariant)이다. 여류 수학자 에미 뇌터는 "대칭이 있는 곳에 보존량이 있다."라는 유명한 **뇌터정리**(Noeter's theorem)를 완성하였다. 이어서 독일의 수학자 킬링(Wilhelm Killing)은 대칭을 벡터로 표현하였다. 추상적이고 관념적인 대칭 개념을 아름다운 수학적 벡터로 나타내준 그에게 인류는 빚을 지게 되었다.

우리가 킬링벡터를 만나기 위해서는 두 가지 조건 내지 가정이 필요하다. ① 메트릭을 좌표 변환했을 때 그 메트릭이 변환 전의 함수 모양을 그대로 갖고 있어야 한다(form-invariant). 즉 메트릭이 변하지 않는 등거리 변환(isometry)이다. ② 어느 한 점 근방(neighborhood)의 미소구간에서는 좌표변환 결과와 스칼라 함숫값의 변화가 동일하다고 가정한다. 즉 미소 이동을 미소 좌표변환으로 표현할 수 있다. 따라서 테일러 전개가 가능해진다. 킬링이란 명칭은 그 개념이 어려워서가 아니고 사람 이름의 독일어 발음일 뿐이다. (※ 그러나 실제로 킬링벡터의 개념은 어렵다.)

그럼 킬링벡터를 찾으러 가보자. 잘 아는 바와 같이 메트릭에 대한 일반적인 좌표변환 룰은 다음과 같다.

$$g'_{\alpha\beta}(x') = \frac{\partial x^{\mu}}{\partial x'^{\alpha}} \frac{\partial x^{\nu}}{\partial x'^{\alpha}} g_{\mu\nu}(x)$$

또는 동등하게

$$g_{\mu\nu}(x) = \frac{\partial x'^{\alpha}}{\partial x^{\mu}} \frac{\partial x'^{\beta}}{\partial x^{\nu}} g'_{\alpha\beta}(x') .$$

좌표변환은 구좌표(x^{μ})에서 신좌표(x'^{μ})로의 사상(mapping) $x^{\mu} \to x'^{\mu}$이다. 그러니까 구좌표 하나에 신좌표 하나가 각각 대응되는 구조이다. 당연히 그 역(reverse)도 성립한다. 이때 임의의 K^{μ} 벡터(장)를 상정하고 그 방향으로 미소변위가 있는 것으로 특정하면 좌표는 다음과 같이 사상된다.

$$x^{\mu} \to x'^{\mu} = x^{\mu} + \epsilon K^{\mu}$$

그러므로 위의 일반적인 좌표변환 룰의 x'^{μ} term도 $x^{\mu} + \epsilon K^{\mu}$로 대체된다. 좌표변환 룰에 대입하면

$$g_{\mu\nu}(x) = \left[\frac{\partial}{\partial x^{\mu}} (x^{\alpha} + \epsilon K^{\alpha}) \right] \left[\frac{\partial}{\partial x^{\nu}} (x^{\beta} + \epsilon K^{\beta}) \right] g'_{\alpha\beta}(x')$$

$$= \left(\frac{\partial x^{\alpha}}{\partial x^{\mu}} + \frac{\partial}{\partial x^{\mu}} \epsilon K^{\alpha} \right) \left(\frac{\partial x^{\beta}}{\partial x^{\nu}} + \frac{\partial}{\partial x^{\nu}} \epsilon K^{\beta} \right) g'_{\alpha\beta}(x')$$

$$= \delta^{\alpha}_{\mu} \ \delta^{\beta}_{\nu} \ g'_{\alpha\beta}(x') + \delta^{\alpha}_{\mu} \frac{\partial}{\partial x^{\nu}} \ \epsilon K^{\beta} g'_{\alpha\beta}(x')$$

$$+ \delta^{\beta}_{\nu} \frac{\partial}{\partial x^{\mu}} \ \epsilon K^{\alpha} g'_{\alpha\beta}(x') + O(\epsilon^2)$$

$$= \underline{g'_{\mu\nu}(x')} + \epsilon \left[\partial_{\nu} K^{\beta} g'_{\mu\beta}(x') + \partial_{\mu} K^{\alpha} g'_{\alpha\nu}(x') \right]$$

그런데 밑줄 친 부분 $g'_{\mu\nu}(x')$은 $g'_{\mu\nu}(x+\epsilon K)$이므로 이를 테일러 전개하면

$$g'_{\mu\nu}(x+\epsilon K) = g'_{\mu\nu}(x) + \epsilon \ K^{\gamma} \ \partial_{\gamma} \ g'_{\mu\nu}(x) \ .$$

이 값을 변환 룰에 대입하면

$$g_{\mu\nu}(x) = g'_{\mu\nu}(x) + \epsilon \ K^{\gamma} \ \partial_{\gamma} \ g'_{\mu\nu}(x)$$
$$+ \epsilon \left[\partial_{\nu} K^{\beta} g'_{\mu\beta}(x') + \partial_{\mu} K^{\alpha} g'_{\alpha\nu}(x') \right]$$

그런데 메트릭에 대해 좌표변환을 하더라도 그 메트릭이 변하지 않고 그대로 있다면 그것은 **등거리 변환**(isometry)이다. 위 식은 등거리 변환을 만족하므로 $g_{\mu\nu}(x)$는 $g'_{\mu\nu}(x)$와 같다. 그러므로 위 식은 다음과 같다.

$$0 = \epsilon \ K^{\gamma} \ \partial_{\gamma} \ g'_{\mu\nu}(x) + \epsilon \left[\partial_{\nu} K^{\beta} g'_{\mu\beta}(x') + \partial_{\mu} K^{\alpha} g'_{\alpha\nu}(x') \right]$$

메트릭의 첨자 올리기 · 내리기를 적용하고 정리하면(※ ′은 제거 가능)

$$0 = \partial_\nu K_\mu + \partial_\mu K_\nu + K^\gamma \partial_\gamma g_{\mu\nu} .$$

이 식을 공변 미분 형태로 고쳐 쓰면,

$$\boxed{\nabla_\alpha K^\beta + \nabla_\beta K^\alpha = 0}$$

이 식은 킬링벡터가 존재하기 위한 조건식이며 **킬링 방정식**(Killing's equation)이라고 한다.

등거리 변환, isometry

좌표변환을 해도 메트릭이 변하지 않고 그대로 있으면 이때의 변환을 등거리 변환(isometry)이라고 한다. 그런데 메트릭이 변하지 않는다는 의미는 무엇일까? 좌표변환을 하면 당연히 독립변수(argument)가 바뀌는데 메트릭이 같다는 것은 도대체 무슨 말인가? 그러나 그 독립변수 자체가 변환 전 독립변수의 함수이므로 결국 좌표 변환 후의 메트릭은 원래의 변수의 함수로 나타낼 수가 있다. 그 역도 성립한다. 즉 원래의 메트릭도 변환 후의 변수의 함수가 된다. 그렇다면 변환 전후의 두 메트릭은 다르지 않고 같은 것이다. 이때 메트릭의 함수 모양이 변하지 않는다 하여 'form-invariant' 하다고 말한다. 그리고 이때의 변환을 '등거리 변환(isometry)'라고 한다. 다음은 form-invariant 한 메트릭의 예이다.

$$g_{\mu\nu}(x) = \begin{bmatrix} -1 & 0 & 0 & 0 \\ 0 & 1 & 0 & 0 \\ 0 & 0 & 1 & 0 \\ 0 & 0 & 0 & 1 \end{bmatrix}$$

$$\rightarrow \rightarrow \quad g'_{\mu\nu}(x') = \begin{bmatrix} -1 & 0 & 0 & 0 \\ 0 & 1 & 0 & 0 \\ 0 & 0 & r^2 & 0 \\ 0 & 0 & 0 & r^2\sin^2\theta \end{bmatrix}$$

이것은 텐서의 변환 룰에 따라 메트릭을 카티지언 좌표계에서 구면좌표계로 좌표변환한 것 이상도 이하도 아니다. 그러나 이 둘은 각각 상대방 변수의 함수로 나타내게 되면 결국 같아진다. 따라서 다음과 같은 수식으로 나타낼 수 있다.

$$\boxed{g'_{\mu\nu}(x) = g_{\mu\nu}(x)}$$

다양체에서 위치가 달라져도 메트릭의 함수 모양이 변하지 않는다는 것은 곧 메트릭이 공변적(covariant)으로 거동한다는 것이다. 만일 메트릭이 계속해서 공변적으로 움직이는 어떤 경로가 있다면 바로 그 경로가 킬링 벡터장이 만드는 적분곡선(congruence)이다.

앞에서 보인 중력적색편이에서도 보존되는 양을 킬링 벡터를 써서 나타내었다. 거대한 대칭이론이라 할 수 있는 일반상대성이론 도처에서 킬링벡터의 실재를 확인할 수 있다. 그 한 예로 측지선(geodesics)에서 킬링벡터를 찾아보기로 하자.

측지선 방정식 유도 과정에서 라그랑지언(또는 메트릭)이 특정 좌표축 x^1에 대하여 독립적이면 다음과 같은 식이 성립한다.

$$\frac{d}{d\sigma}\left[\frac{\partial L}{\partial (dx^1 / d\sigma)}\right] = 0$$

여기서 라그랑지언 $L = \left(-g_{\alpha\beta}(x)\frac{dx^\alpha}{d\sigma}\frac{dx^\beta}{d\sigma}\right)^{1/2}$이다.

그런데 이 식은 [ ] 안의 값이 상수임을 말해준다. 즉,

$$\left[\frac{\partial L}{\partial (dx^1 / d\sigma)}\right] = \text{constant}$$

[ ]가 측지선을 따라서 상숫값을 갖는다는 것은 곧 측지선을 따라서 킬링벡터가 존재한다는 이야기와 같다. 이를 증명하여 보자.

[ ] 안의 값을 다음과 같이 변형해 보자.

$$\frac{\partial L}{\partial (dx^1/d\sigma)} = -g_{1\beta}\ \frac{1}{L}\ \frac{dx^\beta}{d\sigma} = -g_{1\beta}\ \frac{dx^\beta}{d\tau} = -g_{\alpha\beta}\ \xi^\alpha\ u^\beta$$
$$= -\ \boldsymbol{\xi}\ \cdot\ \boldsymbol{u}$$

이 식으로부터 우리는 측지선을 따라서 보존되는 양이 결국 킬링벡터와 속도벡터와의 내적으로 표현된다는 것을 알 수 있다. 그러므로 좌표계와 관계없이 측지선을 따라 보존되는 양을 다음과 같이 나타낼 수 있다.

$$\xi \cdot u = \text{const.}$$

같은 이치로 측지선을 움직이는 입자의 운동량을 p라 하면, $\xi \cdot p$도 보존량이 된다. 킬링벡터는 좌표계와 관계없이 대칭을 표현하는 일반적인 방식이다.

대칭, 킬링벡터

"대칭이 있는 곳에 보존량이 있다."는 뇌터의 정리(Noether's theorem)이다. 여류 수학자인 에미 뇌터(Emmy Noether, 1882~1935)는 라그랑주 역학과 해밀턴 역학을 이용하여 변위가 대칭인 곳에 운동량 보존법칙이 있고, 시간이 대칭인 곳에서는 에너지 보존법칙이 성립함을 수학적으로 증명하였다. 우리는 앞에서 시공간을 운동하는 입자의 에너지와 운동량은 각각 상수로 나타나므로 보존되는 양임을 측지선방정식으로부터 알게 되었다.

여기서 우리는 '대칭'에 대해 다시 한 번 생각할 필요가 있다. 흔히 대칭하면 데칼코마니나 나비의 모양을 떠올린다. 소위 중앙의 대칭축을 기준으로 양쪽이 똑같은 모양이다. 그렇다면 이 같은 대칭의 개념을 더욱 확장하여 움직이는 물리 세계에도 적용한다면 어떨까?

독일의 수학자 헤르만 바일(Hermann Weyl, 1885~1955)은 "변화를 가했는데도 변하지 않고 있다면 거기에는 대칭 구조가 있다."라고 말하였다. 가령 직교좌표축에서 물체가 어느 하나의 축 방향으로 평행 이동하더라도 그 축으로부터의 거리는 변하지 않는다는 것과 구를 수직축 중심으로 회전시켜도 반경은 변하지 않고 그대로인 경우 등이다. 그렇다면 이러한 대칭 구조가 가지는 의미는 무엇일까? 우리가 대칭 구조를 파악할 수 있다면 이 세상을 훨씬 더 단순하고 쉽게 이해할 수 있다. 가령 해부학자가 사람의 얼굴을 파악할 때 두 개의 눈, 두 개의 귀를 모두 파악할 필요는 없다. 그중 하나씩만 알아도 나머지는 똑같으므로 이를 그대로 적용하면 된다.

물리학에서도 마찬가지이다. 가령 16개의 미분방정식을 풀어야 하는 데 여기에 대칭 구조가 있다는 것을 알아차렸다면 풀어야 할 방정식이 8개로 줄어들고, 또 다른 대칭이 있으면 다시 4개로 줄어들 것이다. 우리가 공간을 이해하기 위해 그때그때 적절한 좌표계를 설정하는 것도 이러한 대칭 구조를 되도록 많이 이용하기 위한 것이라고 할 수 있다.

그러면 상대론과 대칭은 무슨 관계일까? 여기서 우리는 헤르만 바일의 대칭에 대한 정의를 다시 한 번 생각해 볼 필요가 있다. 변화를 주었을 때 변하지 않는 것이 있다면 여기에는 대칭 구조가 있다고 하였다. 그렇다면 대칭은 곧 불변을 의미한다. 불변하는 것 중 가장 대표적인 것이 무엇이었던가? 다름 아닌 빛의 속도 아닌가? 또한 상대성원리에 의해 물리법칙은 기준계와 관계없이 항상 성립한다고 하였다. 우주 어디서나 물리법칙은 불변이다. 이것이야말로 대칭이 아니고 무엇인가? 빛의 속도, 상대성원리, 등가원리 등 상대론의 주요 개념들은 모두 대칭을 기반으로 하고 있다.

독일의 수학자 킬링(Wilhelm Killing, 1847~1923)은 대칭 구조를 벡터로 나타내는 법을 알아내었다. 다름 아닌 특정 벡터장에 대한 텐서의 리 도함수(Lie derivatives) 값이 0이 되는 벡터장이 존재할 때 그 텐서는 그 벡터 방향으로 보존된다고 보았다. 그 특정 벡터(장)를 킬링벡터(Killing vector)라 하고, ξ^{α}, η^{α}로 표시한다. 시간축 보존량인 에너지와 관련된 킬링벡터는 $\xi^{\alpha} = (1,0,0,0)$이고, ϕ 축 보존량인 운동량과 관련된 킬링벡터는 $\eta^{\alpha} = (0,0,0,1)$이다.

리 도함수는 다양체에서 정의된 특정 벡터장 방향으로 공변 미분한 것이다. 그러므로 그것은 커넥션을 써서 정의한 일반 공변미분(covariant derivatives)과 임의의 매개곡선을 따라 정의된 절대 공변미분(absolute derivatives)들과 구별된다.

리 도함수의 이러한 특성에 의해, 특정 벡터장 방향으로 불변인 물리량이 존재할 때 이것은 바로 대칭 구조에 의한 보존량이라는 것을 알 수 있다.

블랙홀

일반상대성이론에 의해 밝혀지고 예측된 자연현상은 매우 많지만, 그 중에서도 가장 유명한 것은 아마도 **블랙홀**(black hole)일 것이다.

우리는 지금 중력장방정식을 이해하고 있으므로 블랙홀을 물리적, 수학적으로 설명할 수 있다. 그러기 위해 슈바르츠실트 메트릭을 소환해 보자.

$$ds^2 = (1 - \frac{2GM}{r})dt^2 - \left(1 - \frac{2GM}{r}\right)^{-1} dr^2 - r^2 (d\theta^2 + \sin^2\theta \; d\phi^2)$$

여기서 r은 질량 중심에서 떨어진 좌표상의 거리이다. $r = \infty$이면, 편평한 민코프스키 공간이 된다. r이 작아질수록, 즉 질량 중심에 가까이 갈수록 공간이 휘어질 것이다. 그런데 문제는 $r = 2\,GM$일 때 생긴다. g_{00}는 제로가 되고 g_{rr}은 무한대가 된다. 이것은 분명히 특이점

(singularity)이다. 방정식은 특이점으로 나오는데 그러면 기하적인 모양은 어떤가? 보통 $2GM$은 그 별의 반지름보다 훨씬 작게 나온다. 태양의 경우는 $3\ km$이다. 태양의 실제 반지름은 70만km이다. 지구는 각각 $1cm$, $6700\ km$이다. 이때의 r을 슈바르츠실트 반지름이라고 한다. 이것은 무엇을 의미하는 것인가? 별의 반지름보다 더 안쪽에 $r = 2\ GM$이 위치한다는 이야기이다. 이것은 분명히 문제이다. 왜냐하면, 슈바르츠실트 해는 질량의 외부를 모두 진공으로 가정하고 푼 것이기 때문이다. 그렇다. $r = 2\ GM$일 때는 중력장 방정식이 성립하지 않는다. 이걸 어떻게 해야 하나? 물리학자들은 용케도 해결 방법을 찾아낸다. r은 실제 거리가 아니라 우리가 임의로 선택한 좌표이다. 적절한 좌표변환으로 특이점이 생기지 않도록 만들면 된다. (※ 그래서 만든 좌표가 에딩턴-핀켈스타인 좌표계다.) 그래서 $r = 2\ GM$일 때의 특이점을 좌표 특이점(coordinate singularity)이라고 한다. 진짜 특이점은 $r = 0$에서 생긴다. 그것은 질량 중심을 뜻하므로 빼도 박도 못하는 특이점이다. 그건 그렇다 치고 좌표변환을 하면 해를 구할 수는 있다. 그러나 아무리 보아도 이곳은 이상한 곳임에는 틀림이 없다. 그런데 현재의 태양과 같은 별에게는 아무런 의미도 없다. 그저 태양의 표면까지만 슈바르츠실트 메트릭을 적용하면 되기 때문이다. 표면 이하로 더 들어간다 해도 진공 조건이 깨져서 해를 구할 수도 없고 구할 필요도 없다. 어느 날 태양이 갑자기 폭발해서 그 질량이 모두 반지름 $3\ km$인 공 안에 다 들어간다면 모를까.

우주의 무거운 별이 수명이 거의 다 되어 최후에 폭발하면 $r = 2\ GM$ 안에 그 질량이 모두 집적된다고 한다. 그래서 소위 블랙홀이 만들어진다. 블랙홀은 중력이 너무 강해서, 아니 사실은 부근의 공간이 너무 심하게 휘어져서 빛조차도 탈출할 수 없게 된다. 그 경계선이 $r = 2GM$이다. 이것을 사건의 지평선(event horizon)이라고 부른다. 흔히 많은 책에서 블랙홀이 아주 길쭉한 깔때기 모양처럼 그려져 있는 것을 볼 수 있다. 사건의 지평선은 아마도 깔때기 아래쪽 거의 끝부분쯤에 있을 것이다.

탈출속도와 블랙홀

고전역학으로도 블랙홀을 계산할 수 있다. 탈출속도로부터 블랙홀(black hole)의 크기를 알 수 있다. 지상에서 쏘아 올린 인공위성이 정상적으로 궤도에 안착하려면 지구를 탈출할 때 필요한 적정속도가 있다. 그렇지 않으면 추락하거나 우주미아 둘 중의 하나가 된다. 이때의 적정속도를 탈출속도(escape velocity)라고 한다. 탈출속도는 에너지보존 법칙으로 계산한다. 즉 운동에너지와 위치에너지를 같게 놓으면 그때의 속도가 탈출속도가 된다.

$$\frac{1}{2}v^2 = \frac{GM}{R} \quad \Rightarrow \quad v = \sqrt{\frac{2GM}{R}} \ .$$

인공위성의 탈출속도는 약 $11\,km/\sec$이다.

그런데 위 식의 양변을 광속의 제곱, c^2으로 나누어보자. 그러면,

$$\frac{v^2}{2c^2} = \frac{GM}{Rc^2} \ .$$

만약에 탈출속도 v가 점점 커져서 광속 c에 도달한다고 가정하면,

$$\frac{1}{2} = \frac{GM}{Rc^2}$$

이때의 R 값은

$$R = \frac{2GM}{c^2}.$$

이 R 값은 다름 아닌 탈출속도가 광속 c인 천체의 반지름이다. 이를 좀 더 쉬운 말로 이야기한다면, 질량 M인 천체를 반경 R 크기로 압축하면 탈출속도가 빛의 속도가 된다. 태양의 경우에 적용하자면, 태양을 반경 $3km$의 크기(※ 실제는 70만km)로 압축하면 빛도 탈출할 수 없는 상태가 된다. 바로 이때의 상태를 블랙홀이라고 한다. 그래서 블랙홀은 빛이 반사되지 않기 때문에 검게 보인다고 한다. (※ 1700년대 그때는 그냥 어두운 별(dark star)이라고만 했다.)

그러나 고전역학에 의한 블랙홀의 계산은 현대물리학 관점으로 보면 불완전하다. 빛의 속도에 제한을 두고 있지 않기 때문이다. 상대론이 나오고 나서야 빛의 속도보다 빠른 것은 없다는 것이 받아들여졌다.

빅 뱅

지금으로부터 약 150억 년 전 우주가 원래는 한 점이었다가 대폭발이 일어나서 지금 모양의 우주가 되었다는 것이 빅뱅(Big-Bang)이론이다. 러시아의 천문학자 프리드만(Friedmann)은 일반상대성이론의 장방정식의 해를 구했는데 그것은 소위 빅뱅 해(Big-Bang solution)였다. 그가 구한 해에 의하면 우주가 처음에는 한 점이었다가 한순간에 폭발하여 팽창하고 있다는 것이다. 그런데 그 최초의 폭발 이후 지금도 우주는 팽창하고 있다. 우주가 팽창하고 있다는 증거는 멀리 은하계 저쪽 별들의 별빛이 붉은색으로 관측된다는 사실로부터 알 수 있다. 붉은색이라는 것은 빛의 파장이 길다는 것이고 이것은 도플러 효과에 의해 별들이 멀어지고 있다는 것을 말해준다. 그리고 멀리 있는 별일수록 멀어지는 속도도 빠르다. 우주의 가장자리에서 멀어지는 별 중에는 거의 빛의 속도에 가까운 것들도 있다. 만일 시간을 거꾸로 거슬러 올라간다면 결국은 우주의 모양은 모든 질량이 한 점에 모여 있는 특이점(singularity)이 될 것이다.

빅뱅이론과 팽창 우주를 뒷받침하는 강력한 증거가 또 있다. 다름 아닌 **우주배경복사**(cosmic background radiation)이다. 말이 거창해서 그렇지 빅뱅 때 우주에 방출된 모든 종류의 전자기파를 총체적으로 이르는 말이라고 보면 된다. 빅뱅 때 방출되었던 복사파가 지금까지도 우주에 돌아다니다가 지구의 측정 안테나에 검출된다. 그 복사파의 온도를 측정하니 절대온도 2.7 ° *K*(※ 절대온도 273도가 섭씨 0 ° 이다.)였고, 이것은 빅뱅 방정식이 예측한 현재의 온도와 정확히 일치하였다. 이것은 빅뱅이론이 타당하다는 것을 증명해 주는 결과였 다. 우리가 브라운관 TV를 켜면 채널이 없는 화면에서 '치익' 소리와 함께 검은 점과 흰 점이 뒤섞여 흔들리는 모습을 볼 수 있는데 이 중 약 1 % 정도는 우주배경복사로 인한 것이라 한다. 1978년 우주배경복사를 발견한 두 사람의 미국인 과학자는 이 업적으로 노벨 물리학상을 수상한다.

빛에 가까운 속도로 멀어지는 별들의 운동은 상대론이 아니면 계산할 수가 없다. 평생 팽창하는 우주를 관측하고 연구하였던 허풍쟁이 허블(E. Hubble, 1889~1953)은 놀랍게도 정작 상대성이론에 대해서는 거의 아는 것이 없었다고 한다. 그의 이름을 딴 허블 우주망원경은 아직도 지구 궤도를 돌며 별들에 대한 관측 자료를 지구로 보내고 있다.

중력파

일반상대성이론은 중력파의 존재를 예측하였다. 중력파(gravitational wave)는 무거운 물체가 빨리 움직일 때 발생하는 파장이다. 마치 전하가 전자기장 속에서 빠르게 움직일 때 생기는 전자기파와 같은 이치이다. 중력파는 매우 약해서 검출하기가 쉽지 않다. 여러 나라 물리학자들의 노력 끝에 드디어 2015년 인류 최초로 중력파를 탐지했다. 이 공로로 노벨 물리학상이 주어졌다. 이때의 중력파는 태양 질량의 약 30배 정도 되는 두 개의 거대한 블랙홀이 충돌하면서 발생된 것이었다.

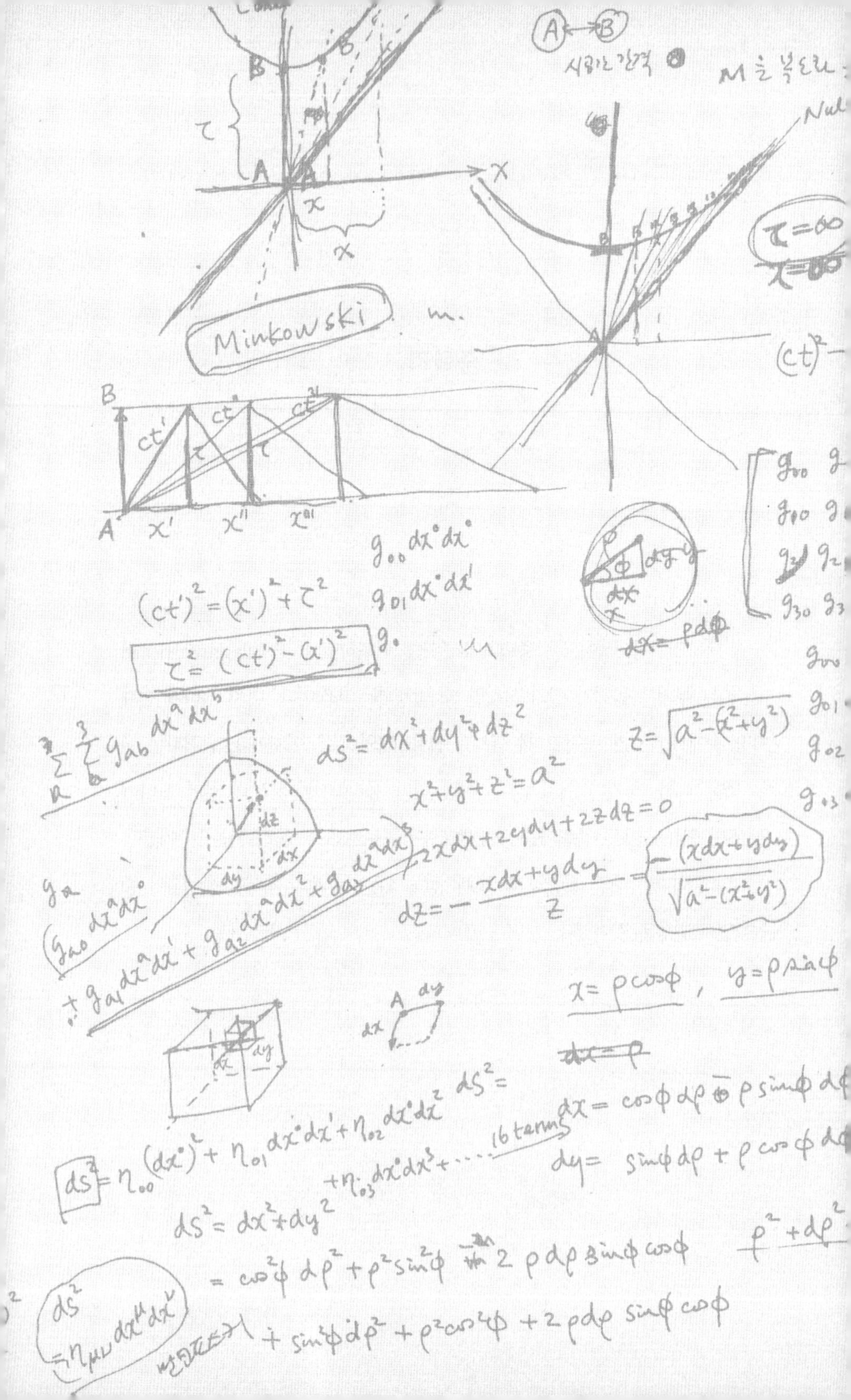

Minkowski
시공간 간격
M은 부도체
Null
τ=∞
(ct')² = (x')² + τ²
τ² = (ct')² − (x')²
ds² = dx² + dy² + dz²
x² + y² + z² = a²
z = √(a² − (x² + y²))
2xdx + 2ydy + 2zdz = 0
dz = − (xdx + ydy)/z = − (xdx + ydy)/√(a² − (x² + y²))
x = ρcosφ, y = ρsinφ
dx = cosφ dρ − ρ sinφ dφ
dy = sinφ dρ + ρ cosφ dφ
ds² = η₀₀(dx⁰)² + η₀₁dx⁰dx¹ + η₀₂dx⁰dx² + η₀₃dx⁰dx³ + ⋯ 16 terms
ds² = dx² + dy²
= cos²φ dρ² + ρ² sin²φ − 2ρdρ sinφ cosφ
+ sin²φ dρ² + ρ²cos²φ + 2ρdρ sinφ cosφ
ρ² + dρ²
ds² = η_μν dx^μ dx^ν

제2부

수학 이야기

미 분

미분이란 과연 무엇일까? 미분이라는 거대한 산을 알기 위해서 제일 먼저 해야 할 일은 우선 채비를 갖추고 등산로에 들어서는 일이다. 그런 다음 골짜기를 건너 능선을 타고 꼭대기에 올라야 비로소 그 산을 조금 알 수 있게 된다. 서두르지 말자. 조금씩 가다 보면 어느새 정상에 올라 있을 것이다. 그보다도 먼저 미적분의 창시자 뉴턴이 무슨 생각을 하면서 미분의 개념에 이르렀는지 나름 상상해 보는 것도 재미있는 일일 것이다. 사과가 떨어지는 것을 보고 만유인력법칙을 발견했다는 뉴턴은 분명 움직이는 물체를 수학적으로 정확히 표현할 방법이 무엇일까를 생각했을 것이다. 뉴턴 이전의 수학은 정지된 상태의 물체에 관한 것이었다. 그러나 자연은 정지된 상태라기보다는 끊임없이 움직이고 있는 상태다. 움직이는 모든 것은 속도를 갖고 있기 마련이다. 그런데 대부분 그 속도가 일정하지 않고 시시각각 변하는 속도이다. 즉 등속도가 아니고 가속도가 있는 것이다. 움직이는 대상의 궤적을 온전히 표현하려면 새로운 수학이 필요하였다. 뉴턴은 인류 최초로 미적분이라는 새로운 수학을 체계화하고 집대성한 사람이다. (※ 물론 라이프니츠도 있다.)
이제부터 미분에 대하여 하나씩 차근차근 알아보자.

① 미분은 '속도'를 알 수 있게 해 준다: 순간속도

쉬운 문제부터 시작해 보자. 우리는 초등학교 때 다음과 같은 문제를 푼 적이 있을 것이다.

> 철수가 자동차를 타고 서울에서 대전까지 가고 있다. 자동차의 속도는 시속 100km이고, 서울에서 대전까지 거리는 150km이다. 걸리는 총 시간은 얼마인가?

이 문제의 답은 거리 나누기 시간, 150/100 = 1.5, 즉 1시간 30분이다. 이때 우리가 공식에 넣은 속도 100km/시는 사실은 서울-대전 간 평균속도이다. 중간 지점인 수원이나 천안을 통과할 때의 속도가 얼마인지는 관심도 없고 중요하지도 않았다.

그러나 이제 중간 지점인 수원 또는 천안을 통과할 때는 속도가 얼마인가 하는 문제들에 더 관심이 있다. 엄밀히 말하자면 속도는 매 순간 변한다고 할 수 있다. 왜냐하면, 서울을 출발할 때는 속도가 0이었지만 수원 정도에서는 약 100km/시일 수 있고, 또 천안 정도에서는 80km/시이기도 하고 운전자가 가속페달과 브레이크를 어떻게 밟느냐에 따라 속도가 계속 변할 수밖에 없다. (※ 이 보기에서는 속도를 조절하는 것이 사람이지만 물체의 경우는 다른 원인들에 의해서 속도가 변할 것이다. 그러나 어떤 경우에도 임의적인 속도변화는 논의 대상에서 제외된다.)

평균속도가 아닌 물체의 특정 순간의 속도를 안다는 것은 생각보다 중요한 일이다. 가령 총구를 떠난 탄환이 목표물에 닿았을 때의 속도가 다른 어떤 속도보다도 더 중요한 의미가 있을 것이다. 이같이 속도의 본래 속성은 평균속도보다는 순간속도에 있다고 말할 수 있다.

그러면 순간속도는 어떻게 구하는가? 어느새 우리는 미분의 한가운데에 들어와 있다. 이제부터가 중요하다. 뉴턴은 특정 순간의 속도를 알기 위해 평균속도에서부터 시작했다. 즉 평균속도를 구할 때 분모로 쓰이는 시간의 길이를 점차 줄여 본 것이다. 가령 자유 낙하하는 사과의 5초 후의 순간속도를 구한다 해 보자. 자유 낙하하는 사과가 낙하한 거리는 일반적으로 다음과 같은 식으로 나타낼 수 있다.

$$s(t) = \frac{1}{2}gt^2 \ (g\text{는 중력가속도: } 9.8\ m/\sec^2)$$

먼저 출발 후 5초와 6초 사이, 즉 1초 동안에 낙하한 거리를 구해보면

$$s(6) - s(5) = 4.9\ (6^2 - 5^2) = 53.9m$$

이므로, 이때의 평균속도는 $53.9/1 = 53.9\ m/s$ 이다.

이제 시간 길이를 1초에서 0.5초로 줄여보자. 기준은 항상 5초이다. 왜냐하면, 5초 때의 순간속도를 알고 싶기 때문이다.

$$s(5.5) - s(5) = 4.9\ (5.5^2 - 5^2) = 25.725m$$

평균속도는 25.725 / 0.5 = 51.45m/s

시간 길이를 더 줄이면

$$s(5.001) - s(5) = 4.9\ (5.001^2 - 5^2) = 0.0490049\,m$$

이때 평균속도는 0.0490049 / 0.001 = 49.0049m/s .

시간 길이가 점점 줄어들수록 평균속도의 값은 점점 49m/s에 가까워지고 있음을 알 수 있다. 뉴턴은 이 49m/s를 자유낙하 하는 사과의 5초 후 순간속도라고 생각하였다.

이제 이 보기를 일반화, 수식화해 보자. 평균속도를 식으로 나타내면 $\bar{v} = \frac{s}{t}$이다. 오차를 줄이기 위해 어느 정도 짧은 거리와 시간에 대해서 생각해 보기로 하자. 그러면 평균속도는 $\bar{v} = \frac{\Delta s}{\Delta t}$이다. 여기서 Δt를 점점 짧게 해 보자. 그러면 Δs도 같이 짧아진다. Δt를 무한히 짧게 해보면 이 분수가 어떤 값에 수렴한다는 것을 알 수 있다. 그 수렴값이 극한값이 되고 바로 이 극한값이 이 순간의 속도가 된다. 식으로 나타내면, $v = \lim_{\Delta t \to 0} \frac{\Delta s}{\Delta t} = \frac{ds}{dt}$이다. $\Delta s/\Delta t$의 극한값이 순간속도이고, ds/dt로 표기한다. 변화율에 극한을 취하는 것을 미분한다(differentiate)라고 말한다. 즉 ds/dt는 거리 s를 시간 t로 미분했다는 것을 기호로 나타낸 것이다. 움직이는 물체의 어느 특정 지점에서의 속도를 알고 싶으면 그 지점에서 ds/dt 값을 구하면 된다. 지금은 직관적으로 바로 와 닿지 않더라도 그냥 받아들이기로 하자.

결국, 속도도 따지고 보면 변화율이다. 시간에 대한 거리의 변화율, 즉 단위시간 동안 변화한 거리의 양이다. $\Delta s/\Delta t$든지 극한값인 ds/dt든지 간에 어쨌든 변화율이다. 변화율은 속도에만 있는 것이 아니다. 이 속도가 다시 단위시간 동안 변화한 양이 바로 가속도이다. 즉 가속도는 속도를 시간에 대하여 미분한 값이다. 그 밖에도 변화율은 도처에서 찾아볼 수 있다. 시간에 대한 온도 변화율, 가격에 대한 수요의 변화율 등. 미분학은 결국 변화율에 대한 체계적 고찰이라 할 수 있다. 변화는 자연의 속성이다. 따라서 자연현상을 분석할 때 '미분'이라는 도구가 없이는 아무것도 할 수가 없다. 17세기에 미적분이 발견된 이후 과학이 거의 폭발적으로 발전한 이유이기도 하다.

② 미분을 알려면 '극한'을 알아야 한다: 극한의 정의

미분을 좀 더 깊이 이해하기 위해서는 극한(limit)이라는 것을 알아야 한다. 왜냐하면, 미분은 바로 극한에 의해 정의되기 때문이다. 그러니까 극한을 모르면 미분도 모르는 것이다. 극한은 미분의 핵심 개념이다. 극한이 미분이요, 미분이 극한이다.

그런데 눈치 빠른 독자는 알아차렸겠지만, 앞에서 본 순간속도에서 이미 극한이 사용되었다. 평균속도의 분모를 한없이 작게 만들면 순간속도가 되는 것을 보았다. 분모를 한없이 작게 만들면 거리를 나타내는 분자도 동시에 한없이 작아진다. 분모와 분자가 동시에 작아진다면 아무리 작게 만들어도 그 비율은 정상적인 숫자로 나온다. 예를 들면, 0.00005를 0.00001로 나누면 멀쩡히 5가 나오는 것처럼. Δt는 아무리 작아져도 같이 작아지는 Δs가 분자에 있으면 정상적인 숫자를 만들어 낼 수가 있다. 그뿐만 아니라 점점 어떤 특정한 값에 가까이 간다. 이렇게 해서 궁극적으로 도달하는 값이 극한값(limit value)이다.

이제부터는 변화율의 극한이 아닌 함수의 극한에 대해 알아보고, 극한에 대한 논의를 좀 더 일반화해 보자. 가령 $f(x) = 5x+7$라는 함수가 있다 하자. x가 한없이 3에 가까이 갈 때 $f(x)$의 값은 22에 한없이 가까워지고 따라서 이때 이 함수의 극한값은 22이다. 수식으로 나타내면 $\lim_{x \to 3}(5x+7) = 22$ 극한 또는 극한값을 구하는 것 자체는 어려울 것이 없다. 거의 직관적으로 극한값을 알아낼 수 있다.

초기의 미적분은 직관에 의존하는 부분이 많았다. 미적분이 발견되고 나니 세상에! 움직이는 물체의 속도를 잴 수 있고 경계가 꾸불꾸불한 논밭의 넓이를 계산하고 호리병의 부피를 측정하고 아무렇게나 구부러져 있는 곡선의 길이를 알 수 있으니 얼마나 기가 막힌 일인가? 그래서인지 미적분이 무분별하게 사용되기 시작했다. 닥치는 대로 미분을 한 것이다. 미분한 결과가 예상과 달리 엉뚱한 값이 나올 수 있는데도 말이다. 예를 들면, 함수가 연속이 아니거나 정의되지 않는 구간에서는 미분하면 안 된다. 소위 미분 불가능이다. 그러나 당시에는 과정은 중요하지 않았다. 결과만 잘 나오면 그뿐이었다. 결과만을 놓고 본다면 극한의 직관적 해석이 비난받을 이유도 없었다. 그러나 엄밀한 수학이 되려면 결과에 이르게 된 과정이 논리적으로 설명될 수 있어야 한다. 수학에서는 직관과 논리가 공존한다. 직관과 논리는 배타적이 아니라 상호 보완적이다. 극한이 논리적으로 정의되기까지는 200년의 세월이 더 필요했다.

직관적 의미의 극한에 사용된 '한없이 가까이 다가간다.'라는 진술은 대략 다음 세 가지 측면에서 수학적 진술이라 할 수 없다. 첫째, '한없이 가까이'라는 말은 매우 상대적인 것이다. 가령 미생물학자에게 한없이 가깝다는 의미는 100마이크로미터일 수 있고, 천문학자에게 가깝다는 몇만 광년일 수 있다. 사람마다 그 의미가 다르게 받아들여진다면 그것은 수학적 진술이라고 할 수 없다. 둘째, '한없이 접근한다.'라는 말은 목표와의 거리가 무한히 작아진다는 말과 같다. 그런데 거리가 무한히 작아진다는 것은, 실수 체계에서는 가장 작은 수는 존재하지 않기 때문에 언제까지나 작아지는 것이 계속되는 상태라고 할 수 있다. 누군가 이 상태를 종식하지 않으면 영원히 계속될 것이다. 셋째, '한없이 가까이 목표에 다가간다.'라고 해 놓고 바로 그 목표를 극한값으로 취하는 경우, 혹 도중에 함수가 불연속이거나 정의되지 않는 구간이 있다면 문제가 된다. 아직 충분히 검증되지 않은 잘못된 극한값을 취하는 결과가 되기 때문이다.

수학자 코시와 바이어슈트라스(Karl Weierstrass, 1815~1879)가 대를 이어 세운 위대한 업적은 차라리 형이상학 언어인 '한없이 가까이'를 과학의 언어로 바꾸어 놓았다는 데 있다. 어느 임의의 구간을 설정한 뒤 이 구간 내에서 x의 값이 목표와 근사해지면 이를 아예 목표와 '같다'라고 정의하는 것이다. 단 목표와의 사이에 아무런 문제가 없을 것이 확실해야만 한다. 중간에 끊어지거나 정의가 되지 않는 구간이 있어서는 안 될 것이다. 우리가 필요한 것은 목표이지 한없이 다가가기만 하는 상태가 아니다.

극한에 대한 객관적이고 엄밀한 정의는 미적분이 발견된 지 약 200년이 지나서야 독일의 수학자 바이어슈트라스에 의해 완성이 된다. 바이어슈트라스는 코시의 ϵ - δ 개념을 사용하여 함수의 극한을 다음과 같이 정의하였다.

"임의의 양수 $\epsilon > 0$에 대하여, $0 < |x-c| < \delta$를 만족하는 모든 x에 대하여 $|f(x)-L| < \epsilon$이 성립하는 δ가 존재하면, $f(x)$의 극한은 L이다."

이 말은 아무리 ϵ을 작게 잡아도 이에 대응하는 정의역에 δ가 존재하면 $f(x)$의 극한은 L이라고 말할 수 있다는 것이다. 만약에 x에서 함수가 끊어져 있으면(불연속이면) 그 끊어진 간격 사이가 아무리 작다 하더라도 그 간격 안에 더 작은 구간 ϵ을 잡을 수 있게 되고, 그렇게 잡은 구간 ϵ에 대해서는 그에 대응하는 구간 δ는 존재할 수가 없게 되어 극한이 정의되지 않는다. ϵ과 δ가 '점'이 아닌 '구간'으로 정의된 것은 극한값의 양쪽에서 조사될 수 있도록 한 것이다.

이 정의는 어찌 보면 ϵ나 δ을 점점 작게 하여 극한값에 점점 다가갈 때, 가는 도중에 끊겨 있다거나 또는 정의가 되지 않거나 하는 등의 특별한 이변이 생기지 않는 한 틀림없이 극한값에 이르게 되어 있으니 $f(x)$의 극한은 L이라고 하기로 약속하자는 것이다. 불연속이거나 정의되지 않는 구간이 없다면 임의의 ϵ나 δ는 각각 정의역과 치역에서 분명 일대일 대응관계를 이룰 것이다. 즉 모든 ϵ에 대하여 $\delta = \delta(\epsilon)$의 함수로 나타내질 것이다.

극한의 엄밀한 정의 덕분으로 미적분학은 이제 확고부동한 기초위에 설 수 있게 되었다.

그러면 위의 예제의 극한값이 엄밀한 극한의 정의에 부합하는지 검증하여 보자.

$\lim_{x \to 3}(5x+7) = 22$, δ를 ϵ의 함수로 나타낼 수 있으면 어떠한 ϵ를 잡더라도 그에 상응하는 δ가 존재한다고 말할 수 있다. (one to one)

$$\begin{aligned} |f(x) - L| < \epsilon \;&\Rightarrow\; |(5x+7) - 22| < \epsilon \\ &\Rightarrow\; 5|x-3| < \epsilon \\ &\Rightarrow\; |x-3| < \frac{\epsilon}{5} \end{aligned}$$

그런데,

$$0 < |x-c| < \delta \quad \Rightarrow \quad 0 < |x-3| < \delta$$

이므로

$$\delta = \frac{\epsilon}{5}$$

δ를 ϵ의 함수로 나타낼 수 있으므로(정의역과 치역이 일대일로 대응되는 것을 함수라고 하므로) 어떠한 ϵ이 있더라도 그에 대응되는 δ가 존재하는 것이므로, 정의에 의하여 이 함수의 극한값은 22라고 말할 수 있다.

극한의 정의는 하나의 약속을 정한 것이므로 이로부터 극한값을 구할 수 있는 것은 아니다. 그러나 극한의 정의를 이용하여 극한에 관한 각종 정리, 이를테면 극한의 합의 정리, 곱의 정리, 샌드위치 정리 등이 합당한 것임을 증명해 보일 수가 있고, 이렇게 증명된 공식을 이용하여 특정 극한값을 더욱 용이하게 계산할 수 있게 된다.

③ 미분은 접선의 기울기를 구하는 것이다: 도함수

우리가 ① 항에서 논의했던 평균속도, 순간속도, 극한 등은 그래프로도 나타낼 수 있다.

y축을 자동차가 움직인 거리, x축을 시간이라고 하자. $\frac{\Delta y}{\Delta x}$는 평균속도이고 이 값은 직선의 기울기이다. Δx를 0으로 점점 접근시키면 현의 기울기도 점점 변하면서 접선의 기울기로 근사하게 된다. 그러다가 극한을 취하면, 즉 $\lim_{\Delta x \to 0} \frac{\Delta y}{\Delta x} = v$로 되고, 이는 그 지점에서의 순간속도가 된다.

이처럼 거리와 시간을 각각 종속변수와 독립변수로 하는 함수를 그래프로 그려보면, 어느 지점에서의 순간속도는 그 점에서의 접선의 기울기와 같다. 평균속도를 나타내는 기울기의 직선이 점점 접선에 근사하다가 마침내 극한을 취하면 정확히 접선과 일치하는 것을 볼 수 있다. 따라서 거리의 시간에 대한 변화율은 직선의 기울기이고, 이 기울기의 극한값이 바로 속도가 되는 것이다. 우리가 미분을 통하여 속도를 구하는 행위는 결국 거리-시간 함수에 접하는 접선의 기울기를 구하는 것과 같은 것이다.

매 시각 순간속도는 매 시각에서의 접선의 기울기이다. 따라서 매 시각 접선의 기울기는 모두 다를 수 있다. 즉 정의역 x를 '시간'으로, 치역 $f(x)$를 '접선의 기울기'로 하는 또 하나의 함수가 존재함을 알 수 있다. 함수에 시간을 대입하면 바로 접선의 기울기가 나오는 것이다. 이와 같은 함수를 도함수(derivatives)라 한다. 우리가 고교 시절에 공부했던 미분의 대부분은 도함수를 구하는 것이었다. 그것도 공식을 이용해서 기계적으로….

다시 한 번 정리해 보기로 하자. 물체의 운동은 거리, 시간, 속도 등 변수들 사이의 관계로 나타낼 수가 있고 따라서 여러 가지 형태의 함수로 표시될 수 있다. 이 중에서 시간-거리 함수의 경우, 임의의 특정 시간의 속도를 알려면 시간 축 상의 그 지점에서의 접선 기울기를 계산하면 된다. 즉, 임의의 지점에서의 접선의 기울기가 그 지점에서의 순간속도인 것이다. 그런데 속도가 일정하지 않는 한 매 지점에서 접선의 기울기는 다 다르게 나타날 것이다. 즉, 시간-기울기의 함수가 생길 것이다. 바로 이 함수를 도함수라 하고, 기호로는 $f'(x)$로 표시한다. 평균속도에 극한을 취해서 그 극한값인 순간속도를 구하는 행위는 기하학적으로 평균속도에 해당하는 기울기에 극한을 취해서 접선의 기울기를 구하는 행위와 정확히 일치한다. 따라서 이렇게 극한을 취해서 도함수를 구하는 것이 미분(differentiation)이다. 미분학의 주된 연구는 바로 이 도함수에 관한 것이다.

뉴턴은 도함수를 다음과 같은 식으로 표현하였다.

$$f'(x) = \lim_{h \to 0} \frac{f(x+h) - f(x)}{h}$$

우리가 논한 앞의 예에서 Δy를 함숫값의 차 $f(x+h)-f(x)$로, Δx을 h로 각각 바꾼 것과 같다. lim 부호 안의 분수를 뉴턴 몫(Newton Quotient)이라고 부른다. 도함수를 구하는 공식 즉, $(x^n)' = nx^{n-1}$와 같은 공식(power rule)은 모두 이 뉴턴 몫으로 증명된 것들이다. 그러니까 도함수 공식들이 공식으로 쓰이는 데 아무 문제가 없는 것은 바로 뉴턴 몫으로부터 그 정당성을 부여받았기 때문이다.

그러나 도함수에 대한 개념을 근원적으로 통찰할 수 있는 이 아름다운 표기법 때문에 오히려 영국의 미적분이 대륙에 비해 100년이나 뒤처지게 될 줄은 그 누구도 짐작하지 못했다. 잘 아는 바와 같이 미적분의 최초 발견을 두고 영국과 독일이 소모적인 논쟁에 휘말려 들었다. 자존심 강한 뉴턴의 후예들은 라이프니츠가 고안한 탁월한 미분 표기법(dy/dx와 같은) 사용을 금지한 대신 계속 뉴턴 몫을 고수하였다. 그 사이 미적분은 최초 발견된 이후 눈부신 발전을 거듭하였다. 그러나 뉴턴 몫과 같은 덩치가 큰 표기법은 시대에 뒤처질 수밖에 없었다. 반면 직관적이고 날렵한 dy/dx는 모든 변수를 $\frac{d}{dx}$의 틀 속에 넣어 미분을 번개처럼 해치우는가 하면, 어느 순간에는 dy, dx가 각각 독립된 변수가 되어 마치 분수처럼 행동한다. dy/dx는 변화무쌍한 다중 인격자이다. 이렇게 간단한 기호 하나가 그렇게 다양한 의미를 함축하고 행동한 건 일찍이 역사에 없었다. 철학자이자 수학자였던 라이프니츠는 개념만큼이나 기호가 중요하다는 사실을 시대를 앞서 통찰하고 있었다.

※ (사족) 미분은 그렇다 치고 그럼 적분은 무엇인가? 미분을 알면 적분은 쉽다, 적분은 미분의 역이므로. 그러나 개념만 그렇다. 적분이 쉽지만 않은

이유는 조작이 다소 까다롭다는 데 있다. 부분적분만 해도 그렇고 선적분, 면적분으로 가면 은하계를 넘어 거의 안드로메다 수준이다. 그러나 다른 수학도 그렇듯이 하나씩 차근차근해 가면 어렵지 않게 정복할 수 있다.

미분하기: 도함수 구하기

① 다항 함수

$f(x) = x^3$을 미분해 보자. 도함수를 구하려면 뉴턴 몫에 대해서 극한을 취해야 한다. 즉,

$$f'(x) = \lim_{h\to 0}\frac{f(x+h)-f(x)}{h}$$

이다.

그런데 $f(x) = x^3$이고 $f(x+h) = (x+h)^3$이므로 이를 위 식에 대입하면

$$f'(x) = \lim_{h\to 0}\frac{(x+h)^3 - x^3}{h} = \lim_{h\to 0}\frac{3x^2h+3xh^2+h^3}{h}$$
$$= \lim_{h\to 0}(3x^2+3xh+h^2) = 3x^2$$

따라서 구하는 도함수는

$$f'(x) = 3x^2$$

이다.

이는 공식 $df/dx = nx^{n-1}$으로 구한 값과 정확히 일치함을 알 수 있다. 이는 당연한 결과이다. 왜냐하면, 공식 nx^{n-1}은 뉴턴 몫에서 유도된 것이기 때문이다. 내친김에 증명까지 해 보자.

$f(x) = x^n$의 도함수를 구하는 것이므로

$$f'(x) = \lim_{h \to 0} \frac{(x+h)^n - x^n}{h} = \lim_{h \to 0} \frac{nx^{n-1}h + \cdots + h^n}{h} = nx^{n-1}$$

위와 같다. 그런데 여기서 우리가 관심 있는 항은 $nx^{n-1}h$인데(나머지 항들은 모두 0이 되므로), $(x+h)^n$을 전개했을 때 $x^{n-1}h$ 항을 만드는 방법이 모두 n개이므로 이 항의 계수는 n이 됨을 알 수 있다. (증명 끝.)

② 삼각함수

삼각함수의 미분은 그리 간단치 않다. 왜냐하면, 풀어야 할 내부 알고리즘이 하나 더 있기 때문이다. 실제로 한번 해 보자. $f(x) = \sin x$을 미분하여 보자. 이번에도 뉴턴 몫이다.

$$f'(x) = \lim_{h \to 0} \frac{\sin(x+h) - \sin x}{h}$$

$\sin(x+h)$는 합의 공식에 의하여,

$$\sin(x+h) = \sin x \cos h + \cos x \sin h$$

이므로

$$f'(x) = \lim_{h \to 0} \frac{\sin x \cos h + \cos x \sin h - \sin x}{h}$$

$$= \lim_{h \to 0} \left[\sin x \left(\frac{\cos h - 1}{h} \right) + \cos x \left(\frac{\sin h}{h} \right) \right]$$

인데, 여기서 $\left(\frac{\cos h - 1}{h} \right)$ 항과 $\left(\frac{\sin h}{h} \right)$ 항이 문제이다. 삼각함수의 미분이 쉽지 않다는 것은 바로 이 알고리즘을 우리가 한 번 더 돌려야 하는 문제가 있기 때문이다. 그러나 어찌 보면 이런 어려움을 극복해 나가는 데에서 우리의 수학이 한층 더 심오해지는 계기가 되기도 한다.

그러니까 우리는 $f'(x)$를 알기 위해서는 우선 $\lim_{h \to 0} \frac{\cos h - 1}{h}$와 $\lim_{h \to 0} \frac{\sin h}{h}$의 값부터 알아야 한다. $\lim_{h \to 0} \frac{\sin h}{h}$부터 먼저 해 보자.

그런데 왠지 $\sin h$와 h 중 어느 것이 더 큰지가 알고 싶어진다. 그걸 알면 뭔가 실마리가 풀릴 것 같은 예감이 든다. 둘 중에 어느 것이 더 클까? 우선 반지름이 1인 원에 각도가 h인 호를 그려보자. 그런데 만약에 각도가 $2h$로 두 배 커진다면 호의 길이도 $2h$가 될 것이다. 그에 상응하는 현의 길이는 $2\sin h$ (※ 직각삼각형의 각 h 에 대응하는 변이 $\sin h$이므로)이다. 거의 끝났다. 호의 길이는 현의 길이보다 항상 길다. 따라서 $2 \sin h < 2h$이고, $\sin h < h$이다. 즉, h가 $\sin h$보다 크다는 것을 알았다. 내친김에 $\tan h$와 h 중 어떤 것이 큰지까지 알고 싶어진다. 결론부터 말하면 이번에는 반대이다. 즉 $h < \tan h$이다. (※ 반지름 1인 원에서 sin 때와 같은 요령으로 하면 된다. 그러나 이번에는 면적의 크기를 비교하면 증명이 끝난다.)

자, 이제 우리가 아는 것은 $\sin h$가 h보다 작고, $\tan h$는 h보다 크다는 사실이다. 이를 각각 식으로 나타내면,

$$\sin h < h, \quad \tan h > h$$

이다. 첫째 부등식은 h로 나누고, 둘째 부등식은 정리하면

$$\frac{\sin h}{h} < 1, \quad \frac{\sin h}{h} > \cos h$$

이다. 두 부등식을 통합하면

$$\cos h < \frac{\sin h}{h} < 1$$

이제 $h \to 0$ 하면, $\frac{\sin h}{h}$는 $\cos h$과 1 사이에서 압착된다. $\cos h$은 1로 수렴하므로 결국 $\frac{\sin h}{h}$는 1로 수렴한다. 따라서,

$$\lim_{h \to 0} \frac{\sin h}{h} = 1$$

이다.

$\lim_{h \to 0} \frac{\sin h}{h}$가 1이라는 걸 알았으니 다음은 $\lim_{h \to 0} \frac{\cos h - 1}{h}$ 차례이다. 이번에는 $\sin^2 h + \cos^2 h = 1$이라는 유명한 공식을 이용한다. 이 식에서 $\cos^2 h$을 오른쪽으로 이항하면, $1 - \cos^2 h = \sin^2 h \Rightarrow (1 - \cos h)(1 + \cos h) = \sin^2 h < h^2$ ($\because \sin h < h$). 즉,

$$(1 - \cos h)(1 + \cos h) < h^2$$

이다.

양변을 h로 나눈 뒤, 또 $(1 + \cos h)$로 나누면

$$\frac{1 - \cos h}{h} < \frac{h}{1 + \cos h}.$$

그런데 이 모든 항은 0보다 큰 것이 확실하다. 따라서,

$$0 < \frac{1-\cos h}{h} < \frac{h}{1+\cos h}$$

이다. 이제 모든 준비는 끝났다. h를 0으로 보내기만 하면 된다. $h \to 0$이면, 제일 오른쪽 항이 0으로 수렴한다. 따라서 $\frac{1-\cos h}{h}$는 0과 0 사이에서 압착되므로 결국

$$\lim_{h\to 0}\frac{\cos h - 1}{h} = 0$$

이다. $1-\cos h$이든 $\cos h - 1$이든 결과에는 아무런 영향을 미치지 않는다. 왜냐하면 -0과 +0의 차이이기 때문이다.

이제 $f'(x)$를 구하는 데 필요한 모든 준비가 완료되었다. 우리가 지금까지 구해 놓은 재료들을 대입하기만 하면 된다.

$$f'(x) = \lim_{h\to 0}\left[\sin x\left(\frac{\cos h - 1}{h}\right) + \cos x\left(\frac{\sin h}{h}\right)\right] = 0 + \cos x = \cos x$$

(여기서 $\sin x$와 $\cos x$는 lim 기호와는 관계가 없다.)

※ 삼각함수에서 라디안(radian)을 쓰는 이유:

(a) 각도 degree는 실수가 아니다. 단지 원주를 360개로 쪼개어 그 하나의 원호에 해당하는 중심각을 1° 로 약속한 것이다. 삼각함수 $f(x) = \sin x$ 의 정의역에 degree를 넣으면 치역으로 실수($f(x)$)가 나온다. 그러나 정의역에 실수를 넣을 수 있다면 그것이 더 자연스럽다. 그러면 degree 대신 넣을 수 있는 실수는 무엇인가? 그래서 라디안이 고안되었다. 반경과 길이가 같은 원호에 해당하는 각을 1 라디안으로 정한 것이다. 그러면 360° 는 2π 라디안이다. degree를 실수로 표현한 것이 라디안이다.

(b) 미분에서는 라디안을 써야 한다. 삼각함수의 미분이 성립하려면 $\lim_{\theta \to 0} \frac{\sin\theta}{\theta} = 1$이 되어야 하는데 이때 θ를 degree로 쓰면 이 극한식이 성립하지 않는다. 왜냐하면 $\lim_{\theta \to 0} \frac{\sin\theta}{\theta} = \frac{\pi}{180}$이 되기 때문이다. dy/dx 값도 $\pi / 180$만큼 차이가 난다. 정의역으로 degree를 사용한다고 해서 미분이 안 되는 것은 아니다. degree의 미소변화량에 대한 삼각함수 값의 미소변화량을 읽을 수 없는 것은 아니기 때문이다. 다만 모든 공식에 $\pi / 180$가 나타나기 때문에 그때부터 간결하고 아름다운 수학과는 멀어진다.

③ 지수함수와 e^x, 그리고 로그함수

지수함수

지수함수(exponential function)는 2^x, 3^x, 10^x 등과 같이 변수 x가 지수로 올라앉아 있는 함수를 말한다. 따라서 지수함수는 일반적으로 a^x로 표시할 수 있다. 지수함수 중 단연 대표선수는 e^x이다. e^x은 매우 특별하다. e^x은 미분해도 e^x이다. 이 세상에 미분해도 똑같아지는 것은 e^x가 유일하다. 이와 같은 사실은 놀라운 결과를 가져온다. 많은 자연법칙이 미분방정식의 형태로 표현되며, 미분방정식을 풀어서 원함수가 무엇인지를 알아내는 것이 자연과학의 주요 목적 중의 하나이다. 예를 들어 미분방정식 $dy/dx = y$을 푼다고 하자. 이 방정식의 의미는 함수 y를 미분했더니 같은 y가 나오는데 그러면 그 함수는 무엇인가를 묻고 있다. 그것의 해는 $y = Ce^x$이다. 이처럼 미분을 해도, 적분을 해도 변하지 않는 e^x야말로 수많은 미분방정식의 해가 될 수 있다. 그렇다는 것은 많은 자연현상이 함수 e^x의 변화를 따르고 있다는 증거이기도 하다. (※ 그래서 자연 상수 또는 자연 로그와 같은 이름으로 불리나 보다.) 이제 우리는 왜 e^x가 10^x, 2^x, 3^x 등 다른 어떤 지수함수보다도 더 특별하고 독보적인 위치에 있는가를 알게 되었다.

그러면 정말로 e^x를 미분하면 도로 e^x가 되는지 미분의 정의(뉴턴 몫)를 이용해서 e^x의 도함수를 구해 보자. $f(x) = e^x$로 놓고 $f'(x)$를 구한다.

$$f'(x) = \lim_{h\to 0}\frac{e^{x+h} - e^x}{h} = \lim_{h\to 0}\frac{e^x \cdot e^h - e^x}{h} = e^x \lim_{h\to 0}\frac{e^h - 1}{h}$$

이 된다. e^x는 $\lim$과 관계없으므로 밖으로 나올 수 있다. 그런데 e는 정의에 의해서 $e = \lim_{n\to\infty}(1+\frac{1}{n})^n$이다. $\lim_{n\to\infty}$을 $\lim_{h\to 0}$으로 바꾸어서 e를 다시 쓰면 $e =$

$\lim_{h\to 0}(1+h)^{\frac{1}{h}}$이 되고, 양변을 h 승하면 $e^h = 1+h$이 된다. 이를 위 식에 대입하면,

$$f'(x) = e^x \cdot 1 = e^x .$$

e^x은 미분해도 e^x임이 증명되었다.

여기서 한 발 더 나아가 일반적인 지수함수 a^x의 미분에 대해서도 알아보자. 그리고 특수한 경우인 e^x의 미분과 어떤 관련이 있는지에 대해서도 알아보자. 이 역시 $f(x) = a^x$로 놓고, 뉴턴 몫으로 시도한다.

$$f'(x) = \lim_{h\to 0}\frac{a^{x+h} - a^x}{h}$$

$$= a^x \left[\lim_{h\to 0}\frac{a^h - 1}{h}\right]$$

이것으로 보아, 지수함수의 도함수는 원래 함수에 $\left[\lim_{h\to 0}\frac{a^h - 1}{h}\right]$를 곱한 것이라는 것을 알 수 있다. [ ] 안의 수의 실체는 무엇일까? 미지의 [ ] 안의 수를 c라 하자. 과연 극한값이 존재하기나 한 것일까? 하나씩 따져 보기로 하자.

$x = 0$일 때의 도함수 값을 알아보면,

$$f'(0) = 1 \cdot \lim_{h\to 0}\frac{a^h - 1}{h}$$

가 된다. 따라서 c는 $y = a^x$ 곡선의 $x = 0$ 지점에서의 기울기임을 알 수 있다. 모

든 a^x 그래프는 a의 값과 관계없이 (0, 1) 지점을 지난다. a가 커질수록 (0, 1)을 지난 곡선은 점점 가파르게 올라간다. 2^x보다는 3^x, 10^x가 더 가파르게 올라갈 것이다. 아울러 곡선의 기울기도 점점 커진다. 그렇다면 여러 곡선 중에서 (0, 1) 지점에서 기울기가 1이 되는 곡선이 분명 존재할 것이라는 추측도 가능하다. 즉,

$$c = \lim_{h \to 0} \frac{a^h - 1}{h} = 1$$

위와 같이 되는 a 값이 존재할 것이다. 그것은 분명 $a = e$가 될 것이다.

이제는 역함수(inverse function)를 이용해 보자. 지수함수의 역함수는 로그함수이다. $\lim_{h \to 0} \frac{a^h - 1}{h}$는 $(0,1)$ 지점에서의 $y = a^x$ 곡선의 기울기 c라고 하였다. 이 기울기는 역함수인 $x = \log_a y$의 입장에서는 $1/c$이다. 그런데 이 $1/c$은 $y = 1$에서의 x의 미분계수이다. 즉 뉴턴 몫에 의하여

$$\frac{1}{c} = \lim_{h \to 0} \frac{1}{h} [\log_a (1 + h) - \log_a 1] = \lim_{h \to 0} \log_a [(1 + h)^{1/h}]$$

이다. 여기서도 정의에 의하여 $\lim_{h \to 0} (1 + h)^{1/h}$가 e이므로 c가 1이 되기 위해서는 a가 e가 되어야 함을 알 수 있다. 이제는 밑이 e인 로그가 왜 밑이 10 또는 2인 로그보다 중요한지를 알게 되었다. 밑이 e인 로그를 자연로그(natural logarithm)라 하고 $\ln x$로 표기한다.

자연상수 e

e라는 수는 아무래도 신비한 수이다. π나 $\sqrt{-1}$ 만큼이나. 네이피어경(1550~1617)이 상용로그를 발견할 때만 해도 e는 그저 2.7 얼마 얼마인 수에 불과하였다. e의 정체에 대해서 조금씩 인지하기 시작한 사람은 야곱 베르누이(1655~1705)였다. 그러다가 e에 이름을 붙여주고 그 진가를 제대로 알아본 사람은 오일러이다. 그래서 e를 '오일러 수(Euler's number)'라고도 한다. 오일러의 이름 첫 글자를 따서 e라고 했다는 설이 있으나 수긍하기 어렵다. 기록에 나타난 오일러의 겸손한 성품으로 미루어 볼 때 그런 오만함이 작용했을 리 없다. 통상 이름은 업적에 따라 후세 사람들이 붙여주는 경우가 대부분인데 아직 그 실체도 모르는, 한참 알아가고 있는 미지의 신비한 수에 자기 이름을 붙인다? 상식적으로도 맞지 않는다. 호사가들이 지어낸 이야기이다. 그보다는 수학에서 이미 사용되고 있는 알파벳이 a, b, c, d였으므로 그다음 문자인 e를 사용했다는 것이 가장 설득력이 있다. 그럼 e는 과연 무엇인가?

야곱 베르누이가 e를 발견하게 된 것은 복리계산을 연구하면서이다. '거의 1'인 수를 거의 무한대 제곱하면 '어떤 수'에 수렴한다는 것을 알게 되었다. 그 어떤 수가 e였다. 즉 $e = \lim_{h \to 0}(1+h)^{\frac{1}{h}}$이다. 실제로 h 값을 1, 0.1 등 점점 0에 가까워지는 수를 계속해서 대입해 가다 보면 2.718281828459045…으로 수렴하는 것을 볼 수 있다. 원금 1\$에 대한 연간 복리 이자가 100% 나온다고 했을 때 이를 1년에 n번 나누어 받는다면, 1년 후 총액은 $(1+1/n)^n$ \$이 된다. n이 커지면 총액은 2.718281828459045…\$로 수렴한다.

로그 함수

로그 함수는 적분으로 정의된다. 로그 함수의 도함수는 적분으로 정의되는 로그 함수의 함수적 성질을 이용한다. 우리는 앞에서 사인함수의 성질을 이용하여 $\sin x / x$의 극한을 구한 적이 있다. 이와 비슷한 방법이다. $\ln x$는 다음과 같이 정의된다.

$$\ln x = \int_1^x \frac{1}{x} dx$$

$f(x) = \ln x$이라 하자. 뉴턴 몫은 $\dfrac{f(x+h) - f(x)}{h}$인데, 정의에 의하여 $f(x+h)$와 $f(x)$는 각각 1에서 $x+h$까지, 1에서 x까지의 $\dfrac{1}{x}$ 곡선 아래 면적을 말한다. 그러므로 $f(x+h)$-$f(x)$는 $x+h$와 x 사이의 면적이 된다. 따라서 이를 식으로 나타내면

$$h \frac{1}{x+h} < f(x+h)\text{-}f(x) < h \frac{1}{x}$$

이다. h로 나누면

$$\frac{1}{x+h} < \frac{f(x+h) - f(x)}{h} < \frac{1}{x}$$

h를 0으로 접근시키면 $\dfrac{f(x+h) - f(x)}{h}$는 $\dfrac{1}{x}$ 사이에서 압착되어 결국

$$\lim_{h \to 0} \frac{f(x+h) - f(x)}{h} = \frac{1}{x}$$

이 된다. 따라서 $(\ln x)' = \dfrac{1}{x}$이다.

행 렬

1. 행렬이란 무엇인가

$$\begin{bmatrix} 1 & 2 \\ 4 & 5 \end{bmatrix} \quad \begin{bmatrix} 1 & 2 & 3 \\ 4 & 5 & 6 \end{bmatrix} \quad \begin{bmatrix} 1 & 2 & 3 \\ 4 & 5 & 6 \\ 7 & 8 & 9 \end{bmatrix}$$

$$2\times2 \qquad 2\times3 \qquad 3\times3$$

행렬이란 무엇인가? 이 물음에 답하기 위해 우선 행렬의 정의부터 보자. 행렬(matrix)은 행(row)과 열(column)로 이루어진 사각형 모양의 숫자 배열이다. 그저 숫자들이 오와 열을 맞추어 가지런히 줄 서 있는 것이다. 그러나 이것이 도대체 무슨 의미를 갖고 있는 것일까?

행렬은 본래 연립방정식을 쉽게 풀기 위하여 방정식의 계수들만 가지런히 모아 계산한 것이 그 시초였다 한다. 그럼 지금부터 행렬의 의미를 하나씩 알아보자.

a) 행렬은 연립방정식을 풀기 위한 도구

우선 편한 마음으로 간단한 연립방정식부터 풀어보자.

$$x + 2y = 3$$
$$4x + 5y = 6$$

첫 식에 -4를 곱해서 둘째 식과 더한 결과를 둘째 식 자리에 쓰면,

$$x + 2y = 3$$
$$0 - 3y = -6$$

다시 둘째 식을 – 3으로 나누면

$$x + 2y = 3$$
$$0 + y = 2$$

따라서, $y = 2$임을 알 수 있고, 이 값을 첫 식에 대입하면 $x = -1$이 된다.

이제부터는 위의 연립방정식을 행렬을 이용해서 풀어보자.
맨 위의 두 식에서 x, y와 등호를 빼고 숫자만 적으면 다음과 같은 행렬을 만들 수 있다.

$$\begin{bmatrix} 1 & 2 & 3 \\ 4 & 5 & 6 \end{bmatrix}$$

또 다르게 말하자면, 계수로만 이루어진 계수행렬 $\begin{bmatrix} 1 & 2 \\ 4 & 5 \end{bmatrix}$에 상수로 이루어진 열$\begin{bmatrix} 3 \\ 6 \end{bmatrix}$을 첨가하였다고도 볼 수 있다. 그래서 이러한 행렬을 첨가행렬(augmented matrix)이라 부른다.

첨가행렬은 사실상 등호를 가진 등식이므로 행렬의 각 행에 어떤 숫자를 곱하거나 나누어도 상관이 없다. (※ 항등식의 양변에 어떤 숫자를 곱하거나 나누어도 상관이 없는 것과 같다.) 또 그렇게 만든 행들끼리 서로 더하고 빼도 상관이 없다. (※ 항등식끼리 서로 더하고 뺄 수 있다.)

위와 같은 방법으로 행렬을 변형해 보자.
첫째 행은 그대로 둔 채, -4를 곱한 다음 둘째 행에 더하면,

$$\begin{bmatrix} 1 & 2 & 3 \\ 0 & -3 & -6 \end{bmatrix}$$

(※ 여기서 주요 키는 둘째 행 맨 앞의 원소를 **제로**로 만드는 것이다.)

이 된다. 다시 둘째 행을 – 3으로 나누면,

$$\begin{bmatrix} 1 & 2 & 3 \\ 0 & 1 & 2 \end{bmatrix}$$

이 된다. 이제 x, y와 등호를 원래대로 붙여서 등식을 만들면

$$x + 2y = 3$$
$$0 + y = 2$$

$y = 2$이고, 이를 첫 식에 대입하면, $x = -1$임을 알 수 있다.

행렬을 이용해서 방정식을 푼다는 것은 일련의 행렬 조작을 통해 계수들을 0으로 만들어 나가는 과정이라고 할 수 있다. 이 과정을 **Gauss 소거법**(Gaussian Elimination)이라 한다. 알고 보면 우리가 중고등학교 때 연립방정식을 풀기 위해 사용한 소거법이 바로 이 가우스 소거법이었다. 독일의 위대한 수학자 가우스가 단 십분 만에 고안했다는 가우스 소거법을 사용하면 수십 개, 수백 개의 연립방정식도 행렬을 이용하여 쉽게 풀 수 있다.

b) 행렬은 벡터들의 모임

행렬로 연립방정식을 풀었지만, 행렬의 정체는 아직도 아리송하기만 하다. 왜냐하면, 우리가 듣고 본 행렬은 이보다는 훨씬 어려운 것이 틀림없는 데 말이다. 가령 하이젠베르크의 행렬역학 같은 것은 얼마나 어려워 보이는가?

어쨌든 아직도 수수께끼 같은 행렬을 좀 더 이해하기 위해서는 먼저 행렬을 보는 관점을 바꿀 필요가 있다. 행렬의 정의에서도 이미 언급되어 있지만, 행렬을 숫자의 모임으로 보기보다는 하나의 행 또는 하나의 열 단위로 보는 것이다. 즉 여러 개의 벡터가 모여 있는 것으로 간주하는 것이다. 행렬의 행 또는 열을 각각 '쌍을 이루는 숫자'로 이루어진 벡터처럼 다룰 수 있다. $\begin{bmatrix} 1 & 2 \\ 4 & 5 \end{bmatrix}$의 경우 $[1, 2]$, $[4, 5]$ 두 개의 행벡터로 이루어져 있는가 하면 또는 $\begin{bmatrix}1\\4\end{bmatrix}$, $\begin{bmatrix}2\\5\end{bmatrix}$ 두 개의 열벡터로 구성되어 있는 것이다. 그런데 통상 가로 모양의 행벡터보다는 **세로 모양의 열벡터**를 더 많이 사용하는 것이 일반적이다. 다시 말하면, $\begin{bmatrix}1 & 2\\4 & 5\end{bmatrix}$ 행렬은 $\begin{bmatrix}1\\4\end{bmatrix}$와 $\begin{bmatrix}2\\5\end{bmatrix}$ 두 개의 열벡터로 이루어진 행렬이라고 생각하고 매사 그렇게 다루자는 것이다.

이제 행렬에 생명을 불어 넣어보자. 방법은 연산이다. 숫자의 경우에도 하나일 때는 별 의미가 없을지라도 다른 숫자와 연산을 하는 순간 변화무쌍하게 확장해 나간다. 행렬도 마찬가지이다. 행렬도 덧셈, 뺄셈을 할 수 있고 곱셈도 가능하다. 행렬의 연산 중에 가장 중요한 것은 곱셈이다. 행렬 곱셈에는 일정한 연산법칙이 있다. 행렬이 벡터들의 모임이라고 했으므로 행렬 곱셈에서도 자연스럽게 벡터 곱셈 법칙이 적용된다. 행렬 곱셈의 가장 기본적인 형태는 행렬과 벡터의 곱이다.

$$\begin{bmatrix}1 & 2\\4 & 5\end{bmatrix}\begin{bmatrix}3\\6\end{bmatrix} = \begin{bmatrix}1\cdot 3+2\cdot 6\\4\cdot 3+5\cdot 6\end{bmatrix} = \begin{bmatrix}15\\42\end{bmatrix}$$

먼저 행렬의 제1행 [1 2]와 $\begin{bmatrix}3\\6\end{bmatrix}$을 서로 내적하면 15, 제2행 [4 5]와 $\begin{bmatrix}3\\6\end{bmatrix}$을 내적하면 42, 즉 15와 42를 원소로 하는 벡터 $\begin{bmatrix}15\\42\end{bmatrix}$가 된다. 이것 말고 또 다른 방법이 있다. 바로 행렬의 두 열벡터를 벡터 $\begin{bmatrix}3\\6\end{bmatrix}$의 각 원소, 즉 3, 6을 계수로 하여 선형 결합하는 것이다. 즉 $3\begin{bmatrix}1\\4\end{bmatrix}$ + 6

$\begin{bmatrix}2\\5\end{bmatrix} = \begin{bmatrix}15\\42\end{bmatrix}$이 된다. 행렬 곱셈에서는 교환법칙이 성립하지 않으므로 열벡터 또는 행벡터 간의 전후관계에 유의할 필요가 있다. 가령 $[1\ \ 2]\begin{bmatrix}3\\6\end{bmatrix}$은 스칼라값으로 15이지만, 순서가 바뀌면 즉 $\begin{bmatrix}3\\6\end{bmatrix}[1\ \ 2]$는 $\begin{bmatrix}3 & 6\\6 & 12\end{bmatrix}$라는 행렬이 된다.

행렬의 곱셈을 할 때 특히 주의해야 할 것은 앞 행렬의 열의 원소 개수와 뒤 행렬의 행의 원소 개수가 같아야 한다는 것이다. 그렇지 않으면 곱셈 자체가 정의되지 않는다. 앞 행렬의 크기가 m×n, 뒤 행렬의 크기가 p×q라 하면, n과 p가 같아야 곱셈을 할 수가 있다. 행렬과 열벡터가 서로 곱해질 때 행렬이 항상 벡터의 왼쪽에 위치하는 이유이다. 위치를 바꾸면 곱셈이 정의되지 않는다. 예외가 있는데 그것은 열벡터(n×1)와 행벡터(1×n)의 곱일 때다.

행렬과 행렬의 곱셈도 행렬-벡터 곱셈을 확장한 것에 지나지 않는다. 행렬-행렬 곱셈에는 다음 네 가지 방법이 있다.

① 내적(dot product) 방법

$$\begin{bmatrix}1\ 2\\3\ 4\end{bmatrix}\begin{bmatrix}5\ 6\\7\ 8\end{bmatrix} \Rightarrow \begin{bmatrix}1\cdot5+2\cdot7 & 1\cdot6+2\cdot8\\3\cdot5+4\cdot7 & 3\cdot6+4\cdot8\end{bmatrix} = \begin{bmatrix}19\ 22\\43\ 50\end{bmatrix}$$

② A의 열 조합(column combination) 방법

$$AB = \begin{bmatrix}1\ 2\\3\ 4\end{bmatrix}\begin{bmatrix}5\ 6\\7\ 8\end{bmatrix} \Rightarrow 5\begin{bmatrix}1\\3\end{bmatrix}+7\begin{bmatrix}2\\4\end{bmatrix} \Rightarrow \begin{bmatrix}5\\15\end{bmatrix}+\begin{bmatrix}14\\28\end{bmatrix} = \begin{bmatrix}19\\43\end{bmatrix}$$ (행렬 AB의 첫째 열)

$$\Rightarrow 6\begin{bmatrix}1\\3\end{bmatrix}+8\begin{bmatrix}2\\4\end{bmatrix} \Rightarrow \begin{bmatrix}6\\18\end{bmatrix}+\begin{bmatrix}16\\32\end{bmatrix} = \begin{bmatrix}22\\50\end{bmatrix}$$ (행렬 AB의 둘째 열)

$$\therefore AB = \begin{bmatrix}19 & 22\\43 & 50\end{bmatrix}$$

③ B의 행 조합(row combination) 방법

$$AB = \begin{bmatrix}1 & 2\\3 & 4\end{bmatrix}\begin{bmatrix}5 & 6\\7 & 8\end{bmatrix} \Rightarrow 1[5\ 6] + 2[7\ 8] = [19\ \ 22]$$ (행렬 AB의 첫째 행)

$$\Rightarrow 3[5\ 6] + 4[7\ 8] = [43\ \ 50]$$ (행렬 AB의 둘째 행)

$$\therefore AB = \begin{bmatrix}19 & 22\\43 & 50\end{bmatrix}$$

④ 열-행 방법

$$\begin{bmatrix}1 & 2\\3 & 4\end{bmatrix}\begin{bmatrix}5 & 6\\7 & 8\end{bmatrix} = \begin{bmatrix}1\\3\end{bmatrix}[5\ 6] + \begin{bmatrix}2\\4\end{bmatrix}[7\ 8] = \begin{bmatrix}5 & 6\\15 & 18\end{bmatrix} + \begin{bmatrix}14 & 16\\28 & 32\end{bmatrix} = \begin{bmatrix}19 & 22\\43 & 50\end{bmatrix}$$

※ [벡터 표기 방법]

벡터를 나타내는 방법에는 여러 가지가 있다. 먼저 가장 친근한 표기방식이 (1, 4), (2, 5) 등과 같이 괄호와 쉼표를 사용하는 것이다. 옆으로 쓰기 때문에 지면절약 등의 장점이 있다. $\begin{bmatrix}1\\4\end{bmatrix}$와 같이 마치 2×1 행렬처럼 세로로 표기하는 방식도 있다. 이렇게 행렬방식으로 세워서 표기한 벡터를 열벡터(column vector)라 한다. 1×2 행렬처럼 [1 4], [2 5]와 같이 가로로 표기하면 행벡터(row vector)이다. 여기서 주의할 것이 있다. (1, 4), (2, 5) 등은 행벡터가 아니다. 열벡터를 잠시 옆으로 뉘어 놓은 것이다. 행벡터는 열벡터를 전치(transpose)해서 만든 행렬방식의 벡터이므로 열벡터와는 다르다고 할 수 있다. 행렬곱(matrix multiplication)을 사용하여 두 개의 벡터를 내적할 때 좌측에는 행벡터가 우측에는 열벡터가 위치하는데, 이는 행렬곱의 가장 기본적인 연산에 해당한다.

c) 가우스 소거법은 행렬이 태어난 곳

행렬의 근원은 연립방정식이고, 연립방정식은 가우스 소거법으로 푸는 것이므로 가우스 소거법에 행렬의 모든 것이 있다고 해도 과언이 아니다. 그러므로 가우스 소거법에 대하여 좀 더 이야기하자.

가우스 소거법은 간단히 말해서 각 행의 첫 번째 항을 차례대로 0으로 만들어 나가는 작업이다. 가령 첫째 행을 실수 배 한 후 둘째 행에 더함으로써 둘째 행의 첫째 항을 0으로 만드는 것이라 할 수 있다. 이러한 작업을 기본행연산(elementary row operation)이라 한다. 기본행연산을 계속하다 보면 완성이 되는 단계가 있는데, 즉 대각선 왼쪽 아랫부분의 항들이 모두 0인 형태의 행렬이 된다. 이를 상삼각형 행렬(upper triangular)이라 한다. 이러한 형태가 되면, 즉 계수행렬이 상삼각형 행렬이 되면 연립방정식을 아주 쉽게 풀 수가 있다. 보통의 경우 상삼각형 행렬이 되면 기본행연산을 끝내고 역대입법(back substitution)으로 미지수를 구하는 작업을 한다.

그러나 독일의 수학자 W. 조르단(Wilhelm Jordan, 1842~1899)은 상삼각형 행렬이 되었을 때 거기서 멈추지 않고 계속해서 기본행연산을 수행했다. (※ 천재들만 그렇게 할 수 있다.) 그러자 **단위행렬**(identity matrix)이 나타났다. 계수행렬이 단위행렬이 된 것이다. 이렇게 되면 역대입을 하지 않아도 바로 미지수의 값을 주워낼 수 있다. 가우스 소거법이 가우스-조르단 소거법으로 되는 순간이다. 당연히 가우스-조르단 소거법을 이용하면 역행렬(inverse matrix)도 구할 수 있다.

기본행연산 자체를 행렬 연산으로도 할 수 있다. 바로 기본행렬(elementary matrix)을 이용하는 것이다. 기본행렬을 기존의 행렬 왼쪽에서 곱하면 기본행연산을 한 것과 같은 결과를 얻을 수 있다. 기본행렬의 역행렬은 기본행렬이다. 왜냐하면, 단위행렬을 기본행연산한 것이 기본행렬이므로, 기본행렬에 기본행연산을 반대로 해주면 원래대로 단위행렬이 된다. 또 임의의 행렬 A의 역행렬은 기본행렬의 곱으로 나타낼 수 있다. 가우스-조르단 소거법에 의해 기본행연산을 계속하면 단위행렬이 되므로 즉, $E_r E_{r-1} \cdot\cdot\cdot E_2 E_1 A = I$이므로 ($E_r E_{r-1} \cdot\cdot\cdot E_2 E_1$) 부분이 A^{-1}이 된다.

그러면 지금까지 말로 설명한 가우스 소거법을 다음의 연립방정식에 적용하여 보자.

$$
\begin{aligned}
2u + v + w &= 5 \\
4u - 6v \qquad &= -2 \\
-2u + 7v + 2w &= 9
\end{aligned}
$$

행렬방정식으로 나타내면,

$$Ax = \begin{bmatrix} 2 & 1 & 1 \\ 4 & -6 & 0 \\ -2 & 7 & 2 \end{bmatrix} \begin{bmatrix} u \\ v \\ w \end{bmatrix} = \begin{bmatrix} 5 \\ -2 \\ 9 \end{bmatrix} = b$$

첫 행에 -2를 곱하여 둘째 행과 더하면(기본행연산 ①)

$$\begin{bmatrix} 2 & 1 & 1 \\ 0 & -8 & -2 \\ -2 & 7 & 2 \end{bmatrix} \begin{bmatrix} 5 \\ -12 \\ 9 \end{bmatrix}$$

첫 행에 1을 곱하여 셋째 행에 더하면(기본행연산 ②)

$$\begin{bmatrix} 2 & 1 & 1 \\ 0 & -8 & -2 \\ 0 & 8 & 3 \end{bmatrix} \begin{bmatrix} 5 \\ -12 \\ 14 \end{bmatrix}$$

둘째 행에 1을 곱하여 셋째 행에 더하면(기본행연산 ③)

$$\begin{bmatrix} 2 & 1 & 1 \\ 0 & -8 & -2 \\ 0 & 0 & 1 \end{bmatrix} \begin{bmatrix} 5 \\ -12 \\ 2 \end{bmatrix}$$

이 된다. 오른쪽의 상수 열벡터에 대해서도 행렬의 마지막 열로 취급(이를 첨가행렬이라 한다)하여 기본행연산을 하였다. 총 3번의 기본행연산을 한 결과 계수행렬이 하삼각형 행렬이 되었다. 가우스 소거법이 완성된 것이다. 가우스 소거법이 완료되면 마지막 미지수 즉 w항부터 역대입에 의하여 모든 미지수를 차례로 계산할 수 있게 된다.

하삼각 행렬이 될 때까지 3번의 기본행연산을 하였는데 이를 3개의 기본행렬을 써서 나타낼 수 있다. 행렬의 적용 순서는 왼쪽 방향이다. 그러니까 원 행렬의 왼쪽에서 최초의 기본행렬을 곱한 다음 다시 그 왼쪽에 다음 기본행렬을 차례로 곱해 나가는 식이다.

$$\begin{bmatrix} 1 & 0 & 0 \\ 0 & 1 & 0 \\ 0 & 1 & 1 \end{bmatrix} \begin{bmatrix} 1 & 0 & 0 \\ 0 & 1 & 0 \\ 1 & 0 & 1 \end{bmatrix} \begin{bmatrix} 1 & 0 & 0 \\ -2 & 1 & 0 \\ 0 & 0 & 1 \end{bmatrix} \begin{bmatrix} 2 & 1 & 1 \\ 4 & -6 & 0 \\ -2 & 7 & 2 \end{bmatrix}$$

$$= \begin{bmatrix} 2 & 1 & 1 \\ 0 & -8 & -2 \\ 0 & 0 & 1 \end{bmatrix}$$

내친김에 가우스-조르단까지 가보자

상삼각형 행렬의 제3행에 2를 곱해서 제2행에 더한다(a). 그다음 제3행에 -1을 곱해서 제1행에 더한다(b). 제2행에 $\frac{1}{8}$을 곱해서 제1행에 더한다(c). 그런 다음 제1행은 2로 나누고, 제2행은 -8로 나누면 단위행렬이 된다(d).

$$\begin{bmatrix} 2 & 1 & 1 \\ 0 & -8 & -2 \\ 0 & 0 & 1 \end{bmatrix} \Rightarrow \begin{bmatrix} 2 & 1 & 1 \\ 0 & -8 & 0 \\ 0 & 0 & 1 \end{bmatrix} \quad (a)$$

$$\Rightarrow \begin{bmatrix} 2 & 1 & 0 \\ 0 & -8 & 0 \\ 0 & 0 & 1 \end{bmatrix} \quad (b)$$

$$\Rightarrow \begin{bmatrix} 2 & 0 & 0 \\ 0 & -8 & 0 \\ 0 & 0 & 1 \end{bmatrix} \quad (c)$$

$$\Rightarrow \begin{bmatrix} 1 & 0 & 0 \\ 0 & 1 & 0 \\ 0 & 0 & 1 \end{bmatrix} \quad (d)$$

여기서는 안 나타나지만, 상삼각형 행렬의 상수벡터 $\begin{bmatrix} 5 \\ -12 \\ 2 \end{bmatrix}$에도 같은 기본행연산을 하면 최종적으로 $\begin{bmatrix} 1 \\ 1 \\ 2 \end{bmatrix}$가 되고, 이때 계수행렬이 단위행렬이므로 각각의 원소가 곧 u, v, w의 값이 된다.

이같이 정사각형 행렬인 경우 상삼각형 행렬이 되지만 일반적인 사각형 행렬일 때는 기본행연산을 진행해 가면 대략 왼쪽 아래 원소들이 0이 되는데 이러한 형태를 행사다리꼴(row echelon form)이라고 한다. 여기서 기본행연산을 더 진행하면 각 피봇(각 행의 0 다음에 나오는 첫 번째 숫자)이 1이 되고 1의 위아래 원소들은 모두 0 이 되는 형태에 이르게 된다. 이때를 기약행사다리꼴(reduced row echelon form, rref)이라 한다. 기약행사다리꼴은 나중에 수백, 수천 개로 이루어진 연립방정식도 용이하게 풀 수 있게 해 주는 쓸모 있는 도구로 활용된다.

d) 행렬은 함수

행렬이 함수라는 것을 알아차리면 이제 행렬에 대해 깊은 이해의 단계에 온 것이다. 연산으로 생명을 얻은 행렬이 함수가 되면 수학적 공간을 훨훨 날아다닌다. 실수에 함수를 작용시키면 새로운 수가 나오듯이, 벡터에 행렬을 작용시키면 새로운 벡터가 나온다. 행렬이 함수와 같이 기능하는 것이다.

$$\begin{bmatrix} 1 & 2 \\ 4 & 5 \end{bmatrix} \begin{bmatrix} 3 \\ 6 \end{bmatrix} = \begin{bmatrix} 15 \\ 42 \end{bmatrix}$$

이 식은 알다시피 행렬과 벡터의 곱이다. 그러나 관점을 바꾸어서 벡터 $\begin{bmatrix} 3 \\ 6 \end{bmatrix}$에 행렬 $\begin{bmatrix} 1 & 2 \\ 4 & 5 \end{bmatrix}$을 **작용**시켜서 새로운 벡터 $\begin{bmatrix} 15 \\ 42 \end{bmatrix}$가 생성되었다고도 볼 수 있다. 행렬 $\begin{bmatrix} 1 & 2 \\ 4 & 5 \end{bmatrix}$을 함수로 보는 것이다. 벡터 $\begin{bmatrix} 3 \\ 6 \end{bmatrix}$이 정의역이라면 벡터 $\begin{bmatrix} 15 \\ 42 \end{bmatrix}$은 치역인 셈이다. 행의 수와 열의 수가 같은 정사각행렬(square matrix)은 차원이 같은 벡터를 생성하지만, 행렬이 정사각이 아닐 때는 차원이 다른 벡터가 생성된다. 가령 2×3 행렬은 3차원 벡터를 2차원 벡터로, 3×2 행렬은 2차원 벡터를 3차원 벡터로 변환시킨다.

행렬이 함수이면, 행렬과 행렬의 곱은 함수의 합성이다. 증명해 보자. 변수가 x_1, x_2인 이변수 함수 $f(X)$와 $g(X)$가 다음과 같이 정의된다고 하자.

$$f(X) = f(\begin{bmatrix} x_1 \\ x_2 \end{bmatrix}) = \begin{bmatrix} ax_1 + bx_2 \\ cx_1 + dx_2 \end{bmatrix}, \quad g(X) = g(\begin{bmatrix} x_1 \\ x_2 \end{bmatrix}) = \begin{bmatrix} px_1 + qx_2 \\ rx_1 + sx_2 \end{bmatrix}$$

두 함수를 합성하면,

$$h(X) = f(g(X)) = f\begin{bmatrix} px_1 + qx_2 \\ rx_1 + sx_2 \end{bmatrix} = f\begin{bmatrix} a(px_1 + qx_2) + b(rx_1 + sx_2) \\ c(px_1 + qx_2) + d(rx_1 + sx_2) \end{bmatrix}$$

$$= f\begin{bmatrix} (ap + br)x_1 + (aq + bs)x_2 \\ (cp + dr)x_1 + (cq + ds)x_2 \end{bmatrix}$$

원함수와 합성함수의 계수들만 추리면,

$$f(X) = \begin{bmatrix} a\ b \\ c\ d \end{bmatrix}, \quad g(X) = \begin{bmatrix} p\ q \\ r\ s \end{bmatrix}, \quad h(X) = \begin{bmatrix} ap + br & aq + bs \\ cp + dr & cq + ds \end{bmatrix}$$

즉,

$$\begin{bmatrix} a\ b \\ c\ d \end{bmatrix} \begin{bmatrix} p\ q \\ r\ s \end{bmatrix} = \begin{bmatrix} ap + br & aq + bs \\ cp + dr & cq + ds \end{bmatrix}$$

위와 같이 되어 결과적으로 행렬과 행렬을 곱한 것과 같아진다. 행렬의 아버지라 불리는 영국의 수학자 케일리(Arthur Cayley, 1821~1895)가 함수의 합성을 연구하던 중 선형함수의 합성이 행렬의 곱과 같아진다는 놀라운 사실을 발견한다. 더 정확히는 행렬의 곱을 함수의 합성으로 정의한 것이다. 그때까지만 해도 행렬의 곱은 정의조차 되어있지 않았고 끽해야 덧셈처럼 서로 상응하는 원소끼리 곱하여 $\begin{bmatrix} a\ b \\ c\ d \end{bmatrix}\begin{bmatrix} p\ q \\ r\ s \end{bmatrix} = \begin{bmatrix} ap & bq \\ cr & ds \end{bmatrix}$

와 같이 되는 것이 아닐까 하는 정도였다. 그러나 케일리는 $f(X)$의 각 행과 $g(X)$의 각 열을 내적(dot product)한 값이 $h(X)$의 각 원소가 된다는 사실을 마침내 행렬의 곱으로 정의함으로써 행렬의 무한한 지평을 열었던 것이다. 케일리의 행렬론이 세상에 알려진 후 행렬은 폭발적으로 발전하여 그때까지 근 200여 년 동안 그 분야의 독보적인 위치를 지켜왔던 행렬식(determinants)을 밀어내고 그 자리를 대체하였던 것이다(※ 당시 연립방정식의 해법이었던 '크라머의 법칙'은 행렬식을 이용한 방법이었다). 그 후 행렬은 계속해서 발전을 거듭, 선형대수학(linear algebra)의 모태가 되었다.

2. 여러 가지 행렬과 성질들

단위 행렬

실수 1과 같이 어떤 수를 곱해도 그 자신의 수가 되게 하는 항등원이 있듯이 행렬에도 항등원이 존재한다. 가령 $\begin{bmatrix} 1 & 0 \\ 0 & 1 \end{bmatrix}$ 형태의 행렬이다. 대각선에 있는 원소는 모두 1이고 나머지 원소는 0인 행렬을 항등행렬(identity matrix), 또는 단위행렬이라 하고 I로 표기한다.

$$\begin{bmatrix} 1 & 0 \\ 0 & 1 \end{bmatrix}\begin{bmatrix} 5 \\ 7 \end{bmatrix} = \begin{bmatrix} 5 \\ 7 \end{bmatrix}, \quad \begin{bmatrix} 1 & 0 \\ 0 & 1 \end{bmatrix}\begin{bmatrix} 1 & 2 \\ 3 & 4 \end{bmatrix} = \begin{bmatrix} 1 & 2 \\ 3 & 4 \end{bmatrix}$$

역행렬, 해의 존재

어떤 행렬에 곱하여 단위행렬이 되게 하는 행렬을 역행렬(inverse matrix)라 한다. $\begin{bmatrix} 1 & 2 \\ 3 & 4 \end{bmatrix}$의 역행렬은 $\begin{bmatrix} -2 & 1 \\ \frac{3}{2} & -\frac{1}{2} \end{bmatrix}$이다. $\begin{bmatrix} 1 & 2 \\ 3 & 4 \end{bmatrix}$와 $\begin{bmatrix} -2 & 1 \\ \frac{3}{2} & -\frac{1}{2} \end{bmatrix}$을 곱하면 단위행렬 $\begin{bmatrix} 1 & 0 \\ 0 & 1 \end{bmatrix}$이 나오기 때문이다. 2×2 행렬의 단위행렬은 다음과 같은 공식을 사용하여 구할 수 있다.

$$\begin{bmatrix} a & b \\ c & d \end{bmatrix}^{-1} = \frac{1}{ad-bc}\begin{bmatrix} d & -b \\ -c & a \end{bmatrix}$$

또는 다음과 같이 역행렬을 구해도 된다.

역행렬을 구하고자 하는 행렬 옆에 단위행렬을 나란히 배치한 행렬을 만든다. 즉,

$$\begin{bmatrix} 1 & 2 & 1 & 0 \\ 3 & 4 & 0 & 1 \end{bmatrix}$$

그런 다음 가우스 소거법에서 한 행연산(row operation)을 왼편에 있는 행렬이 단위행렬이 될 때까지 실시한다.

$$\begin{bmatrix} 1 & 2 & 1 & 0 \\ 3 & 4 & 0 & 1 \end{bmatrix} \Rightarrow \begin{bmatrix} 1 & 2 & 1 & 0 \\ 0 & -2 & -3 & 1 \end{bmatrix} \Rightarrow \begin{bmatrix} 1 & 0 & -2 & 1 \\ 0 & -2 & -3 & 1 \end{bmatrix} \Rightarrow \begin{bmatrix} 1 & 0 & -2 & 1 \\ 0 & 1 & \frac{3}{2} & -\frac{1}{2} \end{bmatrix}$$

원래 행렬이 단위행렬이 되었으므로 오른쪽 행렬, 즉 $\begin{bmatrix} -2 & 1 \\ \frac{3}{2} & -\frac{1}{2} \end{bmatrix}$이 역행렬이 된다.

모든 행렬이 역행렬을 갖는 것이 아니기 때문에, 역행렬이 존재하느냐 안 하느냐의 문제는 매우 중요한 의미를 갖는다. 예를 들어, 어떤 행렬이 역행

렬을 가지면, 그 행렬의 열벡터들은 모두 선형독립(linearly independent)의 관계에 있고 그 행렬식(determinant)의 값은 0이 아님이 성립한다. 가령 다음과 같은 행렬이 있다고 하자.

$$\begin{bmatrix} 1 & 2 \\ 3 & 6 \end{bmatrix}$$

이 행렬의 열벡터는 각각 $\begin{bmatrix} 1 \\ 3 \end{bmatrix}$, $\begin{bmatrix} 2 \\ 6 \end{bmatrix}$이다. 그런데 $\begin{bmatrix} 1 \\ 3 \end{bmatrix}$을 2배 하면 $\begin{bmatrix} 2 \\ 6 \end{bmatrix}$이 된다. 어느 하나의 벡터가 다른 벡터의 상수 배로 나타낼 수 있으면 이는 선형종속(linearly dependent)이다. 그 반대는 선형독립이다. 벡터들끼리 서로 선형독립의 관계이면, 무슨 수를 써도 실수 배로 나타낼 수가 없다. 이는 선형대수학에서 중요한 개념 중의 하나이다. 그러면 왜 이렇게 중요한가? 먼저 연립방정식으로 돌아가 보자. 위와 같은 행렬을 연립방정식으로 바꾸어 보면,

$$x + 2y = 3$$
$$3x + 6y = 9$$

여기서는 상수항을 3, 9로 사용하였다. 그런데 이 연립방정식을 풀려고 보니 무언가 이상하다. 위 식과 아래 식이 결국 동일한 것임을 알 수 있다. 두 개의 방정식을 연립해야 하는데 방정식이 하나뿐인 결과가 된 것이다. 연립방정식을 풀려면 미지수와 방정식의 개수가 같아야 한다. 두 개의 방정식은 각각 두 개의 직선의 식이고 이 직선들이 만나는 점이 곧

연립방정식의 해가 되는 것이므로 식이 하나밖에 없으면 직선 상의 모든 점이 해가 되므로 해가 무수히 많이 존재하게 되는 것이다.

결론적으로 말해서 연립방정식의 (하나의) 해를 구하려면 계수행렬을 구성하는 열벡터가 서로 선형독립이어야 한다. (※ 열벡터가 독립이면 행벡터도 독립이다. 왜냐하면, 역행렬이 존재하면(열벡터가 독립) 전치행렬의 역행렬도 존재(행벡터도 독립)하기 때문이다. $(A^{-1})^T A^T = I$) 행과 열의 수가 같기 때문에 행렬의 모양도 정사각형이다. 반대로 선형종속의 관계가 되면 방정식의 수가 미지수보다 적게 되어 해가 무수히 많은 경우가 되고 행렬의 모양도 옆으로 누운 직사각형이 된다.

벡터공간

수학에서는 해가 유일하게 존재하는 경우뿐만 아니라 무수히 많이 존재할 경우도 비중 있게 다룬다. 왜냐하면, 자연현상에서는 항상 하나의 해만 존재하는 것이 아니기 때문이다. 심지어는 해가 없는 경우에도 가장 비슷한 근사해라도 찾아낸다. 수학에서 무수히 많은 대상을 나타낼 때는 집합을 사용한다. 당연히 무수히 많은 해도 집합으로 다룬다. 그러나 성격이 좀 다른 집합이다. 해는 벡터이므로, 특정한 대수적 룰이 성립하는 집합으로 생각할 수 있다. 더 나아가 벡터는 공간적 존재이므로 벡터들이 모여 있는 집합을 공간으로 인식한다. 그래서 해들이 모인 집합을 해공간(solution space)이라 한다. 해공간, 열공간(column space), 행공간

(row space) 등이 있다. 이와 같은 공간들을 통틀어서 벡터공간(vector space)이라 한다. 벡터공간은 나름의 대수적 룰, 기하학적 구조를 갖고 있다. 가령 공간 내 무수히 많은 벡터를 어떻게 수학적으로 단순하게 나타낼 수 있을까? 하나의 해공간을 나타내려면 그 공간의 기저 벡터(basis vector)만 알면 된다. 기저 몇 개를 적절히 조합하면 즉 선형결합(linear combination)하면 그 공간 내 모든 벡터를 표현할 수 있다. 행렬을 벡터공간으로 이해하면 선형사상이 보인다. 벡터공간에 대해 좀 더 알려면 시간이 필요하다. 여기서는 행렬에 대해서 논하고 있으므로 나중으로 미룬다.

대각화, 직교화, 분해

여기까지 왔으면 여러분은 행렬에 관한 기초는 거의 마스터한 셈이다. 왜냐하면, 이제부터는 행렬의 대각화, 직교화, 고유값, 분해정리 등 행렬 연산을 쉽고 빠르게 만드는 일만 남았기 때문이다. 자연현상을 설명하는 것은 대부분 연립(미분)방정식이고 때로는 수백 수천 개의 방정식을 풀어야 하기 때문에 계수행렬을 단순하게 만드는 것이 무엇보다 중요하다. 예를 들어 행렬 연산을 쉽고 빠르게 하려면 행렬의 각 원소에 0이 많아야 한다. 아니면 서로 곱하여 0이 되게 하면 된다. 대각선 원소만 숫자이고 나머지는 모두 0인 행렬을 대각행렬(diagonal matrix)이라 한다. 대각행렬은 0이 많으므로 연산에 매우 유리하다. 그래서 수학자들이 만든 것이 고유치(eigen value), 고유벡터(eigen vector)이다. 소위 행렬의 대각화(diagonalization)이다. 또 서로 직교하는 벡터는 내적하면 0이 된다는 것을 이용한 것이 행렬의 직교화(orthogonalization)이다. 그람-슈미트 과정(Gram-Schmidt process)도 같은 맥락이다. 그 이외에도 행렬을 상삼각, 하삼각형 형태로 분리하기도 한다. 이렇게 마치 마술을 부리듯 행렬을 쪼개고 합치고 변화시키는 것들의 모든 수학적 motivation이 결국 연립방정식의 해를 더욱 쉽게 구하기 위함이었다는 것을 안다면, 우리는 그동안 행렬이라는 수학적 실체에만 매달린 것은 아닌지. 그래서 행렬이 더 어렵게 느껴진 것은 아닐까?

벡 터

벡터 연산

이 세상에는 실수만으로는 표현할 수 없는 수학적 대상이 있다. 힘, 속도 같은 것들이다. 길이, 넓이, 온도 등은 단순한 크기이므로 실수 하나만으로 나타낼 수 있으나 힘, 속도와 같은 것들은 한 개의 실수로는 표현할 수 없다. 왜냐하면, 이러한 것들은 그 크기만 있는 것이 아니라 방향을 갖고 있기 때문이다. 그래서 실수 두 개 이상의 순서쌍을 써서 표현한다. 벡터를 정의해 보자. 힘이나 속도는 ① '방향이 있는 선분'으로 나타낸다. 이것이 벡터(vector)이다. 이에 반하여 길이나 넓이를 나타내는 실수는 스칼라(scalar)라고 부른다. 벡터는 또 ② 크기와 방향이 같으면 위치에 상관없이 모두 같은 벡터이다.

벡터는 방향이 있는 선분이므로 '화살표'로 나타내는 것이 편리하다. 화살표가 가리키는 방향이 그 벡터의 방향이고, 화살표의 길이가 그 크기이다. 화살표의 출발점은 시점이고 도착점은 종점이다.

벡터의 정의인 ①과 ②로부터 다음을 연역할 수 있다. 즉, 모든 벡터는 그 시점을 원점으로 하는 벡터로 평행 이동할 수 있다. 시점이 원점인 벡터를 특히 위치벡터(position vector)라 한다. 따라서 임의의 벡터는 위치벡터의 종점 좌표만으로 특정할 수 있다. 즉 u = $[u_1, u_2, u_3]$로, 실수 3개의 순서쌍으로 표기한다. u_1, u_2, u_3는 각각 x축 성분, y축 성분, z축 성분을 표시한다. i, j, k를 각 축 방향의 단위벡터라 할 때, u = u_1i +u_2j +u_3k로도 나타내기도 한다. 나중에 함수로서의 위치벡터는 공간 상의 곡선을 표현하기 때문에 중요하게 다루어진다. 각각의 위치벡터는 곧 좌표를 나타내고, 이 좌표들이 모이면 궤적이 된다.

실수에 사칙연산이 있듯이 벡터에도 연산이 있다. 그러나 실수에서 하는 연산과는 판이하게 다르다. 우리의 두뇌 모드를 벡터 연산에 맞도록 전환해야 한다. 벡터는 실수 순서쌍으로 표현되므로 이것이 하나의 계산 단위가 된다. 덧셈에서는 순서쌍끼리 더해져서 성분별(componentwise)로 계산된다.

$$\mathbf{u} + \mathbf{v} = [u_1, u_2, u_3] + [v_1, v_2, v_3] = [u_1 + v_1, u_2 + v_2, u_3 + v_3]$$

벡터끼리의 곱셈은 실로 복잡하다. 벡터의 곱셈에는 두 가지가 있다. 점곱(dot product)과 교차곱(cross product)이다. 점곱은 내적 또는 스칼라 곱이라고도 하고, 교차곱은 외적 또는 벡터 곱이라고도 한다. 벡터의 곱셈은 여러 가지로 상식적이지 못하다. 벡터끼리 내적하면 벡터가 안 나오고 스칼라가 나온다. 차원적으로 말하자면, 높은 차원의 벡터끼리 곱해져서 낮은 차원의 실수가 된다. 그런가 하면 외적은 벡터와 벡터가 곱해져서 벡터가 나오므로 얼핏 상식적인 것으로 보이나, 알고 보면 전혀 그렇지도 않다. 오히려 기이하다. 왜냐하면, 두 벡터가 만드는 평면에 수직하는 벡터가 만들어지기 때문이다. 2차원 공간의 두 벡터가 3차원 공간의 새로운 벡터를 만드는 것이다. 곱셈이라기보다는 차라리 공간 변환 또는 공간 확장에 가깝다. 따라서 벡터 외적은 3차원 공간에서만 정의된다. 벡터 연산이 이렇게 정의되는 것은 그렇게 해야만 자연을 최대한 잘 설명할 수 있고, 그래서 매우 자연스럽다.

내 적

내적은 다음과 같이 정의한다.

$$u \cdot v = (u_1 v_1) + (u_2 v_2) + (u_3 v_3)$$

또는(alternatively),

$$u \cdot v = \| u \| \| v \| \cos\theta .$$

내적의 성질 중 가장 중요한 두 가지는 다음과 같다. ① 같은 벡터를 내적하면 그 크기의 제곱이 된다. $u \bullet u = \| u \|^2$ 또, ② 내적한 값이 제로가 되면 두 벡터는 직교한다($u \bullet v = 0 \Rightarrow u \perp v$). ①의 증명은 $u = (u_1, u_2)$라 하면, $u \cdot u = (u_1, u_2) \cdot (u_1, u_2) = u_1^2 + u_2^2$이다. 그런데 $\| u \| = \sqrt{u_1^2 + u_2^2}$이므로 $u \cdot u = \| u \|^2$이다. ②의 증명은 두 번째 정의에서 θ가 $90°$이므로 $u \bullet v = 0$이다.

벡터 내적에서 주의해야 할 사항이 있다. 등호 양변에 같은 항이 있다고 해서 함부로 소거해서는 안 된다. 아래 식을 보자. 여기서 $c \neq 0$이라 하자.

$$a \bullet c = b \bullet c \text{ 또는 } (a - b) \bullet c = 0$$

두 식은 같은 식이다. 이 식을 보면, 무심코 c를 소거해서 $a = b$ 또는 $a - b = 0$이라는 결론을 얻을 수 있다. 그러나 이는 잘못된 것이다. 왜 그런가? 이 식을 보면 ① a - b = 0이거나 ② (a - b) ⊥ c이거나 둘 중의 하나이면 등식이 성립한다. ①의 경우에는 c를 소거해도 무방하지만, ②의 경우는 c를 소거해서 a = b라는 결론을 얻으면 안 된다. 왜냐하면, a-b가 c와 수직이면 a-b가 $\vec{0}$이 아니어도 내적이 0이 되기 때문이다. 결론적으로 내적이 있는 등식에서는 c를 소거해서는 안 된다.

마지막으로 내적의 두 번째 정의인 $u \cdot v = \| u \| \| v \| \cos\theta$를 증명하여 보자. u, v, u-v 세 벡터는 삼각형을 이룬다. 삼각형의 코사인 법칙에 의하여 $\| u - v \|^2 = \| u \|^2 + \| v \|^2 - 2 \| u \| \| v \| \cos\theta$ → (u-v) (u-v)

$= u \cdot u + v \cdot v - 2\|u\|\|v\|\cos\theta$이다. 이를 전개하면 $u \cdot u - 2u \cdot v + v \cdot v = u \cdot u + v \cdot v - 2\|u\|\|v\|\cos\theta$이고, 정리하면 $-2u \cdot v = -2\|u\|\|v\|\cos\theta$이다. 따라서 $u \cdot v = \|u\|\|v\|\cos\theta$이다. 증명 끝.

외 적

외적은 다음과 같이 정의한다.

$$u \times v = (u_2v_3 - u_3v_2)\boldsymbol{i} + (u_3v_1 - u_1v_3)\boldsymbol{j} + (u_1v_2 - u_2v_1)\boldsymbol{k}$$

이를 행렬식(determinant)으로 나타내면,

$$u \times v = \begin{vmatrix} \boldsymbol{i} & \boldsymbol{j} & \boldsymbol{k} \\ u_1 & u_2 & u_3 \\ v_1 & v_2 & v_3 \end{vmatrix}$$

이고, $u \times v$의 방향은 오른손 법칙(right hand rule)을 따른다.

외적은 sine을 이용해서 다음과 같이 나타내기도 한다.

$$u \times v = \|u\| \|v\| (\sin\theta)\ e$$

$u \times v$의 크기는 u와 v가 그리는 평행사변형의 면적과 같다. 따라서 벡터 $u \times v$는 $\{\|u\| \|v\| (\sin\theta)\}$의 크기를 가진 e 방향 벡터라고 할 수 있다. $\|u \times v\|$가 평행사변형의 면적과 같다는 것에 대한 증명은 $\|u \times v\|$의 제곱과 $\{\|u\| \|v\| (\sin\theta)\}$의 제곱을 성분 베이스로 각각 계산해보면 같아진다는 것을 알 수 있다.

외적한 값이 제로 벡터이면 두 벡터는 평행하다. $u \times v = 0 \Rightarrow u \parallel v$이다. 따라서 같은 벡터를 서로 외적하면 제로 벡터가 됨을 알 수 있다. $u \times u = 0$

삼중적

세 개의 벡터를 곱하면 어떻게 될까? 먼저 세 개의 벡터곱은 $u \cdot v \cdot w$, $u \cdot v \times w$, $u \times v \times w$ 세 가지 경우일 것이다. 그런데 $u \cdot v \cdot w$는 정의할 수 없다. 왜냐하면, 내적은 벡터와 벡터 사이에서 성립하기 때문이다. 그러면 $u \cdot v \times w$와 $u \times v \times w$인데, 먼저 $u \cdot v \times w$부터 따져보기로 하자. 만약에 $u \cdot v$부터 계산하고 w와 외적한다면 이 역시 정의되지 않는다. 외적도 벡터와 벡터 사이에서만 성립하기 때문이다. 따라서 $u \cdot v \times w$ 꼴의 삼중적은 무조건 외적을 먼저 한 다음 나머지 벡터와 내적한다는 것을 알 수 있다. 따라서 굳이 $u \cdot (v \times w)$처럼 괄호를 쓰지 않아도 된다. u와 $v \times w$를 내적할 때, 내적에서는 선후가 바뀌어도 무방하므로(교환법칙) u와 $v \times w$를 내적하는 순서는 아무래도 상관없다.

그럼 $u \cdot v \times w$은 무슨 양인지 알아보자. $u \cdot v \times w$는 u와 $v \times w$의 내적이므로 스칼라양이고, $\|v \times w\| \|u\| \cos\theta$로 쓸 수 있다. 그런데 여기서 $\|v \times w\|$는 평형사변형의 넓이이고 $\|u\| \cos\theta$ 는 u의 수직 방향 성분으로 평형사변형에 수직이다. 따라서 $\|v \times w\| \|u\| \cos\theta$는 다름 아닌 평형육면체의 부피라는 것을 알 수 있다. 결국 $u \cdot v \times w$는 평형육면체의 부피와 같다. u, v, w는 각각 평형육면체의 세 모서리를 구성하고 있으므로 평형육면체의 부피와 같은 조합은 $u \cdot v \times w$ 이외에도 $v \cdot w \times u$, $w \cdot u \times v$가 있다. 따라서 다음과 같은 결론을 얻을 수 있다. 외적 항을 앞에 오게 하고 가지런히 정리하면

$$u \times v \cdot w = v \times w \cdot u = w \times u \cdot v$$

지금까지 살펴본 삼중적은 그 결과가 스칼라이기 때문에 '스칼라 삼중적(scalar triple product)'이라고 한다. 그러면 삼중적의 결과가 벡터인 '벡터 삼중적(vector triple product)'에 대해서 알아보자. 벡터 삼중적의 형태는 $u \times v \times w$ 꼴이다. 벡터 삼중적은 교환법칙이 성립되지 않으므로 순서에 주의해야 한다. 따라서 괄호의 사용이 중요하다. 즉 $(u \times v) \times w$와 $u \times (v \times w)$는 다르다.

자, 그럼 벡터 (u × v) × w에 대해서 좀 더 자세히 살펴보자. 벡터 u × v는 알다시피 u, v 평면에 수직인 벡터인데, w와 외적이 되면 결국 u, v 평면과 평행한 벡터가 됨을 알 수 있다. 그래서 (u × v) × w는 벡터 u, v와 같은 평면에 있는 벡터이다. 따라서 다음과 같이 쓸 수 있다.

$$(\mathrm{u} \times \mathrm{v}) \times \mathrm{w} = \alpha \mathrm{u} + \beta \mathrm{v}$$

그런데 (u × v) × w는 w와 직각임을 안다. 따라서 다음 식이 성립한다.

$$\alpha\ \mathrm{u} \cdot \mathrm{w} + \beta\ \mathrm{v} \cdot \mathrm{w} = 0$$

이 식이 성립하는 α와 β 값은

$$\alpha = -\lambda\ \mathrm{v} \cdot \mathrm{w}, \quad \beta = \lambda\ \mathrm{u} \cdot \mathrm{w} \quad (\lambda \text{ 는 임의의 수})$$

따라서, $(\mathrm{u} \times \mathrm{v}) \times \mathrm{w} = \alpha \mathrm{u} + \beta \mathrm{v} = \lambda\ \{(\mathrm{u} \cdot \mathrm{w})\mathrm{v} - (\mathrm{v} \cdot \mathrm{w})\mathrm{u}\}$

λ 값을 구하기 위해서는 등식의 양변에 있는 u, v, w에 적당한 값을 대입하여 항등식을 만족하는 λ 값을 찾아야 한다. $\mathrm{u} = u_1\mathrm{i} + u_2\mathrm{j} + u_3\mathrm{k}$와 같은 일반항을 대입하는 것이 원칙이나 이렇게 하면 계산이 매우 복잡해진다. 어차피 제로가 되지 않는 한(이를 선형독립이라 한다.), 임의의 어떤 세 벡터를 선택한다 하더라도 위의 항등식은 성립해야 하므로, 계산을 가장 쉽게 할 수 있는 한 세트의 벡터를 선정한다. 그 세 벡터는 다음과 같을 것이다.

$$\mathrm{u} = u_1\mathrm{i}, \qquad \mathrm{v} = v_1\mathrm{i} + v_2\mathrm{j}, \qquad \mathrm{w} = w_1\mathrm{i} + w_2\mathrm{j} + w_3\mathrm{k}.$$

이 값들을 대입하여 풀면, $\lambda = 1$을 얻는다. 이는 곧 벡터 삼중곱의 전개공식이 유일무이하게 결정된다는 것을 말해 준다. 따라서 벡터 삼중곱의 전개공식은 다음과 같다.

$$(\mathrm{u} \times \mathrm{v}) \times \mathrm{w} = (\mathrm{u} \cdot \mathrm{w})\mathrm{v} - (\mathrm{v} \cdot \mathrm{w})\mathrm{u}$$

이 전개공식은 벡터 삼중곱을 계산하기 쉬운 스칼라곱으로 바꾸어주는 일종의 변환 공식인 셈이다.

벡터의 미분, 공간 곡선

미적분의 발견으로 물체의 매 순간의 속도를 계산할 수 있게 된 사람들은 이제 공간을 움직이는 물체의 궤적을 수학적으로 표현하기에 이르렀다. 궤적을 이루는 모든 점은 각기 원점을 시점으로 하는 **위치벡터**(position vector)들로 나타낼 수 있다. 그런데 시간이 지나면서 궤적 위의 한 점이 움직인다고 했을 때 매 순간 이 점의 좌표는 시간의 함수로 나타낼 수 있다. 즉 3차원의 공간에 시간이라는 차원이 하나 더 더해지는 것이다. (※ 상대론 시공간의 시간 차원과는 다른 의미이다.) 3차원 공간상에 정지되어 있는 점은 그냥 세 개의 좌표로만 이루어져 있는 데 반하여, 공간을 움직이는 점은 그 좌표가 시간 t에 따라 변하는 것이다. 그러니까 각 좌표가 시간의 함수 $f(t)$인 것이다. 따라서 매 순간의 점들은 그에 해당하는 각각의 위치벡터와 일대일 대응하게 된다. 이것이 **벡터함수**(vector-valued function)이다. 다시 말하면 실수 t가 벡터함수를 통하여 벡터로 사상된다. 벡터함수(R^3)의 가장 일반적인 형태는 다음과 같다.

$$\boldsymbol{r}(t) = x(t)\boldsymbol{i} + y(t)\boldsymbol{j} + z(t)\boldsymbol{k}$$

이 벡터함수는 시간 t일 때 3차원 공간에서 움직이는 임의의 점을 나타내는 위치벡터이다. 이 움직이는 점들의 궤적을 이으면 매끄러운 곡선이 되는데 이를 공간곡선(space curve)이라 한다. 우리가 보는 곡선은 t 값이 벡터함수에 의해 사상된 상(image)인 셈이다. t를 매개변수(parameter)라고 하고, 공간곡선을 't로 매개화 된 곡선'이라고 한다.

곡선은 위의 벡터 방정식으로도 나타낼 수 있지만, 다음 세 개의 매개방정식으로도 나타낼 수 있다.

$$x = x(t),\ y = y(t),\ z = z(t)$$

각각의 값은 궤적 위 점들의 좌표가 된다. 가령 평면에 그려져 있는 포물선을 예로 들어 본다면 이 포물선이 x와 y의 좌표로 이루어진 고정된 점들의 단순한 집합(set)이라면, 매개변수 t를 도입하게 되면 시간이 경과함에 따라 포물선 위를 움직이는 한 점의 궤적(path)이 포물선으로 그려진 것이라고 이해하면 될 것이다.

가령, 여기 다음과 같은 벡터함수가 있다 하자.

$$\boldsymbol{r}(t) = t\boldsymbol{i} + t^2\boldsymbol{j} + t^3\boldsymbol{k}$$

이 함수의 매개방정식(pamametric equations)은 $x = t,\ y = t^2,\ z = t^3$이다. 이 매개방정식들을 하나로 통합한 것이 궤적을 나타내는 벡터함수이다. 그런데 t가 $2t$ 또는 $3t$라면 어떨까? t의 값이 선형적으로 달라지더라도 $x = t,\ y = t^2,\ z = t^3$의 구조가 변하지 않는 한 같은 궤적을 나타낸다. 다만 궤적을 그리는 속도는 달라질 것이다. 이렇듯 같은 궤적을 나타내는 매개변수의 선택은 무수히 많다. 그럼에도 불구하고 매개변수 t는 궤적의 기하학적 형태에 관한 아무런 정보도 주지 못한다. 뒤에 나오겠지만, 곡률 등 곡선의 기하학적 형태를 알기 위해서는 좀 더 특수한 방법을 사용해야 한다.

어쩌면 벡터함수와 매개변수를 사용하는 벡터미적분(vector calculus)이 좀 더 추상적인 수학의 미적분(calculus)보다 물리 세계와 더 가깝다고 할 수 있겠다.

벡터함수도 함수이므로, 연속이고 매끄러운 곡선이라면 다음과 같이 미분할 수 있다.

$$\boldsymbol{r}'(t) = x'(t)\boldsymbol{i} + y'(t)\boldsymbol{j} + z'(t)\boldsymbol{k}$$

각 성분의 계수를 t에 대하여 미분한 것이다. 편의상 $\boldsymbol{r}$ 대신 $\boldsymbol{u}$로 쓰고, 뉴턴 몫을

써서 나타내면,

$$\frac{d\boldsymbol{u}}{dt} = \boldsymbol{u}'(t) = \lim_{\Delta t \to 0} \frac{\boldsymbol{u}(t+\Delta t) - \boldsymbol{u}(t)}{\Delta t}$$

벡터함수의 미분공식은 일반함수의 그것과 거의 흡사하다. 다만, 외적의 미분은 순서에 주의를 요한다.

① $\frac{d\boldsymbol{c}}{dt} = \mathbf{0}$ ($\boldsymbol{c}$ 는 const.)

② $\frac{d}{dt}(\mathrm{u}+\mathrm{v}) = \frac{d\boldsymbol{u}}{dt} + \frac{d\boldsymbol{v}}{dt}$

③ $\frac{d}{dt}(\mathrm{u} \cdot \mathrm{v}) = \mathrm{u} \cdot \frac{d\boldsymbol{v}}{dt} + \frac{d\boldsymbol{u}}{dt} \cdot \mathrm{v}$

④ $\frac{d}{dt}(\mathrm{u} \times \mathrm{v}) = \mathrm{u} \times \frac{d\boldsymbol{v}}{dt} + \frac{d\boldsymbol{u}}{dt} \times \mathrm{v}$

④의 증명은 뉴턴 몫을 이용해서 하면 되는데, 약식과 정식 두 가지가 있다.

〈약식〉

$$\frac{d}{dt}(\mathrm{u} \times \mathrm{v}) = \lim_{\Delta t \to 0} \frac{(\boldsymbol{u}+\Delta\boldsymbol{u}) \times (\boldsymbol{v}+\Delta\boldsymbol{v}) - \boldsymbol{u} \times \boldsymbol{v}}{\Delta t}$$

$$= \lim_{\Delta t \to 0} \left(\boldsymbol{u} \times \frac{\Delta\boldsymbol{v}}{\Delta t} + \frac{\Delta\boldsymbol{u}}{\Delta t} \times \boldsymbol{v} + \frac{\Delta\boldsymbol{u}}{\Delta t} \times \Delta\boldsymbol{v} \right)$$

$$= \boldsymbol{u} \times \frac{d\boldsymbol{v}}{dt} + \frac{d\boldsymbol{u}}{dt} \times \boldsymbol{v}$$

〈정식〉

$$\frac{d}{dt}(\mathrm{u} \times \mathrm{v}) = \lim_{\Delta t \to 0} \frac{\boldsymbol{u}(t+\Delta t) \times \boldsymbol{v}(t+\Delta t) - \boldsymbol{u}(t) \times \boldsymbol{v}(t)}{\Delta t}$$

$$=\lim_{\Delta t \to 0} \frac{\boldsymbol{u}(t+\Delta t)\times \boldsymbol{v}(t+\Delta t)-\boldsymbol{u}(t)\times \boldsymbol{v}(t+\Delta t)+\boldsymbol{u}(t)\times \boldsymbol{v}(t+\Delta t)-\boldsymbol{u}(t)\times \boldsymbol{v}(t)}{\Delta t}$$

$$= \frac{d\boldsymbol{u}}{dt}\times \boldsymbol{v}(t)+\boldsymbol{u}(t)\times \frac{d\boldsymbol{v}}{dt}$$

벡터함수와 도함수의 관계로부터 알 수 있는 중요한 성질 두 가지가 있다.

① 벡터함수 $\boldsymbol{u}$가 일정한 크기를 가지면 $\boldsymbol{u} \bullet \frac{d\boldsymbol{u}}{dt}=0$이다. 그 역도 성립한다.

[증명] $\boldsymbol{u}(t)$의 크기가 일정하므로 $\|\boldsymbol{u}(t)\|$ = constant, $\|\boldsymbol{u}(t)\|^2 = \boldsymbol{u}(t) \cdot \boldsymbol{u}(t)$ 제곱해도 const.이므로 미분하면 제로이다. 곱의 미분법에 의해 $0 = \frac{d}{dt}[\boldsymbol{u}(t) \bullet \boldsymbol{u}(t)] = \boldsymbol{u}'(t) \bullet \boldsymbol{u}(t) + \boldsymbol{u}(t) \bullet \boldsymbol{u}'(t) = 2\boldsymbol{u}(t) \bullet \boldsymbol{u}'(t)$이다. 고로 $\boldsymbol{u}(t) \cdot \boldsymbol{u}'(t) = 0$이다. 즉 $\boldsymbol{u}(t)$와 $\boldsymbol{u}'(t)$는 서로 수직이다. 증명 끝.

기하학적으로 볼 때, 3차원에서 벡터함수 $\boldsymbol{u}$의 궤적은 구면을 이룬다.

② 벡터함수 $\boldsymbol{u}$가 어느 고정된 직선과 방향이 같으면 $\boldsymbol{u} \times \frac{d\boldsymbol{u}}{dt}=0$이고, 그 역도 성립한다.

[증명] 고정된 직선 위의 단위벡터를 $\boldsymbol{e}$라 했을 때, $\boldsymbol{u} = u(t)\boldsymbol{e}$로 쓸 수 있다. 주어진 상황에서 벡터 $\boldsymbol{e}$가 방향과 크기가 일정한 constant 벡터임을 밝히면 증명이 끝난다. $\boldsymbol{u} \times \frac{d\boldsymbol{u}}{dt}$을 계산해 보면, $\boldsymbol{u} \times \frac{d\boldsymbol{u}}{dt} = u\boldsymbol{e}\times\left(\frac{du}{dt}\boldsymbol{e}+u\frac{d\boldsymbol{e}}{dt}\right) = u^2\boldsymbol{e}\times\frac{d\boldsymbol{e}}{dt}$이다. 그런데 첫째, 만약에 $\boldsymbol{e}$가 const.라면 $d\boldsymbol{e}/dt=0$이므로 위 식은 그대로 성립. 둘째, $\boldsymbol{e}$가 const.가

아니라면 $u \neq 0$이므로 $e\times \frac{de}{dt}=0$이어야 하는데 e는 크기가 일정한 벡터이므로 ①로부터 $e \cdot \frac{de}{dt}=0$이 성립하므로 서로 직각인데 서로 직각인 두 벡터를 외적하니 $\vec{0}$이 나온다는 것은 모순이다. 서로 직각인 두 벡터를 외적해서 제로벡터가 나오려면 $de/dt=0$밖에 없다. 따라서 e는 const. 증명 끝.

기하학적으로 볼 때, 어느 고정된 직선과 평행한 벡터함수 u는 그 도함수벡터와도 평행함을 알 수 있다.

호의 길이

공간 곡선의 길이는 곡선 위의 점이 이동한 거리와 같다. 즉 점의 속력에 시간을 곱하면 거리가 나온다. 아주 짧은 시간 사이에 움직인 거리는 $\|\mathbf{v}\|dt$이고, 이를 움직인 시간 동안에 걸쳐 적분하면 전체 거리가 나온다. $\|\mathbf{v}\|$는 $\|d\mathbf{r}/dt\|$로 바꾸어 쓸 수 있다. 따라서 곡선의 일부 구간인 호의 길이(arc length)는 다음과 같다.

$$s = \int_a^b \left| \frac{d\mathbf{r}}{dt} \right| dt = \int_a^b \sqrt{x'(t)^2 + y'(t)^2 + z'(t)^2}\, dt \quad a \le t \le b\ .$$

이 방법 이외에도 곡선을 미소구간으로 분할한 후 인접한 두 지점의 거리를 평균값 정리를 적용, 도함수 꼴로 환산한 다음 리만합(Riemann sum)으로 구하는 방법도 있다.

우리는 지금까지 공간 속에서 움직이는 물체의 궤적을 표현하기 위하여 시간 t라는 매개변수를 이용하였다. 공간좌표만으로는 움직이는 물체를 표현할 수 없으므로 매개변수 t를 사용한 것이다. 함수의 조건에만 맞는다면 t 이외의 다른 매개변수를 사용하는 것도 가능하다. 만약에 호의 길이를 매개변수로 사용하면 어떨까? 재미있는 일이 벌어진다. 호의 길이는 시간의 함수이다. 곡선 위를 움직인 거리는 시간에 따라 단조 증가한다. 단조 증가이므로 당연히 역함수가 존재한다. 따라서 $s = s(t)$는 물론 $t = t(s)$도 성립한다. 연쇄 법칙에 의하여

$$\frac{d\boldsymbol{r}}{ds} = \frac{d\boldsymbol{r}}{ds}\frac{ds}{dt} \quad .$$

호의 길이 s를 매개변수로 하였을 때, 벡터함수 $\boldsymbol{r}(s)$를 s에 대하여 미분하면 단위접선벡터 $\boldsymbol{T}$가 된다.

$$\frac{d\boldsymbol{r}}{ds} = \boldsymbol{T}$$

[증명] $d\boldsymbol{r}/ds$는 s가 증가하는 방향과 같은 방향을 가진 접선벡터이다. 따라서,

$$\left|\frac{d\boldsymbol{r}}{ds}\right| = \frac{ds}{ds} = 1 \quad .$$

호의 길이 s로 매개화된 곡선을 미분하면 모든 점에서 항상 크기가 1 인 접선벡터가 된다. 이 접선벡터의 속성은 차원이 없는 속도라고나 할까? 왜냐하면, 길이($\Delta \boldsymbol{r}$)를 길이(Δs)로 미분한 것이기 때문이다.

벡터함수를 호의 길이 s로 매개화하면 어떤 점이 유리할까? 호의 길이는 출발점에서의 거리로만 측정되는 양이므로 좌표계와는 상관없는 불변량(invariant)이다. 유리한 점은 첫째 ① 오로지 곡선의 기하학적 형태에만 의존한다. 우주 공간과 같이 휘어진 공간에서는 호의 길이, 곡률, 행렬식 등과 같은 불변량을 사용하게 된다.

두 번째로 ② 공식이 훨씬 간단해진다. 마지막으로 ③ 모든 점에서 항상 단위접선벡터 $\boldsymbol{T}$를 갖는다.

그럼에도 불구하고 호의 길이 s를 매개변수로 사용했을 때가 시간 t를 매개변

수로 했을 때보다 실제 계산이 복잡해지는 경우가 있다. 그런 때는 연쇄법칙(chain rule)을 활용, 매개변수를 t로 환산해서 계산하면 된다.

극좌표에서의 벡터함수

지금까지는 데카르트 좌표계에서의 벡터함수에 관해 이야기하였다. 그러면 극좌표에서의 벡터함수는 어떤 모습일까? 아니 벡터를 말하기 전에 도대체 극좌표(polar coordinates)란 무엇인가? 임의의 점이 극좌표에서는 어떻게 표시될까? 데카르트 좌표에서는 임의의 점을 x와 y의 좌표로 나타낸다. 그러나 극좌표 상의 임의의 점은 원점에서 그 점까지의 거리(r)와, 그 선분이 어느 기준선과 이루는 각(θ)으로 표현된다. 즉 $P(r,\theta)$. 기준선은 보통 수평선을 쓴다. 극좌표를 사용하면 중심이 있는 곡선도형 즉 원, 부채꼴 등을 해석하는 경우 데카르트 좌표계보다 훨씬 더 용이하게 할 수 있다. 예를 들면 원의 넓이를 계산하는 경우 x, y 좌표를 사용하면 $2\int_{-r}^{r}\sqrt{r^2-x^2}\,dx$을 계산해야 하는 반면, 극좌표에서는 $\int_{0}^{2\pi}\frac{1}{2}r^2\,d\theta$를 계산하면 바로 πr^2을 구할 수 있다.

극좌표에서 위치벡터는 $\boldsymbol{r} = r\,\boldsymbol{R}(\theta)$으로 나타낼 수 있다. $\boldsymbol{R}(\theta)$는 반경 방향의 단위벡터이다. 다시 말해 극좌표상의 모든 점은 $\boldsymbol{r} = r\,\boldsymbol{R}(\theta)$로 표현할 수 있다.

단위원 평면곡선

공간곡선의 해석은 복잡하다. 그래서 먼저 특별한 경우인 평면 상의 단위원(unit circle)에 대해서 먼저 알아보자. 단위원에 관한 이해는 공간곡선을 이해하는 데 많은 도움을 준다. 단위원 원주 위를 움직이는 임의의 점의 위치벡터는 단위벡터인 $\boldsymbol{R}$로 나타낼 수 있다. $\boldsymbol{R}$이 수평축과 이루는 각도를 θ(radian)이라 하자. 그때의 접선벡터 $\boldsymbol{T}$는

$$\frac{d\boldsymbol{R}}{ds} = \boldsymbol{R}(\theta + \frac{1}{2}\pi)$$

이다. 이는 $\boldsymbol{R}$이 원래 위치에서 $\pi/2$만큼 위상 변화한 것이다. 이 벡터를 $\boldsymbol{P}$라고 명명하자.($\boldsymbol{P}$는 $\boldsymbol{T}$를 원점으로 평행 이동시킨 것이다.) 그런데 $d\boldsymbol{R}/ds$는 $d\boldsymbol{R}/d\theta$로 바꾸어 쓸 수 있다. 왜냐하면 θ에 상응하는 호의 길이는 s이고 $s = r \cdot \theta$인데, 단위원이므로 $s = \theta$이다. 따라서 매개변수인 호의 길이 s와 각도 θ를 서로 호환하여 사용할 수 있다. 그래서 접선벡터 $\boldsymbol{T}$는 다음과 같이 쓸 수 있다.

$$\frac{d\boldsymbol{R}}{ds} = \frac{d\boldsymbol{R}}{d\theta} = \boldsymbol{R}(\theta + \frac{1}{2}\pi) = \boldsymbol{P}$$

$\boldsymbol{P}$를 다시 θ에 대해 미분하면

$$\frac{d\boldsymbol{P}}{d\theta} = \boldsymbol{R}(\theta + \pi) = -\boldsymbol{R}$$

극좌표로 나타낸 위치벡터 $\boldsymbol{r} = r\,\boldsymbol{R}(\theta)$를 호의 길이에 대하여 미분하면 극좌표에서의 단위접선벡터 $\boldsymbol{T}$를 다음과 같이 나타낼 수 있다.

$$\frac{d\boldsymbol{r}}{ds} = \boldsymbol{T} = \frac{dr}{ds}\boldsymbol{R} + r\frac{d\boldsymbol{R}}{d\theta}\frac{d\theta}{ds} = \frac{dr}{ds}\boldsymbol{R} + r\frac{d\theta}{ds}\boldsymbol{P}$$

곡률, 비틀림

여기 어느 공간에 구불구불한 두 개의 곡선이 위치해 있다 하자. 이 두 개의 곡선의 길이는 같다. 그런데 이 두 곡선을 서로 합동이라고 말하려면 길이가 같음은 물론, 구부러진 정도(곡률), 비틀린 정도(비틀림)도 똑같아야 할 것이다. 우리가 지금부터 알려고 하는 것은 곡선의 길이, 곡률, 비틀림 등 곡선 고유의 불변량(invariant)이다. 두 개의 곡선이 어떠한 상황에 놓여 있더라도 이 불변량들이 서로 같다면 이 두 곡선은 서로 같은 것이다.

공간 곡선(정확히는 한 점이 그리는 궤적이다.)은 시간 t라는 매개변수로 나타내진다. 그러나 매개변수 t로는 궤적을 움직이는 점의 속도는 알 수 있을지 몰라도 궤적, 즉 곡선의 고유 불변량인 곡률과 비틀림에 관한 정보에 대해서는 알려주지 않는다. 그러나 곡선의 내재적(intrinsic) 특성인 호의 길이 s를 매개변수로 하면 이야기가 달라진다. 호의 길이 s로 매개화된 곡선을 다시 s에 대하여 미분하면 크기가 항상 1인 접선벡터가 나온다는 것은 앞에서 이미 배웠다. 곡선 위 모든 점에서 접선벡터의 크기가 항상 1이 된다는 놀라운 사실은 우리의 사고의 지평을 더욱 확장시켜 준다. 왜냐하면, 벡터의 크기는 상관하지 않고 오로지 방향의 변화에만 집중하여 관찰할 수 있게 해 주기 때문이다. 단위접선벡터 $\boldsymbol{T}$는 크기가 항상 1이지만 시시각각 그 방향은 변하고 있다. 그 방향의 변화는 $d\boldsymbol{T}/ds$이고, 그 크기는 $\| d\boldsymbol{T}/ds \|$이다. 이 크기는 곡선을 따라 형성되는 '방향 변화의 크기'를 의미하는 것이므로 곡선이 갖는 고유의 특성치로 정의하는 것도 가능한 일일 것이다. 그 특성치가 다름 아닌 곡률 κ이다. 방향 변화의 크기가 크면 곡률이 큰 것이고, 작으면 곡률은 작은 것이다. 곡선이 완전한 원이라면 모든 점에서 일정한 크기의 곡률을 가질 것이다. 원이 크면 곡률은 작아지고 원이 작으면 곡률은 커진다. 연쇄 법칙을 써서 매개변수 t를 써서 나타낼 수도 있다.

$$\kappa = \frac{\| d\boldsymbol{T}/dt \|}{ds/dt} .$$

우리는 앞에서 임의의 벡터(함수)가 일정한 크기를 가질 때, 이를 미분한 후 원래 벡터와 내적하면 0이 된다는 것을 배웠다. 내적이 0이면 두 벡터는 당연히 직교한다. 그래서 접선단위벡터 $\boldsymbol{T}$와 방향의 변화벡터 $d\boldsymbol{T}/ds$는 직교함을 알 수 있다. 벡터 $d\boldsymbol{T}/ds$의 방향은 주법선(principle normal) 방향이다. 호의 중심을 향하는 방향이라고 할까? 주법선 방향의 단위벡터를 $\boldsymbol{N}$이라 하면, 벡터 $d\boldsymbol{T}/ds$와 곡률 κ와의 관계식은 다음과 같다.

$$\frac{d\boldsymbol{T}}{ds} = \kappa \boldsymbol{N}$$

우리의 직관적인 생각을 더욱 확장해 보자. 자 곡선 위를 움직이는 점 P는 서로 직교하는 접선방향의 단위벡터 $\boldsymbol{T}$와 주법선 방향의 벡터 $\kappa \boldsymbol{N}$을 갖고 있는 셈이다. 그런데 이 두 벡터와 서로 직교하는 새로운 벡터를 생각해 볼 수 있다. 다시 말해 두 벡터를 외적하면 새로운 또 하나의 단위벡터 $\boldsymbol{B}$가 나온다. 즉 $\boldsymbol{B} = \boldsymbol{T} \times \boldsymbol{N}$이다. 그러면 벡터 $\boldsymbol{B}$의 정체는 무엇인가? 만일 점 P에 벡터 $\boldsymbol{B}$가 작용하지 않는다면, 점 P는 벡터 $\boldsymbol{T}$와 $\boldsymbol{N}$만을 가진 채 곡선 위를 벡터 $\boldsymbol{T}$의 방향으로 똑바로 움직일 것이다. 그러나 벡터 $\boldsymbol{B}$가 작용하기 시작하면 똑바로 움직이던 점 P가 벡터 $\boldsymbol{B}$의 방향으로 비틀어지기 시작할 것이다. 그렇다! 벡터 $\boldsymbol{B}$는 점 P의 동선이 벡터 $\boldsymbol{T}$와 $\boldsymbol{N}$이 만드는 평면(접촉평면이라 한다.)을 벗어나는 정도와 밀접한 관련이 있다. 아직 비틀림 τ까지는 가지 말자. $\boldsymbol{B}$를 더 쫓아가 보자. $\boldsymbol{B}$는 단위벡터이므로 역시 $d\boldsymbol{B}/ds$와는 직교한다. 다음 식이 성립함을 알 수 있다.

$$\frac{d\boldsymbol{B}}{ds} = \frac{d\boldsymbol{T}}{ds} \times \boldsymbol{N} + \boldsymbol{T} \times \frac{d\boldsymbol{N}}{ds} = \boldsymbol{T} \times \frac{d\boldsymbol{N}}{ds} \ .$$

이 식으로부터 $d\boldsymbol{B}/ds$는 $\boldsymbol{B}$와는 물론, $\boldsymbol{T}$와도 직교하고 있고 $\boldsymbol{N}$과는 평행하다는 것을 알 수 있다. 서로 직교하는 벡터 세 개 $\boldsymbol{TNB}$가 한 세트로 다니는 것이다. 벡터

B의 방향은 관습에 따라 오른손법칙에 따른다. 비틀림의 양을 나타내는 스칼라 양을 τ라 하면, 다음의 식이 성립한다.

$$\frac{dB}{ds} = -\tau N$$

지금까지 dT/ds와 dB/ds에서 알았으니 이제는 dN/ds에 대해서 알아보자. $N = B \times T$이므로 s에 대하여 미분하면,

$$\frac{dN}{ds} = \frac{dB}{ds} \times T + B \times \frac{dT}{ds} = -\tau N \times T + \kappa B \times N$$

dT/ds, dN/ds, dB/ds에 대하여 차례로 정리하면 한 세트의 방정식을 얻을 수 있다.

$$\begin{aligned} dT/ds &= \kappa N \\ dN/ds &= -\kappa T + \tau B \\ dB/ds &= -\tau N \end{aligned}$$

이 식을 프레네 공식(Frenet's formulas)이라고 한다. 이를 다시 행렬을 사용해서 나타내면,

$$\begin{bmatrix} T' \\ N' \\ B' \end{bmatrix} = \begin{bmatrix} 0 & \kappa & 0 \\ -\kappa & 0 & \tau \\ 0 & -\tau & 0 \end{bmatrix} \begin{bmatrix} T \\ N \\ B \end{bmatrix}$$

이다.

지금까지 우리는 한 공간곡선 상을 움직이는 점 P에 작용하는 세 개의 단위벡터 T, N, B에 대해서 알아보았다. 아울러 곡률 κ와 비틀림 τ에 대해서도 공부하였다. 여기서 중요한 사실은 이들이 모두 곡선의 기하학적인 모양에만 의존하는 곡선 고유의

물리량(intrinsic quantities)이라는 것이다. 즉 곡선의 궤적이 만들어지는 방식과 속도와는 관계가 없다. 상호 직교하는 한 세트의 TNB는 오직 곡선의 기하학적인 모양에만 의존하는 일종의 움직이는 좌표축으로 생각할 수 있다. 따라서 공간상의 모든 벡터를 표현할 수 있는 직교기저벡터가 된다. 그래서 TNB를 움직이는 틀(moving frame)이라고 한다.

평면 곡선

프레네 공식을 평면곡선(plane curve)에 적용하면, 다음과 같이 간단해진다.

$$\frac{d\boldsymbol{T}}{ds} = \kappa \boldsymbol{N}, \qquad \frac{d\boldsymbol{N}}{ds} = -\kappa\ \boldsymbol{T}$$

왜냐하면, 평면곡선에서는 비틀림에 관여하는 벡터 $\boldsymbol{B}$가 작용하지 않기 때문이다. 이 식으로부터 알 수 있는 것은 $d\boldsymbol{T}/ds$의 방향은 $\boldsymbol{N}$과 같으며, 항상 곡선의 오목한 부분을 향한다.

단위원에서 공부한 기초이론을 일반적인 평면곡선으로 확장하여 보자. 단위원의 위치벡터가 기준선(x축과 일치)과 이루는 각 θ 대신에, 점 P에서의 접선벡터가 기준선과 이루는 각 ψ를 사용해도 일반성을 잃지 않는다. 연쇄법칙에 의하여

$$\frac{d\boldsymbol{T}}{ds} = \frac{d\boldsymbol{T}}{ds}\frac{d\psi}{ds} = \boldsymbol{B} \times \boldsymbol{T}\ \frac{d\psi}{ds} = \boldsymbol{N}\ \frac{d\psi}{ds}\ .$$

벡터 $\boldsymbol{B}$는 곡선을 포함하는 평면에 수직인 단위벡터로 오른손 법칙에 따른 방향을 설정하기 위하여 잠정 도입된 것이다. (평면곡선에서는 $\boldsymbol{B}$의 작용이 없다.)

$$\text{고로, } \kappa = \frac{d\psi}{ds}, \qquad \rho = \frac{ds}{d\psi}\ .$$

s와 ψ의 관계식 $s = f(\psi)$을 평면곡선의 내재방정식(intrinsic equation), 또는 자연방정식이라 한다. 왜냐하면 s와 ψ가 곡선의 기하학적인 형태에서 비롯되는 내재적(intrinsic) 성질이기 때문이다. 곡률 반경 ρ는 위에서 보인 것처럼 s를 ψ에 대하여 미분한 것이다. $\rho = f'(\psi)$ 예를 들면, 반경 a인 원의 내재방정식은 $s = a\psi$이다. 고로 이 원의 곡률 반경은 $\rho = \frac{d}{d\psi}(a\psi) = a$이다.

κ가 호장 s에 대한 '각의 변화'라는 사실은 곡률이 곡선이 '굽은 정도'라고 생각하는 우리의 직관과 일치한다.

곡 면

곡면(surface)을 정의하는 방법은 여러 가지가지가 있을 수 있는데, 우리가 생각하는 곡면은 해석기하적인 곡면보다는 매개화된 곡면이다. 또한 매끄러우며 연속적인 미분 가능한 곡면이다. 음함수정리에 의하여 정의되는 임의의 점 근방(neighborhood)의 착한 곡면만이 우리의 관심 대상이다.

공간을 움직이고 있는 점이 그리는 곡선은 매개변수 t를 사용해서 나타낸다는 것을 알았다. 그 매개방정식은 $x = x(t)$, $y = y(t)$, $z = z(t)$이다. 그러나 곡면은 이 매개변수가 두 개인 경우이다. 곡면(surface)도 곡선과 마찬가지로 무수히 많은 점의 집합으로 생각할 수 있는데, 이번에는 그 점들의 좌표가 두 개의 변수로 된 함수로 구성되어 있다. 즉 x, y, z 각각의 좌표가 u, v 두 개의 변수로 결정된다. 이를 방정식으로 나타내면,

$$x = x(u,v), \quad y = y(u,v), \quad z = z(u,v) .$$

u와 v의 각 쌍의 값이 정확히 곡면 위의 하나의 점과 대응되면 곡면이 된다. 위치벡

터를 사용해서 곡면을 나타내면,

$$\boldsymbol{r} = x(u,v)\boldsymbol{i} + y(u,v)\boldsymbol{j} + z(u,v)\boldsymbol{k} = \boldsymbol{r}(u,v) .$$

자, 곡면 위의 한 점에서 미분한다면 어떻게 될까? 변수가 하나인 곡선의 경우는 그 변수의 미소변화에 대한 함숫값의 변화가 바로 그 점에서의 미분계수이다. 그러면 곡면은? 곡면은 변수가 두 개이므로 각각의 변수에 대한 미소변화량을 살펴보아야 한다. 위치벡터를 미분하면 접선벡터가 되는 것이므로 이 경우는 u 방향, v 방향 두 개의 접선벡터를 볼 수 있다. 그 벡터들을 각각 $\boldsymbol{r}_u$, $\boldsymbol{r}_v$라 하자. 그러면 $\boldsymbol{r}_u = [\frac{\partial x}{\partial u}, \frac{\partial y}{\partial u}, \frac{\partial z}{\partial u}]$, $\boldsymbol{r}_v = [\frac{\partial x}{\partial v}, \frac{\partial y}{\partial v}, \frac{\partial z}{\partial v}]$임을 알 수 있다. 두 벡터는 스팬(span)하여 접평면(tangent plane)을 형성하므로 서로 일차 독립의 관계에 있다. 그러므로

$$\boldsymbol{r}_u \times \boldsymbol{r}_v \neq 0 .$$

새로운 벡터 $\boldsymbol{r}_u \times \boldsymbol{r}_v$ 의 성분은 각각

$$A = \frac{\partial(y,z)}{\partial(u,v)}, \quad B = \frac{\partial(z,x)}{\partial(u,v)}, \quad C = \frac{\partial(x,y)}{\partial(u,v)}$$

이고, 따라서 $\boldsymbol{r}_u \times \boldsymbol{r}_v = [A, B, C]$로 표기할 수 있다. 벡터 $\boldsymbol{r}_u \times \boldsymbol{r}_v$이 존재하기 위해서는 A, B, C 중 적어도 하나는 제로가 되지 않아야 한다. 만일 모두 제로가 된다면 접평면이 형성되지 않고 따라서 곡면도 만들어질 수가 없게 된다. 그런 예는 x, y, z가 $t = \phi(u,v)$인 t의 함수로 표현될 수 있을 때이며 이때의 매개방정식은 곡선(curve)을 나타낸다.

곡면의 해석에서 주의해야 할 사항이 있다. 이는 곡선의 경우에도 마찬가지이다. 바로 함수관계가 성립하지 않는 곡면을 식별해야 할 필요가 있다. 곡면이 음함수 꼴로 표현되는 경우에는 음함수 정리(implicit function theorem)를 이용하여 함수의 요

건에 맞는지를 검증해야 한다. 원의 방정식도 음함수 꼴로 나타낸 원의 곡선인데, 이 경우와 흡사하다. 원의 방정식도 결국 어떤 곡면의 등위선(level curve)을 나타내는 곡선을 음함수 꼴로 나타낸 것이라고 할 수 있다. 같은 논리로, 음함수 꼴로 나타나는 곡면도 어떤 사차원 실체의 등위면(level surface)이라고 생각할 수 있다. 그래서 이 등위면이 함수의 요건에 맞는지 아닌지를 음함수 정리를 이용하여 검증해야 한다. 다음은 곡선의 경우의 음함수 정리를 설명한 것이다.

※ **음함수 정리**(implicit function theorem): 곡선의 경우

함수는 항상 $y = f(x)$처럼 양함수 형태로만 존재하는 것은 아니다. $F(x, y) = 0$처럼 음함수 형태로 나타나는 경우도 있다. 물리학의 보일-샤를의 법칙($PV = nRT$)은 항상 음함수 형태로만 나타난다. 양함수 형태는 함수관계를 즉시 알 수 있고 미분과 적분이 비교적 용이하다. 그렇다고 음함수 꼴로 되어 있다고 해서 미분이 안 되는 것은 아니다. 음함수 미분법(implicit differentiation)이 있기 때문이다. 그럼에도 불구하고 음함수 미분은 때로 신뢰할 수 없는 경우가 생기기도 한다. 왜냐하면, 음함수 꼴(정확히는 방정식)은 국소적으로 함수가 아닐 수가 있기 때문이다. 반지름 1인 원의 방정식은 좋은 예이다. 원의 방정식의 음함수 꼴은 $x^2 + y^2 - 1 = 0$이다. 그러나 함수는 $y = \pm\sqrt{1 - x^2}$인 경우에만 성립한다. $y = 0$를 포함하는 경우는 어떤 구간을 잡아도 함수가 되기 어렵다. 왜냐하면 $y = 0$ 근방에서는 항상 하나의 x 값에 두 개의 y 값이 존재하기 때문이다. 따라서 $y > 0$이거나 $y < 0$일 때만 함수가 된다. 어찌 보면 방정식(음함수 꼴) 안에 함수가 숨어 있다고 할 수 있다. 음함수 꼴에는 이렇게 함수가 성립하지 않는 구간도 존재하는데 그럼에도 불구하고 음함수 미분을 아무런 조건 없이 실시한다면 그 값은 신뢰하기 어렵다.

음함수 정리는 이런 문제점을 해결하여 준다. 음함수 정리의 주요 요체는 두 가지이다. ① $\frac{\partial F}{\partial y} \neq 0$ 이면 $y = f(x)$가 유일하게 존재, ② $f'(x) = -\frac{\partial F / \partial x}{\partial F / \partial y}$

먼저 음함수 꼴을 F라는 함수로 놓고(반지름 1인 원의 예에서 $F = x^2 + y^2 - 1$이다.) 변수 y로 미분했을 때 그 값이 제로가 아니라는 사실은 우리에게 매우 귀중한 정보를 준다. 왜냐하면 F가 y에 대하여 단조 증가(또는 감소)하고 있다는 사실을 알려주며,

따라서 y가 증가함에 따라 F 값이 마이너스 영역에서 0을 지나 플러스 영역으로 가고 있음을 알 수 있다. 그런데 $F = 0$인 경우에는 마이너스 영역과 플러스 영역은 고려 대상에서 제외된다. 오직 F 가 제로인 영역으로만 국한해서 생각하는데 F가 제로인 영역 (※ F가 제로라 함은 $F = f(x, y)$라는 곡면의 등위선[level curve]을 말한다.) 내 임의의 점 근방에서는 하나의 x 값에 대하여 오직 하나의 y 값만이 일대일 대응하므로, 이는 곧 함수 $y = f(x)$가 유일하게 존재함을 의미한다. 다시 원의 경우를 예로 들어 보자. 반지름 1인 원의 방정식은 $x^2 + y^2 = 1$이다. 이를 음함수 꼴로 나타내면 $F(x, y) = x^2 + y^2 - 1 = 0$이고 $\partial F/\partial y = 2y$이다. $2y \neq 0$이라면 음함수 정리에 의하여 $y = f(x)$가 유일하게 존재. 음함수 정리는 감춰진 음함수의 존재만 알려줄 뿐 그 함수가 어떤 것인지에 대해서는 알려주지 않는다. 자, 다음은 $f'(x)$를 F로부터 구해 보자. $y = f(x)$인 것을 알았으므로 $F(x, f(x)) = 0$으로 쓸 수 있다. 양변을 편미분하면 $\frac{\partial F}{\partial x} \cdot 1 + \frac{\partial F}{\partial y} \cdot f'(x) = 0$이다. 따라서 $f'(x) = -\frac{\partial F/\partial x}{\partial F/\partial y}$이다. 오직 F에 관한 미분 정보만으로도 $f'(x)$를 알 수 있다. 음함수 정리가 성립할 수 있는 것은 연쇄법칙(chain rule)이 있기 때문이다.

매개화된 곡선을 나타내는 위치벡터를 매개변수에 대해서 미분하면 그 점에서의 접선 벡터를 구할 수 있다. 곡면의 경우에는 매개변수가 두 개이므로 접선벡터도 각각 두 개 존재한다. 따라서 벡터 두 개를 한꺼번에 표시해야 하므로 행렬개념을 도입할 필요가 있다. 원소가 미분값인 행렬을 야코비안 행렬(Jacobian matrix)이라고 부른다. 야코비안 행렬을 써서 나타내면 다음과 같다.

$$\begin{pmatrix} \frac{\partial x}{\partial u} & \frac{\partial x}{\partial v} \\ \frac{\partial y}{\partial u} & \frac{\partial y}{\partial v} \\ \frac{\partial z}{\partial u} & \frac{\partial z}{\partial v} \end{pmatrix}.$$

곡선의 경우는 매개변수가 t 하나이므로 미분값이 벡터$(dx/dt,\ dy/dt,\ dz/dt)$로 나타나는 데 반하여, 곡면의 경우는 매개변수가 u,v 두 개이므로 열벡터 두 개인 행렬로 나타난다.

곡면은 다음 3개의 매개방정식으로 표현된다는 것을 알고 있다.

$$x = x(u,v), \quad y = y(u,v), \quad z = z(u,v) \ .$$

그리고 곡면이 곡선으로 퇴화하지 않기 위해서는 벡터 $\boldsymbol{r}_u \times \boldsymbol{r}_v$의 각 성분 A, B, C 중 적어도 하나는 제로가 되지 않아야 함을 알고 있다. 결국 이 매개방정식들을 적절히 연립하여 풀면 x, y, z 좌표상의 곡면의 방정식을 얻을 수 있다. 그러기 위하여 앞의 두 방정식을 연립하여 u, v에 관하여 풀고 이를 마지막 식에 대입하면,

$$z = f(x, y)$$

위와 같이 된다(※ 위의 $C \neq 0$ 인 경우에 해당한다.). 그런데 이렇게 되려면 우선 앞의 두 방정식을 연립했을 때 u, v가 x, y로 표현될 수 있어야 한다. 즉 $u = f(x,y)$, $v = g(x,y)$이 성립하여야 한다. 음함수 정리에서 $F(x, y) = 0$일 때는 $\partial F / \partial y \neq 0$이면, 함수 $y = f(x)$가 유일하게 존재함을 보았다. 그러나 이때는 변수가 하나일 때였다. 지금은 변수가 u, v 두 개이고 따라서 풀어야 할 방정식도 F, G 두 개다. 그래서 음함수가 존재하기 위한 조건도 $\partial F / \partial y \neq 0$가 아니라 행렬식 $\begin{vmatrix} \partial F/\partial u & \partial F/\partial v \\ \partial G/\partial u & \partial G/\partial v \end{vmatrix} \neq 0$이어야 한다. 이러한 모양의 행렬식을 야코비안(Jacobian)이라고 한다. 일변수 함수의 미분계수는 실수이지만, 다변수 함수의 미분계수는 행렬로 표현된다. 즉 야코비안 행렬이다. 다변수 음함수 정리에서 야코비안이 출현하는 것도 같은 맥락이다. 행렬식 $\begin{vmatrix} \partial F/\partial u & \partial F/\partial v \\ \partial G/\partial u & \partial G/\partial v \end{vmatrix}$을 $\dfrac{\partial(F, G)}{\partial(u, v)}$로 표기하기도 한다. 이 표기법은 간단하기도 하지만 약간의 통찰이 숨어 있기도 하다. 마치 라이프

니츠 미분 기호 dy/dx처럼. 왜냐하면, 일변수 편미분에서 $\frac{\partial F}{\partial y}$가 y에 관한 F의 편미분을 나타내듯이 이변수 편미분에서는 $\frac{\partial(F, G)}{\partial(u, v)}$가 (u, v)에 관한 (F, G)의 편미분을 나타내고 있기 때문이다. $\frac{\partial F}{\partial y} \neq 0$이라는 것은 F와 y가 단조 증가 또는 단조 감소의 관계에 있다는 것을 의미하듯이, $\frac{\partial(F, G)}{\partial(u, v)} \neq 0$이라는 것은 (F, G)와 (u, v)가 함수관계에 있다는 것을 말해 준다. 어쨌거나 지금 우리가 풀어야 할 두 개의 방정식은 각각 $x = x(u,v)$와 $y = y(u,v)$이다. 이를 음함수 꼴로 나타내면 각각 $x(u,v) - x = 0$, $y(u,v) - y = 0$이다. 다시 말하면 $F = x(u,v) - x = 0$, $G = y(u,v) - y = 0$이다. 그런데 $x = x(u,v)$, $y = y(u,v)$이므로 결국 $\frac{\partial(F, G)}{\partial(u, v)} = \frac{\partial(x, y)}{\partial(u, v)}$이다(※ $x(u,v) - x = 0$를 u, v에 대해서 편미분한 것이나, $x(u,v)$를 u, v에 대해서 편미분한 것은 결국 같기 때문이다.). 따라서 음함수가 존재하기 위한 조건인 $\frac{\partial(F, G)}{\partial(u, v)} \neq 0$는 $\frac{\partial(x, y)}{\partial(u, v)} \neq 0$으로 대체되어도 아무런 문제가 없다. 결국, 두 개의 야코비안은 동치관계이다. 그런데! 곡면이 성립하기 위한 조건이 바로 $\frac{\partial(x, y)}{\partial(u, v)} \neq 0$이지 않은가? 이로 미루어 보건대 국소적인 관점에서는 곡면이 성립하기 위한 조건이 바로 음함수가 존재하기 위한 조건과 일치한다는 것을 알 수 있다.

자, 지금부터는 $\frac{\partial(F, G)}{\partial(u, v)} \neq 0$이면, $u = f(x,y)$, $v = g(x,y)$의 함수관계가 성립함을 보여 보자. 만일 그렇다면 u, v를 x, y로 표현할 수 있게 되고 곡면의 방정식을 얻을 수 있게 된다. 편의상 두 개의 음함수 꼴 방정식을 $F(x,y,u,v) = 0$, $G(x,y,u,v) = 0$라 하자. 그런데 가정에 의해, $\frac{\partial(F, G)}{\partial(u, v)}$

$\neq 0$, 즉 $\begin{vmatrix} \partial F/\partial u & \partial F/\partial v \\ \partial G/\partial u & \partial G/\partial v \end{vmatrix} \neq 0$이려면 F_u와 F_v 중 적어도 하나는 제로가 아니어야 한다. (※ $\partial F/\partial u$는 F_u로 표기한다.) 여기서는 $F_v \neq 0$이라고 가정한다. F_v가 0이 아니라는 것은 F와 v가 단조 증가 또는 감소 관계에 있음을 의미하는데, 우리가 지금 논의하는 것은 $F=0$일 때의 상황이다. 즉 F와 v가 서로 자유롭게 계속해서 단조 증가 또는 감소하는 관계인데, 돌연 $F=0$인 특수한 상황에 놓인 것이다. 이때부터는 $F=0$이라는 상황(조건)하에서 v와 F를 구성하는 다른 변수와의 관계를 살펴볼 수 있게 되는데, 이번에는 F 안의 다른 변수들이 독립변수가 되어 종속변수 v를 결정함을 볼 수 있다. 그래프적으로 보면, $F=0$은 어떤 실체의 등위면을 구성하는 것이고, 이 등위면 내에서 독립변수들과 종속변수 v와의 일대일 대응이 유일하게 이루어진다고 말할 수 있다. 그리하여 v는 임의의 점 근방에서 다음과 같이 나타낼 수 있다.

$$v = \phi(x, y, u) \ .$$

이를 사용하여 $F=0$를 다시 쓰면 $F(x, y, u, \phi)=0$이다. 이를 u에 관하여 편미분하면

$$F_u + F_v \phi_u = 0, \quad \phi_u = -F_u / F_v \ .$$

$v=\phi(x, y, u)$를 $G=0$에 대입하면, $G(x, y, u, \phi) = \psi(x, y, u) = 0$으로 쓸 수 있다. 이 새로운 함수 ψ를 u에 대해서 편미분하면,

$$\psi_u = G_u + G_v \phi_u = \frac{G_u F_v - G_v F_u}{F_v} = -\frac{J}{F_v} \ .$$

그런데 야코비안(J)에 대한 가정에 의하여 J는 0이 아니고 F_v도 0이 아니므로 $\psi_u \neq$

0이 됨을 알 수 있다. ψ를 u에 대해서 편미분한 값이 0이 아니므로 $u = f(x,y)$임을 알 수 있다. 이를 $v = \phi(x,y,u)$에 대입하면 $v = \phi(x,y,f(x,y))$로 쓸 수 있고, 이는 x,y로만 이루어진 새로운 함수 $g(x,y)$가 된다. 따라서,

$$u = f(x,y), \quad v = g(x,y)$$

위의 관계가 성립됨을 증명하였다.

지금까지는 $z = f(x,y)$에 관해서 알아본 것이지만, $y = f(x,z)$ 및 $x = f(y,z)$도 같은 방식으로 구할 수 있을 것이다. $z = f(x,y)$는 등위면 $F(x,y,z) = 0$의 임의의 점 근방에서의 그래프를 표현한다. $y = f(x,z)$, $x = f(y,z)$도 각각 등위면의 그래프를 나타낸다.

그래디언트, 기울기벡터

곡면에 대해 좀 더 생각을 진전시켜보면 아주 특이한 벡터를 만날 수 있다. 좌표를 나타내는 3개의 방정식 $x = x(u,v)$, $y = y(u,v)$, $z = z(u,v)$를 연립하여 u, v에 관하여 풀고 마지막 식에 이를 대입하면

$$z = f(x,y)$$

위와 같이 얻을 수 있다. 이 방정식은 곡면의 방정식이다. 이를 음함수 꼴로 다시 쓰면

$$F(x,y,z) = 0$$

이 된다. 이 방정식은 곡면을 표현하고 있지만, 또 한편 F라는 사차원 입방체의 제로 등위면을 나타내고 있기도 하다. 곡선의 매개방정식 $x = x(t)$, $y = y(t)$, $z = z(t)$가 곡면(등위면)의 방정식을 만족한다면 이 곡선은 곡면 위의 곡선이 된다. 왜냐하면, 곡선의 임의의 점의 좌표를 등위면의 방정식에 대입했을 때 항등관계가 성립한다면 그 점은 곧 등위면 위의 점이기 때문이다. 이 방정식을 음함수 정리를 이용해서 $F_z \neq 0$이라는 조건하에 z에 대하여 풀면 다시 $z = f(x,y)$를 얻을 수 있다. 곡선의 매개방정식을 곡면방정식에 대입한 후 t에 관하여 미분하면 다음 식을 얻는다.

$$F_x x_t + F_y y_t + F_z z_t = 0$$

F를 x, y, z에 대하여 각각 미분하고 다시 속미분한 것이다. 그런데 자세히 보면, 이 식은 점 $P(t)$에서 곡선에 접하는 벡터인 $[x_t, y_t, z_t]$와 또 하나의 벡터인 $[F_x, F_y, F_z]$를 내적(dot product)한 것임을 알 수 있다. 그렇다면 접선벡터 $[x_t, y_t, z_t]$와 미지의 벡터 $[F_x, F_y, F_z]$는 서로 수직이다. 미지의 벡터 $[F_x, F_y, F_z]$를 '그래디언트(gradient) 또는 기울기벡터'라 명명하고 ∇F로 표기한다.

∇F는 여러모로 불가사의한(weird) 벡터인데 여기 외에도 ① 방향도함수(directional derivative) ② 전미분(total differential) (ex. $df = \nabla f \bullet \vec{r}$)에서도 나타난다. ∇F는 등위면 위의 특정한 점을 지나는 모든 곡선의 접선에 수직이다. 그러므로 $F = 0$인 등위면에 접하는 평면에 수직임을 알 수 있다.

연산자 ▽ (델)

우리는 지금 약간 이상한 벡터인 그래디언트를 ∇F로 표기하였지만 따지고 보면 ▽ 기호는 함수 F를 각각의 변수에 대하여 편미분하는 연산자인 셈이다. 그래디언트도 기이한 벡터이지만 더 이상한 것은 ∇ 이 연산자인 동시에 그 자체도 하나의 벡터처럼 행동한다는 것이다. 따라서 ∇(델)은 $\left(\frac{\partial}{\partial x}, \frac{\partial}{\partial y}, \frac{\partial}{\partial z}\right)$, 또는 $\frac{\partial}{\partial x}\boldsymbol{i} + \frac{\partial}{\partial y}\boldsymbol{j} + \frac{\partial}{\partial z}\boldsymbol{k}$로 쓸 수 있고, 그래서 $\nabla F = \frac{\partial F}{\partial x}\boldsymbol{i} + \frac{\partial F}{\partial y}\boldsymbol{j} + \frac{\partial F}{\partial z}\boldsymbol{k}$이다. ∇ 이 연산자이면서 벡터처럼 행동한다는 것의 의미는 다음과 같다. 즉, 함수와 연산할 때는 벡터곱(multiplication)의 법칙을 따르되, 정작 실제는 연산자로서 편미분(partial differentiation)을 수행하는 것이다. ∇ 을 스칼라 함수에 적용하면 벡터인 그래디언트가 되고, ∇ 을 벡터함수에 적용하면 스칼라 또는 벡터가 된다. (내적일 때는 스칼라, 외적일 때는 벡터) 기호로 나타내면 각각 ∇F, $\nabla \cdot F$, $\nabla \times F$이다. 이 세 개의 물리량들은 벡터 미적분학에서 매우 중요한 역할을 한다.

방향도함수

방향도함수는 편미분을 일반화한 것이다. 즉 편미분은 방향도함수의 특수한 경우에 해당한다. 2차원 그래프 $y = f(x)$의 경우, x의 미소변화량에 대한 y의 미소변화량이 곧 x 방향으로의 미분이다. 3차원 그래프인 $z = f(x,y)$의 경우는 x 또는 y의 미소변화량에 대한 z의 미소변화량이므로 x, y 두 방향으로의 미분을 생각할 수 있다. ($z = f(x,y)$는 3차원 공간상에 있는 곡면으로 생각한다.) 이때 x, y 중 어떤 하나의 변수를 택한 다음, 다른 하나는 상수로 보고 미분하면 그것이 편미분이다. 만일 $z = f(x,y)$라는 곡면을 x 또는 y 방향이 아닌 임의의 방향으로 미분한다면 어떻게 될까? 가령 x - y 평면에서 x 또는 y 축 방향이 아닌 그 중간의 45° 방향 등을 택해서 그 방향으로 곡면을 미분한다면 우리는 소위 방향도함수(directional derivative)라는 것을 얻을 수 있다. $z = f(x,y)$의 그래프가 만드는 곡면 위의 임의의 한 점을 기준으로 모든 방향의 도함수가 가능할 것이다. 그렇게 본다면 곡면 위의 어느 점에서 모든 방향의 기울기를 생각해 볼 수 있다. 이 생각은 이쯤 해 두고, 지금부터 방향도함수에 대하여 더 자세히 알아보기로 하자.

앞에서 방향도함수는 $z = f(x,y)$를 임의의 방향으로 미분한 것이라 했다. 그 임의의 방향이 $x-y$ 평면상의 단위벡터 $\boldsymbol{u}$로 주어진다고 하자. 그러면 (특정 점에서의) 방향도함수는 방향단위벡터 $\boldsymbol{u}$ 방향으로의 변화량에 대한 f의 변화량이라고 할 수 있다. 우리의 관심은 x축, y축 방향이 아닌 바로 $\boldsymbol{u}$ 방향인 것이다. 그런데 왜 방향벡터로 단위벡터를 쓰는 것일까? 방향도함수를 구하기 위해서는 $z = f(x,y)$를 임의의 방향으로 미분하는 것이므로, 방향벡터는 방향만 제시하면 될 뿐 그 크기는 필요가 없다. 만일 크기가 있는 방향벡터를 쓰는 경우 그 크기가 도함수에 영향을 주어 도함수의 값이 달라진다. 방향벡터가 가지고 있는 방향 이외에도 그 크기에 따라서 도함수 값이 달라진다면 문제가 복잡해진다. 그래서 방향벡터로 크기가 1인 단위벡터를 쓰는 것이다. 자, 그러면 이 $\boldsymbol{u}$ 방향으로 어떻게 f를 미분할 것인가? 여기서 $x-y$ 평면상에 있는 출발점 $P_0(x_0,y_0)$에서 시작하는 $\boldsymbol{u}$ 방향 길이를 's'라고 정할 필요가 있다. 그러면 $\boldsymbol{u}$ 방향 반직선 상의 임의의 점은 $(x_0+su_1,\, y_0+su_2)$로 표시할 수 있고(※ $u_1 = \boldsymbol{u}\,cos\,\theta$, $u_2 = \boldsymbol{u}\ sin\,\theta$, θ는 $\boldsymbol{u}$가 x축과 이루는 각), $\boldsymbol{u}$ 방향으로의 f의 방향도함수는 f를 s에 대하여 미분하면 얻을 수 있다. 점 $P_0(x_0,y_0)$ 근방에서

$$
\begin{aligned}
(D_u f)_{P_0} &= \lim_{\Delta s \to 0} \frac{\Delta f}{\Delta s} \\
&= \lim_{\Delta s \to 0} \frac{f(x_0+\Delta s u_1,\ y_0+\Delta s u_2) - f(x_0,y_0)}{\Delta s} \\
&= \left(\frac{df}{ds}\right)_{u,P_0}
\end{aligned}
$$

그런데 우리가 방향도함수 값을 구할 때, 매번 위의 극한식을 사용해서 계산할 수는 없다. 마치 기초미적분학에서 도함수를 구할 때 매번 뉴턴 quotient를 사용하지 않고,

간편한 미분공식(예: $\frac{d}{dx}x^n = nx^{n-1}$)을 사용하는 것과 마찬가지이다.

그러면 간편하게 방향도함수를 계산할 수 있는 공식은 무엇일까? 방향도함수 공식을 유도하는 방법은 여러 가지가 있지만 여기서는 연쇄법칙을 사용해서 유도해 보자. 우선 P_0에서 s만큼 이동한 후의 좌표는 다음과 같은 매개방정식으로 표시할 수 있다.

$$x = x_0 + s\cos\alpha, \quad y = y_0 + s\cos\beta \quad (z = z_0 + s\cos\gamma, \text{ 3차원})$$

그런데 방향도함수 df / ds는 연쇄법칙에 의하여 다음과 같이 쓸 수 있다.

$$\frac{df}{ds} = \frac{\partial f}{\partial x}\frac{dx}{ds} + \frac{\partial f}{\partial y}\frac{dy}{ds}$$

매개방정식을 s에 대하여 미분하고 대입하면,

$$\begin{aligned}\frac{df}{ds} &= \frac{\partial f}{\partial x}\frac{dx}{ds} + \frac{\partial f}{\partial y}\frac{dy}{ds} \\ &= \frac{\partial f}{\partial x}\cos\alpha + \frac{\partial f}{\partial y}\cos\beta\end{aligned}$$

여기서 방향코사인은 각각 $\boldsymbol{u} \cdot \boldsymbol{i}$, $\boldsymbol{u} \cdot \boldsymbol{j}$와 같으므로

$$\begin{aligned}\frac{df}{ds} &= \boldsymbol{u} \cdot \left(\boldsymbol{i}\frac{\partial f}{\partial x} + \boldsymbol{j}\frac{\partial f}{\partial y}\right) \\ &= \boldsymbol{u} \cdot \nabla f .\end{aligned}$$

여기서 알 수 있는 것은 방향도함수 값 df / ds가 단위벡터 $\boldsymbol{u}$와 기울기벡터 $\left(\frac{\partial f}{\partial x}, \frac{\partial f}{\partial y}\right)$의 내적이라는 사실이다. 우리는 앞에서 함수를 x와 y에 대해 각각

편미분한 값을 성분으로 하는 특이한 벡터를 기울기벡터(gradient vector)라고 명명했는데, 이 기울기벡터가 방향도함수에서 다시 나타나고 있음을 알 수 있다. 방향도함수는 기울기벡터 성분의 선형결합 형태로 나타낼 수도 있으며, 기울기벡터의 $\boldsymbol{u}$ 방향 정사영(projection)이기도 하다. 이 식을 다시 쓰면,

$$\frac{df}{ds} = \boldsymbol{u} \cdot \nabla f = |\nabla f| \cos(\nabla f, \boldsymbol{u})$$

이고, P_0에서 $\boldsymbol{u}$가 ∇f와 같은 법선 방향, 즉 $\boldsymbol{u} = \boldsymbol{n}$일 때 df/ds가 최댓값을 갖는다는 것을 알 수 있다. 이때의 최댓값은 $|\nabla f|$이다. 물론 우리는 ∇f가 P_0에서 등위선에 수직이라는 것을 알고 있다. 방향도함수는 단위벡터와 ∇f의 내적이므로, 방향벡터가 법선 방향일 때의 방향도함수는 df/dn, 단위벡터는 $\boldsymbol{n}$으로 대체하고 그 크기를 구하면

$$|\nabla f| = \boldsymbol{n} \cdot \nabla f = \frac{df}{dn}$$

이 된다. 이 식의 양변에 $\boldsymbol{n}$을 곱하면 다음과 같이 된다.

$$\nabla f = \boldsymbol{n} \frac{df}{dn} .$$

이 식에서의 ∇f는 법선단위벡터와 법선 방향 도함수만의 함수로 표현되었다. 이 식에는 좌표계에 의존하는 항이 없기 때문에 ∇f를 좌표와는 무관(coordinate-free)하게 정의한 것이다.

다시 정리하자면(2차원 ∇f의 경우), 방향도함수 df/ds는 공간상의 곡면에 대하여 임의의 방향의 기울기인데, 이 기울기는 등위선에 직각 방향일 때 가장 큰 값

을 갖고 이때의 방향이 ∇f의 방향이다. 곡면을 산봉우리로 비유하고 이 산을 오르는 사람의 입장에서 본다면 등고선에 직각인, 즉 가장 가파른 방향이 ∇f의 방향인 셈이다. 따라서 ∇f의 방향은 법선 방향 단위벡터 $\boldsymbol{n}$과 같고($\boldsymbol{u} = \boldsymbol{n}$), 그 크기는 최대 방향도함수 값과 같다. ($\nabla f = \boldsymbol{n}\ df/dn$) 결국 df/ds는 벡터 ∇f의 $\boldsymbol{u}$ 방향 정사영이므로 ∇f는 무한히 많은 스칼라 df/ds들의 총화인 셈이다.

지금까지는 함수 $z = f(x,y)$와 평면상의 방향단위벡터일 경우에 대한 것이었으나, 함수 $w = f(x,y,z)$ 와 공간상의 방향단위벡터인 경우에 대해서도 같은 방식으로 한 차원 높여서 생각하면 된다. 그러나 함수 w는 좌표축이 4개가 필요하므로 현실적으로는 묘사가 불가능하고 다만 등위면을 통한 기울기벡터로 그 모양과 경사 정도를 가늠할 수 있을 뿐이다.

그래디언트와 좌표변환

3차원 그래디언트는 2차원 ∇f를 한 차원 더 높인 것인데, 함수에 대한 x, y, z 변수 각각의 편미분 값을 그 성분으로 하는 벡터이다. 따라서 당연히 사용되는 좌표체계에 따라 다르게 표현된다. 그런데 문제는 변수만 바뀌는 데 그치지 않는다는 점이다. 예를 들어, $F\ (\rho, \phi, z)$로 나타내는 원통형 좌표계(cylindrical coordinates)의 경우 다음과 같이 단순히 각각의 변수에 대해서 편미분한 값으로 나타낼 수 없다.

$$\nabla F \neq \left(\frac{\partial F}{\partial \rho}, \frac{\partial F}{\partial \phi}, \frac{\partial F}{\partial z}\right)$$

그러므로 각 좌표계에 따라 그래디언트의 표현 방식은 각기 다르다.

① 사각 좌표계에서는

$$\nabla x = \boldsymbol{i}, \quad \nabla y = \boldsymbol{j}, \quad \nabla z = \boldsymbol{k}$$

이므로

$$\nabla f = \nabla x\, f_x + \nabla y\, f_y + \nabla z\, f_z$$

이 성립하고, 또,

$$|\nabla f|^2 = f_x^2 + f_y^2 + f_z^2$$

이다.

② u, v, w로 이루어진 곡선좌표계(curvilinear coordinates)에서는

$$\frac{dF}{ds} = \frac{du}{ds}\frac{\partial F}{\partial u} + \frac{dv}{ds}\frac{\partial F}{\partial v} + \frac{dw}{ds}\frac{\partial F}{\partial w}$$

이고,

$$\boldsymbol{e} \bullet \nabla F = \boldsymbol{e} \bullet (\nabla u\, F_u + \nabla v\, F_v + \nabla w\, F_w)$$

이다.

※ 우리가 주로 익숙하게 알고 있는 좌표계는 사각좌표계(rectangular coordinates)이다. 카티지언(Cartesian, 데카르트의 라틴어) 좌표계라고도 한다. 그러나 때때로 극좌표계(polar coordinates, 2차원), 원통형 좌표계 등 다른 좌표계를 사용하면 편리할 때가 많다. 사각좌표계의 임의의 점은 좌표 (x, y, z)로 표시하거나 또는 기저벡터 $\boldsymbol{i}, \boldsymbol{j}, \boldsymbol{k}$의 선형결합으로 나타낼 수 있다. 같은 점을 원통형 좌표계로 표현하면 좌표 (ρ, ϕ, z) 또는 기저벡터 $\boldsymbol{e}_\rho$, $\boldsymbol{e}_\phi$, $\boldsymbol{e}_z$의 선형결합으로 나타낼 수 있다. 즉 사각좌표계를 다른 좌표계로 바꾼다는 것은 기저로 $\boldsymbol{i}, \boldsymbol{j}, \boldsymbol{k}$를 사용하다가 $\boldsymbol{e}_1, \boldsymbol{e}_2, \boldsymbol{e}_3$ 등으로 사용한다는 것과 같다. (※ 기저벡터가 꼭 단위벡터일 필요는 없다.)

3차원 공간의 세 축이 모두 직선인 사각좌표계와 달리 세 개의 축 중 하나라도 곡선축이면 곡선좌표계(curvilinear coordinates)라 한다. 원통형 좌표계 또는 구면좌

표계가 그 예이다. 세 축이 모두 곡선인 좌표는 일반 곡선좌표계(general curvilinear coordinates)라 하며, 여기서는 이에 대해 더 자세히 알아보기로 한다.

사각좌표계에서 임의의 점을 나타내는 위치벡터 $\boldsymbol{r} = x\boldsymbol{i} + y\boldsymbol{j} + z\boldsymbol{k}$를 각 변수에 대하여 편미분을 하면, $\partial \boldsymbol{r}/\partial x = (1,0,0)$, $\partial \boldsymbol{r}/\partial y = (0,1,0)$, $\partial \boldsymbol{r}/\partial z = (0,0,1)$으로 단위기저벡터 $\boldsymbol{i}, \boldsymbol{j}, \boldsymbol{k}$가 나온다. $\partial \boldsymbol{r}/\partial x$는 변수 Δx의 변화량에 대한 위치벡터 변화량 $\Delta \boldsymbol{r}$의 변화율의 극한값이고 그 크기 $\left|\frac{\partial \boldsymbol{r}}{\partial x}\right|$는 1이다. $\partial \boldsymbol{r}/\partial y$, $\partial \boldsymbol{r}/\partial z$에 대해서도 마찬가지이다. x, y, z가 각각 직선 축이므로 임의의 점에서의 접선이 곧 위치벡터의 궤적과 일치한다. 그러나 이를 곡선좌표계의 세 축 u, v, w에 적용한다면 그 결과는 달라진다. 왜냐하면, 위치벡터의 궤적이 직선이 아닌 곡선이므로 편미분(편미분 벡터는 접선벡터이다.) 값의 크기와 곡선 축의 크기(호의 길이)가 일치하지 않기 때문이다. (※ 지금 우리는 위치벡터가 나타내는 점 P에서 교차하는 세 개의 곡선을 각각 위치벡터가 그리는 곡선의 궤적으로 생각하며, 이 궤적이 곧 곡선좌표축이 된다.) 다시 말해서 접선벡터의 크기가 접선과 곡선의 불일치 정도(1일 때 가장 일치)를 나타낸다고 말할 수 있으며, 직선축인 경우는 접선벡터의 크기가 1이고 곡선축인 경우는 접선벡터의 크기가 1보다 작은 수가 된다. 접선벡터와 단위벡터 사이에는 다음의 관계가 성립한다.

$$\frac{\partial \boldsymbol{r}}{\partial u} = \left|\frac{\partial \boldsymbol{r}}{\partial u}\right| \boldsymbol{e}_1, \quad \frac{\partial \boldsymbol{r}}{\partial v} = \left|\frac{\partial \boldsymbol{r}}{\partial v}\right| \boldsymbol{e}_2, \quad \frac{\partial \boldsymbol{r}}{\partial w} = \left|\frac{\partial \boldsymbol{r}}{\partial w}\right| \boldsymbol{e}_3$$

자, 그러면 이제부터는 새로운 좌표계에서의 미소구간에 대하여 살펴보기로 하자. 공간상의 점 P에서의 미소변화량 $d\boldsymbol{r}$은 다음과 같이 쓸 수 있다.

$$\begin{aligned} d\boldsymbol{r} &= \frac{\partial \boldsymbol{r}}{\partial u}du + \frac{\partial \boldsymbol{r}}{\partial v}dv + \frac{\partial \boldsymbol{r}}{\partial w}dw \quad \text{(※ 전미분 공식)} \\ &= \left|\frac{\partial \boldsymbol{r}}{\partial u}\right| du\,\boldsymbol{e}_1 + \left|\frac{\partial \boldsymbol{r}}{\partial v}\right| dv\,\boldsymbol{e}_2 + \left|\frac{\partial \boldsymbol{r}}{\partial w}\right| dw\,\boldsymbol{e}_3 \\ &= h_1\,du\,\boldsymbol{e}_1 + h_2\,dv\,\boldsymbol{e}_2 + h_3\,dw\,\boldsymbol{e}_3 \end{aligned}$$

여기서,

$$\left|\frac{\partial \boldsymbol{r}}{\partial u}\right| = h_1, \quad \left|\frac{\partial \boldsymbol{r}}{\partial v}\right| = h_2, \quad \left|\frac{\partial \boldsymbol{r}}{\partial w}\right| = h_3$$

이다. 이때의 h_i를 **스케일 팩터**(scale factor)라고 한다.

미소변화량 $d\boldsymbol{r}$이 만드는 미소체적은, 아주 작은 구간에서는 각 좌표성분이 각각 그 좌표에 접하는 직선과 근사하다고 볼 수 있기 때문에 다음과 같이 나타낼 수 있다.

$$dV = h_1 h_2 h_3\, du_1 du_2 du_3$$

일종의 곡선좌표계라고 할 수 있는 원통형좌표계의 예를 들어 보기로 하자. 원통형 좌표계에서 사용되는 변수는 ρ, ϕ, z이다. ρ와 z는 직선좌표축이고 ϕ는 곡선좌표축이다. 원통형 좌표계에서 x, y, z는 다음과 같이 쓸 수 있다.

$$x = \rho\cos\phi, \quad y = \rho\sin\phi, \quad z = z$$

따라서 scale factor는 각각 $1, r, 1$이다. 이를 사용하면 미소변화량 ds의 제곱은 다음과 같다.

$$ds^2 = d\rho^2 + \rho^2 d\phi^2 + dz^2$$

이를 위치벡터 미소변화량으로 표현하면,

$$d\boldsymbol{r} = d\rho\,\boldsymbol{e}_\rho + \rho\, d\phi\,\boldsymbol{e}_\phi + dz\,\boldsymbol{e}_z$$

이다.

곡선좌표계와 직선좌표계의 가장 두드러진 차이는 곡선좌표계에서는 기저벡터가 점마다 변한다(position-dependent)는 사실이다.

지금까지 살펴본 그래디언트는 스칼라 함수에 대한 그래디언트였다. ∇f에서 f는 스칼라 함수이다. 그렇다면 벡터함수에 ∇ 연산자를 적용하면 어떻게 될까? 그리고 그 의미는 무엇일까? 수학적으로만 본다면, 앞에서 했던 방향도함수 유도과정에서 스칼라 함수를 벡터함수로 바꾸기만 하면 된다. 즉, 벡터 그래디언트는 $\nabla \boldsymbol{f}$로 표시하고 그때의 $\boldsymbol{f}$는 다음과 같다.

$$\boldsymbol{f}(r) = \boldsymbol{i}f_1 + \boldsymbol{j}f_2 + \boldsymbol{k}f_3$$

방향도함수 $d\boldsymbol{f}/ds$는

$$\frac{d\boldsymbol{f}}{ds} = \cos\alpha\, \boldsymbol{f}_x + \cos\beta\, \boldsymbol{f}_y + \cos\gamma\, \boldsymbol{f}_z$$

방향코사인은 $\boldsymbol{u} \cdot \boldsymbol{i}$, $\boldsymbol{u} \cdot \boldsymbol{j}$, $\boldsymbol{u} \cdot \boldsymbol{k}$이므로

$$\frac{d\boldsymbol{f}}{ds} = \boldsymbol{u} \cdot (\boldsymbol{i}\boldsymbol{f}_x + \boldsymbol{j}\boldsymbol{f}_y + \boldsymbol{k}\boldsymbol{f}_z)$$

이다.

여기서 우리는 스칼라 함수일 때의 방향도함수 식과 매우 유사한 형태임을 알 수 있다. 즉 벡터 그래디언트 $\nabla \boldsymbol{f}$는 다음과 같다.

$$\nabla \boldsymbol{f} = \boldsymbol{i}\boldsymbol{f}_x + \boldsymbol{j}\boldsymbol{f}_y + \boldsymbol{k}\boldsymbol{f}_z$$

이제 우리는 전혀 새로운 벡터(?)에 대해서 알아야 할 때가 되었다. 바로 다이애드(dyads)이다. $\boldsymbol{i}\boldsymbol{f}_x$와 같이 벡터가 나란히 붙어있는 것을 다이애드라고 하고, 다이애드의 합은 다이애딕(dyadic)이라고 한다. $\boldsymbol{i}\boldsymbol{f}_x$ 와 같이 내적도 외적도 아닌 두 벡터가 나란히 붙어있

는 다이애드의 실체는 무엇일까? 벡터의 아버지 Willard Gibbs(1839~1903)는 이를 새로운 종류의 곱셈, 즉 '규정할 수 없는 곱셈(indeterminate product)'이라고 불렀으나, 지금은 직접곱(direct product), 또는 텐서곱(tensor product)이라고 한다. 위의 식을 그냥 일별해서 본다면 기저벡터 $\boldsymbol{i}, \boldsymbol{j}, \boldsymbol{k}$ 앞의 성분이 각각 $\boldsymbol{f}_x, \boldsymbol{f}_y, \boldsymbol{f}_z$이므로 성분이 벡터 함수인 벡터 함수라고 할 수 있다. 그러면 그 벡터함수는 $\boldsymbol{i}, \boldsymbol{j}, \boldsymbol{k}$의 성분에 대하여 또 각각의 $\boldsymbol{i}, \boldsymbol{j}, \boldsymbol{k}$의 성분으로 쪼개질 수 있다. 즉 $\boldsymbol{ii}$, $\boldsymbol{ji}$, $\boldsymbol{ki}$, $\boldsymbol{ij}$, • • • 의 9개 성분으로 나누어진다.

이처럼 9개의 성분으로 이루어져 있는 다이애드를 텐서(tensor)라고 한다. 사실은 스칼라와 벡터도 텐서의 일종이다. 스칼라는 랭크(rank)가 0인 텐서, 벡터는 랭크가 1인 텐서, 다이애드는 랭크가 2인 텐서이다. 그렇다면 트라이애드(triad)는 랭크 3인 텐서인 셈이다. 각각의 성분 개수는 3의 제곱수, 즉 3^n이다. 즉 스칼라의 성분은 3^0 개, 벡터의 성분은 3^1개, 다이애드는 $3^2 = 9$개, 트라이애드는 $3^3 = 27$개다. 텐서의 의미는 좌표계와 무관하다는 뜻이다. 예를 들면, 크기가 일정한 벡터는 어떤 좌표계를 사용하든지 간에 그 크기(길이)는 변하지 않는다. 불변량(invariant)인 셈이다. 기하학과 물리학의 법칙들은 이 불변량을 사용해서 표현된다. 기하학과 물리학의 총아라고 할 수 있는 일반상대성이론을 이해하려면 필히 랭크 3인 텐서를 알아야 한다.

벡터의 크기는 스칼라이므로 불변량이다. 따라서 $\boldsymbol{f} = f_1\boldsymbol{i} + f_2\boldsymbol{j} + f_3\boldsymbol{k}$이라고 할 때 $\boldsymbol{f} \cdot \boldsymbol{f} = f_1^2 + f_2^2 + f_3^2$은 $\boldsymbol{f}$의 크기이고 불변량이 된다. 벡터와 마찬가지로 다이애딕에도 불변량이 있다. 그런데 다이애딕의 불변량에는 스칼라 불변량과 벡터 불변량 두 가지가 있다. 벡터 불변량은 각 성분이 특정 스칼라이므로 사실상 불변인 벡터이다. 다이애딕 $\boldsymbol{F} = \sum \boldsymbol{a}_i \boldsymbol{b}_i = f_{11}\boldsymbol{ii} + f_{12}\boldsymbol{ij} + \cdots + f_{33}\boldsymbol{kk}$ 에 대하여, ① 스칼라 불변량은

$$F_s = \sum \boldsymbol{a}_i \cdot \boldsymbol{b}_i = f_{11} + f_{22} + f_{33}$$

이고, ② 벡터 불변량은

$$\boldsymbol{f} = \sum \boldsymbol{a}_i \times \boldsymbol{b}_i = (f_{23} - f_{32})\boldsymbol{i} + (f_{31} - f_{13})\boldsymbol{j} + (f_{12} - f_{21})\boldsymbol{k}$$

이다.

벡터 그래디언트 ∇f는 다이애딕이다. 따라서 여기에도 스칼라 불변량과 벡터 불변량이 있다. 벡터 그래디언트를

$$\mathrm{grad}\ \boldsymbol{f} = \nabla \boldsymbol{f} = \boldsymbol{i}\boldsymbol{f}_x + \boldsymbol{j}\boldsymbol{f}_y + \boldsymbol{k}\boldsymbol{f}_z$$

이라고 하면, 스칼라 불변량과 벡터 불변량은 각각 아래와 같다.

$$\mathrm{div}\ \boldsymbol{f} = \nabla \cdot \boldsymbol{f} = \boldsymbol{i} \cdot \boldsymbol{f}_x + \boldsymbol{j} \cdot \boldsymbol{f}_y + \boldsymbol{k} \cdot \boldsymbol{f}_z$$
$$\mathrm{rot}\ \boldsymbol{f} = \nabla \times \boldsymbol{f} = \boldsymbol{i} \times \boldsymbol{f}_x + \boldsymbol{j} \times \boldsymbol{f}_y + \boldsymbol{k} \times \boldsymbol{f}_z$$

벡터함수 $\boldsymbol{f}$에 연산자 ∇을 각각 스칼라곱, 벡터곱 한 것이다.

간단히 말해서 다이애딕 텐서의 스칼라 불변량과 벡터 불변량은 그 다이애딕을 구성하는 벡터들 사이를 서로 내적 또는 외적함으로써 구한다고 볼 수 있다. 벡터(3차원 기저: 3개)의 경우와 마찬가지로, 특정한 하나의 다이애딕(기저: 9개)이라 하더라도 기저벡터를 무엇으로 선택하느냐에 따라서 각기 다르게 표현될 수 있다. 따라서 기저벡터의 선택과는 무관하게 항상 변하지 않는 소위 불변량을 찾을 필요가 있다. 그래서 찾은 것이 스칼라 불변량과 벡터불변량이다. 다이애딕의 불변량을 찾는 방법은 다음과 같다. 아래 식과 같이 벡터(또는 벡터함수)의 내적을 다이애딕을 사용해서 표현할 수 있다.

$$\begin{aligned}\boldsymbol{u} \cdot \boldsymbol{v} &= u_1 v_1 + u_2 v_2 + u_1 v_1 \\ &= \boldsymbol{i} \cdot (\boldsymbol{u}\ \boldsymbol{v}) \cdot \boldsymbol{i} + \boldsymbol{j} \cdot (\boldsymbol{u}\ \boldsymbol{v}) \cdot \boldsymbol{j} + \boldsymbol{k} \cdot (\boldsymbol{u}\ \boldsymbol{v}) \cdot \boldsymbol{k}\end{aligned}$$

이는 역으로 말한다면, 다이애딕의 좌우 양쪽에 기저 $\boldsymbol{i}, \boldsymbol{j}, \boldsymbol{k}$를 각각 내적한 다음 모두 더하면, 다이애딕을 구성하고 있는 두 개의 벡터를 내적한 값과 같아진다. 즉 스칼라값이 되는 것이다. 따라서 이것이 다이애딕의 스칼라 불변량임을 알 수 있다.

벡터 불변량도 마찬가지이다. 두 벡터의 외적은 다이애딕에 표준기저를 순환하

여 내적한 후 빼면 구할 수 있다. 즉,

$$(u \times v)_1 = u_2 v_3 - u_3 v_2 = j \cdot (uv) \cdot k - k \cdot (uv) \cdot j$$

여기서 $(u \times v)_1$은 벡터 $u \times v$의 첫째 성분이다. 벡터의 성분이 모두 특정 스칼라값이므로 이 벡터는 불변량이라고 할 수 있다.

이로써 알 수 있는 것은 하나의 다이애딕이 아무리 여러 방법으로 표현된다 하더라도, 그 스칼라 불변량과 벡터 불변량은 다이애딕의 표현방법과는 상관없이 항상 같은 값이라는 것이다.

역기저 벡터

텐서 이야기가 나왔으니 역기저 벡터(reciprocal base vector)에 대해서 언급하지 않을 수 없다. 역기저 벡터는 수학적으로만 본다면 매우 기본적인 내용이나, 텐서해석과 관련되어 그 쓰임새가 있기 때문에 개념을 잡기가 그리 쉽지 않은 대상이다. 그래서 텐서를 언급하는 이 시점에서 역기저 벡터를 다루는 것이 더 타당하게 생각된다.

역기저 벡터는 서로 직교하지 않는 세 개의 기저벡터(3차원)가 있을 때 정의되는 또 다른 세 개의 기저벡터이다. 다시 말해 직교하지 않는 세 개의 기저벡터(꼭 단위벡터일 필요는 없다.)와 원점을 같이 공유하면서 한 쌍을 이루는 또 다른 한 세트의 기저벡터를 말한다. 그러면 어떤 세트의 벡터인가? 간단히 말해 원래 기저벡터가 만드는 평행육면체에서 세 개의 면에 각각 수직인 '세 개의 벡터'를 생각할 수 있는데, 바로 이 벡터들이 만드는 기저라고 할 수 있다. 서로 직교하지 않는 기저벡터들이 만드는 평행육면체는 직육면체에 비해 다소 찌그러져 있는 모양을 이룬다. 반면, 서로 직교하는 기저벡터들은 직육면체를 만든다. 따라서 서로 직교하는 기저벡터의 역기저 벡터는 그 자신이 된다(self-reciprocal basis). 이처럼 역기저 벡터는 평행육면체의 찌그러진 정도를 가늠해 볼 수 있는 척도가 되기도 한다. 어떤 대상을 표현하는 방법이 여러 가지가 있을수록 그 대상을 파악하기 쉽다. 그런 면에서 역기저 벡터도 마찬가지라 할 수 있다.

역기저 벡터는 수학적으로 다음과 같이 정의한다.

$$\boldsymbol{e}_i \cdot \boldsymbol{e}^j = \delta_i^j \quad (\delta_i^j\text{는 크로네커 델타})$$

임의의 벡터 $\boldsymbol{u}$를 기저벡터와 역기저 벡터를 각각 이용하여 다음과 같이 두 가지 방식으로 표현할 수 있다.

$$\boldsymbol{u} = u^1\boldsymbol{e}_1 + u^2\boldsymbol{e}_2 + u^3\boldsymbol{e}_3, \quad \boldsymbol{u} = u_1\boldsymbol{e}^1 + u_2\boldsymbol{e}^2 + u_3\boldsymbol{e}^3$$

관례에 따라서 기저 $\boldsymbol{e}_1$, $\boldsymbol{e}_2$, $\boldsymbol{e}_3$라 하더라도 더 이상 그 성분을 u_1, u_2, u_3로 표기하지 않는다는 점에 주목하라. 대신 u^1, u^2, u^3를 사용한다. 왜냐하면, 역기저 벡터의 성분으로 u_1, u_2, u_3를 쓰기 때문이다. 역기저 벡터가 존재할 수 없는 사각 직교좌표계의 단위기저인 $\boldsymbol{i}$, $\boldsymbol{j}$, $\boldsymbol{k}$의 경우에서는 여전히 u_1, u_2, u_3을 그대로 사용할 수 있다. 위 두 식에서 기저의 성분 u^i와 역기저의 성분 u_i은 당연히 다른 수일 것이다. 그러나 직교기저의 경우에는 두 성분의 값은 같아진다($u^i = u_i$). 첫 식의 양변에 역기저 벡터를 각각 내적하면 다음과 같은 결과를 얻게 된다.

$$u^i = \boldsymbol{u} \cdot \boldsymbol{e}^i \quad (i = 1, 2, 3) .$$

또 두 번째 식의 양변에 기저벡터를 내적하면

$$u_i = \boldsymbol{u} \cdot \boldsymbol{e}_i \quad (i = 1, 2, 3) .$$

이 두 결과에서 알 수 있는 것은 임의의 벡터 $\boldsymbol{u}$의 기저($\boldsymbol{e}_i$), 역기저($\boldsymbol{e}^i$)에 대한 정사영(projection)은 각각 역기저의 성분(u^i), 기저의 성분(u_i)과 같다는 것이다.

다음은 역기저 벡터를 대수적으로 어떻게 구하는지 알아보자. 역기저 벡터의 정의에 의하여, e^1은 e^2, e^3 둘 다에 직교한다. 이는 e^1이 $e^2 \times e^3$ 벡터와 평행하다는 것과 같다. 따라서 $e^1 = \lambda\ e^2 \times e^3$이다. 그런데 역기저 벡터의 정의에 의하여 $e_1 \bullet e^1 = 1$이므로 $1 = \lambda\ e_1 \bullet e_2 \times e_3$이다. 따라서 다음의 결과를 얻는다.

$$e^1 = \frac{e_2 \times e_3}{[e_1\, e_2\, e_3]},\quad e^2 = \frac{e_3 \times e_1}{[e_1\, e_2\, e_3]},\quad e^3 = \frac{e_1 \times e_2}{[e_1\, e_2\, e_3]}\ .$$

역기저 벡터의 존재감과 그 효용성은 세 축이 직교하지 않는(non-orthogonal) 일반 곡선좌표계의 해석에서 그 빛을 발한다. 일반적으로 직교하지 않는 곡선좌표계에서는 총 세 개의 기저벡터 세트를 생각해 볼 수 있다. 기준계가 되는 사각좌표계의 기저벡터, 곡선좌표계의 좌표축에 접선과 평행한 기저벡터, 그리고 이 접선기저 벡터의 역기저 벡터이다. 역기저 벡터는 한 점에서 만나는 두 곡선 축이 만드는 세 개의 곡면에 각각 법선인 벡터들로 형성된다. 그 벡터는 각각 $\nabla \boldsymbol{u}$, $\nabla \boldsymbol{v}$, $\nabla \boldsymbol{w}$으로 표현된다. 그러면 곡선좌표계의 임의의 벡터는 두 종류의 기저를 사용하여 각각 표현될 수 있다. 벡터 $\boldsymbol{A}$는

$$\boldsymbol{A} = C_1 \frac{\partial \boldsymbol{r}}{\partial u_1} + C_2 \frac{\partial \boldsymbol{r}}{\partial u_2} + C_3 \frac{\partial \boldsymbol{r}}{\partial u_3} = C_1 \boldsymbol{\alpha}_1 + C_2 \boldsymbol{\alpha}_2 + C_3 \boldsymbol{\alpha}_3,$$

$$\boldsymbol{A} = c_1\ \nabla u_1 + c_2\ \nabla u_2 + c_3\ \nabla u_3 = c_1 \boldsymbol{\beta}_1 + c_2 \boldsymbol{\beta}_2 + c_3 \boldsymbol{\beta}_3$$

두 가지로 표현 가능하다. 여기서 C_1, C_2, C_3를 반변성분(contravariant components), c_1, c_2, c_3를 공변성분(covariant components)이라고 한다. 반변과 공변의 기저벡터는 서로 역기저벡터의 관계에 있다. 따라서 이를 일반적인 표현으로 나타내면,

$$A = a_1 e^1 + a_2 e^2 + a_3 e^3, \quad A = a^1 e_1 + a^2 e_2 + a^3 e_3 .$$

a_i는 공변성분, a^i는 반변성분이다.

불변량

벡터의 크기, 다이애딕의 스칼라 불변량 등은 그 값이 스칼라이므로 어떤 상황에서도 좌표계의 상태와 무관한 불변량(invariant)이 된다.

그 이외에도 불변량이 될 수 있는 것은 행렬식, 행렬의 고유값, 곡선의 길이, 곡률, 전파의 속도 등이 있다.

텐서의 항등원

다시 다이애딕이다. 이제는 다이애딕 I에 대해서 이야기해 보자. 행렬에도 단위행렬이 있듯이 다이애딕에도 단위 다이애딕(unit dyadic)이 있다. 단위행렬이 벡터에 작용하여 그 자신으로 변환시키듯이 단위 다이애딕도 벡터에 작용하여 그 자신의 벡터로 변환시킨다. 그래서 I를 다음과 같이 정의한다.

$$I \cdot u = u \quad (\text{모든 } u \text{ 에 대하여})$$

$\boldsymbol{I}$를 idemfactor라고 부르기도 한다. (라틴어 idem = same)

임의의 벡터 $\boldsymbol{u}$는 $\boldsymbol{u} = u^1\boldsymbol{e}_1 + u^2\boldsymbol{e}_2 + u^3\boldsymbol{e}_3$으로 표현할 수 있다고 하였다. 그런데 $u^i = \boldsymbol{u} \bullet \boldsymbol{e}^i$이므로 다음의 식이 성립한다.

$$\boldsymbol{u} = \sum_{i=1}^{3} \boldsymbol{u} \bullet \boldsymbol{e}^i \boldsymbol{e}_i = \sum_{i=1}^{3} \boldsymbol{e}^i \boldsymbol{e}_i \bullet \boldsymbol{u} .$$

이 식으로부터 $\sum_{i=1}^{3} \boldsymbol{e}^i \boldsymbol{e}_i$가 다름 아닌 $\boldsymbol{I}$라는 것을 알 수 있다. 따라서 다음과 같이 쓸 수 있다.

$$\boldsymbol{I} = \boldsymbol{e}^1\boldsymbol{e}_1 + \boldsymbol{e}^2\boldsymbol{e}_2 + \boldsymbol{e}^3\boldsymbol{e}_3 = \boldsymbol{e}_1\boldsymbol{e}^1 + \boldsymbol{e}_2\boldsymbol{e}^2 + \boldsymbol{e}_3\boldsymbol{e}^3 .$$

참고로, 직교기저의 경우는 $\boldsymbol{I} = \boldsymbol{i}\,\boldsymbol{i} + \boldsymbol{j}\,\boldsymbol{j} + \boldsymbol{k}\,\boldsymbol{k}$ 로 표시된다.

발산과 회전

벡터 그래디언트의 불변량인 발산(divergence)과 회전(rotation or curl)에 대해서 살펴본다.

벡터 그래디언트는 다이애딕 텐서이다. 따라서 다음과 같이 스칼라 불변량과 벡터 불변량을 갖고 있다.

$$\nabla \boldsymbol{f} = \mathrm{grad}\, \boldsymbol{f} = \boldsymbol{i}\boldsymbol{f}_x + \boldsymbol{j}\boldsymbol{f}_y + \boldsymbol{k}\boldsymbol{f}_z$$

$$\nabla \bullet \boldsymbol{f} = \mathrm{div}\, \boldsymbol{f} = \boldsymbol{i} \bullet \boldsymbol{f}_x + \boldsymbol{j} \bullet \boldsymbol{f}_y + \boldsymbol{k} \bullet \boldsymbol{f}_z$$

$$\nabla \times \boldsymbol{f} = \mathrm{rot}\, \boldsymbol{f} = \boldsymbol{i} \times \boldsymbol{f}_x + \boldsymbol{j} \times \boldsymbol{f}_y + \boldsymbol{k} \times \boldsymbol{f}_z$$

스칼라 불변량은 ∇f의 다이애드를 구성하는 벡터를 서로 내적한 것이며, f의 발산(divergence)이라고 한다.

벡터 불변량은 ∇f의 다이애드를 구성하는 벡터를 서로 외적한 것이며, f의 회전(rotation or curl)이라고 한다.

계산해 보면 알겠지만 발산과 회전은 그래디언트 다이애딕을 구성하는 각 쌍의 벡터(여기서는 $\boldsymbol{i}$ 와 $\boldsymbol{f}_x$, $\boldsymbol{j}$와 $\boldsymbol{f}_y$, $\boldsymbol{k}$와 $\boldsymbol{f}_z$)를 각각 내적 또는 외적한 것과 같아짐을 알 수 있다.

그러면 발산과 회전의 기하학적인 의미는 무엇일까?

벡터함수 $\boldsymbol{f} = f_1\boldsymbol{i} + f_2\boldsymbol{j} + f_3\boldsymbol{k}$는 벡터장을 나타내는 함수라고 할 수 있다. 예를 들어 공간상의 임의의 점에서의 중력 또는 유속은 벡터장(vector field)으로 표현된다. 그런가 하면 온도와 같은 물리량은 스칼라장(scalar field)이다.

흐르는 물속의 유속을 나타내는 벡터장의 경우, 한 점에서 발산($\nabla \cdot \boldsymbol{f}$)이 제로(0)라는 것은 그 점으로 유입되는 유량과 유출되는 유량이 같다는 의미이다. 따라서 발산이 양수로 나오면 유출이 유입보다 많은 경우이며, 음으로 나오면 유출이 유입보다 적은 경우이다. 전자는 용출(source), 후자는 흡입(sink)이다. $\nabla \cdot \boldsymbol{f} = 0$이면 비압축적(incompressible or solenoidal)이라고 한다.

발산이 스칼라인데 비하여, 회전은 벡터이다. 즉 ∇과 $\boldsymbol{f}$를 외적한 것이다. 회전의 기하학적인 의미는 말 그대로 주어진 벡터장이 물체에 작용하는 회전량이다. 예를 들어 호수의 유속 벡터장의 경우, 물 위에 떠 있는 작은 나뭇가지가 물의 흐름에 따라 회전하는 정도를 말하는 것이라고 할 수 있다. 만일 $\nabla \times \boldsymbol{f}$가 제로($= \mathbf{0}$)이면 이 벡터장은 비회전적(irrotational)이라고 한다.

※ 벡터장(vector field)

벡터장의 엄밀한 정의는 특정 영역(region)에 있는 임의의 점에 각각 하나의 벡터함수가 대응하는 사상(mapping)이다. 특정 영역은 3차원 공간, 곡면, 곡선이 될 수 있다. 중력, 전기장, 유속 등은 3차원 공간의 벡터장이다. 곡면 위의 법선벡터 집합, 곡선에 접하는 접선벡터 집합도 벡터장을 이룬다. 그러나 이 정의는 이해하기 쉽지 않으므로, 벡터장을 그냥 벡터함수처럼 취급해도 관계없다. 예를 들어 $\boldsymbol{f}(x,y) = y\boldsymbol{i} - x\boldsymbol{j}$ 은 2차원 평면 벡터장이며, 중심이 원점인 원들의 접선벡터이다. 이처럼 벡터장은 2변수, 3변수 벡터함수로 표현된다.

중력, 전자기력, 유체의 속도 등은 모두 장의 특성을 갖고 있다. 자연계의 많은 현상이 장으로 해석된다. 장(field)은 각각의 임의의 점에 각각의 벡터함수가 대응되므로 특히 공간상의 물체에 대해서는 물론 다른 물체와의 관계에 대하여 정확히 기술하는 것이 가능하다.

장과 관련하여 역사상 가장 기념비적 성과는 맥스웰의 전자기 방정식이다. 모두 4개의 미분방정식으로 구성되어 있는데, 기존의 방정식(가우스법칙, 암페어법칙 등)들을 재해석하고 확장하여 하나의 이론으로 통합한 것이다. 중력 장방정식(Einstein's field equations)이 핵심인 아인슈타인의 상대성이론도 맥스웰 방정식이 기존의 뉴턴역학과 일치되지 않는 부분이 있다는 것이 그 출발점이 되었다. 이를 해결하기 위해 전자기파의 속도를 불변량(invariant)으로 놓고 대신 시간과 공간이 변하는 것으로 보았다. (특수상대성이론) 나아가 가속도와 중력의 등가원리에 의해 시공간(space-time)이 휘어진다는 것을 알아냈다(일반상대성이론). 이렇게 휘어진 시공간은 비유클리드 기하학을 따른다.

미분 방정식

미분방정식(differential equation)이란 어떤 미지의 함수와 그것을 미분한 것, 즉 도함수들(its derivatives)이 서로 섞여 있는 방정식을 말한다. 우리가 미분방정식을 풀어서 구하는 것은 수가 아니라 함수임을 주의해야 한다. 방정식에 도함수를 포함하고 있다는 것 자체가 원함수가 미분 가능하다는 것이고, 따라서 우리가 구하려고 하는 대상이 함수라는 것을 말해 주고 있다. 그것이 일반방정식과 다른 점이다. 그러면 미분방정식은 왜 이렇게 중요하게 다루어지는가? 그것은 자연에 존재하는 수많은 물리적 현상들이 미분방정식이라는 형태로 우리에게 그 모습을 보여주고 있기 때문이다. 따라서 우리는 그 미분방정식을 풀어야만 자연현상을 제대로 이해할 수 있고, 또 적절히 응용할 수 있게 된다. 미적분을 발견한 뉴턴도 결국 미분방정식을 푸는 것이 목적이었을 것이다. 역사상 수많은 수학자들이 미분방정식의 해법에 관해 연구하여 왔다.

A) 일계 상미분방정식

다음과 같은 미분방정식이 있다 하자.

$$y' = \cos x$$

이 방정식이 뜻하는 의미는 '어떤 함수(y)를 미분하였더니 cos x가 되었다. 어떤 함수(y)는 무엇인가?'이다. 우선 떠오르는 답은 $y = \sin x$이다. sin x를 미분하면 cos x가 되기 때문이다. 그런데 여기서 끝난 것이 아니다. 답이 또 있다. 미분해서 cos x가 되는 것은 sin x만 있는 것이 아니라 $\sin x + 3$, $\sin x + \frac{4}{5}$ 등도 있다. 상수는 미분하면 0이 되기 때문에 sin x에 임의의 상수항이 붙은 것은 모두 다 해가 되는 것이다. 이렇게 무수히 많은 해를 단 하나의 식으로 나타내면

$$y = \sin x + c \quad (c : \text{임의의 상수})$$

이것이 미분방정식 $y' = \cos x$의 **일반해**(general solution)이다.

예를 하나 더 해보자.

$$y' = y$$

위 미분방정식의 해를 구해 보자. 말로 풀어 써보면 '어떤 함수(y)를 미분

하였더니 미분하기 전의 원래 함수와 같아졌다. 어떤 함수(y)는 무엇인가?'이다. 우리는 미분하여도 원래 그대로인 함수는 e^x라는 것을 미적분학에서 배웠다. 따라서 위 미분방정식의 해는 y = e^x이다. 그러나 여기서도 해가 하나만 있는 것이 아니다. $2e^x$, $-\frac{3}{8}e^x$ 등 e^x 앞에 상수가 있는 것은 모두 해가 된다. 미분하여도 원함수 그대로여야 하니까. 따라서 이 미분방정식의 일반해는 y = c e^x이다.

우리는 지금 방정식 두 개를 거의 직관적 방식으로 푼 셈이지만, 따지고 보면 두 경우 모두 실제로는 적분을 한 것이다. 첫 번째 예는 cos x를 적분하여 sin x를 얻은 것이고, 두 번째 예에서는 e^x를 적분한 것이다. 그렇다! 미분방정식 풀이의 요체는 다름 아닌 적분(integration)인 것이다. 바꾸어 말하면 적분을 이용하여 방정식에 섞여 있는 도함수를 원함수로 환원시킨 다음, 일반방정식처럼 풀면 답이 구해지는 것이다.

그러면 모든 미분방정식이 위와 같이 쉽게 적분이 될까? 불행히도 그렇지 않은 경우가 훨씬 더 많다. 그러면 어떻게 해야 하나? 바로 방정식을 적절히 변형시켜서 적분이 용이해지도록 만들어야 한다. 미분방정식의 해법들은 하나같이 '어떻게 하면 적분을 용이하게 할 수 있는가?'라는 고민에서 출발했다. 즉 앞으로 하나하나 설명이 되겠지만, 적분이 쉽게 되도록 변수를 적절히 분리시키면 **변수분리 해법**(separation of variables), 어떤 함수를 방정식의 양변에 곱하여 완전미분방정식(exact differential equation) 꼴로 만드는 **적분인자 해법**(integration factor), 등등. 그래서 방정식을 풀 때 제일 먼저 해야 할 일은 우선 방정식의 유형을 분석하는 것이다. 유형에 따라서 적분하는 방법이 다르기 때문이다. 보통 일계 상미분방정식은 다음과 같은 일반식으로 나타낼 수 있다.

$$y' = f(x,y)$$

즉 일차 도함수는 독립변수 x와 종속변수 또는 미지함수 y의 함수로 나타내진다. 이를 표준형식(standard form)이라 한다. 그러나 이러한 표준형식이라 하더라도 우변에 y항이 있는 경우는 양변을 적분하여도 쉽게 해를 구할 수가 없다. 우변이 어떤 형태이냐에 따라서 해를 구하는 방법이 달라진다.

① 변수분리 해법(separation of variables)

먼저 위의 표준형식 중에서 우변이 x의 함수와 y의 함수의 곱으로 되어 있으면 변수분리형이라 하고 변수분리 해법을 쓸 수가 있다. 즉 다음과 같은 형태이다.

$$y' = f(x)g(y)$$

미분방정식이 이와 같은 꼴이면 변수를 분리할 수 있다. 변수를 분리하면 쉽게 적분이 된다.

우리가 앞에서 예제로 다루었던 문제로 가 보자.

$$y' = \cos x$$

이 식은 $y' = f(x)g(y)$ 꼴인데 $g(y)$가 1인 경우이므로 변수분리형이다. 편의상 라이프니츠 표기 방식으로 바꾸어 보자(y'와 같이 표기하는 것은 프라임 표기법 또는 라그랑주 표기법이라 한다.). 즉 $\frac{dy}{dx} = \cos x$으로 쓸 수 있다. 각각 적분하기 좋도록 같은 변수끼리 분리시키면 $1 \cdot dy = \cos x\, dx$가 된다(※ 변수가 따로 분리된 $Mdx = Ndy$와 같은 식을 미분형식(differential form)이라 한다.). dy 앞에는 1이 있는 셈이다. 양변을 적분하면 $y = \sin x + c$라는 해를 얻을 수가 있다. 앞에서 했던 직관적 풀이와 같은 결과이다.

(좀 더 이론에 근거한 풀이: 이유는 아래 ※에서 설명한다.)

$\frac{dy}{dx} - \cos x = 0$, 그런데 $\frac{dy}{dx}$는 y를 x에 대해 미분한 것이고, $\cos x$는 $\sin x$를 미분한 것이므로, 즉 $\frac{d}{dy}(y)\frac{dy}{dx} - \frac{d}{dx}(\sin x) = 0$이다. 따라서 $\frac{d}{dx}(y) - \frac{d}{dx}(\sin x) = 0$이므로 $\int$을 취하면 $y - \sin x = c$이 되고 이를 정리하면, $y = \sin x + c$이다.

※ 라이프니츠가 고안했다는 미분 기호 $\frac{dy}{dx}$는 'y를 x에 대해서 미분하라.' 하는 의미의 기호인데, 분수처럼 사용할 수 있는지에 대한 논란

이 있다. 기초미적분학 책에서는 처음부터 무조건 분수처럼 사용해서는 안 된다고 주의를 주고 있다. 책 후반 편미분 편에서 dx와 dy가 각각 미분소(differential)로써 하나의 변수와 같이 다루어지는데, 그때까지 유보하는 것이다. $\frac{dy}{dx}$를 분수처럼 취급해도 문제가 없으나, 개념을 분명히 알고 상황에 맞게 사용해야 한다는 뜻일 것이다. 결국 $\frac{dy}{dx}$는 어떤 변수를 미분하라는 의미($\frac{d}{dx}$)와 분수로써의 의미를 다 같이 지닌 두 얼굴의 실체임이 분명하다. 단순한 수학기호 하나에 미적분의 여러 의미를 담은 라이프니츠의 직관력이 그저 놀랍기만 하다.

두 번째 예제도 풀어보자.

$$y' = \frac{dy}{dx} = y$$

이 식을 미분형식으로 다시 쓰면 $\frac{1}{y}dy = dx$이다. 양변을 적분하면 $\ln y = x + c$이고, $y = e^{x+c} = e^x \cdot e^c = c'e^x$가 되어 앞에서 했던 것과 같은 결과가 나온다.

지금까지 사용한 풀이방법이 바로 변수분리 해법이다. 다시 정리하면 변수분리 해법으로 풀 수 있는 미분방정식은

$y' = f(x)g(y)$의 꼴이며 이는 결국,

$$\frac{1}{g(y)}dy = f(x)dx$$

위 형태와 같은 것이므로, 양변을 적분하여 해를 구하게 된다.

② 적분인자법(integrating factors)

적분인자법을 알려면 먼저 '완전미분방정식'에 대하여 알아야 한다. 왜냐하면, 우리가 풀려는 미분방정식이 완전미분방정식의 형태이면 바로 해를 구할 수가 있다. 그러나 그렇지 않으면 방정식의 양변에 적절한 함수형태의 인자를 곱하여 완전미분방정식으로 만드는 것이 필요하다. 이때 곱해주는 인자를 적분인자라 한다.

※ 완전미분방정식(exact differential equation)

우리는 미적분학에서 전미분(total differentials)에 대해서 배운 바 있다. 이 전미분의 개념을 미분방정식을 푸는 데 활용하는 것이다. 전미분을 약간 복습하자면, 일변수 함수의 전미분 dy는 $dy = f'(x)dx$로 나타낼 수 있다. 즉 dy는 y의 x에 대한 변화율에 미분소 dx를 곱한 것이라 할 수 있다. 이를 2변수 함수로 확장하면 전미분 dz는

$$dz = \frac{\partial z}{\partial x}dx + \frac{\partial z}{\partial y}dy$$

로 나타낼 수 있다. 즉, dz는 z의 x,y에 대한 변화율을 미분소 dx, dy에 각각 곱하여 더한 것이다. 만약에 주어진 미분방정식의 좌변을 이같이 전미분의 형태로 만들 수 있다면 dz를 통째로 적분하여 바로 해를 구할 수 있는 것이다. 다음과 같은 미분방정식이 있다 하자.

$$M(x,y)dx + N(x,y)dy = 0$$

자세히 살펴보면 좌변의 형태가 전미분 항등식의 우변과 비슷한 구조라는 것을 알 수 있다. $M(x,y)$와 $N(x,y)$가 각각 $\frac{\partial z}{\partial x}$, $\frac{\partial z}{\partial y}$와 일치될 때, 이와 같은 미분방정식을 완전미분방정식이라고 한다. 완전미분방정식은 전미분 공식에 의해 좌변이 dz가 되므로 $dz = 0$이 되어 이를 통째로 적분하면 $z = c$라는 해를 얻을 수 있다.

그러면 실제로 어떻게 되는지 살펴보자. 편의상 z를 f로 바꾸자. 그러면 $\frac{\partial f}{\partial x} = M$, $\frac{\partial f}{\partial y} = N$이 성립하는 함수 f가 존재하여야 한다. $Mdx + Ndy$는 $\frac{\partial f}{\partial x}dx + \frac{\partial f}{\partial y}dy$가 되어 전미분 꼴이 된다. 따라서 $df = \frac{\partial f}{\partial x}dx + \frac{\partial f}{\partial y}dy$ 이다. 즉 $df = 0$ 이므로, 이를 적분하면 바로 $f(x,y) = c$라는 형태의 일반해를 구할 수 있다.

그러나 $\frac{\partial f}{\partial x} = M$, $\frac{\partial f}{\partial y} = N$의 조건만으로는 부족하다. 완전미분이 되려면 M과 N을 한 번 더 편미분한 값이 같아야 한다. 즉,

$$\frac{\partial M}{\partial y} = \frac{\partial^2 f}{\partial x \partial y}, \quad \frac{\partial N}{\partial x} = \frac{\partial^2 f}{\partial y \partial x} \quad \Rightarrow \quad \frac{\partial M}{\partial y} = \frac{\partial N}{\partial x}$$

예를 들어 보자. $xdy + ydx = 0$이라는 미분방정식은 완전미분방정식이다. 왜냐하면, $\frac{\partial f}{\partial x} = y$, $\frac{\partial f}{\partial y} = x$인 $f = xy$인 함수가 존재하고 $M = y$, $N = x$이므로 $\frac{\partial M}{\partial y} = \frac{\partial N}{\partial x} = 1$이기 때문이다. 즉 $d(xy) = 0$이므로 양변을 적분하면 $xy = c$라는 해를 구할 수 있다. 이 예제에서는 f를 직관적으로 알 수 있으나, 보통은 그렇지 않다. 예를 하나 더 들어 보자.

$(3x^2y^2 + x^2)dx + (2x^3y + y^2)dy = 0$의 해를 구한다고 했을 때 $M = 3x^2y^2 + x^2$이고 $N = 2x^3y + y^2$이므로 $M_y = 6x^2y$, $N_x = 6x^2y$이 되어 완전미분방정식이다. f를 구하기 위하여 $f(x,y) = \int (3x^2y^2 + x^2)dx + g(y)$로 놓고 적분하면 $f(x,y) = x^3y^2 + \frac{1}{3}x^3 + g(y)$이 된다. 이 식은 이미 $f_x = 3x^2y^2 + x^2$을 만족한다. 다음은 $f_y = 2x^3y + y^2$이 되게 하면 된다. $\frac{\partial f}{\partial y} = 2x^3y + g'(y) = 2x^3y + y^2$이므로 $g'(y) = y^2$이고, 따라서 $g(y) = \frac{1}{3}y^3 + c$이다. 결국,

$$f(x,y) = x^3y^2 + \frac{1}{3}x^3 + \frac{1}{3}y^3 + c$$

이므로 해는 $x^3y^2 + \frac{1}{3}x^3 + \frac{1}{3}y^3 + c = 0$이 된다.

완전미분방정식에 대하여 알았으므로 이제 적분인자법에 대해 알아볼 차례가 되었다. 그러니까 미분방정식이 완전미분방정식의 형태이면, 전미분으로 바꾼 뒤 바로 적분하면 해를 구할 수 있다는 것을 알았다. 그러나 문제는 완전미분방정식이 아닐 경우는 어떻게 하느냐이다. 수학자들은 방정식의 양변에 어떤 함수 $u(x)$를 곱한 후 전미분의 조건과 일치하도록 하면 $u(x)$를 알 수 있고 이를 다시 방정식에 곱하면 완전미분방정식이 되므로 결국 방정식을 풀 수 있게 된다는 것을 발견하였다.

적분인자법을 일계 상미분방정식에 적용하여 보자. 일계 상미분방정식의 표준형식 $y' = f(x,y)$을 약간 변형하면,

$$y' + f(x)y = r(x)$$

으로 쓸 수 있고, 이를 dy, dx 항으로 정리하면,

$$(fr - r)dx + dy = 0$$

이 식의 적분인자를 $F(x)$라 가정하고 양변에 곱하면

$$F(x)(fy - r)dx + F(x)dy = 0$$

이다. 이 방정식은 가정에 의해 완전미분방정식이다. 따라서 다음이 성립한다.

$$\frac{\partial}{\partial y}[F(fy-r)] = \frac{dF}{dx} \quad \text{즉,} \quad Ff = \frac{dF}{dx}$$

이 식을 변수분리하면 $f dx = \frac{1}{F} dF$이고, 이를 적분하면

$$\ln|F| = \int f(x)dx$$

따라서,

$$F(x) = e^{\int f(x)dx}, \int f(x)dx = h(x)\text{로 놓으면 } F(x) = e^{h(x)}$$

적분인자를 구했으므로 이를 미분방정식에 곱하면

$$e^h(y' + fy) = e^h r$$

미적분 기본정리에 의해 $f = h'$이므로

$$\frac{d}{dx}(ye^h) = e^h r$$

양변을 적분하면,

$$ye^h = \int e^h r dx + c$$

우리가 구하는 일반해는

$$y(x) = e^{-h}[\int e^h r dx + c], \text{ 여기서 } h = \int f(x)dx$$

이다.

③ 매개변수 변환법(variation of parameters)

미분방정식을 푸는 재미있는 방법이 또 하나 있다. 매개변수 변환법이라 하는데 여기서 매개변수는 일반해에 포함되어 있는 c를 말한다. 이 c를 변환한다니 무슨 말일까? 간단히 말해서 제차방정식(우변항을 0으로 가정했을 때의 방정식)의 일반해가 보통 c • $v(x)$의 꼴로 나타난다는 것에 힌트를 얻어, '아마도 실제 해는 단순히 c가 아닌 좀 더 일반적인 어떤 함수 $u(x)$가 곱해진 형태, 즉 $u(x)$ • $v(x)$ 꼴로 나타나지 않을까?'라고 짐작한 후 해를 구하는 방법이다. 통상 일계 상미분방정식은

$$y' + f(x)y = r(x)$$

위와 같이 쓸 수 있다고 하였다. 그런데 제차방정식 $y' + f(x)y = 0$의 해는 변수분리법으로 쉽게 구할 수 있다.

$$\frac{1}{y}dy = -f(x)dx$$

이고, 양변을 적분하면 $\ln|y| = -\int f(x)dx + c^*$

제차방정식의 해는

$$y(x) = ce^{-\int f(x)dx}$$

따라서, 위의 가정에 따라

$$v = ce^{-\int f(x)dx}$$

제차방정식의 해 $v(x)$를 구했으므로, 본 미분방정식의 해를 $y(x) = u(x)v(x)$ 이라고 가정하고 이를 미분방정식에 대입하면,

$$u'v + u(v' + fv) = r$$

여기서 v가 제차방정식의 해이므로 $v' + fv = 0$이 된다. 따라서 위 식은

$$u'v = r \quad 즉, \quad u' = \frac{r}{v}$$

양변을 적분하면

$$u = \int \frac{r}{v}dx + c$$

이고, 이제 $u(x)$ 를 알았으니, 우리가 구하는 해는

$$y = uv = v(\int \frac{r}{v} dx + c)$$

이다. 그런데 이 해는 적분인자법을 사용해서 구한 해와 정확히 일치한다는 것을 알 수 있다.

④ 피카르 반복법(Picard's iteration method)

지금까지 살펴본 해법들은 나름 뛰어난 미분방정식의 해법들이긴 하나, 모든 미분방정식에 적용할 수 있는 것은 아니다. 그런데 여기 좀 덜 세련되어 보이기는 하지만 **모든 미분방정식에 적용할 수 있는 해법**이 있다. 바로 피카르 반복법이다. 이 방법의 아이디어는 매우 간단하다.

우리가 이차방정식의 해를 구할 때 근의 공식을 써서 구하기도 하지만, 반복 근사법을 써서 구할 수도 있다. 즉 $x = \frac{1}{2}(x^2+1)$처럼 등식의 양변에 미지수가 있도록 한 다음, 초기값인 x=0을 x^2에 대입하여 x를 구한 값을 x_1이라 하고, 다시 이 x_1을 x^2에 대입하여 구한 값을 x_2로 놓고 … 등으로 계속 반복하여 나가면 단계마다 점점 더 정확한 근사해를 구할 수 있고 결국 x=1이라는 해에 도달하게 된다.

피카르 반복법은 이 방식을 미분방정식에 적용한 것이다. 미분방정식에 반복근사법을 적용하기 위해서는 등식의 양변에 미지수가 있어야 한다. 이를 위해서 먼저 원래 미분방정식의 양변을 적분하여 적분방정식으로 만든다.

$$y' = f(x,y), \quad y(x_0) = y_0$$

$y' = f(x,y)$은 $dy = f(x,y(x))dx$ 이므로 양변을 적분하면,

$$\int_{x_0}^{x} dy = \int_{x_0}^{x} f(t,y(t))dt$$

$$\Rightarrow \qquad y(x) = y_0 + \int_{x_0}^{x} f(t,y(t))dt \text{ (적분방정식)}$$

이제 이 적분방정식을 시산(試算)하면 된다. 1단계는 초기값 y_0를 적분 integrand의 $y(t)$에 대입하여 계산한 값을 y_1으로 놓는다. 즉,

$$y_1(x) = y_0 + \int_{x_0}^{x} f(t,y_0)dt$$

이 과정을 n단계까지 반복하면

$$y_n(x) = y_0 + \int_{x_0}^{x} f(t,y_{n-1}(t))dt$$

이 된다. 물론 n이 ∞까지 가지 않는 한 이 값들은 모두 **근사해**(approximate solutions)이다. 피카르 반복법은 그 범용성으로 인하여 미분방정식 해의 존재성 증명에 사용된다.

해의 존재성과 유일성에 대하여

미분방정식에서 해가 존재하는가? 존재하지 않는가? 해가 존재한다면 유일한 해인가? 아닌가? 하는 문제는 방정식을 푸는 것만큼이나 중요한 문제이다. 왜냐하면, 미분방정식을 풀기 전에 해의 존재 여부를 미리 알 수 있다면, 해가 존재하지도 않는 문제를 풀어야 하는 불필요한 노력을 절약할 수 있기 때문이다. (미분방정식은 대부분 해를 구하는 과정이 매우 어렵고 복잡하다.)

① 존재성

미분방정식에서 해의 존재성 문제가 어렵게 느껴지는 것은 우리의 직관적 사고와 다른 측면이 있기 때문이다. 우리가 일반적으로 갖고 있는 해의 존재에 관한 직관적 이해는 이산수학에서 다루는 방정식의 해에 관한 것일 수 있다. 즉 해가 있으면 있고 없으면 없는 것이다. 그러나 미분방정식에서는 조금 다르다. 미분방정식의 해는 실수가 아니라 연속체인 '함수'이기 때문에 '구간'을 항상 같이 말해 주어야 한다. 미분방정식에서 해를 구할 수 있는 해법이 있다는 것은 해가 있다는 말이기도 하다. 그러나 해를 엄연히 구할 수 있는데도 때에 따라 그 해는 존재하지 않을 수도 있다. 왜냐하면, 정의되지 않는 구간이 있다면 그 구간에서는 해가 존재하지 않는 것이기 때문이다. 즉 구간에 따라 함수가 정의될 수도 있고 정의되지 않을 수도 있다. 예를 들어, 초기값 문제 $y' = 1 + y^2$,

$y(0)=0$의 해는 $y = \tan x$이다. 그러나 알다시피 이 해곡선 $\tan x$는 정의역이 $-\frac{\pi}{2} < x < \frac{\pi}{2}$인 구간에서만 정의된다. 따라서 $x = \frac{\pi}{2}$ 또는 $x = -\frac{\pi}{2}$이면 함수 자체가 정의되지 않는다. 바로 이러한 상황이 미분방정식에서는 해가 존재하지 않는 경우가 되는 것이다. 분명히 이 미분방정식의 해는 '$\tan x$'인데(직관적으로 존재하는데) 어떤 구간에서는 존재하지 않는 것이다. 다시 말해서 미분방정식에서 해가 존재하지 않는다는 의미는 해곡선 자체가 없는 경우는 물론, 해곡선이 있더라도 정의되지 않는 구간이 있다면 이 구간에서는 해가 존재하지 않는 것이다.

여기서 우리는 우리의 질문을 바꾸어야 할 필요가 있다. 미분방정식의 해가 '존재하느냐 안 하느냐.'로 물을 것이 아니라, 해가 '존재하는(정의되는) 구간이 어디인가 또는 존재하지 않는 구간은 어디인가?'로 물어야 한다. 만일 해가 존재하는 구간을 찾을 수 없다면 해는 존재하지 않는 것이다. 우리가 존재성 정리에서 '사각형 R'을 설정하여 x와 y 값을 bound시키는 것도 같은 맥락이라고 할 수 있다. 사각형 R 내에서 '모든' x 값에 대하여 해곡선이 정의되는(또는 연속인) 바로 그 '사각형 R'을 확인하는 것이다.[1] 해의 존재성을 말할 때는 단순히 '존재한다, 안 한다'라고 말할 것이 아니라, '어느 구간'에서 해가 존재한다고 말해야 한다.

그러면 해가 존재하는 또는 정의되는 구간을 어떻게 아는가. 다시 위의 예제를 살펴보자. $y' = 1 + y^2$, $y(0) = 0$. 먼저 초기값을 중앙점으로 하는 $|x| < 5 = a$, $|y| < 3 = b$인 사각형1)을 이 값들은 임의로 우선 정한 것이

---

1) '사각형 R'의 의미와 설정 방법: 해의 존재성과 유일성 검증 시 설정하는 사각형 R은 점 (x_0, y_0)을 중심으로 일정 범위를 제한하기 위한 것이다. 이는 극한에서 다루는 근방의 개념과는 차이가 있다. 극한의 근방이 미시적으로 들여다보기 위한 것이라면, 반대로 사각형 R은 사각형 내에서만큼은 전 구간이 연속이고,

다. $1+y^2$을 하나의 함수로 보고 $f=1+y^2$로 설정한다. 그러면 $|f|=|1+y^2|\le M=10$, $|\partial f/\partial y|=2|y|\le A=6$이 된다. 여기서 f는 y'이므로 해곡선의 기울기이다. $|f|\le 10$이라는 것은 기울기의 최댓값이 ± 10이라는 것이다. 즉 사각형을 위와 같은 바운드로 설정하면 중앙점 즉 초기값을 지나는 곡선의 최대 기울기는 10을 넘지 못한다는 이야기이다. 그러면 최대 기울기일 때 사각형의 밑변을 통과하는 지점은 $b/M = 3/10 = 0.3 < a$이다.(※ $b/M > a$일 때는 a를 취한다. 즉 $Min\left\{\frac{b}{M}, a\right\}$) 따라서 우리가 처음에 설정한 a는 $5\rightarrow 0.3$으로 조정된다. 사실 결과적으로 해곡선이 정의되는 구간은 $-\frac{\pi}{2}<x<\frac{\pi}{2}$이므로 애초에 설정한 $a=5$는 불합리한 값이었다는 것을 알 수 있다. 비록 x 구간이 $\pm\frac{\pi}{2}$와 일치하지는 못했지만, 적어도 그 구간 내 모든 점에서 해곡선이 정의되는 구간인 ± 0.3을 찾아낸 것이다. 즉, $-0.3 < x < 0.3$ 구간에서는 적어도 해곡선이 정의되고 따라서 **'해가 존재한다.'**라고 말할 수 있는 것이다.

아울러 정의되지 않는 구간이 없도록 일정 범위로 제한하는 의미가 크다. 만일 사각형 내 최소한 한 점에서라도 연속이 아니거나 정의되지 않는 구간이 있게 되면 사각형 R을 새로이 설정해야 한다. 사각형 R은 x와 y의 범위를 정하는 것 이상도 이하도 아니다.

② 유일성

$$y' = f(x,y), \quad y(x_0) = y_0$$

위와 같은 초기값 문제가 있다 하자. 해의 유일성을 보장하기 위한 충분조건은 $f(x,y)$와 $\frac{\partial f}{\partial y}$가 연속이어야 한다. $f(x,y)$가 연속임은 쉽게 이해가 되는데($\because$ f는 y의 도함수이므로) 왜 하필이면 $\frac{\partial f}{\partial y}$가 연속이어야 하는가? 그냥 $\frac{\partial f}{\partial y}$가 연속이면 해가 유일하다고 믿고 넘어가도 된다. 어차피 나중에 해의 유일성 정리를 증명할 때 편미분 값, 즉 $\frac{\partial f}{\partial y} \leq A$는 Lipschitz 조건으로 대체되어 증명을 완성하는 데 중요한 역할을 한다. 그렇다고 하더라도 왜 $\frac{\partial f}{\partial y}$인가? 왜 x가 아니고 y에 대한 편도함수일까? 우선 f는 해곡선의 기울기임을 우리는 알고 있다. $\frac{\partial f}{\partial y}$는 기울기를 나타내는 함수를 y에 대해 편미분한 것이다. y가 해(곡선)이므로 $\frac{\partial f}{\partial y}$는 문자 그대로 해곡선의 변화량에 대한 기울기의 변화량인 것이다. 여기서 해곡선의 변화량이나 기울기의 변화량 자체가 중요한 것은 아니다. 다만 그 의미를 유추해보건대 모든 상미분방정식은 Picard iteration method로 근사적으로 해를 구할 수 있고, 해를 구하는 과정이 초기값 y_0을 f에 대입한 후 f를 적분하여 y값을 구하고 다시 그 값을 f에 대입, 적분하여 다시 새로운 y를 구하고 … 이러한 과정을 계속 반복하여 결국 해곡선에 수렴하는 것임을 볼 때 $\frac{\partial f}{\partial y}$는 해를 조금씩 계속 반복·변화시켜 결국 특정 기울기에 도달하는 Picard 반복법의 수학적 표현이라고도 할 수 있다. Picard 반복법이 모든 미분방정식에 적용할 수 있는 범용적 해법이라는 것을 감안한다면 어쩌면 당연한 결과인지도 모른다. 만약 $\partial f/\partial y$가 연속하지 않는다면 Picard 반복법에서 특정 유일해에 수렴하는 과정 자체가 아예 성립하지 못할 것이다. 따라서 $\partial f/\partial y$의 연속이 해의 유일성을 보장하기 위한 조건이 되는 것이다. 그러나 연속만으로는 부족하고 그 외에 유계라는 조건도 필요하게 된다.

(※ 존재성 정리와 유일성 정리 증명: 1계 상미분방정식)

〈A. 존재성 정리(existence theorem)〉

○ $f(x,y)$가 다음과 같이 사각형 R 내 모든 점(x,y)에서 연속이고, '유계'이면

- 연속 (a) R: $|x-x_0| < a$, (b) $|y-y_0| < b$
- 유계 (c) $|f(x,y)| \leq M$

○ 그러면, 초기치 문제 $y' = f(x,y)$, $y(x_0) = y_0$는 적어도 한 개의 해 $y(x)$를 갖는다. 이 해는 $|x-x_0| < \alpha$, $\alpha = Min\{a, b/M\}$을 만족한다.

〈B. 유일성 정리(uniqueness theorem)〉

○ $f(x,y)$와 $\partial f/\partial y$가 R 내에서 '연속'이고, '유계'이면 즉,

(a) $|f| \leq M$ (b) $\left|\dfrac{\partial f}{\partial y}\right| \leq A$

○ 그러면, 초기치 문제 $y' = f(x,y)$, $y(x_0)=y_0$는 유일한 해 $y(x)$를 갖는다.

〈증 명〉

해의 존재성 정리 및 유일성 정리의 증명은 쉽지 않다. 아마도 미분방정식에서 가장 어려운 부분 중 하나일 것이다. 일반적으로 수학적 증명이 어려운 것은 ① 논리의 비약 ② 생소한 개념과 정리의 등장 등 두 가지 때문인데 지금 우리가 하려고 하는 증명은 이 두 가지 요소를 모두 가지고 있다. 가령 립쉬츠 조건, 균등 수렴, 바이어슈트라스 판정법 등이 그것이다. 그러나 중요한 것은 논리적 흐름이다. 수학에서 도중에 모르는 것이 나오면 더 찾아서 공부하면 되지만, 논리적 흐름이 자연스럽게 연결되지 않는다면 전체적으로 이해되었다고 할 수 없다. 그럼 증명을 시작하여 보자.

증명은 피카르 반복법(Picard's iteration method)을 사용해서 한다. 왜냐하면, 피카르 반복법이 비록 근사해법이긴 하지만 특히 1계 상미분방정식의 범용적 해법이기 때문이다. 피카르 반복법이 위의 두 정리의 조건들을 만족하면서 $y_n(x)$가 해 $y(x)$에 근사하는 것을 보이면 증명은 끝이 난다. 피카르 반복법을 사용하기 위해서 가장 먼저 해야 할 일은 등호의 양쪽에 미지수가 있는 등식으로 만들어주는 것이다. 그런 다음 $y' = f(x,y)$의 양변을 적분하여 적분방정식으로 만든다.

$y' = f(x,y)$

$$\Rightarrow y(x) = y_0 + \int_{x_0}^{x} f(t,y(t))dt, \quad |x-x_0| < \alpha, \quad y(x_0) = y_0$$

피카르 반복법을 진행해 보면,

$$y_1(x) = y_0 + \int_{x_0}^{x} f(t,y_0(t))dt$$

$$y_2(x) = y_0 + \int_{x_0}^{x} f(t,y_1(t))dt$$

$$\cdots$$

$$y_n(x) = y_0 + \int_{x_0}^{x} f(t,y_{n-1}(t))dt$$

위와 같이 결국 $y_n(x) \rightarrow y(x)$로 근사함을 볼 수 있다.

① 여기서 먼저 $|y_n(x)-y_0| \le b$임을 보이자. 수학적 귀납법을 써서 증명해 보자. 먼저 $n=0$일 때 $|y_n(x)-y_0|=0 \le b$이므로 당연히 성립한다. 그러면 $|y_{n-1}(x)-y_0| \le b$가 성립한다고 가정했을 때 $|y_n(x)-y_0| \le b$이 성립함을 보이면 증명이 끝난다.

그런데 만일, $|y_{n-1}(x)-y_0| \le b$이 성립하지 않고 $|y_{n-1}(x)-y_0| > b$이라면 즉, $y_{n-1}(x)$ 값이 R 밖으로 벗어나면 $y_n(x)$이 정의되지 않는다. 따라서 $|y_{n-1}(x)-y_0| \le b$이면 $y_n(x)$가 정의되고 다음과 같은 결과를 얻을 수 있다.

$$|y_n(x)-y_0| \le \int_{x_0}^{x} f(t,y_{n-1}(t))dt \le |x-x_0|M \le \alpha M \le b$$

이로써 증명이 끝나고 결국 모든 n에 대하여 $|y_n(x)-y_0| \le b$이고, $y_n(x)$은 n에 관계없이 항상 R 내에 놓이게 된다.

② 다음은 수열 $y_n(x)$가 연속함수 $y(x)$에 균등 수렴함을 보이자. 다음과 같은 급수가 있다 하자.

$$y_0(x) + [y_1(x) - y_0(x)] + [y_2(x) - y_1(x)] + \cdots$$
$$+ [y_n(x) - y_{n-1}(x)] + \cdots$$

이 급수의 n번째 부분합은 $y_n(x)$이 된다.(※ 이 급수는 n번째 부분합이 $y_n(x)$이 되도록 항을 $[y_n(x) - y_{n-1}(x)]$으로 조립하여 만든 것이다.) 그리고 이 급수가 균등 수렴함을 보일 것이다. (※ 부분합이 $y_n(x)$이므로, 이 부분합이 균등 수렴함을 보이는 것은 바로 $y_n(x)$이 점점 $y(x)$로 수렴한다는 것이고 이는 곧 (유일한) 해 $y(x)$가 존재한다는 의미이다.)

그런데 왜 균등 수렴인가? 기초 미적분학에서는 극한값의 ϵ 근방 이내에 들면 수렴한다고 판정하였으나, 함수 수렴에서는 함수 전체에 대한 거시적 관찰이 필요하다. 즉, $y_n(x)$이 $y(x)$로 수렴하기 위해서는 $y_n(x)$이 $y(x) \pm \epsilon$ 범위 내에 있어야 한다. 이때 중요한 것은 모든 점에서, 즉 모든 구간에서 성립해야 한다는 것이다. 바로 이것이 균등 수렴이다. (※ 특정한 점, 또는 일부 구간에서만 $\pm\epsilon$ 범위에 드는 것은 점별수렴(pointwise convergent)이라 한다. 함수 수렴의 필요충분조건은 균등 수렴이다.)

이 급수가 균등 수렴함을 보이기 위하여, 먼저 급수의 항별로 계산하여 보자.

$$|y_1(x)-y_0(x)| \le M|x-x_0|$$

$$|y_2(x)-y_1(x)| \le \int_{x_0}^{x} |f(t,y_1(t))-f(t,y_0(t))|dt$$

...

위와 같이 되는데, 여기에 Lipschitz condition(※ $\partial y/\partial x$가 유계이므로, 평균값 정리에 상한값(A)을 적용하여 만든 부등식)을 적용하여 그대로 다시 쓰면,

$$|y_1(x)-y_0(x)| \le M|x-x_0|$$

$$|y_2(x)-y_1(x)| \le A\int_{x_0}^{x} |y_1(t)-y_0(t)|dt \le AM\int_{x_0}^{x}(t-x_0)dt$$

$$\le \frac{MA(x-x_0)^2}{2!} \le \frac{MA\alpha^2}{2!} \cdots$$

$$|y_n(x)-y_{n-1}(x)| \le \frac{MA^{n-1}\alpha^n}{n!}$$

부등식의 양변을 각각 더하면,

$$|y_1(x)-y_0(x)|+|y_2(x)-y_1(x)|+ \cdots +|y_n(x)-y_{n-1}(x)| \le M\sum_{n=1}^{\infty} A^{n-1}\alpha^n/n!$$

$$\Rightarrow |y_n(x)| \le |y_0(x)|+M\sum_{n=1}^{\infty} A^{n-1}\alpha^n/n! \le |y_0(x)|+\frac{M}{A}(e^{A\alpha}-1)$$

따라서, $|y_0(x)|+M\sum_{n=1}^{\infty} A^{n-1}\alpha^n/n!$은 명백히 수렴하는 것을 알 수 있다. 그러므로 바이어슈트라스 M-test에 의하여, $y_n(x)$는 균등 수렴한다. (※

M-test에 의해, $|y_n(x) - y_{n-1}(x)| \le \frac{MA^{n-1}\alpha^n}{n!}$ 일 때, $M\sum_{n=1}^{\infty} A^{n-1}\alpha^n/n!$이 수렴하면, $\sum_{n=1}^{\infty}|y_n - y_{n-1}|$, 즉 $y_n(x)$는 균등 수렴한다.)

$$
\begin{aligned}
③\ y(x) = \lim_{n\to\infty} y_n(x) &= y_0 + \lim_{n\to\infty}\int_{x_0}^{x} f(t, y_{n-1}(t))dt \\
&= y_0 + \int_{x_0}^{x} f(t, \lim_{n\to\infty} y_{n-1}(t))dt \\
&= y_0 + \int_{x_0}^{x} f(t, y(x))dt
\end{aligned}
$$

이로써 모든 증명이 끝났다.

B) 2계 상미분방정식(선형)

(a) 제차방정식

지금까지는 주로 1계 상미분방정식의 해법에 대해 알아보았다. 그러나 미분방정식이 1계에서 2계로 바뀌면 그 해법도 상당 부분 바뀌어야 한다. 당연히 좀 더 복잡해진다. 우선 제차 방정식에 대해서부터 먼저 알아보자. 제차방정식은 $y'' + f(x)y' + g(x)y = 0$와 같이 우변이 0인 형태를 말한다. 우변이 상수항이거나 다항식항인 경우(비제차방정식)보다 방정식을 다루기가 쉽다. 제차방정식을 먼저 살펴본 다음 비제차방정식에 대해 공부해 보자.

상수계수의 제차방정식은 다음과 같이 쓸 수 있다.

$$y'' + ay' + by = 0$$

그런데 이 미분방정식은 어떻게 푸는 것일까? 우리는 앞에서 미분 차수만 하나 작을 뿐 비슷한 형태의 방정식의 해를 구한 적이 있다. 바로 $y' + ky = 0$이다. 그때 해는 $y = ce^{-kx}$이었다. 혹시 2계 제차방정식의 해도 이와 같은 지수함수의 형태가 아닐까? 그렇다. 일단 해를 $y = e^{\lambda x}$로 가정하고 원래 미분방정식에 대입해 보자. 그래서 항등식이 성립하면 해가 맞는 것이다. 대입하려면 1차 미분, 2차 미분이 필요하다. $y' = \lambda e^{\lambda x}$, $y'' = \lambda^2 e^{\lambda x}$이므로 이 값을 대입하면,

$$\lambda^2 e^{\lambda x} + a\lambda e^{\lambda x} + be^{\lambda x} = 0, \quad \text{또는} \quad e^{\lambda x}(\lambda^2 + a\lambda + b) = 0$$

$\lambda^2 + a\lambda + b = 0$을 풀면 λ를 알 수 있고 이 λ를 $y = e^{\lambda x}$에 대입하면 해를 구할 수 있는 것이다! $\lambda^2 + a\lambda + b = 0$은 λ를 미지수로 하는 일반 이차방정식이다. 이를 특성방정식(characteristic equation)이라 한다. 특성방정식의 근은 알다시피, ① 두 개의 서로 다른 실근 ② 두 개의 공액복소수 ③ 중근 등 세 가지 중 하나일 것이다.

① 두 개의 **서로 다른 실근**일 경우에 대하여 알아보기 위하여 다음과 같은 미분방정식을 풀어보자.

$$y'' + y' - 2y = 0$$

이 미분방정식의 특성방정식은 $\lambda^2+\lambda-2 = 0$, $(\lambda+2)(\lambda-1)=0$, $\lambda= 1, -2$. 따라서 해는 $y_1=e^x$ & $y_2 = e^{-2x}$ 두 개다. 즉 2계 상미분방정식의 해는 두 개가 나온다는 것을 알 수 있다. 그런데 무언가 이상하다. 일반해라면 c가 보여야 할 텐데 어떻게 된 일일까? 여기서 우리는 제차방정식이 갖는 중요한 성질에 대해서 알 필요가 있다. 바로 중첩의 원리(superposition principle)이다.

※ **중첩의 원리**: 2계 제차미분방정식의 해가 각각 y_1, y_2라 하자. 그러면 $c_1 y_1+c_2 y_2$도 해가 된다. c_1, c_2는 임의의 상수. (증명) y_1, y_2가 각각 해이므로 $y_1'' + ay_1' + by_1 = 0$, $y_2'' + ay_2' + by_2 = 0$이 각각 성립한다. $c_1 y_1+c_2 y_2$가 해인지 알아보기 위해 원식에 대입하면, $c_1(y_1'' + ay_1' + by_1) + c_2(y_2'' + ay_2' + by_2) = 0$이다. 항등 관계가 성립하므로 $c_1 y_1+c_2 y_2$도 해가 된다.

중첩의 원리는 제차성과 선형성이 결합하여 만들어낸 흥미로운 결과이다. 두 개의 해만 알면 중첩의 원리에 의해 무수히 많은 해를 구할 수 있게 된다. $y=c_1 y_1+c_2 y_2$ 이것이 2계 제차미분방정식의 일반해가 된다. 주제에서 약간 벗어나지만, 이 일반해를 자세히 관찰해 보면 다름 아닌 y_1과 y_2의 선형결합(linear combination)이라는 것을 알 수 있다. 선형결합의 총체는 벡터공간(vector space)이라는 수학적 공간을 형성한다. 따라서 방정식의 일반해는 벡터공간을 이룬다고 할 수 있다. y_1과

y_2가 함수인데도 마치 벡터와 같이 거동하는 것이다. 벡터공간을 이루는 원소에 벡터뿐만 아니라 함수도 포함되는 이유이다.

다시 방정식의 해로 돌아오자. 여기서 주의할 점이 있다. 일반해를 이루는 y_1과 y_2에 필요조건이 있다. 서로 선형독립(linearly independent)의 관계에 있어야 한다. 두 해가 선형독립의 관계에 있을 때 이 두 해는 기저(basis)가 된다. 기저를 선형결합하면 일반해가 되고, 이 무수히 많은 일반해가 벡터공간을 이룬다. 만일 특성방정식을 통해 두 해가 각각 $y_1 = e^x$, $y_2 = 3e^x$가 나왔다 하자. 딱 보아도 이 둘의 관계는 선형독립의 관계가 아니다. 따라서 기저가 될 수가 없다. 그래서 이 방정식의 일반해는 그저 $y = ce^x$이다. 반면에 $y'' + y' - 2y = 0$의 해는 $y_1 = e^x$, $y_2 = e^{-2x}$이고 이 둘은 선형독립의 관계이므로 기저이다. 따라서 일반해는 $y = c_1 e^x + c_2 e^{-2x}$이다. 그러면 두 해가 선형독립인지 아닌지 어떻게 알 수 있을까? 쉬운 방법으로는 서로 분수로 만들어 보는 것이다. 그래서 상수가 나오면 선형독립이 아니라고 판정한다. 그러니까 상수가 아니어야 서로 선형독립의 관계가 되는 것이다. 그러나 해의 수가 3개 이상이 되면 서로 독립인지 아닌지를 알기가 그리 용이하지 않다. 이때 사용할 수 있는 것이 **론스키안(Wronskian) 행렬식**이다. 첫 행에 각 해를 나란히 배치하고 둘째 행에 각각 미분한 것을 배치한 후 행렬식을 계산하여 그 값이 제로가 아니면 선형독립으로 판별하는 것이다. 수학자 론스키는 계수를 풀기 위한 조건식으로 양변을 미분한 항등식을 추가한 것이다! 론스키안 행렬식의 원소는 실수가 아닌 '함수'이다. 즉 함수 행렬식(functional determinant)인 것이다. 따라서 자연스럽게 W가 구간 I 상의 적어도 한 점에서 0이면, 전 구간에서 $W \equiv 0$이 된다.

② **두 개의 공액복소수**인 경우를 살펴보자. 복소수가 나와서 그렇지 겁먹을 필요 없다. 특성방정식의 복소수 근을 그대로 이용하면 되는데 다만 이 복소수를 그대로 둘 수 없으니 실수로 바꾸어 주는 것이 관건이다. 복소수를 실수로 바꾸려면 어떻게 해야 할까? 바로 오일러 공식 $e^{i\theta} = \cos\theta + i\sin\theta$ 을 사용하면 된다. 오일러 공식은 초월함수인 지수함수와 삼각함수가 본질적으로 같은 것임을 최초로 알게 해 준 식이다. (※ 이 식은 $\theta=\pi$(rad)일 때, 세상에서 가장 아름다운 수학공식인 $e^{i\theta} + 1 = 0$이 된다.)

자, 그럼 시작해 보자. 두 개의 공액 복소수를 각각

$$\lambda_1 = p + iq, \quad \lambda_2 = p - iq$$

이라 하면 미분방정식의 해는 각각

$$y_1 = e^{(p+iq)x}, \quad y_2 = e^{(p-iq)x}$$

이 된다. 그러나 이 해는 복소수를 포함하고 있어서 무언가 불편하지 않는가? 오일러 공식을 사용하면 위 두 해는 다음과 같이 쓸 수 있다.

$$y_1 = e^{(p+iq)x} = e^{px}e^{iqx} = e^{px}(\cos qx + i\sin qx)$$
$$y_2 = e^{(p-iq)x} = e^{px}e^{-iqx} = e^{px}(\cos qx - i\sin qx)$$

위 같이 되는데, 이 두 식을 적절히 더하고 빼서 복소수항을 없애보자, 다음과 같이.

$$\frac{1}{2}(y_1 + y_2) = e^{px} \cos qx$$

$$\frac{1}{2i}(y_1 - y_2) = e^{px} \sin qx$$

여기서 우리는 중첩의 원리에 의하여 두 해를 적절히 더하고 뺀 것도 해가 된다는 것을 안다. 따라서 $e^{px} \cos qx$ 와 $e^{px} \sin qx$ 도 각각 해가 될 수 있으며, 이들이 선형독립의 관계라면 선형 결합하여 일반해를 만들 수도 있다. 즉 새로운 기저로 사용될 수 있는 것이다. 이 두 기저를 이용하여 새로운 일반해를 구성하면 다음과 같다.

$$y(x) = e^{px} \ (A \cos qx + B \sin qx)$$

여기서 A, B 는 임의의 상수.

우리는 지금 복소수를 포함한 해가 실수해로 멋지게 바뀌는 것을 목격한다. 수학은 이처럼 때때로 한계를 뛰어넘어 멀리 갈 수 있다. 그래서 집합론의 수학자 칸토르(G. Cantor)는 "수학의 본질은 그 자유로움에 있다."라고 설파했다.

예제를 한번 풀어보자.

$$y'' - 2y' + 10y = 0$$

특성방정식은 $\lambda^2 - 2\lambda + 10 = 0$이므로 이 방정식의 복소수 근은 각각

$$\lambda_1 = p+iq = 1+3i, \quad \lambda_2 = p-iq = 1-3i$$

이다. $p = 1$, $q = 3$이므로 기저는 각각

$$e^x \cos 3x, \ e^x \sin 3x$$

이 되고, 따라서 일반해는

$$y = e^x(A\cos 3x + B\sin 3x)$$

이다. 마지막으로 ③ **중근**의 경우를 생각해 보자.

$$y'' + ay' + by = 0$$

위의 특성방정식이 중근을 갖는다면, 필시 $\lambda = -a/2$이므로 해는

$$y_1 = e^{\lambda x} = e^{-ax/2}$$

이다. 그런데 해가 하나밖에 구해지지 않았다. 특성방정식의 근이 하나라고 해서 미분방정식의 해도 하나라는 법은 없다. 우리가 몰라서 그렇지 분명 어디엔가 나머지 해가 있을 것이다. 어떻게 찾을 수 있을까? 지금 우리가 추측할 수 있는 것은 다른 하나의 해도 분명 우리가 현재 알고 있는 해처럼 지수함수 형태일 것이라는 것이다. 문득 1계 미분방정식의

해법 중에서 매개변수변환법이 생각이 난다. 그래 그 방법을 써 보자. y_2를 다음과 같이 가정해 보자.

$$y_2(x) = u(x)y_1(x)$$

이 해를 미분방정식에 대입하여 정리하면 $u'' = 0$이 나온다. 이를 적분하면 $u = x$이다. 따라서 우리가 구하는 또 하나의 해는

$$y_2(x) = xe^{\lambda x}$$

이고, y_1, y_2는 선형독립의 관계이므로 기저로서 일반해를 구성할 수 있다. 따라서 일반해는

$$y = (c_1 + c_2x)e^{\lambda x}$$

이다.

(b) 비제차방정식: 미정계수법

지금까지는 오른쪽 항이 0인 제차(이계)방정식에 대해 알아보았다. 이제부터는 오른쪽 항이 제로가 아닌 비제차방정식의 해에 대해서 알아보기로 한다. 즉 다음과 같은 방정식이 비제차방정식이다.

$$y'' + f(x)y' + g(x)y = r(x)$$

그런데 이 비제차방정식의 해를 구하는 데는 아주 흥미로운 사실이 있다. 다름이 아니라 그것은 방정식의 오른쪽을 $r(x)$ 대신 0으로 놓고 구한 해와, 이 비제차방정식의 임의의 특수해를 서로 더하면 이 방정식의 일반해가 된다는 사실이다. 이는 간단한 방식으로 증명할 수가 있다.

(※ 증명) 위와 같은 비제차방정식의 일반해가 다음과 같다고 가정한다.

$$y(x) = y_h(x) + \tilde{y}(x)$$

이 일반해를 본 방정식에 대입하여 성립한다는 것을 보이면 증명이 끝난다. 대입하면 왼쪽 항은

$$(y_h+\tilde{y})'' + f\ (y_h+\tilde{y})' + g\ (y_h+\tilde{y})$$

이를 전개하면,

$$(y_h'' + f\ y_h' + g\ y_h) + \tilde{y}'' + f\ \tilde{y}' + g\ \tilde{y}$$

그런데 괄호 속의 항은 전체가 0이 되므로 $\tilde{y}''+f\tilde{y}'+g\tilde{y}$만 남는데 $\tilde{y}$가 다름 아닌 본 방정식의 특수해이므로 $r(x)$가 됨을 알 수 있다. 따라서 $y(x)$가 이 방정식의 해임이 밝혀졌으므로 증명이 끝난다.

다시 말하면, 비제차방정식의 해는 제차해와 특수해를 합한 것이다.

제차해는 위의 특성방정식을 이용하여 구하면 되는데 문제는 특수해이다. 아무거나 방정식에 대입하여 성립하면 바로 그것이 특수해인데, 이 특수해 하나만 알 수 있으면 제차방정식의 일반해와 합쳐서 본 방정식의 해를 만들 수가 있는데, 어떻게 구한단 말인가? 여러분도 한번 생각해 보자. 그리 어렵지 않다. 책을 덮고 약 5분 동안 궁리를 해 보자. (5분 경과!) 힌트는 오른쪽 $r(x)$의 모양에 있다. 수학자들은 특수해가 오른쪽 $r(x)$의 모양과 닮아 있으리라고 추측하였다. 즉 $r(x)$가 e^x 모양이면 특수해도 e^x 모양, $\sin x$ 모양이면 특수해도 $\sin x$ 또는 $\cos x$ 모양일 것이라고 생각한 것이다. $r(x)$를 이루고 있는 함수의 형태에 따라 특수해도 같은 포맷으로 설정한 다음, 방정식에 대입한 후 등호 양변을 비교하여 그 포맷의 계수를 알아내는 방식이다. 고교수학에서 일반방정식을 풀 때 이용했던 미정계수법이란 것이 있었다. 바로 그것과 동일한 방법이다. 예제를 한번 풀어보자. 다음 방정식의 해를 구하라.

$$y'' - 4y' + 3y = 10e^{-2x}$$

특수해를 $y_p = ke^{-2x}$라 놓고, 대입하면

$$4ke^{-2x} - 4(-2ke^{-2x}) + 3ke^{-2x} = 10e^{-2x}$$

따라서, $4k + 8k + 3k = 10$, $k = 2/3$이다. 그런데 이 방정식의 제차해는 e^x, e^{3x}이므로 우리가 구하는 해는

$$y = y_h + y_p = c_1 e^x + c_2 e^{3x} + \frac{2}{3}e^{-2x}$$

이다.

(c) 비제차방정식: 매개변수변환법

지금까지 우리는 비제차방정식의 특수해를 구하기 위해 미정계수법을 사용하였다. 그러나 미정계수법은 제한된 형태의 미분방정식에서만 유효하다는 단점이 있다. 특수해를 구하는 더욱 일반적인 방법이 있는데 바로 매개변수변환법이다. 매개변수변환법은 앞에서도 여러 번 사용한 적이 있듯이(※ 매개변수변환법은 해를 이미 알고 있는 상태에서 또 다른 해를 찾기 위해 사용하는 기법으로, 알고 있는 해의 매개변수 c를 $u(x)$로 바꾼 것을 또 다른 해라 가정하고 미분방정식에 대입하여 $u(x)$ 값을 찾는 것이다. 따라서 제차해를 알고 있는 상태에서 또 다른 해인 특수해를 구할 때 주로 사용되나, 종종 2계미분방정식의 특성방정식에서 중근이 나오는 경우 숨어 있는 또 하나의 해를 찾을 때 사용되기도 한다.), 여러 형태의 미분방정식에 고루 통용될 수 있는 범용적인 해법이라 할 수 있다. 지금부터 이를 2계상미분방정식에 적용하는 방법에 대하여 논해 보기로 한다.

다음과 같은 미분방정식이 있다고 할 때,

$$y'' + f(x)y' + g(x)y = r(x)$$

이 방정식은 비제차방정식이므로 일반해는 제차해와 특수해를 더 한 것이다. (※ 앞에서 증명하였듯이 제차해와 특수해를 합한 것을 방정식에 대입하면 등호가 성립한다.) 그런데 제차방정식의 일반해는

$$y_h(x) = c_1 y_1(x) + c_2 y_2(x)$$

이라는 것을 알고 있다. 그럼 특수해는 어떻게 구해야 하나?

그런데 이때 우리는 여기서 최대한 합리적인 추리를 해 볼 필요가 있다. 특수해가 제차해의 매개변수 c_1, c_2가 함수 $u(x)$, $v(x)$로 바뀐 형태라고 가정하는 것이다. 즉,

$$y_p(x) = u(x)y_1(x) + v(x)y_2(x)$$

라 놓고, 양변을 미분하면

$$y_p' = u'y_1 + uy_1' + v'y_2 + vy_2'$$

이 된다. 우리가 풀려고 하는 미분방정식은 2계 미분방정식임을 상기할 필요가 있다. 따라서 y_p' 이외에 y_p''도 필요하다. 그렇다고 y_p'를 그대로 또 한 번 미분하게 되면, u'', v''라는 항이 생기게 되어 문제가 더 복잡해진다. 따라서 우리는 조건을 하나 새로 만들 필요가 있다. 즉 $u'y_1 + v'y_2 = 0$이라는 조건이다. 어차피 특수해는 아무거나 하나만 있으면 되기 때문에 되도록 유리한 조건을 찾은 것이다. 이 조건을 부과하면 y_p'는 다음과 같이 줄어든다.

$$y_p' = uy_1' + vy_2'$$

이를 미분하면,

$$y_p'' = u'y_1' + uy_1'' + v'y_2' + vy_2''$$

$y_p(x)$, y_p', y_p''를 모두 원 미분방정식에 대입하면,

$$u(y_1''+fy_1'+gy_1)+v(y_2''+fy_2'+gy_2)+u'y_1'+v'y_2'=r$$

이 식을 정리하면 다음과 같다.

$$u'y_1'+v'y_2'=r$$

이를 $u'y_1+v'y_2=0$라는 조건식과 연립하면,

$$u'y_1+v'y_2=0$$
$$u'y_1'+v'y_2'=r$$

이것은 미지수가 u', v'인 두 개의 대수방정식을 연립한 것이다. Cramer's Rule을 써서 풀면,

$$u'=-\frac{y_2r}{W},\quad v'=\frac{y_1r}{W},$$

여기서 $W=y_1y_2'-y_1'y_2$는 론스키언이고 $W\neq 0$이다.

따라서,

$$u = -\int \frac{y_2 r}{W} dx, \quad v = \int \frac{y_1 r}{W} dx$$

특수해는

$$y_p(x) = -y_1 \int \frac{y_2 r}{W} dx + y_2 \int \frac{y_1 r}{W}$$ 이다.

C) 무한급수 해법(Infinite Series Solutions)

지금까지 우리는 계수가 상수로 되어있는 1계, 2계 상미분방정식의 해법에 관해 알아보았다. 그런데, 계수가 x의 함수로 되어있는 미분방정식은 지금까지 해 온 방식으로는 잘 풀리지 않는다. 이때 사용할 수 있는 것이 (무한)급수 해법이다. 우리는 앞에서 미정계수법을 공부한 바 있다. 즉 미분방정식의 해의 형태를 먼저 대략 가정하고, 이 해를 미분방정식에 대입하여 항등식을 풀면 해가 무엇인지 알 수 있었다. 급수해법에서도 이와 같은 방식을 사용한다. 즉, 해를 급수의 형태로 가정한 후, 그 급수를 미분방정식에 대입하여 해를 구하는 것이다. 그러나 이런 방식으로 해를 구하는 데에는 조건이 있다. 계수인 x의 함수가 해석적(analytic)이어야 한다. 즉 테일러전개가 가능한 함수이어야 한다. 알다시피 테일러전개가 가능한 함수는 다항식, $\sin x$, $\cos x$, e^x 등이다. 어찌 보면 당연한 결과이다. 왜냐하면, 이때의 미분방정식의 각 항은 테일러급수 형태가 되어야 하기 때문이다. 다시 말해 계수가 해석적이 아니라면 계수와 해의 연산 자체가 불가능해진다고 볼 수 있다. 다음 예제를 보자.

(예제 1) $y' - y = 0$의 해를 구하시오.

(풀이) 이 방정식의 해를 $y = c_0 + c_1 x + c_2 x^2 + \cdots$ 라 놓고, 방정식에 대입하면,

$$(c_1 + 2c_2 x + 3c_3 x^2 + \cdots) - (c_0 + c_1 x + c_2 x^2 + \cdots) = 0 .$$

같은 지수 항끼리 묶으면

$$(c_1 - c_0) + (2c_2 - c_1)x + (3c_3 - c_2)x^2 + \cdots = 0$$

등식이 성립하려면 각각의 계수들이 모두 0이 되어야 하므로

$$c_1 - c_0 = 0, \quad 2c_2 - c_1 = 0, \quad 3c_3 - c_2 = 0, \quad \cdots$$

이 식을 연립하여 풀고 모두 c_0 항으로 나타내면

$$c_1 = c_0, \quad c_2 = \frac{c_1}{2} = \frac{c_0}{2!}, \quad c_3 = \frac{c_2}{3} = \frac{c_0}{3!}, \quad \cdots$$

이 계수들을 써서 멱급수를 완성하면

$$y = c_0 + c_0 x + \frac{c_0}{2!}x^2 + \frac{c_0}{3!}x^3 + \cdots$$

이고, 이를 정리하면 일반해를 얻을 수 있다.

$$y = c_0\left(1 + x + \frac{x^2}{2!} + \frac{x^3}{3!} + \cdot\cdot\cdot\right) = c_0 e^x \ .$$

괄호 속의 급수는 e^x를 테일러 전개한 것이다. 이 결과는 변수분리법으로 구한 해와 정확히 일치함을 알 수 있다.

평균값 정리

- 양의 탈을 쓴 늑대 -

Ⅰ. 평균값 정리

평균값 정리(mean value theorem 또는 law of the mean)는 미적분학에서 아마도 가장 중요한 정리일 것이다. 그저 별 특징 없는 밋밋한 수식에 불과해 보이는 간단한 정리지만, 놀라우리만치 활용범위도 넓고 그 기능 또한 강력하다. 그래서 위와 같은 부제가 붙었다. 평균값 정리는 다음과 같다.

"f가 폐구간 $[a,b]$에서 연속이고 개구간 (a,b)에서 미분 가능할 때, 다음의 식을 만족하는 점 c가 적어도 한 개 존재한다."

$$\frac{f(b)-f(a)}{b-a} = f'(c) \ .$$

이 식을 말로 풀어쓰면, 'a, b 구간의 평균변화율과 동일한 순간 변화율을 갖는 점이 적어도 한 개 이상 존재한다.'이다. 식의 좌변은 평균변화율을 나타내며, 우변은 순간변화율, 즉 c 점에서의 곡선에 접하는 직선의 기울기, 즉 미분계수이다. 좀 더 알기 쉬운 예를 가지고 설명해 보자.

서울-대전 간을 달리는 자동차가 있다 하자. 서울-대전 간 평균속도가 $80km/h$이라고 하자. 이 속도는 서울-대전 간 거리를 총 소요 시간으로 나눈 값이다. 이는 평균속도일 뿐, 각 지점에서의 순간 속도는 아니다. 각 지점에서의 순간속도는 매 순간 변하는 값이다. 평균값의 정리에 의하면, 순간속도가 전체 평균속도인 $80km/h$와 같은 지점이 서울-대전 간 사이에서 **적어도 한 개 이상 존재**한다는 의미이다. 직관적으로도 사실인 것처럼 보인다. 왜냐하면, 처음 출발할 때는 속도 $0km/h$이었다가 서서히 속도가 높아지면서 어느 순간에는 속도가 $100km/h$ 이상일 때도 있을 것이고 대략 평균속도인 $80km/h$보다 크거나 작은 속도로 번갈아 가면서 주행할 것이기 때문이다. 그중에 적어도 한 개 이상은 평균속도와 일치하는 순간속도가 존재한다는 것이다.

이상이 평균값 정리의 기하학적 의미이다. 그래서 어쨌다는 것인가. 이것으로만 보면 평균값 정리에 별다른 의미가 있어 보이지 않는다. 그러나 평균값 정리를 나타내는 수식을 자세히 들여다보면 미분의 기본정리로 왜 그렇게 중요하게 다루어지는가에 대한 이유를 알 수 있다. 수식의 좌변은 그냥 평균속도의 기울기이고, 우변은 어느 중간 지점의 미분계수이다. 그러니까 이 수식은 그냥 우리가 흔히 보아왔던 항등식과는 다르다. 이것은 좌변의 실수와 우변의 미분계수를 같다고 놓은 아주 특별한 항등식인 것이다. 다시 말해 현실의 함수의 세계와 미분의 세계를 연결해 주고 있다. 그리하여 각기 다른 영역에 있다고 할 수 있는 함수와 도함수가 서로 대체 가능해진다. 필요에 따라 함수를 도함수로 나타낼 수도 있고 또 어떤 때는 반대로 도함수를 함수로 바꿀 수가 있다. 평균변화율과 순간변화율이 같아지는 지점이 어디에 있느냐가 중요한 것이 아니라, 그러한 점이 어딘가에 하나라도 있다는 사실이 중요하다. 그래서 등식이 성립한다는 자체가 중요한 것이다.

함수와 미분을 연결하는 또 다른 예가 바로 테일러 정리(Taylor's theorem)이다. 그런 의미에서 평균값 정리가 테일러 정리의 특수한 한 형태라는 것은 결코 우연의 일이 아니다.

평균값 정리는 함수에 대한 정보를 그것의 도함수로부터 얻을 수 있게 해 준다. 예를 들면 함수가 증가하는가 또는 감소하는가를 알려면, 미분계수가 양인지 음수인지를 보고 판단한다. 그리하여 함수의 모양이 위로 볼록인가, 아래로 볼록인가를 판별한다. 더 나아가 적분기호 속의 미분 이론 또는 미분방정식의 해의 존재 증명 등에도 평균값의 정리가 사용된다. 그 외에도 미적분학에서 평균값 정리의 활용은 실로 광범위하다. 그냥 함수만으로는 해석이 잘 안 될 때 그것의 도함수를 이용하면 꽉 막혀있던 절벽 너머의 세상으로 갈 수 있다. 테일러 정리가 있기 때문에 가능한 일이다. 수학의 도처에서 새로운 세계로 나아가야 할 때, 평균값 정리는 혜성처럼 나타나 현실 세계와 미분 세계를 연결해 준다. 겉으로 보기에 수더분한 시골 농부처럼 생겼으나 어느 순간 매서운 검객이 되어 얽혀있는 난마를 단칼에 베어버린다. R. Bartle은 그의 저서에서 평균값 정리를 '양의 탈을 쓴 늑대'라고 비유하였다. 평균값 정리는 기존의 수학에 새로운 세계를 열어 줌으로써 그 영역을 무한히 확장했다.

그러면 평균값 정리를 증명하여 보자. 평균값 정리를 증명하려면 먼저 롤의 정리(Rolle's Theorem)를 알아야 한다. 롤의 정리의 핵심은 구간 a, b에서 양 끝점에서의 함숫값이 0이 되는 경우, 즉 $f(a)=f(b)=0$일 때 그 사이에 $f'(c)=0$이 되는 점 c가 존재한다는 것이다. (※ 프랑스 수학자 롤(M. Rolle, 1652~1719)이 극한의 개념을 몰랐다는 것은 역사의 아이러니다. 초기에는 도리어 극한을 망상이라고 맹렬히 반대하였다. 그는 당대 누구보다도 극한에 가까이 갔으나, 결코 알아차리지 못했다. (누구보다도 상대론에 접근했던 푸앙카레가 결코 알아차리지 못한 것과 흡사하다.) 그가 발견한 롤의 정리가 극한의 정수라 할 수 있는 평균값 정리의 모태가 될 줄은 꿈에도 몰랐을 것이다.)

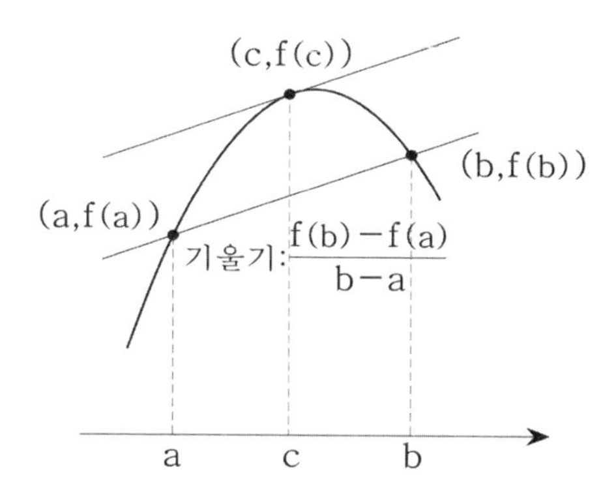

그림에서처럼 함수 $f(x)$와 평균변화율을 나타내는 직선, 즉 $(a, f(a))$과 $(b, f(b))$를 잇는 현(secant)을 생각해 볼 때, f 와 현의 함숫값 차이로만 구성된 제3의 함수 $\phi(x)$를 상정할 수 있다. 이를 수식으로 나타내면

$$\phi(x) = f(x) - f(a) - \frac{f(b)-f(a)}{b-a}(x-a)$$

이다. 즉, $f(x)$에서 직선의 식을 뺀 것이 $\phi(x)$가 되게 만든 것이다. 그

러면 $\phi(x)$는 롤의 정리에서 요구하는 조건인 폐구간 $[a,b]$에서 연속이고 개구간 (a,b)에서 미분 가능하며, $\phi(a) = \phi(b) = 0$을 모두 만족한다. 따라서 롤의 정리에 의하여 (a,b) 구간 내에 $\phi'(c)=0$인 점 c가 존재함을 알 수 있다. 위 수식의 양변을 각각 미분하여 보면,

$$\phi'(x) = f'(x) - \frac{f(b)-f(a)}{b-a} .$$

점 c에서 ϕ'가 0이 되므로

$$\phi'(c) = f'(c) - \frac{f(b)-f(a)}{b-a} = 0 .$$

이 식을 정리하면

$$\frac{f(b)-f(a)}{b-a} = f'(c) .$$

이렇게 평균값 정리의 수식이 성립됨을 보였다.

우리는 롤의 정리를 일반화한 것이 바로 평균값 정리이며, 평균값 정리가 굳건히 서 있는 논리적 근거가 바로 롤의 정리라는 것을 보았다. 그러면 이 롤의 정리는 무엇이며 어떻게 증명하는 것일까? 위에서 보았듯이 롤의 정리는 구간 a, b에서 양 끝점에서의 함숫값이 0이 되는 경우, 즉 $f(a)=f(b)=0$일 때 그 사이에 $f'(c)=0$이 되는 점 c가 존재

한다는 정리이다. 양 끝점의 함숫값이 동일하게 0이라면, 함수의 모양이 다음 세 가지 경우 중 하나에 해당할 것이다.

(a) $f(x)=0$

(b) $f(x) < f(a)$

(c) $f(x) > f(a)$

그런데 (a)의 경우는 전 구간이 $f'(x)=0$이다. 따라서 점 c가 존재한다. (b)의 경우는 구간 내 모든 함숫값이 양 끝점의 함숫값보다 작으므로 위로 볼록한 형태가 되고 따라서 최댓값이 존재한다. 최댓값에서 $f'(c)=0$인 점이 존재하므로 점 c가 존재한다. (c)는 (b)의 역이므로 최솟값에서 점 c가 존재한다. 이상으로 보아 모든 경우에 점 c가 존재함을 알 수 있다. 따라서 증명이 완료된다.

여기서 이 증명과정에서 당연한 것으로 여기고 진행을 한 것이 두 가지가 있다. 첫째는 최댓값과 최솟값이 당연히 존재하는가이다. 위에서는 당연히 존재한다고 보고 증명을 진행하였다. 그러나 엄밀히 본다면 이도 증명이 필요하다. 이 증명에는 실수가 갖고 있는 수의 성질에 대한 이해가 요구된다. 이를 토대로 정립된 것이 바로 최대최소의 정리(Extreme Value Theorem)이다. 최대최소의 정리를 증명하는 방법에는 두 가지가 있다. 하나는 상한공리를 이용하는 것이요, 다른 하나는 볼차노-바이어슈트라스 정리에 의한 부분수열의 수렴성을 이용하는 방법이다.

〈최대최소 정리의 증명〉

"유한한 구간에서 연속이고 미분 가능하면, 항상 최댓값과 최솟값을 갖는다."

① 상한공리 이용한 방법

f가 유계이므로 상한공리에 의하여 상한 M = sup f, 하한 m = inf f이 존재한다. 귀류법을 사용하여, f가 M에 도달하지 않는다고 가정하자. 그러면 $f(x) < M$이 성립한다. 편의상 $M-f(x)$를 분모로 하는 새로운 함수 $g(x)$를 정의해 보자. 즉 $g(x)$= $1/M-f(x)$. 그러면 명백히 $g(x) > 0$이고 구간에서 연속이다. 또한, 그 구간에서 유계이므로 상한이 존재한다. 그 상한을 k라고 하면, 다음이 성립한다.

$$k \geq \frac{1}{M-f(x)} = g(x) \ .$$

정리하면 $f(x) \leq M - 1/k$이다. 그런데 이 결과는 처음에 M을 상한이라고 한 것에 모순된다. 따라서 f가 M에 도달하지 않는다는 가정은 틀린 것이므로, 결론적으로 f는 M에 도달하고, 그때의 정의역 값을 x_1이라 하면 $f(x_1)=0$인 x_1이 존재한다. 증명 끝.

② 부분수열의 수렴성을 이용한 방법

상한과 하한을 각각 s^* = $f(x^*)$, s_* = $f(x_*)$라 할 때 x^*와 x_*의 존재를 증명하면 된다. 편의상 x^*의 존재만을 증명한다.

s^* = sup f이므로, 상한의 근사성질에 의하여

$$s^* - \frac{1}{n} < f(x_n) \le s^*$$

인 x_n 이 존재한다. $X = \{x_n\}$이라 할 때, B-W 정리에 의하여 무조건 수렴하는 부분수열 $X' = \{x_{n_r}\}$을 구축할 수 있다. 위 부등식 $f(x_n)$을 $f(x_{n_r})$로 대체할 수 있으므로

$$s^* - \frac{1}{n} < f(x_{n_r}) \le s^*$$

인 x_{n_r} 이 존재한다. 이 부등식에 극한을 취하면 조임정리에 의해

$$f(x^*) = \lim (f(x_{n_r})) = s^* = \sup f .$$

따라서 최댓값의 정의역 값인 x^*이 존재한다. 증명 끝.

롤의 정리 증명 때 당연하다고 넘어갔던 것들 중, 두 번째 것은 최대 또는 최솟값에서 $f' = 0$이라고 한 것이다. 왜 도함수 값이 0이 되는 것일까? 다음과 같은 정리에 의해 최대, 최소일 때 $f' = 0$이 된다.

〈정리〉 일명 '페르마의 정리'

$f(x_0)$가 최대 또는 최소일 때, $f(x_0) = 0$이거나 $f(x_0)$가 존재하지 않거나 둘 중 하나이다.

〈증 명〉

최대일 때만 증명한다. 최대점일 경우 $f(x_0+\Delta x)$ - $f(x_0)$ > 0이고, 우극한 값은

$$f'(x_0) = \lim_{\Delta x \to 0^+} \frac{f(x_0+\Delta x)-f(x_0)}{\Delta x} \geq 0 \ .$$

좌극한 값은

$$f'(x_0) = \lim_{\Delta x \to 0^-} \frac{f(x_0+\Delta x)-f(x_0)}{\Delta x} \leq 0 \ .$$

따라서 $f'(x_0) = 0$

양 끝점이 최대 또는 최소점이 될 때는 미분 불가능한 뾰족점이므로 $f(x_0)$는 존재하지 않는다. 증명 끝.

Ⅱ. 코시 평균값 정리(Cauchy's Mean Value Theorem)

평균값 정리는 하나의 함수 f에 대한 것이었다. 이를 두 개의 함수 f, g에 대한 것으로 확장해서 생각해 볼 수 있다. 두 개의 함수가 어느 특정 구간에서 정의될 때, 각각의 평균변화율 비와 순간변화율 비가 서로 같아지는 점 c가 존재한다고 보는 것이다. 이를 코시 평균값 정리라 한다. 직관적으로 생각해 보아도 이 같은 일이 가능할 것으로 여겨진다.

왜냐하면, 평균값의 정리에 의하여 하나의 함수의 평균변화율과 순간변화율이 같아지는 점이 존재한다는 사실은 두 개의 함수의 평균변화율 비와 순간변화율 비 상호 간에도 어떤 관계가 있음을 암시해 주기 때문이다. 다음 증명을 보면 그와 같은 추측이 옳았다는 것을 알 수 있다.

정리: 구간 $[a, b]$에서 연속이고, 구간 (a, b)에서 미분 가능한 함수 $f(x)$, $g(x)$에 대하여

$$\frac{f(b)-f(a)}{b-a} : \frac{g(b)-g(a)}{b-a} = f'(c) : g'(c)$$

인 점 $c \in (a, b)$가 존재한다.

증명: 정리의 식을 정리하면 다음과 같이 되는데,

$$g'(c)\{f(b)-f(a)\} = f'(c)\{g(b)-g(a)\}$$

이 식이 성립함을 보이면 증명이 끝난다. 롤의 정리를 적용하기 위하여, $h(a) = h(b)$가 성립하는 함수 $h(x)$를 다음과 같이 정의한다.

$$h(x) = f(x)\{g(b)-g(a)\} - g(x)\{f(b)-f(a)\}$$

양변을 미분하면,

$$h'(x) = f'(x)\{g(b)-g(a)\} - g'(x)\{f(b)-f(a)\}$$

롤의 정리에 의해, $h'(c)=0$인 c 점이 존재한다. 위 식에 x에 c를 대입하고 0으로 놓으면, $g'(c)\{f(b)-f(a)\}$ = $f'(c)\{g(b)-g(a)\}$이 되어 증명이 완료되었다.

코시 평균값 정리를 기하학적으로 살펴보는 것도 흥미롭다. 평균값 정리에서는 정의역인 x축의 좌표값이 x인 경우만을 대상으로 하였다. 즉 x,y 평면상의 좌표 $(x,f(x))$로 표시되었으나 이 좌표를 일반화하면 $(g(x),f(x))$가 된다. 즉 x 좌표가 함수 x의 함숫값만을 가지던 것을 임의의 모든 함숫값을 가질 수 있도록 $g(x)$로 확장한 것이다. 여기서 y 좌표 $f(x)$는 정확히는 $f(g(x))$이다. 그러나 $g(x)$는 어차피 x의 함수이므로 $f(x)$로 표시할 수 있다. $g(x)$는 x를 일반화한 것이므로 x뿐만 아니라 $x+1$, x^2 등 모든 임의의 함수가 될 수 있다. 따라서 평균값 정리는 $g(x)=x$인 특수한 경우의 코시 평균값 정리라고 할 수 있다.

좌표를 일반화한 경우의 예는 x, y 좌표값이 각각 함수로 나타나는 매개변수 방정식(parametric equation)에서 볼 수 있다. 시간 t를 매개변수로 하는 매개방정식의 경우 $x=g(t)$, $y=f(t)$이다. 이는 시간 t에 따라 x,y 평면 상을 움직이는 입자의 궤적을 나타낸다. 그러나 코시 평균값 정리가 적용되는 사례는 매개변수 방정식이 함수인 경우에 국한한다.

평균변화율을 나타내는 직선의 식은

$$\frac{f(b)-f(a)}{g(b)-g(a)}\ \{g(x)-g(a)\}\ +\ f(a)\ .$$

함수 $\phi(x)$를 다음과 같이 만들면, $\phi(a)$ = $\phi(b)$ = 0이 되어 롤의 정리

에 의해 $\phi'(c)=0$이 되는 점 c가 존재한다. (결국 $f(x)$에서 '직선의 식'을 뺀 것이 $\phi(x)$이다.)

$$\phi(x) = f(x) - \left[\frac{f(b)-f(a)}{g(b)-g(a)}\{g(x)-g(a)\}+f(a)\right]$$

이식을 점 c에서 미분하면,

$$\phi'(c) = 0 = f'(c) - \frac{f(b)-f(a)}{g(b)-g(a)}\ g'(c)$$

정리하면,

$$\frac{f(b)-f(a)}{g(b)-g(a)} = \frac{f'(c)}{g'(c)}\ .$$

Ⅲ. 로피탈 정리(L'Hospital's Rule)

로피탈 정리는 함수의 극한값을 구하는 데 매우 편리한 도구이다. 특히 기존의 극한 법칙이 통용되지 않는 $0/0$, ∞/∞ 형태의 극한의 경우에 유효하다. 로피탈 정리는 평균값 정리를 기반으로 해서 태어났다고 할 수 있다. 로피탈 정리는 다음과 같다.

"두 함수 f, g 에 대해, $\lim_{x\to a} f(x) = 0 = \lim_{x\to a} g(x)$이라 할 때,

만일 $\lim_{x\to a}\frac{f'(x)}{g'(x)} = L$이면, $\lim_{x\to a}\frac{f(x)}{g(x)} = L$이다."

다시 말해 분수함수의 분자, 분모를 각각 미분한 것의 극한값이 L 이면, 원래 분수함수의 극한값도 L이 된다는 간단한 법칙이다. 이 말은 곧 어떤 분수함수의 극한값을 구하고자 할 때, 분자 분모를 각각 미분한 것의 극한값을 구하면 된다는 말과 같다. 도저히 구할 수 없을 것 같은 분수함수의 극한값도 로피탈 정리를 이용하면 쉽게 구할 수 있다.

그러면 이러한 로피탈 정리의 논리적 정당성은 어디서 오는 것일까? 로피탈 정리를 자세히 살펴보면 도함수의 정보로부터 원래 함수에 대한 정보를 얻고 있음을 알 수 있다. 미분의 세계와 현실의 세계가 연결되어 있는 것이다. 그렇다! 로피탈 정리의 증명에 '평균값 정리'가 사용될 것이라고 쉽게 짐작할 수 있다. 평균값 정리 중에서도 두 개의 함수에 관한 '코시 평균값 정리' 가 사용되는 것은 우연이 아니다.

로피탈 정리의 엄밀한 증명

① $\epsilon-\delta$ 논법에 의한 증명

점 a에서의 극한값을 구하는 것이므로 정의역 점 a의 'δ 근방'을 미시적으로 관찰하여 평균값 정리를 적용한다. 우극한과 좌극한을 모두 검증하여야 하나 여기서는 편의상 좌극한을 고려하였다. 그리하여

$\lim \dfrac{f'(x)}{g'(x)} = L$ 이면, $\lim \dfrac{f(x)}{g(x)} = L$ 임을 보이면 된다.

$\lim_{x \to a} \frac{f'(x)}{g'(x)} = L$ 을 $\epsilon - \delta$ 논법을 써서 다시 쓰면 $\forall \epsilon > 0, \ \exists \delta > 0$

$$\text{s.t.} \ \left| \frac{f'(x)}{g'(x)} - L \right| < \epsilon \ .$$

그런데 코시 평균값 정리를 써서 절댓값 부호 안의 $\frac{f'(x)}{g'(x)}$을 다른 식으로 대체해 보자. 즉, $\frac{f(x)}{g(x)}$의 분자, 분모에 각각 $f(a)$, $g(a)$를 빼면 $\frac{f(x)-f(a)}{g(x)-g(a)}$가 되고, 애초의 가정에 의해 $f(a) = g(a) = 0$이므로 $\frac{f(x)}{g(x)} = \frac{f(x)-f(a)}{g(x)-g(a)}$ 등식이 그대로 성립한다. 우변에 코시 평균값 정리를 사용하면

$\frac{f(x)-f(a)}{g(x)-g(a)} = \frac{f'(c)}{g'(c)}$가 성립하는 점 c가 존재.

따라서, $\frac{f(x)}{g(x)} = \frac{f(x)-f(a)}{g(x)-g(a)} = \frac{f'(c)}{g'(c)}$

그런데, $x \to a^-$(좌극한)의 경우로 생각하면, $x < c < a$이므로 각 변에서 각각 a를 빼면

$$x - a < c - a < 0 \ \Rightarrow \ |c-a| < |x-a| < \delta \ \Rightarrow |c-a| < \delta$$

$|c-a| < \delta$ 이므로

$$\left|\frac{f'(c)}{g'(c)}-L\right| < \epsilon$$

그런데, $\frac{f(x)}{g(x)} = \frac{f'(c)}{g'(c)}$ 이므로

$$\left|\frac{f(x)}{g(x)}-L\right| < \epsilon$$

다시 말하면, $\left|\frac{f'(x)}{g'(x)}-L\right|$이 ϵ 이내이므로 $\left|\frac{f'(c)}{g'(c)}-L\right|$도 ϵ 이내이다.

따라서 $\left|\frac{f(x)}{g(x)}-L\right|$도 ϵ 이내이므로 증명이 끝난다.

② 수열극한을 이용한 증명

함수의 극한도 결국은 수열의 극한으로 나타내질 수 있다. 함수의 극한에서 정의역이 $0<|x-a| < \delta$이므로 이를 수열의 언어로 바꾸어 말하면, 어떤 수열이 극한점 a로 한없이 가까이 다가가는 것과 같다. 수열의 극한 정의에 의하여, $|x_k-a| < \delta$(※ 여기서는 ϵ 대신 δ로 사용)가 성립하는 $k>N_0$인 자연수 N_0가 존재한다면, $\lim_{k\to\infty} x_k = a$이다. 함숫값 $f(x_k)$와 극한값 L은 정의역 x_k와 a에 각각 대응하는 점이다.

따라서 $k \to\infty$ 일 때, $\frac{f(x_k)}{g(x_k)} \to L$임을 보이면 증명을 끝내기에

충분하다. 코시 평균값 정리에 의하여

$$\frac{f(x_k)}{g(x_k)} = \frac{f(x_k) - f(a)}{g(x_k) - g(a)} = \frac{f'(c_k)}{g'(c_k)}$$

인 점 c_k가 존재한다. 그런데 가정에 의하여 $k \to \infty$ 일 때, $\frac{f'(c_k)}{g'(c_k)} \to L$이므로, $\frac{f(x_k)}{g(x_k)} \to L$이다. 증명 끝.

테일러 정리

- 현실과 미분 사이의 메신저 -

Ⅰ. 테일러 정리의 의의

고급 미적분학으로 진입하려면 꼭 건너야 할 산이 있다. 다름 아닌 테일러 정리(Taylor's theorem)이다. 가령 $\sin x$ 또는 e^x 같은 특정 함수가 테일러 정리에 의하여 급수 형태의 근사 다항식(approximation polynomial)으로 표현될 수 있다. 알다시피 다항식이 되면 미분과 적분이 매우 용이해진다. 또 다항식이기 때문에 함수 간 덧셈, 뺄셈 등도 가능해진다. 다시 말해 지수함수나 삼각함수, 로그함수와 같은 함수를 근사 다항식의 형태로 만들어 미분과 적분, 사칙연산을 할 수 있다는 이야기이다. 다만 그것이 근사식이라는 것이 마음에 걸리지만, 어차피 수학은 엄밀과 근사가 함께 공존하는 곳이다. 미분의 출발점도 정작 '근사'로부터 시작된 것이 아닌가?

영국의 수학자 Brook Taylor(1685~1731)는 이 같은 함수들이 다항식의 형태로 나타내질 수 있다는 것을 처음으로 밝혀냈다. 테일러는 "함수가 같으면 그 도함수도 같아야 한다."라는 간단한 사실에 착안, 도

함수 정보를 이용하여 근사 함수인 다항식을 구축하였다.

e^x를 다항식으로 바꾸어 보자. 먼저 e^x를 다음과 같은 급수 형태의 다항식이라고 가정한다.

$$e^x = a_0 + a_1x + a_2x^2 + \cdots + a_nx^n$$

이제 우리는 오른쪽 다항식의 계수들을 구할 수만 있다면, 함수 e^x와 동일한 다항식을 얻을 수 있게 된다. 계수들을 결정하기 위해서 양변을 미분하면,

$$e^x = a_1 + 2a_2x + \cdots + na_nx^{n-1} .$$

이 식에 $x = 0$을 대입하면(점 $x = 0$에서의 도함수 값이 서로 같다.)

$$e^0 = 1 = a_1 .$$

따라서 a_1의 값은 1이다. 이런 식으로 계속해 나가면 a_2, a_3 등을 구할 수 있다. a_0는 당연히 $e^0 = 1$이다. 이렇게 구한 계수들을 처음 가정한 다항식에 대입하면 다음과 같은 결과를 얻게 된다.

$$e^x = 1 + x + \frac{x^2}{2!} + \frac{x^3}{3!} + \cdots + \frac{x^n}{n!} .$$

오른쪽의 다항식을 테일러 다항식이라 한다. 이 다항식이 무한히 계속되면 멱급수가 되고 이 멱급수를 테일러급수(Taylor Series)라 한다.

같은 방법으로 $\sin x$, $\cos x$, $\log(1+x)$ 등도 테일러급수로 나타낼 수 있다.

테일러급수에 관하여 몇 가지 중요한 사실이 있다.

① 테일러급수에서 나타나는 $(x-c)$ 항은 함수의 중심(center)을 나타낸다. c가 0이면 점 x=0을 중심(center)으로 잡은 것이다. 이를 특별히 맥크로린 급수(Maclaurin series)라고 한다. c가 임의의 값을 가질 때, 테일러급수의 형태는 $1 + (x-c) + \frac{(x-c)^2}{2!} + \frac{(x-c)^3}{3!} + \cdots + \frac{(x-c)^n}{n!}$ 로 된다. 어떤 함수를 '테일러급수로 전개한다.'라고 하는 것은 달리 말한다면 그 함수에 근사하는 다항식을 구축하는 작업이라고 할 수 있다. 테일러급수는 중심을 기준으로 근사해진다. 중심에서 멀어질수록 근사의 정도도 떨어진다. $x = 0$인 중심의 함수는 원점 근방(neighborhood)에서 가장 근사해지고, $x = c$가 중심인 함수는 c 점 근방에서 가장 근사해진다.

② 함수가 테일러급수로 표현된다는 것은 국소적(local) 성질이다. 테일러급수의 항을 늘릴수록 원래 함수와 비슷해진다는 관찰은 이 같은 국소적 성질로부터 연유된 전체적(global) 성질이다.

우리가 손쉽게 쓰고 있는 휴대용 계산기 속에도 테일러급수가 들어 있다. $\sin x$를 계산하는 알고리즘에 테일러급수가 사용된다. $\sin x$를 테일러 전개하면 다음과 같다.

$$\sin x = x - \frac{x^3}{3!} + \frac{x^5}{5!} - \frac{x^7}{7!} + \cdots$$

$\sin 2$의 값을 계산해 보자. (※ 2는 0의 근방에 있다고 할 수 있다.)

$$\sin 2 = 2 - \frac{2^3}{3!} + \frac{2^5}{5!} - \frac{2^7}{7!} + \cdots \cong 0.9079$$

테일러정리의 발견으로 지수·삼각·로그함수 등으로 이루어진 복잡한 함수들도 얼마든지 다항식으로 변환되어 쉽게 다루어질 수 있게 되었다. 미적분학의 무한한 지평이 열린 것이다.

Ⅱ. 근사와 테일러 정리

어떤 함수(곡선)에 접하는 직선이 있다 하자. 이 직선은 접점 근방에서 곡선에 근사한다고 할 수 있다. 접선은 1계 도함수의 값을 기울기로 하는 직선이다. 그러나 접선만으로는 곡선을 충분히 근사한다고 보기 어렵다. 예를 들어 곡선이 아래로 볼록한 형태라면 접선은 그 곡선 아래에서 접하고 있을 것이다. 접점($x = a$)에서의 함숫값은 곡선이나 접선이나 같을 것이지만, x의 값이 점점 그 점에서 멀어질수록 곡선의 함숫값과 접선의 함숫값은 점점 더 차이가 난다. 그래서야 충분히 근사한다고 보기 어렵지 않겠는가? 그래서 나온 것이 2계 도함수와 2차 함수 곡선을 사용해서 근사하는 것이다. 1계 도함수를 기울기로 한 것이 직선이라면 2계 도함수를 기울기로 한 것은 2차 곡선이다. 접선보다는 2차 함수 곡선이 근사에 더 유리한 것은 당연하다. 2계 도함수를 포함한 근사식의 함숫값은 곡선의 함숫값에 한층 가까울 것이다. 근사의 정도가 높아진 것이다. 계속해서 3계 도함수를 3차 함수 곡선에, 4계 도함수를 4차 함수 곡선에 … 등. 이러한 과정을 반복하면 곡선에 충분히 근사하는 식을 만들 수 있다. 그러나 사실은 접선만으로도 훌륭한 근사가 된다. 왜냐하면, 이 모든 것은 접점 $x=a$ 점 근방(neighborhood)에서 이루어지는 일이기 때문이다. 여기서 한 가지 흥미로운 것은 평균값 정리의 '구간'을 일반화하면 대략 1차 근사다항식이 된다는 것이다. (※ 평균값정리의 구간 한 끝점 b를 x로 바꾸고 정리하면, $f(x)-f(a)=f'(c)(x-a)$가 된다. $f'(c)$는 $x \to a$일 때 $f'(a)$와 같아진다.) 이 같은 사실로 미루어 볼 때 테일러급수는 1차 근사다항식에 평균값정리를 반복 적용해서 만든 n차 근사다항식이라고 할 수 있다. 그러니까 평균값 정리를 한 차례만 적용한 것이 1차 근사다항식까지의 테일러 다항식이다. 계속해서 순차적으로 평균값 정리를 적용해 나가면 2차, 3차 … 까지의 근사다항식을 얻을 수 있다.

이처럼 미정계수법에 의하여 근사다항식을 구하는 방법과는 달리, '극한을 이용'하여 근사다항식을 정의할 수도 있다.

$$\lim_{x \to a} \frac{f(x)-p_n(x)}{(x-a)^n} = 0$$

즉, 원함수와 근사다항식의 차이를 $(x-a)^n$으로 나눈 다음 극한을 취했을 때, 극한값이 0이 된다면 우리는 근사한다고 말할 수 있다. 0으로 접근하는 정도가 분모보다 분자가 훨씬 더 크기 때문에 결국 극한값은 0이 되고 $p_n(x)$는 $f(x)$와 같아진다.

내친김에 근사와 미분에 대해 좀 더 이야기해 보자. 근사에서 f'와 f''가 어떤 역할을 하는지 알아보자. 미분과 극한은 결국 근사이다. 왜냐하면, 평균속도에 극한을 취하면 순간속도가 되고, 이는 평균속도가 순간속도에 근사한다는 의미와 같기 때문이다. 이를 수식으로 나타내면,

$$\frac{f(x)-f(x+\Delta x)}{\Delta x} \approx f'(x)$$

이고, 이 식을 $f(x+\Delta x)$에 관해서 정리하면

$$f(x+\Delta x) \approx f(x) - f'(x)\Delta x$$

인데, 우변의 식은 테일러급수의 1차 근사식과 닮아있다. 자, 지금부터 좀 더 근사한 것을 찾아보기로 하자. 평균변화율이 미분계수에 근사한다는 것을 보았다. 그러나 그 미분계수에 더 근사한 값은 없을까? 위에서 본 평균변화율은 x의 오른쪽 Δx 방향에서만 본 것이었다. x의 왼쪽 Δx 방향에서 본 평균변화율도 생각해 볼 수 있다. 이 두 개의 평균변화율의 평균을 취하면 $f'(x)$에 더 근사한 값을 구할 수 있다. 이 같은 아이디어를 수식으로 나타내 보자.

$$\frac{1}{2}\left(\frac{f(x+\Delta x)-f(x)}{\Delta x}+\frac{f(x)-f(x-\Delta x)}{\Delta x}\right)$$

$$=\frac{f(x+\Delta x)-f(x-\Delta x)}{2\Delta x}\approx f'(x)$$

정리하면

$$f(x+\Delta x)\approx f(x-\Delta x)+2f'(x)\Delta x \qquad \text{(a)}$$

그런데 $f''(x)$를 사용해서도 $f(x+\Delta x)$를 나타낼 수 있다.

$\Delta f'/\Delta x$가 f''에 근사하는 것으로 볼 수 있으므로, 이를 식으로 나타내면

$$\frac{\dfrac{f(x+\Delta x)-f(x)}{\Delta x}-\dfrac{f(x)-f(x-\Delta x)}{\Delta x}}{\Delta x}=\frac{f(x+\Delta x)-2f(x)+f(x-\Delta x)}{(\Delta x)^2}$$

$$\Rightarrow \quad \frac{d^2f}{dx^2}=f''(x)\ .$$

$f(x+\Delta x)$에 관해서 정리하면

$$f(x+\Delta x)\approx 2f(x)-f(x-\Delta x)+f''(x)(\Delta x)^2 \qquad \text{(b)}$$

더 나은 근사를 위해서 식 (a)와 식 (b)를 더한 후 둘로 나누면,

$$f(x+\Delta x) \approx f(x)+f'(x)\Delta x+\frac{1}{2}f''(x)(\Delta x)^2$$

이 식에 $x+\Delta x \to x$, $x \to a$, $\Delta x \to (x-a)$를 대입하면 테일러급수의 2차 항까지의 식이다.

III. 테일러 정리의 증명

'어떤 함수를 n 항까지의 테일러 다항식과 나머지 항으로 나타낼 수 있다. 이때 나머지 항은 $R_n = \frac{f^{(n+1)}(c)}{(n+1)!}(x-x_0)^{n+1}$로 표시하고, c는 x와 x_0 사이의 한 점이다.'

테일러 정리의 증명에는 두 가지 방법이 있다. 하나는 미적분의 기본정리를 이용하는 방법이고, 다른 하나는 코시 평균값의 정리를 이용하는 방법이다. 일반 평균값 정리를 반복적으로 사용해서 하는 증명 방법도 있으나 구간이 계속 변경되는 데 따른 오차를 무시해야 하기 때문에 증명의 엄밀성이 떨어지는 단점이 있다.

① 미적분학의 기본정리를 이용하는 방법(적분법)

미적분학의 기본정리를 순차적으로 부분 적분해 나가면 최종적으로 테일러 다항식과 나머지 항을 얻을 수 있다.

일반성을 잃지 않는 범위에서, 구간을 a, b로 한 것으로 가정한다. 미적분학의 기본 정리에 의하여

$$f(b)-f(a) = \int_a^b f'(t)\,dt \ .$$

우변을 부분 적분하여 보자.

$u=f'(t)$, $dv=dt$로 놓으면 $du = f''(t)dt$이다. 그런데 $v=t$로 하기 쉽지만, 여기서는 약간의 트릭을 써서 $v=-(b-t)$로 한다. 결국 $dv=dt$가 되는 것은 마찬가지이지만, 정적분 과정에서 소거되기 쉽도록 그렇게 한 것이다. 부분적분을 수행하면,

$$\begin{aligned}\int_a^b u\,dv &= uv\Big\{\begin{matrix}a\\b\end{matrix} - \int_a^b vdu \\ &= -f'(t)(b-t)\Big\{\begin{matrix}a\\b\end{matrix} - \int_a^b -(b-t)f^{(2)}(t)\,dt \\ &= f'(a)(b-a) + \int_a^b (b-t)f^{(2)}(t)\,dt \ .\end{aligned}$$

이 식은 정확히 $n=2$일 때의 테일러 공식이다. 한 스텝 더 나가보자.

$$\int_a^b f^{(2)}(t)(b-t)\,dt$$

을 부분 적분하여 보자. $u=f^{(2)}(t)$, $dv=(b-t)\,dt$로 놓으면

$$du = f^{(3)}(t)\,dt, \quad v = \frac{-(b-t)^2}{2} = \int (b-t)\,dt \ .$$

부분적분 하면,

$$uv \Big\{ \begin{matrix} a \\ b \end{matrix} - \int_a^b v\,du = -f^{(2)}(t)\frac{(b-t)^2}{2} \Big\{ \begin{matrix} a \\ b \end{matrix} - \int_a^b -\frac{(b-t)^2}{2} f^{(3)}(t)\,dt$$

$$= f^{(2)}(a)\frac{(b-a)^2}{2} + R_3 \ .$$

여기서 R_3은 나머지 항이다.
이와 같은 방식으로 계속하면 테일러 공식을 얻는다.

② 코시 평균값의 정리를 이용하는 방법(미분법)

구간 $[x_0,\ x]$에 코시 평균값 정리를 이용하기 위해 우선 두 개의 함수 F와 G를 정의할 필요가 있다. 이 F와 G는 구간 내에서 정의만 된다면 어떤 함수이더라도 상관없으나 우리의 입맛에 맞도록 정의되는 것이 가장 바람직할 것이다. 그런 의미에서 이 정의에는 코시 평균값 정리의 형태와 관련된 몇 가지 유의사항이 있는데, ① $F(x)$와 $G(x)$의 값이 0이 되도록 한다. ② F'/G'가 서로 약분되어 간단해질 수 있도록 한다. 이상과 같은 점들에 유의하여 우리가 갖고 있는 정보를 이용하여 적절히 함수 F와 G를 정의하는데, 우선 함수 F는 나머지 항과 유사하게 정의하자. 즉 나머지 항에서 계수 $f^{(n+1)}(c)$를 제외한 $\frac{(x-x_0)^{n+1}}{(n+1)!}$로 정의하기로 한다. 그런데 이 식은 구간 (a, b)에서 정의한 $F(x)$이므로 구간 $[x_0, x]$에서 정의되도록 함수를 바꾸어야 한다. 코시 평균값 정리의 형태를 생각해 볼 때, $F(x_0)$가 나와야 하므로 다음과 같이 $F(t)$를 새롭게 정의한다.

$$F(t) := \frac{(x-t)^{n+1}}{(n+1)!} .$$

다음은 나머지 함수 G를 정의한다. 함수 G는 원래 함수와 근사 다항식의 차이를 나타내는 식으로 정의한다. 이때도 구간 $[x_0, x]$에서 정의되도록 상수 x_0를 변수 t로 바꾸어 준다. 즉,

$$G(t) := f(x) - f(t) - \sum_{k=1}^{n} \frac{f^{(k)}(t)}{k!}(x-t)^k$$

으로 정의한다. 따라서 다음의 식에서 x와 x_0 사이의 c 값이 존재하는지를 보이면 증명이 완료된다.

$$G(x_0) = F(x_0) \cdot f^{(n+1)}(c)$$

증명을 위해서, 먼저 함수 F와 G가 코시 평균값 정리의 가정(구간에서 미분 가능(연속)을 만족하는지를 살펴보아야 한다. 우선 $G(t)$의 시그마

항을 미분하여 보면

$$\frac{d}{dt}\left(\frac{f^{(k)}(t)}{k!}(x-t)^k\right) = \frac{f^{(k+1)}(t)}{k!}(x-t)^k - \frac{f^{(k)}(t)}{(k-1)!}(x-t)^{k-1}$$

따라서

$$G'(t) = -\frac{f^{(n+1)}(t)}{n!}(x-t)^n \ .$$

$F'(t)$는 power rule에 의해

$$F'(t) = -\frac{(x-t)^n}{n!}$$

이므로, 코시 평균값 정리의 전제조건을 만족하고

$$\frac{F'(t)}{G'(t)} = \frac{1}{f^{(n+1)}(t)}$$

이 된다. 이제 이 두 함수에 코시 평균값 정리를 적용하면,

$$\{F(x)-F(x_0)\}G'(c) = \{G(x)-G(x_0)\}F'(c), \quad c \in (x_0, x)$$

그런데 $F(x) = G(x) = 0$이므로

$$-F(x_0)G'(c) = -G(x_0)F'(c) .$$

따라서,

$$G(x_0) = F(x_0) \cdot G'(c)/F'(c) .$$

이 식은

$$G(x_0) = F(x_0) \cdot f^{(n+1)}(c)$$

와 같으므로 증명이 끝난다.

연속과 균등연속

- 리만적분이 가능해지는 곳 -

함수의 연속은 다음과 같이 정의한다.

임의의 $\epsilon > 0$와 $\delta > 0$에 대하여,

$$|x - x_0| < \delta \text{이면} \Rightarrow |f(x) - f(x_0)| < \epsilon$$

이 되는 조건을 만족시키는 δ가 존재하면, 함수 f가 점 x_0에서 '연속'이라 한다.

이 정의에서 말하는 연속의 의미는 함수 상의 어떤 특정한 점 x_0에서의 연속을 말하는 것이라고 할 수 있다. 다시 말해 점 x_0를 중심으로 좌우로 곡선이 연결되어 있는가를 알아보는 것이었다. ϵ를 아무리 작게 잡아도 그에 상응하는 δ를 잡을 수 있으면 연속인 것이다. 이 말을 바꾸어 말하면 x_0와 아무리 가까이에서 함수가 끊어져 있다 하더라도 실수의 조밀성에 의해 그보다 더 가까이에 ϵ 구간을 잡을 수 있고, 그에 상응하는 δ 값을 잡을 수 있다는 말이다. 반면에 정말 x_0에서 딱 끊어져 있다면 함숫값의 차이가 ϵ보다 커지는 경우가 생기기도 한다. 어찌 보면 위의 $\epsilon-\delta$ 식보다 더 연속을 잘 표현하는 말도 없을 것이다.

수학자들은 여기서 만족하지 않는다. 가령 x^2 또는 $1/x$와 같은 함수의 경우는 연속이지만 특이한 성질이 있다는 것을 알아차렸다. 먼저 $f(x)=x^2$을 예로 들어 보자. 누가 보아도 이 함수는 전체 실수구간에서 연속임이 분명하다. 위의 정의에 의하여 모든 점에서 $\epsilon > 0$에 대하여 연속의 조건을 만족하는 $\delta > 0$ 값이 항상 존재하기 때문이다. 그러나 이것은 어디까지나 어느 한 점에서 연속이냐 아니냐를 따질 때의 이야기다. 시야를 넓혀 함수의 전체구간에 대하여 연속이냐 아니냐를 볼 때는 이야기가 달라진다. 그러면 함수 전체가 연속함수인지 아닌지는 어떻게 알 수 있을까? 본래 연속을 알아볼 때 어떤 고정된 점을 중심으로 살펴보았다면, 이제부터는 그 고정된 점을 움직이면서 연속을 알아보는 방법을 써야 한다. 정의역의 점의 위치와는 관계없이 전 구간에서 유효한 δ 값이 존재하면 이를 균등연속함수라고 하는 것이다. 이를 수학적으로 다음과 같이 정의한다.

$$x, y \in X, \quad |x-y| < \delta \ \Rightarrow \ |f(x)-f(y)| < \epsilon$$

위를 만족하는 양수 δ가 존재하면 함수 f가 X에서 균등연속이라 한다.

균등연속함수가 '아님'을 알 수 있는 방법에는 직관적인 방법과 엄밀한 증명 방법 두 가지가 있다.

① 직관적 방법

최소 δ를 잡을 수 없으면 균등연속함수가 아니다. 예를 들어, $f(x)=x^2$의 경우, x가 커질수록 함숫값이 무한정 커진다. 따라서 아무리 오른쪽으로 가더라도 최소 δ 값을 잡을 수가 없다. 따라서 $f(x)=x^2$ 함수는 균등연속함수가 아니다.

② 엄밀한 증명

균등함수의 정의를 부정하고 그것이 참임을 보이면 된다. $f(x)=x^2$의 경우, 임의의 $\epsilon > 0$와 $\delta > 0$에 대하여, $|x-y| < \delta$이면 $\Rightarrow$ $|f(x)-f(y)| \geq \epsilon$이 되는 δ 값이 존재함을 보이면 증명이 끝난다. $\epsilon=1$일 때, $x=1/\delta$로 잡고 $y = 1/\delta+\delta/2$로 하면 $|x-y| = \frac{\delta}{2} < \delta$이지만, $|f(x)-f(y)|=|x^2-y^2|=\left|(\frac{1}{\delta^2})-(\frac{1}{\delta}+\frac{\delta}{2})^2\right|$ $= 1+\frac{\delta^2}{4} > \epsilon(=1)$이다. 따라서, 함숫값의 차이가 ϵ보다 큰 'δ가 존재'하므로 균등연속함수가 아니다. 이 증명 방법은 $f(x)=x^2$가 갖고 있는 함수의 내재적 성질에 따라 어떤 δ 값을 취한다 하더라도 두 점의 간격이 δ보다 작은 범위에 있지만, 그에 상응하는 함숫값의 차이가 ϵ보다 크게 되는 경우가 생기게 되는 것이다. 이러한 성질은 함숫값이 무한히 커지는 구간에서 나타나는 것이 아니고 함수의 전 구간에서 성립되는 함수 본래의 성질인 것이다. 따라서 이 성질에 의하여 $f(x)=x^2$ 함수는 균등연속함수가 되는 것이다. 균등연속인 직선 1차 함수는 δ보다 작은 간격에서 함숫값의 차이가 ϵ보다 커지게 되는 경우는 볼 수 없다.

얼핏 보아서는 두 가지 방법이 별개인 것처럼 보이나, 사실은 두 방법이 결국 동일한 성질에서 연유되는 것임을 알 수 있다. 왜냐하면, 아무리 오른쪽으로 가더라도 최소 δ 값을 잡을 수 없다는 것은 x가 커질수록 함숫값이 무한정 커진다는 성질에 의한 것이며, 바로 이 성질에 의하여 두 점의 간격이 δ보다 작은 범위에 있지만 그에 상응하는 함숫값의 차이가 ϵ보다 크게 되는 경우가 생기기 때문이다.

이와 같은 성질로부터 다음과 같은 사실을 알 수 있다. 즉 균등연속이 아닌 함수의 정의역을 유계, 닫힌 구간으로 제한하면 균등연속함수가 된다. 정의역에 제한을 두는 순간 이 함수는 x가 커질수록 함숫값이 무한정 커진다는 성질이 사라지는 것이며, 따라서 원래 함수와는 완전히 다른 속성의 함수가 되기 때문에 당연한 결과이다. 그런데 정의역에 유계가 있는 함수라 하더라도 여전히 함숫값의 차이가 ϵ보다 커지는 반례가 여전히 존재하는 문제는 어떻게 해결해야 할까? 그렇다고 유계가 있는 함수를 균등연속이 아니라고 결론지어서는 안 될 것이다. 이처럼 유계가 있어 최소 δ 값을 잡을 수 있다는 사실과 여전히 ϵ보다 커지는 반례가 존재한다는 사실이 충돌할 때는, 무엇보다도 최소 δ 값을 잡을 수 있다는 사실이 우선되어야 할 것이다. 왜냐하면, 반례를 찾는 것은 최소 δ 값을 잡을 수 없는 경우에 한해서만 시도되어야 할 것이기 때문이다. 다시 말해 최소 δ 값을 잡을 수 있으면 균등연속함수요, 그렇지 않으면 균등연속이 아님을 증명하기 위해 반례를 찾는 것이다.

지금까지는 $f(x)=x^2$ 함수의 경우를 논의하였으나, $f(x)=1/x$의 경우에도 똑같은 이치가 적용될 수 있다.

균등연속은 함수의 일반 연속성의 조건보다 한층 엄밀하고 강한 조건이다. 따라서 당연히 균등연속은 일반 연속의 충분조건이라고 말할 수 있다. 즉 균등연속이면 연속이고 그 역은 성립하지 않는다. 리만적분, 적분기호 속의 미분 등은 균등연속함수에서만 가능하다.

Theorem **닫힌 구간에서 연속이면, 균등연속이다**

Proof: 〈귀류법 적용〉 균등연속이 안 된다 하자. 그러면 $|x-x'| < \delta$ 이고 $|f(x)-f(x')| \geq \epsilon_0$인 δ가 존재한다. 만일 닫힌 구간에서 연속이면 이 같은 조건이 모순임을 밝히면 증명이 끝난다. $[a,b]$ 내 두 개의 점을 x_n, $x_n{}'$으로 표시하고 $\delta=\frac{1}{n}$이라 하면 $|x-x'| < \frac{1}{n}$이고 $|f(x_n)-f(x_n{}')| \geq \epsilon_0$로 쓸 수 있다. 수열 $\{x_n\}$과 $\{x_n{}'\}$는 유계이므로 수렴하는 부분수열을 갖는다(B-W 정리). 부분수열을 $\{x_{n_k}\}$로 표시하고, 수렴값을 c라 하면 $|x_{n_k}{}'-c| \leq |x_{n_k}{}'-x_{n_k}|+|x_{n_k}-c|$이다. f가 연속이므로 $\{f(x_{n_k})\}$와 $\{f(x_{n_k}{}')\}$는 $f(c)$에 수렴하고, 그래서 $|f(x_{n_k})-f(x_{n_k}{}')| \leq |f(x_{n_k})-f(c)| + |f(c)-f(x_{n_k}{}')| \leq \epsilon$(여기서 ϵ은 수열의 $\epsilon-\delta$의 ϵ)이다. 그런데 가정에서 $|f(x_{n_k})-f(x_{n_k}{}')| \geq \epsilon_0$라고 했으므로 모순! (※ ϵ_0가 아무리 작은 값이라도 그보다 더 작은 값(ϵ)을 잡을 수 있고 $|f(x_{n_k})-f(x_{n_k}{}')|$는 그 보다 더 작다!) 증명 끝.

상극한, 하극한

- 평균값 정리의 뿌리 -

모든 수렴하는 수열은 유계이다. 그러나 그 역은 성립하지 않는다. 즉, 모든 유계인 수열이 항상 수렴하는 것이 아니다. 그 좋은 예가 수열 $\{(-1)^n\}$이다. 이 수열은 유계지만 발산한다. -1과 1이 번갈아 나타나므로 진동하는 수열이다. 수열이 발산한다고 쓸모없는 것으로 치부해서는 안 된다. 수열을 전체적으로 봤을 때는 진동, 발산하는 수열이지만, 볼차노-바이어슈트라스 정리에 의해 부분수열을 적절히 구축하면 수렴하는 수열을 만들 수 있다. 모든 1로 된 부분수열을 만들면 1로 수렴하는 것이고, 모든 -1로 부분수열을 만들면 -1로 수렴하게 된다. 여기서 우리는 상극한(limit superior)과 하극한(limit inferior)의 개념에 도달한다. 각각의 부분수열이 만드는 수렴값들 중 최대치를 상극한, 최저치를 하극한이라고 정의한다. 이 수열의 경우, 상극한은 1, 하극한은 -1이다. 상극한과 하극한은 원래 수열에서는 잘 보이지 않고, 부분수열을 통해서만 볼 수 있다. 비록 수렴하지 않는 유계수열이라 하더라도 상극한, 하극한은 항상 존재하며 유용하게 쓰인다. 가령 멱급수의 수렴반경은 상극한의 역수로 표시되므로, 상극한은 그 수열이 만드는 급수의 수렴 판정에 중요한 역할을 한다. 지금부터는 특별한 경우가 아니면 상극한만을 언급하기로 한다. 하극한은 상극한의 역으로 생각하면 된다.

1. 상극한의 정의와 성질

상극한의 가장 직관적인 정의는 ① '최대 극한값'이다. 유계수열로부터 수렴하는 부분수열을 두 개 이상 구축할 수 있으므로 극한값도 두 개 이상 구할 수 있다. 그중 가장 큰 값이 상극한, 가장 작은 값이 하극한이다.

상극한의 두 번째 정의는 ②이 최대 극한값의 개념을 이용하는 것이다. 즉, 부분수열들을 무수히 구축하여 그 각각의 수열에서 상한만을 취한 뒤 그 '상한들의 하한'을 상극한으로 정의하는 것이다. 상한들의 하한이란 결국 상한의 극한값이 되는 것이다. 수식으로 표현하면 다음과 같다.

$$\lim_{k \geq n} \inf\{\sup x_k\}$$

여기서 $\{\sup x_k\}$란 상한들을 모아놓은 수열, 즉 상한열이다. $k \geq n$의 의미는 수열의 항을 점점 작게 만든다는 뜻이다. 즉 $n = 1$이면 수열의 항이 x_1부터 시작되는 수열이고, $n = 2$이면 수열의 항이 x_2부터 시작하는 수열임을 말한다. 그 크기로 보면, $\{x_1\} \supset \{x_2\} \supset \{x_3\} \supset \cdot\cdot\cdot$이다. 따라서 $\{\sup x_k\}$는 각 수열에서 상한을 취하여 만든 수열, 즉 상한열이다. 이 상한열의 하한값에 극한을 취하여 얻은 극한값을 상극한으로 정의한 것이다. 이렇게 만든 상한열은 당연히 단조감소수열이 되고, 이 상한열의 하한을 극한으로 보내어 얻은 극한값이므로 최댓값이 됨은 자명하다. 상극한을 이렇게 정의하는 근저에는 다름 아니라, 부분수열을 적절히 구축한 후 극한을 취하여 결국 최대 극한값을 구해 내고자 하는 의도가 들어 있는 셈이다. 이 정의의 장점은 원래 수열로부터 상극한과 하극한의 값을 바로 구할 수 있다는 점이다.

지금까지의 상극한의 정의로부터 상극한에는 다음과 같은 성질이 있음을 알 수 있다. 즉, 상극한을 α라고 할 때 α의 ϵ 근방을 생각해 볼 수 있다. 수열이 점 α로 수렴한다는 말은 α의 ϵ 근방 내에 수열의 항들이 무수히 많이 모여 있다는 말과 동치이다. 단조 감소하면서 어떤 값으로 계속 수렴한다는 말은 그 어떤 값의 근방에 무수히 많은 수열의 항이 존재한다는 말과 다르지 않다. 위로 유계이면서 단조 감소하므로 α는 당연히 최대 극한값이 된다. 단조감소수열이 수렴하는 극한값의 ϵ 근방에서 보여주는 유니크한 행태를 수학적으로 표현하면 다음과 같다.

(a) $\epsilon > 0$에 대하여, $x_n < \alpha + \epsilon$인 $n \geq N$인 자연수 N을 잡을 수 있다.
(b) $\alpha - \epsilon < x_n$이 성립하는 무수히 많은 $n \in N$이 존재한다.

이러한 상극한의 성질은 그대로 상극한의 또 다른 정의, 즉 세 번째 정의(③)로 사용해도 무방하다.

마지막으로, 어떤 수열의 상극한이 α이고 부분수열의 극한값의 집합을 S라 했을 때 α = sup S임을 증명해 보자.

〈증명〉 $X' = \{x_{n_k}\}$가 수열 $\{x_n\}$의 임의의 수렴하는 부분수열이라고 하자. 수학적 귀납법에 의하여 $\underline{n_k \geq k}$이므로 $x_{n_k} \leq u_k$이고, 따라서 $\lim X' \leq \lim\{u_k\}$ = α이다. 그러므로 α = sup S이다. 증명 끝.

〈$n_k \geq k$의 증명〉 수학적 귀납법을 사용해서 증명한다. 명백히 $n_1 \geq 1$이다. 왜냐하면, 1보다 작은 첨자는 없으니까. $n_k \geq k$라 가정하면 $n_{k+1} > n_k$이고, 이들은 모두 자연수이므로 $n_{k+1} \geq n_k + 1$이다. 그런데 $n_k \geq k$이라 했으므로 $n_{k+1} \geq n_k + 1 \Rightarrow n_{k+1} \geq k+1$ 증명 끝.

결론적으로 상극한에 대한 정의 또는 성질을 나타내는 ①, ②, ③은 모두 동치임을 알 수 있다.

※ 상한의 근사 성질(approximation property for suprema)

정리: 집합 S의 상한이 M이면, 모든 $\epsilon > 0$에 대하여 $M - \epsilon < s \leq M$이 성립하는 s가 항상 존재한다. $(s \in S)$

의의: 실수의 조밀성에 의하여, 상한에 무한히 가까이 접근하는 집합 내의 점이 항상 존재한다는 의미를 갖고 있다. 상한이 갖는 유일무이한 성질이므로 이를 상한의 정의로 사용하기도 한다. 수열의 극한을 다룰 때 조임 정리(Squeeze theorem)와 함께 많이 사용된다.

증명: 1. 귀류법을 사용한다.

2. 부등식이 성립하는 s가 존재하지 않는다고 가정하고, 이 가정이 모순임을 보이면 증명이 끝난다.

3. M이 상한이자 상계이므로 상계의 정의에 의해 $s \leq M$이다. 그런데 2번의 가정에 의해 $M-\epsilon$보다 큰 s가 존재하지 않으므로 $s \leq M-\epsilon$일 수밖에 없다. 따라서 상계의 정의에 의하여 $M-\epsilon$이 상계가 된다.

4. 상한은 모든 상계 중 가장 작은 값이라는 상한의 정의에 의하여, $M \leq M-\epsilon$이 되므로 이는 모순이다.

5. 따라서 2번의 가정이 틀린 것이 되므로, $M-\epsilon$와 M 사이에는 S의 원소인 s가 항상 존재한다. 증명 끝.

멱 급수

- 함수로 된 급수 -

멱급수는 각 항이 거듭제곱 꼴로 이루어진 급수를 말한다. 거듭제곱 급수라고도 한다.

$$a_0 + a_1x + a_2x^2 + \cdots (= \sum_{n=0}^{\infty} a_nx^n)$$

멱급수는 여타 다른 상수 급수와 다르다. 왜냐하면, 멱급수는 각 항이 '함수'로 이루어진 급수이기 때문이다. 수학에서 멱급수가 특히 중요하게 다루어지는 이유는 e^x, $\sin x$ 등과 같은 함수가 멱급수 형태로 표현될 수 있다는 점 때문일 것이다. 함수가 멱급수 형태로 표현되면 연산은 물론, 미적분하기가 매우 용이해진다. 상수 급수가 숫자에 수렴하는 데 반해, 멱급수는 함수에 수렴한다. 멱급수가 갖고 있는 특성들을 정리하면 다음과 같다.

① 멱급수의 각 항은 함수이다. 즉, 각 항은 변수를 포함하고 있다. 예를 들어, 멱급수의 일종인 기하급수(geometric series)는 다음과 같다.

$$1 + x + x^2 + x^3 + \cdots = \frac{1}{1-x}$$

따라서 멱급수의 수렴, 발산 여부는 변수 x에 달려있다. x가 어떤 값을 갖느냐에 따라 급수가 수렴하기도 발산하기도 한다. 그만큼 멱급수에서는 변수 x의 값이 중요하다.

② 멱급수는 일종의 무한 다항식이라고 할 수 있다. 단지 다항식과 다른 점은 멱급수의 항이 무한히 많다는 것이다.

③ e^x, $\sin x$ 등과 같은 함수는 멱급수로 나타낼 수 있다. 이른바 멱급수의 함수 표현이다. 이때의 멱급수를 테일러급수라고 한다. 함수로 나타내는 멱급수의 정의역은 멱급수를 수렴시키는 모든 x 값들의 집합이다. 왜냐하면, 어떤 x 값들에서 멱급수가 수렴하지 않고 발산한다면, 함수로 기능하지 못하기 때문이다.

④ 멱급수에서는 변수 x의 범위를 규정하는 수렴 구간, 수렴 반경이 존재한다.

⑤ 멱급수에서는 중심(center)이 존재한다. 위 예시의 기하급수의 중심은 0이지만, 중심이 a이면 다음과 같아진다.

$$1 + (x-a) + (x-a)^2 + (x-a)^3 + \cdots$$

중심 a는 다름 아닌 원래 급수를 a만큼 평행이동 시킨 것이다. 무한 멱급수를 어떤 함수에 근사시킬 때, $x=a$ 점이 중심점이 된다. 즉, 멱급수의 항을 늘려가며 근사시키는 process의 첫 출발점이 $x=a$ 점이 되는 것이다. 첫 번째 근사는 $x=a$에서의 접선이며, 두 번째 근사는 접선에 2차 함수를 더한 것이며, 근사가 진행될수록 $x=a$ 점을 중심으로 근사의 범위가 점점 더 확장된다.

⑥ 어떤 함수 $f(x)$를 점 $x=0$ 근방(neighborhood)에서 x 항으로 이루어진 테일러급수로 표현할 수 있으면, 점 $x=0$에서의 해석함수(analytic function)라 한다. $(x-a)$ 항으로 표현될 수 있으면 점 $x=a$에서의 해석함수라 한다.

⑦ 멱급수에 특이점이 있는 경우, 수렴반경은 급수의 중심과 그로부터 가장 가까운 특이점과의 사이의 거리이다.

⑧ 멱급수는 서로 더하고 빼고, 곱하고 나눌 수 있다. 단 나눌 때는 분모가 0이 되지 않아야 한다. 두 개의 멱급수를 연산하여 나온 새로운 멱급수의 수렴반경은 두 개의 멱급수 수렴 반경 중 더 작은 값보다 적어도 크다. 수렴 반경은 멱급수를 특징짓는 중요한 성질 중의 하나이다. 멱급수끼리 더하거나 곱할 때 수렴 반경의 성질은 그대로 새로운 급수의 성질이 된다. 더 작은 수렴 반경이 그대로 새로운 급수의 성질로 이전되기 때문에 새로운 급수의 수렴 반경은 더 작은 수렴 반경이 되는 것이다.

⑨ 멱급수를 미분(a)하거나 적분(b)하여도 수렴 반경은 원래 급수와 같다.

〈(a) 증명〉 집합의 개념을 사용한다. ('A이면 B이다($A \subset B$).' 동시에 'B이면 A이다($B \subset A$).'이면 A=B)

1. $\sum_{n=0}^{\infty} a_n x^n$의 수렴 반경을 $R>0$이라 할 때, 급수의 미분인 $\sum n a_n x^{n-1}$이 절대 수렴함을 보이면 된다. 그런 뒤 다시 $\sum n a_n x^{n-1}$의 수렴 반경을 $R'>0$이라 했을 때 $\sum_{n=0}^{\infty} a_n x^n$이

절대 수렴함을 보이면 $R = R'$가 되어 증명이 끝난다.

2.. 먼저 $\sum na_n x^{n-1}$이 절대 수렴함을 보인다. $|x| < w \ < R$인 w를 잡는다. (※ w를 이렇게 잡는 이유는 원래 $|x| = R$이어야 하나, 계산 과정에서 x 표기가 중복될 수 있고 R은 경계점이므로 수렴 여부가 확실하지 않다는 단점이 있어 이도 저도 아닌 제3의 실수 w를 잡은 것임). $\sum_{n=0}^{\infty} a_n x^n$이 $x = w$에서 수렴하므로 $\lim_{n\to\infty} a_n w^n = 0$이 성립하게 되어 $|a_n||w|^n < \epsilon$(사실은 $||a_n||w|^n - 0| = \epsilon$, ϵ는 임의의 실수)로 쓸 수 있고, $|a_n| \ < \frac{\epsilon}{|w|^n}$이고 이를 $\sum n|a_n||x|^{n-1}$에 대입해서 비교하면, $\sum n|a_n||x|^{n-1} \ < \sum n\frac{\epsilon|x|^{n-1}}{|w|^n}$이다. 오른쪽 항을 정리해서 다시 쓰면, $\sum n|a_n||x|^{n-1} \ < \ \sum \frac{\epsilon n}{w}\left(\frac{|x|}{w}\right)^{n-1}$이 된다. 오른쪽 급수에 비 판정법을 적용하면 $\lim_{n\to\infty}\frac{n+1}{n}\frac{|x|}{w} = \frac{|x|}{w} < 1$로 되어 수렴함을 알 수 있고, 다시 비교판정법에 의하여 급수 $\sum n|a_n||x|^{n-1}$가 절대 수렴한다는 것을 알 수 있다. $(w \subset u)$

※ 다른 풀이법(김홍종, 『미적분학』): $|na_n x^{n-1}| = |a_n|(n^{1/n}x)^n/x \le |a_n|w^n/x$이다. 그런데 $|a_n|w^n < \epsilon$이므로 $|a_n|w^n/x < \epsilon/x$이다. ϵ/x는 상극한. 따라서 $\sum n|a_n||x|^{n-1}$은 절대수렴.

3. 다음은 반대로 $\sum na_n x^{n-1}$의 수렴 반경이 R'일 때, $\sum_{n=0}^{\infty} a_n x^n$이 절대 수렴함을 보인다. 이번에는 $|x| < u < R'$인 u를 택한다. $\sum_{n=0}^{\infty} na_n u^{n-1}$이 수렴한다는 것은 $|na_n u^{n-1}| < \zeta$이라는 말과 같다. $a_n \le \frac{\zeta}{u^{n-1}}$, $a_n x^n \le \frac{\zeta}{u^{n-1}} x^n$ 우변 항에 비판정법을 쓰면, $\lim_{n\to\infty} \frac{n}{n+1} \frac{|x|}{u} < 1$. 따라서 우변이 수렴하므로 $\sum_{n=0}^{\infty} a_n x^n$도 (절대)수렴한다. $(u \subset w)$

4. 따라서, $w = u$, 즉 $R = R'$이 되어 증명이 끝난다.

※ **3번의 다른 증명**: $\sum |na_n x^{n-1}|$이 수렴하면 비교판정법에 의해 $\sum_{n=0}^{\infty} |a_n x^n|$이 수렴.

따라서, $\sum_{n=0}^{\infty} a_n x^n = a_0 + x \sum_{n=1}^{\infty} a_n x^{n-1}$이므로

$\sum_{n=0}^{\infty} a_n x^n$이 수렴한다.

〈(a) 의 다른 증명, 코시-아다마르 정리〉

코시-아다마르 정리에 의하여, $R = \frac{1}{\rho} = \frac{1}{\sqrt[n]{|a_n|}}$이므로

$$\frac{1}{R'} = \overline{\lim} |na_n|^{1/n} = \overline{\lim} |a_n|^{1/n} = \frac{1}{R}$$

따라서 두 급수의 수렴 반경은 동일하다.

※ 참고로 $||a_n w^n| - 0| < \epsilon$에서처럼 ϵ가 임의의 수이면 좌변은 궁극적으로 0이 된다. ϵ은 임의의 수이므로 어떤 수를 택해도 무방하며, 그렇게 하더라도 좌변이 우변보다 작다는 일반성을 잃지 않는다. 0.001, 1, 10 등 모든 실수가 가능하다. 일반성의 보존은 물론이거니와 어떤 수를 택해도 수렴 여부에는 아무런 지장을 주지 않는다. 왜냐하면, 이 수가 아무리 커져도 $|x|/|x_0|$의 n제곱이 작아지는 비율이 훨씬 더 커서 이 급수는 수렴하지 않을 수 없기 때문이다. ϵ은 때로는 유계수열의 상한을 표시할 때 사용되기도 한다. 가령 수열 $\{a_n w^n\}$이 c로 수렴할 때 이 수열의 상한은 $|c| + \epsilon$이 된다.

멱급수 해의 존재성

다음과 같은 미분방정식이 있다고 하자.

$$(x^2 - 2x + 5)y'' + xy' - y = 0$$

특이점은 $(x^2 - 2x + 5)$의 제로점이므로 $1 \pm 2i$이다. 그러므로 중심 $x = 0$은 당연히 보통점이다(특이점이 아니므로). 따라서 Fuchs의 정리에 의하여, 이 방정식은 $\sum_{n=0}^{\infty} c_n x^n$ 꼴의 서로 선형독립인 두 개의 급수해를 갖는다. 게다가 급수해 중 적어도 한 개는 $|x| < \sqrt{5}$의 수렴 구간을 갖는다. 왜냐하면, 위 방정식의 좌변을 $(x^2 - 2x + 5)$로 나누어 표준형으로 만들면 y' 항의 계수는 $x/(x^2 - 2x + 5)$이고, 이 계수의 수렴 반경은 $\sqrt{5}$이므로 해의 수렴 반경(정확하게는 y'의 수렴 반경) 역시 $\sqrt{5}$이기 때문이다. Fuchs 정리는 두 개의 해 중 어느 하나의 수렴 반경의 최솟값만을 말해 주고 있으나, 이 방정식은 x의 아주 큰 값에서도 정의되므로 나머지 하나의 급수해는 다항식이라는 것을 어렵지 않게 추측할 수 있다.

부분적분

- 적분의 총아 -

부분적분(integration by parts)은 고교 수학의 가장 높은 곳에 자리하고 있다. 그럼에도 고급수학에서도 그 실력을 유감없이 발휘하는 적분계의 해결사이다.

$\int xe^x dx$ 처럼 두 개의 함수가 곱해져 있는 경우의 적분은 '부분적분' 기법을 사용한다. 부분적분의 아이디어는 '곱의 미분'으로부터 나왔다(잠시 후에 유도해 보자). 부분적분 공식은

$$\int u(x)v'(x)dx = u(x)v(x) - \int v(x)u'(x)dx$$

$$\{v'(x) = \frac{dv(x)}{dx}, \quad u'(x) = \frac{du(x)}{dx}\}$$

※ v': dv/dx와 같음. 독립변수가 1개이므로 편의상 간단히 v'로 표기함. 그러나 독립변수가 2개 이상이면 dv/dx로 표기하여 변수 x에 관하여 미분하는 것임을 분명히 명시해야 함.

위와 같이 나타내는데, 이 식의 우변을 보면 일부만 적분이 되어있고 나머지는 적분기호가 그대로 아직 남아 있음을 볼 수 있다. 이 때문에 부분적분이라는 명칭이 붙었다. 적분기호가 있는 항마저 적분이 가능하다면 곧 적분을 실시함으로써 전체 적분을 완료할 수 있다. 만일 두 번째 항이 바로 적분이 안 된다면 이 항에 대해서만 부분적분의 과정을 한 번 더 거쳐야 한다. 부분적분의 과정을 거듭할수록 두 번째 항이 원래의 항보다 간단해지는 경우가 보통이다.

부분적분을 시작할 때 가장 중요한 점은 적분하고자 하는 식이 모두 $\int u(x)v'(x)dx$ 꼴로 이루어져 있다고 간주하는 것이다. 즉 $\int xe^x dx$에서 x를 $u(x)$로, $e^x dx$를 $v'(x)dx$이라고 놓는 것이다. 물론 e^x를 $u(x)$로, xdx를 $v'(x)dx$로 놓을 수도 있다. 그러나 전자처럼 놓는 것이 계산에 훨씬 유리하다. (※ 통상 $u(x)$는 미분이 용이한 함수로, $v'(x)dx$는 적분이 용이한 함수로 놓는 것이 보통이다. 우선 두 함수(x와 e^x) 중에 미분이 쉬운 x를 $u(x)$로 놓은 다음, 나머지는 dx까지 포함하여 $e^x dx$를 $v'(x)dx$로 놓는다.)

그러면, 부분적분 공식을 써서 $\int xe^x dx$을 적분해 보자.

$$\int xe^x dx = x \cdot e^x - \int e^x \cdot 1\,dx = x \cdot e^x - e^x + C$$

$$u(x) = x, \quad v'dx = e^x dx$$

$$u'dx = 1dx, \quad v(x) = e^x$$

이제는 곱의 미분공식을 적분하여 부분적분 공식을 유도해 보자. 곱의

미분공식은

$$\{u(x)v(x)\}' = u'(x)v(x) + u(x)v'(x)$$

(※ 독립변수가 x 하나이므로 prime notation$'$을 사용)

양변에 $\int \sim dx$를 적용하여 적분하면

$$\int \{u(x)v(x)\}dx = \int v(x)u'(x)dx + \int u(x)v'(x)dx$$

$$\Rightarrow \int u(x)v'(x)dx = u(x)v(x) - \int v(x)u'(x)dx$$

(※ 서두에서 말한 식과 정확히 일치)

$v'(x)dx = dv(x)$, $u'(x)dx = du(x)$이므로, 위 식은

$$\boxed{\int udv = uv - \int vdu}$$

위와 같이 간단히 쓸 수 있다. (※ 다른 의미는 없고, 단지 기억하기 좋다!) 또는

$$\int uv'dx = uv - \int vu'dx$$

라고 기억해도 좋다. 표기만 다를 뿐 모두 같은 식이다.

부분적분은 겉으로 보기에 단순히 여러 적분 기법 중의 하나인 것처럼 보이나, 알고 보면 테일러 정리, 감마함수, 델타함수 등을 이해하기 위해서는 반드시 알아야 하는 매우 중요한 개념이다. 함수 곱의 적분으로 나타나는 물리 현상(예) 가상 일의 원리)의 경우에도 부분적분의 개념이 사용된다. 이같이 부분적분은 현대수학 도처에서 유용하게 사용되고 있다. 라이프니츠의 손길이 간 것들은 300년이 넘는 세월이 지나도 여전히 맹위를 떨치고 있으니 신기한 일이다. 수학의 힘인가? 철학의 힘인가?

※ 〈델타 함수〉

① 델타함수는 '망치질'과 같이 매우 짧은 시간 동안 일어나는 충격력을 묘사한다. $\delta(x)$로 나타내며, $-\infty$와 ∞ 사이에서 함숫값은 모두 0이며, 오직 $x=0$에서만 무한대의 함숫값을 갖는다. 영국의 양자물리학자 폴 디랙에 의해 제안되었다.

② 델타함수는 단위계단함수(Unit Step Function)의 도함수이다.

$$dU(x)/dx = \delta(x)$$

③ 델타함수는 적분하면 1이다. $\int_{-\infty}^{\infty} \delta(x)dx = 1$

④ 임의의 함수와의 곱을 적분하면 제로 점에서의 임의의 함숫값이 나온다.

$$\int_{-\infty}^{\infty} v(x)\delta(x)dx = v(0) \qquad (v(x):\ \text{임의의 함수})$$

증명) 부분적분에 의해,

$$\int_{-\infty}^{\infty} v(x)\delta(x)dx = v(x)U(x)\Big|_{-\infty}^{\infty} - \int_{-\infty}^{\infty} U(x)\frac{dv}{dx}dx$$

$U=0$ 또는 $U=1$이므로,

$$= v(x)U(x)\Big|_{-\infty}^{\infty} - \left[\int_{-\infty}^{0} U(x)\frac{dv}{dx}dx + \int_{0}^{\infty} U(x)\frac{dv}{dx}dx\right]$$

$$= v(\infty) \cdot 1 - v(-\infty) \cdot 0 - \int_{0}^{\infty} 1 \cdot \frac{dv}{dx}dx$$

$$= v(\infty) - v(\infty) + v(0) = v(0)$$

⑤ SOME NOTES

델타함수를 단위계단함수의 도함수로 표현하는 것은 완전한 방법은 아니다. 왜냐하면 $x=0$에서 점프가 일어나고 도함수가 있기나 한가? 따라서 델타함수를 직접 다루는 것을 피하고 적분을 이용해서 그 실체에 접근해 본다. 실제 응용에서 적분으로 나타날 때 비로소 델타함수의 비함수적 특성은 문제가 되지 않는다.

⑥ examples

1. $\int_{-2}^{2} \cos x\, \delta(x)dx = 1$ 2. $\int_{-5}^{6} (U(x)+\delta(x))dx = 7$

3. $\int_{-1}^{1} (\delta(x))^2 dx = \infty$

※ 〈감마 함수〉

① 감마 함수는 자연수에서만 정의되는 계승함수를 실수로 일반화한 함수이다. $\Gamma(p)=\int_0^\infty x^{p-1}e^{-x}dx$로 정의하며 $(p-1)!$과 같다.

② $\Gamma(p+1)=p\Gamma(p)$

증명)

감마함수는 다음과 같이 쓸 수 있다.

$$\Gamma(p+1) = \int_0^\infty x^p e^{-x}dx = p!$$

이 식을 부분적분하기 위해 $u=x^p$, $dv=e^{-x}dx$로 놓으면,

$$\begin{aligned}\Gamma(p+1) &= -x^p e^{-x}\Big|_0^\infty - \int_0^\infty (-e^{-x})px^{p-1}dx \\ &= p\int_0^\infty x^{p-1}e^{-x}dx \\ &= p\Gamma(p)\end{aligned}$$

적분 기호 속의 미분

적분기호 속에 들어 있는 식을 적분기호를 그대로 둔 채로 미분하는 방법이 있다. 원시함수를 몰라도 미분을 할 수 있는 놀라운 방법이다. 독일의 수학자 라이프니츠가 발견하였다. 이를 이용하면 감마함수(Gamma Function)를 유도할 때처럼 적분기호를 그대로 둔 채로 미분을 기술할 수 있다.

그럼 먼저 피적분 함수가 일변수함수인 가장 기본적인 경우부터 살펴보자. 우리는 부정적분을 미분하면 다시 원시함수가 된다는 사실을 직관적으로 알고 있다. 미적분의 기본 정리에 의하여

$$f(x) = \frac{dF(x)}{dx},$$

$$\int_a^x f(t)dt = F(t)|_a^x = F(x) - F(a) \quad (a\text{는 constant})$$

위 등식을 x에 대해 미분하면

$$\frac{d}{dx}\int_a^x f(t)dt = \frac{d}{dx}[F(x)-F(a)] = \frac{dF(x)}{dx} = f(x) .$$

같은 방법으로

$$\int_x^a f(t)dt = F(a)-F(x),$$

$$\frac{d}{dx}\int_x^a f(t)dt = -\frac{dF(x)}{dx} = -f(x) .$$

이상에서 알 수 있다시피 하한이 상수인 적분을 미분하면 피적분함수가 그대로 다시 나오고, 상한이 상수인 적분을 미분하면 음의 피적분함수가 된다.

그러면 이제 x 값을 일반적인 함수로 바꾸어보자. 즉 상한 x 를 $v(x)$로, 하한 x를 $u(x)$로 바꾸면,

$$\frac{d}{dx}\int_a^v f(t)dt = f(v), \quad \frac{d}{dx}\int_u^b f(t)dt = -f(u)$$

자, 이제 일변수 함수의 적분을 미분할 준비가 다 되었다. u, v가 각각 x의 함수라 할 때, $\int_u^v f(t)dt$를 I로 정의한다. 즉,

$$I = \int_u^v f(t)dt$$

우리가 구하고자 하는 것은 dI/dx 인데, 편미분 연쇄 법칙에 의하여

$$\frac{dI}{dx} = \frac{\partial I}{\partial u}\frac{du}{dx} + \frac{\partial I}{\partial v}\frac{dv}{dx}$$

그런데 $\partial I/\partial v$는 하한 u가 상수일 때 I를 v에 관하여 편미분한 것이고, $\partial I/\partial u$는 상한 v가 상수일 때 I를 u에 관하여 편미분한 것이므로, 각각 $\partial I/\partial v = f(v)$, $\partial I/\partial u = -f(u)$이다. 따라서 위 식을 다시 쓰면

$$\frac{d}{dx}\int_{u(x)}^{v(x)} f(t)dt = f(v)\frac{dv}{dx} - f(u)\frac{du}{dx}$$

이다. 이 식에 의하여 순전히 미분만으로도 적분의 미분값을 알 수 있다.

필요충분조건

우리가 어떤 상황에서 요구되는 조건이 거의 완벽하게 갖추어졌을 때, 흔히 필요충분조건을 충족되었다고 말한다. 수학에서의 필요충분조건은 두 명제가 서로 같다는 것을 증명하는 모든 경우에서 사용되는 매우 근본적이고 엄밀한 논증 방법 중 하나이다. 그만큼 수학 증명에서 많이 사용되고 중요한 것인데도 흔히들 그 중요성을 간과하는 수가 많다. 그리고 확실하게 개념을 알아두지 않으면 자주 헷갈리는 것 중의 하나이다.

필요조건(necessary condition)과 충분조건(sufficient condition)이 동시에 만족될 때 우리는 필요충분조건(necessary and sufficient condition)이 만족된다고 말한다. 그러면, 이 필요조건과 충분조건은 무엇인가?

간단한 예시를 통해 알아보기로 하자.

여기 사람이 있고 동물의 집합이 있다고 해 보자. 우선 사람은 동물이라는 집합의 부분집합(또는 원소)이라는 것은 쉽게 알 수 있다. 왜냐하면, 기린, 말, 타조 등 모든 동물로 이루어진 집합 속에 사람이라는 동물이 당연히 포함되기 때문이다. 즉 사람은 '동물이기 위한' **충분조건**이 되는 것이다. 다시 말하면, 사람이면 당연히 동물인 것이다. 사람이라는 조건은 동물이 되기 위해서 충분한 조건이 될 수 있다는 말이기도 하다. (※ 설명의 편의상 충분조건을 먼저 언급하였다.) 그러면 필요조건은 무엇인가? 이를 역으로 생각하면 된다. 즉 동물은 사람이기 위한 **필요조건**이다. 모든 동물이 다 사람이 될 수 없고, 사람이 되기 위해서는 그에 *필요한 조건*을 갖추어야 한다는 의미를 내포하고 있는 것이다. 다시 말하면, 동물이면 당연하게 사람이 되는 것이 아니다. 바로 이런 점이 충분조건과는 다르다고 할 수 있다.

수학적인 예시를 들어 보자.

2의 배수로 구성되어 있는 집합을 A, 4의 배수 집합을 B라 하자. 먼저 B는 A의 부분집합임을 쉽게 알 수 있다. 따라서 B는 A가 되기 위한 충분조건이 되는 것이다. 당연히 A는 B가 되기 위한 필요조건이 된다.

예시들에서 본 것을 다시 정리해 보면,

① 두 집합 또는 명제 사이의 포함관계(부분집합인지 아닌지)를 살펴본다.
② 부분집합은 그가 속해 있는 전체집합이 되기 위한 충분조건이 된다.
③ 전체집합은 부분집합이 되기 위한 필요조건이 된다.

쉽게 말해서 어느 쪽이 더 큰가를 알아보고, 이때 작은 쪽이 큰 쪽이 되기 위한 충분조건이 되고, 큰 쪽은 작은 쪽이 되기 위한 필요조건이 된다고 생각하면 틀림이 없다. 이제까지는 비교하는 양쪽이 서로 같지 않을 때에 관한 것이다.

그러면 양쪽이 같다면 어떻게 될까? 양쪽이 같은 경우가 바로 필요충분조건이 된다. 집합연산에서도 배웠듯이 $A \subseteq B$이고 $A \supseteq B$이면, $A = B$이지 않은가? 필요조건과 충분조건이 동시에 모두 성립하면 바로 필요충분조건이 되는 것이다.

수학 증명에서 필요조건과 충분조건이 동시에 성립하는 것을 보이면, 두 집합 또는 명제가 같은 것임을 증명하게 된다. 그런데 증명을 하다 보면, A가 B이기 위한 필요조건이고, B는 A이기 위한 충분조건일 때가 있다. 다시 말해 'B이면 A이다.'가 참이지만, 'A이면 B이다.'가 거짓인 경우이다. 이때 이 필요조건을 어떻게 하면 충분조건과 같게 할 수 있을까? 즉 필요충분조건이 되게 하느냐이다. 보통 시각적으로 생각해 본다면, 통상 필요조건이 충분조건보다 그 크기나 범위가 크게 마련이다. 따라서 이 필요조건을 충분조건과 크기를 같게 하려면 조건을 더 부과하여 그 크기를 줄여나가야 한다. 말하자면 느슨한 조건에 여러 가지 조건을 더 추가함으로써 좀 더 엄밀하고 타이트한 조건으로 만드는 것이다. 그리하여 충분조건과 같게 만드는 것이다. 가령 앞에서 든 예와 같이 동물은 사람이기 위한 필요조건이라 했을 때, 이 필요조건에 조건을 더 부과하는 것이다. 바로 동물 중에서도 '포유류'라는 조건을 더 부과하고 그래도 모자라면 '이성을 가진 동물' 등으로 계속 조건을 부과하다 보면 어느새 충분조건의 크기와 모양이 일치하게 되는 것이다.

수학적 귀납법

- 귀납법이 아닌 연역법 -

수학의 증명 방법 중에 '수학적 귀납법(mathmetical induction)'이라는 것이 있다. 주로 자연수와 관련된 명제를 증명할 때 쓰이는 방법이다. 그런데 놀라운 사실은 이것이 실제는 **귀납법이 아니고 연역법**이라는 것이다. 그도 그럴 것이 수학에는 아예 귀납법이란 것이 존재하지 않는다. 왜냐하면, 모든 수학 증명은 연역 추론에 의해서 이루어지기 때문이다. 그러므로 수학적 귀납법은 대단히 잘못 붙여진 명칭이라고 할 수 있다.

귀납법(induction)이란 수집한 구체적인 사실들로부터 일반적인 법칙을 추론해 내는 방식이다(※ 따라서 하나라도 반례가 생기면 법칙이 수정된다. 해가 동쪽에서 뜨는 것이 진리라고 말하는 것은 경험적 귀납법의 추론 결과이다. 만일 어느 날 우주 질서가 깨져 태양이 동쪽에서 뜨지 않는다면 이 진리는 수정되어야 한다.). 그런데 수학에서의 추론은 구체적 사실들, 즉 경험을 기반으로 하지 않는다. 오로지 논리적 추론만이 있다. 수학에서 사용되는 모든 추론은 연역적(deductive) 추론이다. 연역법(deduction)이란 당연히 받아들이는 진리를 기반으로 또 다른 진리를 논리적으로 추론해 내는 방식을 말한다. 수학은 증명 없이 받아들이는 공리(axiom)에서부터 출발하여 그 공리를 토대로 하여 하나씩 쌓아가는 논리적 구조체와 같기 때문에, 경험을 기반으로 추론하는 귀납법과는 본질적으로 다르다.

어쨌든 수학적 귀납법의 논리적 근거는 귀납 원리(induction principle)에 있다. 귀납 원리는 "1 을 포함하고 있고 또 임의의 자연수 k가 포함되면 $k+1$도 포함되는 자연수 집합은 다름 아닌 자연수 전체의 집합과 같다."라는 원리이다. 이 원리는 "공집합이 아닌 모든 자연수 집합은 최소 원소를 갖는다."라는 정렬 원리(well ordering principle)를 사용하여 증명된다. (※ 아래 증명 참조) 그러나 굳이 정렬 원리를 쓰지 않아도 직관적으로도 귀납 원리는 자명한 듯 보인다. 임의의 자연수(k)가 포함되면 그다음의 자연수($k+1$)도 포함된다고 하면, k가 1인 경우 $k+1$인 2가 포함되고, 이 2가 포함되면 그 다음 수인 3이 포함되고 이러한 과정을 순차적으로 계속해 나간다면 자연수 전체가 포함된다는 것을 알 수 있다. (※ 이는 최초의 도미노 막대기가 쓰러지면 그 다음에 있는 막대기가 쓰러지고, 연속해서 그다음의 막대기가 쓰러지는 '도미노 현상'과 흡사하다.)

이 귀납 원리를 특정 명제와 결합시키면 자연수 전체에 대하여 이 명제가 참임을 증명할 수 있다. 바로 이것이 증명 도구로써의 수학적 귀납법인 것이다.

귀납법의 원리

S를 다음 두 가지 성질을 가진 $\mathbb{N}$의 부분집합이라 하자.

(1) $1 \in S$

(2) 모든 k에 대하여, $k \in S$이면 $k+1 \in S$

그러면 $S = \mathbb{N}$

(증명) 귀류법에 의한 증명

$S \neq \mathbb{N}$이라 하자. 그러면 $\mathbb{N} \setminus S \neq \varnothing$이다. 정렬원리(well ordering principle)에 의하여 이 집합의 최소 원소를 m이라 하면 $m > 1$ ($\because$ $1 \in S$) $m-1 \in S$이다. $k := m-1$로 두면, 가정에 의해 $k \in S$이면 $k+1 \in S$이므로 $m \in S$($\because$ $k+1 = (m-1) + 1 = m$)이다. 이는 모순. 따라서 $S = \mathbb{N}$ 증명 끝.

자연수와 관련된 곳이면 수학적 귀납법이 요긴하게 사용될 수 있다. 수학적 귀납법 자체의 논리는 어렵지 않으나 그 적용은 쉽지 않다. 왜냐하면, 해당 수학적 명제가 그 분야의 핵심 개념과 얽혀있는 경우가 많기 때문이다. 또 한 가지 주목해야 할 것은 수학적 귀납법이 자연수와 관련된 명제를 증명하는 데 좋은 수단이긴 하지만, 그런 명제, 즉 공식을 만드는 데는 아무런 도움도 주지 못한다는 단점이 있다. 그런 명제 혹은 공식은 다른 방법으로 만들거나, 경험적 추측에 의하여 가설을 세우는 수밖에 없다. 그렇게 만든 가설을 증명하기 위하여 수학적 귀납법의 원리를 사용하는 것이다.

다음은 '**강한 귀납법**(strong induction)'에 대한 설명이다. 경우에 따라서는 $n=k$일 때 명제(기호로는 $P(k)$)가 성립한다는 가정만으로는 $n=k+1$일 때 성립한다는 것을 보이기가 어려울 때도 있다. 왜냐하면 $k-1$일 때 명제가 성립해야 $k+1$ 때의 명제가 성립하는 경우도 있고, 또는 $n=1, 2, \cdot\cdot\cdot, k$일 때 모두 성립한다고 해야 $n=k+1$일 때 성립하는 경우도 있기 때문이다. 이는 주어진 문제에 따라서, $n=k+1$일 때 명제가 성립하는 것을 증명하기 위해 필요한 조건을 앞의 가정으로부터 가져올 수 있는가에 달려 있는 것이다. 아래 예시 ③은 n이 k보다 작은 모든 경우에 성립해야 $k+1$일 때의 명제를 증명할 수 있는 경우에 해당한다. 강한 귀납법의 사례 중 흔히 볼 수 있는 우표 조합의 경우는 특정 자연수(가령 $k-1$ 또는 $k-7$ 등)일 때 성립해야 하는 경우에 해당한다. 따라서 문제의 구조와 명제의 성격에 따라서 보통 귀납법보다 강한 귀납법이 적용되어야 유리할 때가 있다.

귀납법의 원리적 측면에서 볼 때 두 귀납법은 논리적으로 동일하다. 이는 강한 귀납법의 원리를 보통 귀납법의 원리를 써서 증명함으로써 입증이 된다.

강한 귀납법의 원리

S를 다음 두 가지 성질을 가진 $\mathbb{N}$의 부분집합이라 하자.

(1) $1 \in S$

(2) 모든 k에 대하여, $\{1, 2, \cdot\cdot\cdot, k\} \subseteq S$이면 $k+1 \in S$이다.

그러면 $S = \mathbb{N}$

(증명)

① 귀류법 증명. $S \neq \mathbb{N}$이라 하자. 그러면 $\mathbb{N} \setminus S \neq \varnothing$이다. 정렬원리에 의하여 이 집합의 최소 원소를 m이라 하면, m보다 작은 자연수는 모두 S에 있다. 가정에 의해 $\{1, 2, \cdot\cdot\cdot, m-1\} \subseteq S$이면 $m \in S$이 되므로 모순. $k := m-1$로 정의하면 (2)가 되므로 증명 끝.

② 부분집합 증명. S를 집합으로 나타내면 $\{1, 2, 3, \cdot\cdot, k, k+1\}$이다. 보통 귀납법의 조건을 만족하는 집합 S'는 $\{1, k, k+1\}$이다. 그런데 S'는 S의 부분집합이다. 우리는 보통 귀납법에서 $S' = \mathbb{N}$임을 보았다. 따라서 S도 전체 자연수의 집합과 같다. 증명 끝.

결국, 두 개의 귀납법이 논리적으로 동치임이 밝혀졌다. 그럼에도 불구하고 수학적 귀납법의 진수는 강한 귀납법의 이해에 있다. 보통 귀납법만으로는 수학적 귀납법의 실체를 반도 파악하지 못한다.

그러면 지금부터 수학적 귀납법을 사용해서 증명하는 몇 가지 사례를 살펴봄으로써 수학적 귀납법의 진짜 모습에 대하여 이해해 보기로 하자.

① $1+2+3+\cdots+n = \frac{n(n+1)}{2}$라는 합의 공식이 있다. 이 합의 공식이 참인지 수학적 귀납법을 사용해서 증명해 보자.

a) $n=1$일 때, $1 = \frac{1(1+1)}{2} = 1$이므로 성립한다.

b) $n=k$일 때 성립한다고 가정했을 때, $n=k+1$일 때도 성립함을 보이면 된다.

$n=k+1$일 때 공식에 대입하면, 합은 $\frac{(k+1)(k+2)}{2}$이다.

그런데 $n=k$일 때

$1+2+3+\cdots+k = \frac{k(k+1)}{2}$이 성립한다고 하였으므로 이 식의 양변에 각각 $(k+1)$을 더하면,

$$1+2+3+\cdots+k+(k+1) = \frac{k(k+1)}{2} + (k+1)$$

우변을 정리하면

$$\frac{k(k+1)}{2} + (k+1) = \frac{(k+1)(k+2)}{2}$$

이 되므로 합의 공식에 $n=k+1$을 대입했을 때의 결과와 정확히 일치한다. 따라서 합의 공식이 참임이 증명되었다.

② 본 수열이 $\{x_k\}$일 때, 부분수열은 다음의 첨자로 나타낸다. 즉, $\{x_{n_k}\}$이다. 그러면 모든 자연수에 대하여 $n_k \geq k$이 성립한다. 이를

수학적 귀납법으로 증명해 보자. (※ 가령 양의 정수인 수열에서 짝수 항으로 이루어진 부분수열을 만들었을 때 n_1=2, n_2=4, … 이다.)

a) $n_1 \geq 1$은 명백히 성립(∵ 어떤 첨자도 1보다 작을 수는 없으므로)

b) $n_k \geq k$이 성립한다고 가정했을 때, $n_{k+1} \geq k+1$임을 보이면 된다. $n_{k+1} > n_k$임은 확실. 따라서 당연히 $n_{k+1} \geq n_k + 1$이 성립한다. 그런데 $n_k \geq k$라 가정했으므로 부등호 우변의 n_k 대신에 k를 넣어도 부등호는 바뀌지 않는다. 따라서 모든 자연수에 대하여 성립. 따라서 $n_k \geq k$은 참이다.

③ 모든 정수 $n \geq 2$은 소수의 곱으로 나타내질 수 있다(산술의 기본정리).

a) $n=2$일 때 2는 소수이므로 성립. $n=3,4$일 때도 각각 $3, 2^2$이므로 명제 성립.

b) $n=k+1$일 때 성립하는지를 체크해 보자. 두 가지 가능성이 있다. 우선 $k+1$이 소수인 경우이다. 소수 한 개도 소수의 곱이므로 당연히 위의 정리가 성립한다. 둘째 $k+1$가 합성수일 때이다. 합성수이므로 $k+1 = ab(2 \leq a,b \leq k)$으로 나타낼 수 있다. 그런데 우리는 a,b 각각에 대하여 위의 정리가 성립함을 알고 있다. 왜냐하면 a,b은 2와 k 사이에 있는 수이고, 가정으로부터 a,b 각각은 위의 정리가 성립하기 때문이다. 위의 정리가 성립한다는 것은 a,b 각각도 소수의 곱으로 이루어져 있다는 것이고, 따라서 그 곱 ab도 소수의 곱임이 자명하기 때문이다. 그러므로 $k+1$일 때도 위의 정리는 성립한다.

$\sin\frac{2}{3}\pi$

$\frac{3}{6}\pi + \frac{1}{6}$

$\frac{2}{3} - \frac{1}{2} = \frac{4}{6} - \frac{3}{6} = \frac{1}{6} \times 180$

$\sin\frac{2}{3}\pi = \sin\frac{\pi}{3} = \frac{\sqrt{3}}{2}$

$\cos\frac{2}{3}\pi = -\cos\frac{\pi}{3} = -\frac{1}{2}$

$\frac{\sqrt{2}+\sqrt{6}}{4}$

$\cos\frac{2}{3}\pi = \cos\left(\frac{\pi}{2} + \frac{\pi}{6}\right)$

$= \cos\frac{\pi}{2}\cos\frac{\pi}{6} - \sin\frac{\pi}{2}\sin\frac{\pi}{6}$

$= -1 \cdot \frac{1}{2} = -\frac{1}{2}$

$\pi + \frac{\pi}{6} = \frac{7}{6}\pi$ $\quad -\frac{\sqrt{3}}{2}$

$\cos\frac{7}{6}\pi = -\cos = -\frac{\sqrt{3}}{2}$

$\sin\frac{7}{6}\pi = -\frac{1}{2}$

270

$\frac{1}{2}$ $\frac{\sqrt{3}}{2}$

$\frac{2}{3}\pi$ $\frac{\sqrt{3}}{2}$ $\frac{\sqrt{3}}{2}$

$\frac{\sqrt{3}}{2}$

$\sin\theta$ θ -1

$\cos\frac{\pi}{12} = \cos$

$\frac{\pi}{3}$

$\cos\left(\frac{7}{6} - \pi\right)$

$\cos\left(\frac{\pi}{3} - \frac{\pi}{4}\right)$

$\sin\frac{2\pi}{3} = \sin\left(\pi - \frac{\pi}{3}\right)$

$\sin\left(\pi - \frac{\pi}{3}\right) = \sin\frac{\pi}{3} = \frac{\sqrt{3}}{2}$

(a) $\sin\theta = \frac{y}{r} = \frac{\sqrt{3}}{2}$

$\sin\frac{2}{3}\pi = \sin\frac{\pi}{3} = \frac{\sqrt{3}}{2}$ $\quad \cos\frac{3}{4}\pi = \cos\left(\pi - \frac{\pi}{4}\right) = -\cos\frac{\pi}{4} =$

$\frac{x}{r}$ $\quad = -\frac{1}{\sqrt{2}}$

sin

(b) $\sin\frac{7}{3}\pi = \sin\left(2\pi + \frac{1}{3}\pi\right) = \sin\frac{\pi}{3} = \frac{\sqrt{3}}{2}$ $\quad \cos\frac{\pi}{12} = \cos$

$\cos\frac{\pi}{3}\cos\frac{\pi}{4}$

(c) $\cos 9\pi = \cos(8\pi + \pi) = \cos\pi = -1$

$+\sin\frac{\pi}{3}\sin$

(d) $\sin 420^\circ = \sin(360 + 60) = \sin 60 = \frac{\sqrt{3}}{2}$

$= \frac{1}{2} \cdot \frac{\sqrt{2}}{2} + \frac{\sqrt{3}}{2}$

참고 문헌

차동우, 『상대성 이론』, ㈜ 북스힐, 2003.
이종필, 『상대성이론 강의』, 동아시아, 2015.
김홍종, 『미적분학 1+, 2+』, 서울대학교출판문화원, 2020.
김강태, 『미분기하학』, 교우사, 2000.
-----, 『리만기하학』, 교우사, 2015.
박부성, 『8일간의 선형대수학』, 경문사, 2014.
김성기, 김도한, 계승혁, 『해석 개론』, 서울대학교 출판문화원, 2011.
정동명, 조승제, 『실해석학 개론』, 경문사, 2018.
김민형, 『다시, 수학이 필요한 순간』, 인플루엔셜, 2020.
로저 펜로즈, 『실체에 이르는 길』, 박병철 옮김, 승산, 2010.
브라이언 그린, 『엘러건트 유니버스』, 박병철 옮김, 승산, 2002.
리처드 파인만, 『파인만의 물리학 강의 Vol 1, 2』, 박병철 옮김, 승산, 2004.
데니스 브라이언, 『아인슈타인 평전』, 승영조 옮김, 북폴리오, 2004.
월터 아이작슨, 『아인슈타인 삶과 우주』, 이덕환 옮김, 까치, 2007.
베르너 하이젠베르크, 『부분과 전체』, 유영미 옮김, 서커스, 2016.
존 더비셔, 『리만 가설』, 박병철 옮김, 승산, 2006.
레너드 서스킨트, 『아트 프리드먼, 물리의 정석; 특수 상대성 이론과 고전 장론 편』, 이종필 옮김, 사이언스 북스, 2022.

Schutz, Bernard, *A First Course in General Relativity*, Cambridge, 2009.
Hartle, James B., *Gravity : An Introduction to Einstein's General Relativity*, Pearson, 2003.
Carroll, Sean M., *Spacetime and Geometry : An Introduction to General Relativity*, Cambridge, 2019.
Guidry, Mike, *Modern General Relativity*, Cambridge, 2019.
Weinberg, Steven, *Gravitation and Cosmology*, Wiley, 1972.
Hobson, M., P., Efstathiou, G., and Lasenby, A., N., *General Relativity, An*

Introduction for Physicists, Cambridge, 2006.

Wald, Robert M., *General Relativity*, The University of Chicago Press, 1984.

Ryder, Lewis, *Introduction to General Relativity*, Cambridge, 2009.

Spivak, Michael, *A Comprehensive Introduction to Differential Geometry*, Publish or Perish, Inc. 1999.

M. R. Spiegel, *Vector Analysis*, Schaum's Outline, 2009.

Brand, Louis, *Vector Analysis*, Wiley International Edition, 1957.

----------, *Vector & Tensor Analysis*, Dover, 2020.

Courant, *What is Mathematics*, Oxford Press, 1996.

Bell, E. T., *Men of Mathematics*, Simon & Schuster, 1986.

Boas, Mary L., *Mathematical Methods in the Physical Sciences*, Wiley, 2006.

Arfken, Weber, and Harris, *Mathematical Methods for Physicists*, Elsevier, 2015.

Riley, K. F., Hobson, M. P., and Bence, S. J., *Mathematical Methods for Physics and Engineering*, Cambridge, 2006.

Pais, Abraham, *Subtle is the Lord*, Oxford Press, 2005.

Giancoli, Douglas C., *Physics*, Prentice Hall, 2016.

Halliday, Resnick and Walker, *Principles of Physics*, Wiley, 2020.

Beiser, Arthur, *Concepts of Modern Physics*, McGraw-Hill, 2003.

Zill, Dennis G., Wright, Warren S., *Engineering Mathematics*, Jones and Bartlett Learning, 2014.

Kreyszig, Erwin, *Advanced Engineering Mathematics*, Wiley, 2011.

Stewart, James, *Calculus*, Cengage Learning, 2015.

Thomas, Hass and Weir, *University Calculus*, Pearson, 2008.

Strang, Gilbert, *Calculus*, Wellesley Cambridge Press, 2017.

Lang, Serge, *Calculus*, Addison Wesley, 1978.

Friedberg, Stephen H., Insel, Arnold J., and Spence, Lawrence E., *Linear Algebra*, Prentice Hall, 2003.

Strang, Gilbert, *Introduction to Linear Algebra*, Wellesley Cambridge Press, 2009.

------------, *Linear Algebra and Its Applications*, Brooks/Cole, 2006.

Bartle, Robert G., Sherbert, Donald R., *Introduction to Real Analysis*, Wiley, 2011.

Bilodeau, Gerald G., Thie, Paul R., and Keough G. E., *An Introduction to Analysis*,

Jones and Bartlett, 2010.

Kaplan, Wilfred, *Advanced Calculus*, Addison Wesley, 1984.

Spiegel, Lipschutz and Spellman, *Vector Anaysis*, Schaum's Outlines, McGraw-Hill, 2009.

O'neill, Barrett, *Elementary Differential Geometry*, Elsevier Korea LLC., 2006.

Do Carmo, Manfredo P., *Differential Geometry of Curves & Surfaces*, Dover, 2016.

Burton, David M., *Elementary Number Theory*, McGraw-Hill, 2011.

Silverman, Joseph H., *A Friendly Introduction to Number Theory*, Peason, 2013.

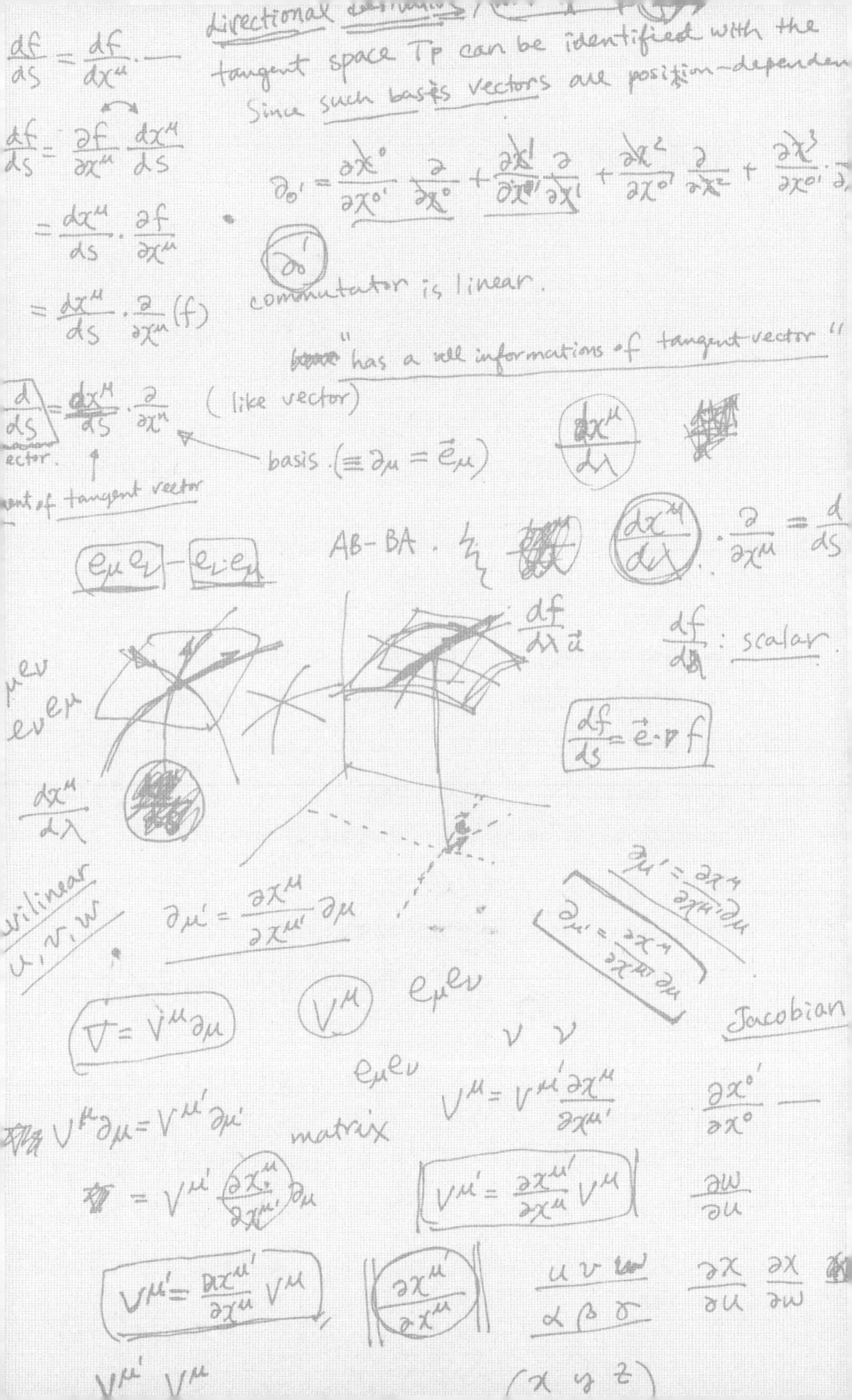
Directional derivative
tangent space Tp can be identified with the
Since such basis vectors are position-dependent
commutator is linear.
"has a all informations of tangent vector"
(like vector)
basis ($\equiv \partial_\mu = \vec{e}_\mu$)
ent of tangent vector
AB − BA
$\frac{df}{d\lambda}$: scalar
$\frac{df}{ds} = \vec{e} \cdot \nabla f$
curvilinear
u, v, w
$\partial_{\mu'} = \frac{\partial x^\mu}{\partial x^{\mu'}} \partial_\mu$
$V = V^\mu \partial_\mu$
Jacobian
$V^\mu \partial_\mu = V^{\mu'} \partial_{\mu'}$
matrix
$V^{\mu'} = \frac{\partial x^{\mu'}}{\partial x^\mu} V^\mu$
(x y z)

색인표(Index)

$$\sum_{\mu=0}^{3}\sum_{\nu=0}^{3}\eta_{\mu\nu}\Delta x^\mu \Delta x^\nu$$

$$= \eta_{00}\Delta x^0\Delta x^0 + \eta_{01}\Delta x^0\Delta x^1 + \eta_{02}\Delta x^0\Delta x^2 + \eta_{03}\Delta x^0\Delta x^3$$

$$+ \eta_{10}\Delta x^1\Delta x^0 + \eta_{11}\Delta x^1\Delta x^1 + \eta_{12}\Delta x^1\Delta x^2 + \eta_{13}\Delta x^1\Delta x^3$$

$$+ \eta_{20} + \eta_{21} + \eta_{22} + \eta_{23}$$

$$+ \eta_{30} + \eta_{31} + \eta_{32} + \eta_{33}$$

$$= \begin{bmatrix} (x^0)^2 & 0 & 0 \\ 0 & (x^1)^2 & 0 \\ 0 & 0 & (x^2)^2 \\ 0 & 0 & 0 \end{bmatrix}$$

$\binom{0}{N}$ is a function of N vectors into the real numbers.

Similarly for the second argument.

$A^0 B^0 \eta_{00}$

$\{\Delta x^\alpha\}$ The value of $\vec{g}$ orthogonal.

$\{\Delta x^\alpha\}$ $\{\Delta x^\alpha\}$ orthonormal. argumen

$\{\Delta x^\alpha\}$ $a^2\Delta x^2 + b^2\Delta y^2 - 2ab\cos\theta\,\Delta x\Delta y$

orthogonal $2(a\Delta x)(b\Delta y)\cos\theta$ $[\hat{\theta}^{(\nu)}(\hat{e}_{(\mu)}) = \delta^\nu_\mu$

$2ab$ $2ab\cos\theta\,\Delta x\Delta y$ argum

$\vec{x} \to \{\Delta x^{\hat{\alpha}}\}$ $a\Delta x$ $b\Delta y$

$|\Delta\vec{r}|^2 = a^2\Delta x^2 + b^2\Delta y^2 - 2ab\cos\theta\,\Delta x\Delta y$: cosine 제2법칙. "$w(V) =$

$\hat{\theta}^{(\nu)}$ contrava

A_1A_1 A_2A_2 $A_3A_3 \to \times\ \hat{\theta}^{(\nu)}$ vect

A_1A^1 A_2A^2 $A_3A^3 \to$ summation $\hat{\theta}^{(\nu)}(\hat{e}_{(\mu)})$ covariant

linear map 의 space. one-forms.

※ linear map 의 space. designation 명명 ∇u

dual vector ≡ one-forms T_p

① ≠ 0

$$\hat{\theta}^{(\nu)}(\hat{e}_{(\mu)}) = \delta^\nu_\mu$$

$$w(V) = w_\mu \hat{\theta}^{(\mu)}$$

one-forms.

$$\vec{A} = A^i\vec{e}_i \quad \vec{B} = B^j\vec{e}_j$$

$w(V) = V(w) = w_\mu$

$$\vec{A}\cdot\vec{B} = (A^i\vec{e}_i)\cdot(B^j\vec{e}_j)$$

$$= A^iB^j(\vec{e}_i\cdot\vec{e}_j)$$

$$= g_{ij}A^iB^j$$

a riciprocal base set.

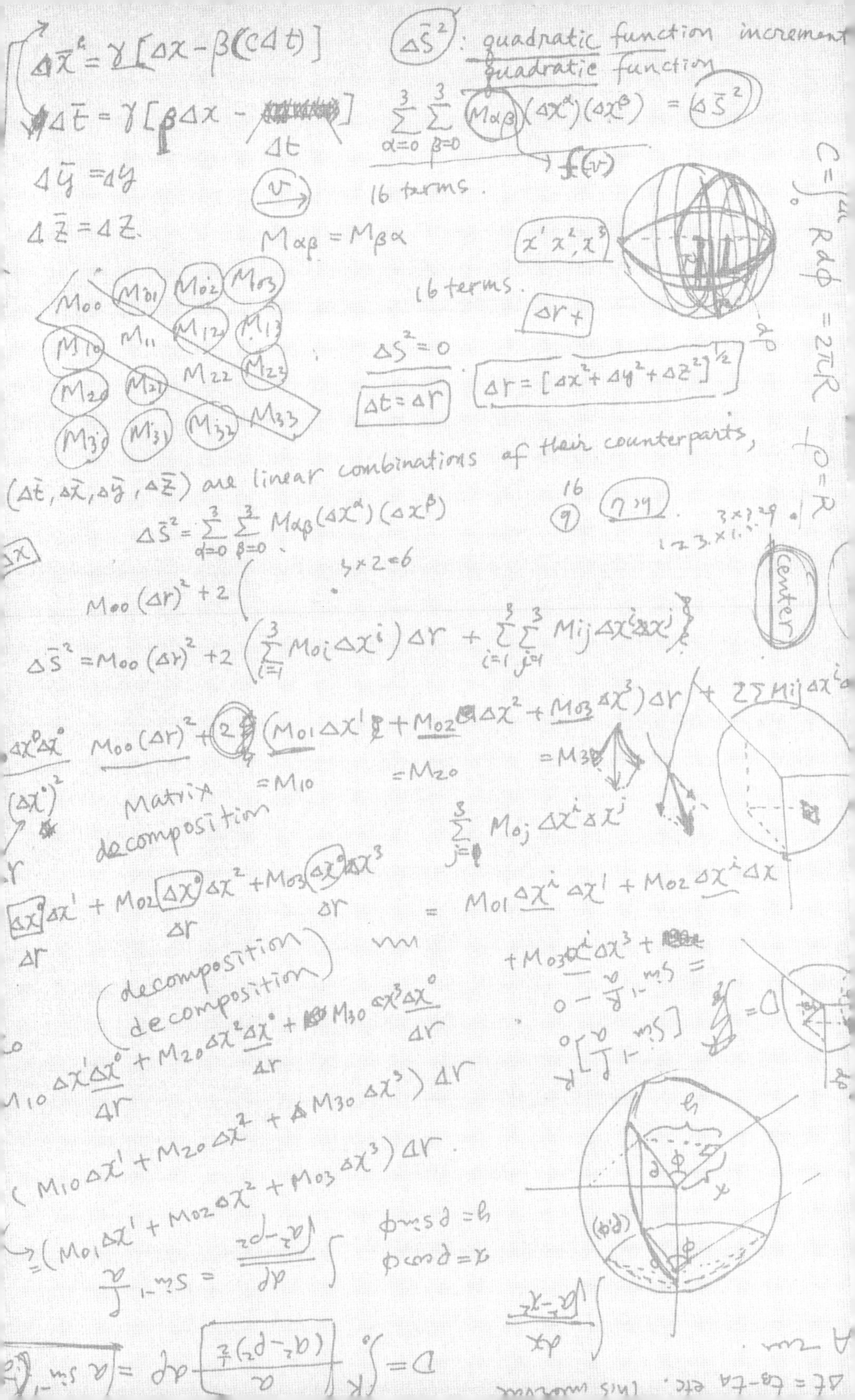

Δx̄ = γ[Δx − β(cΔt)]
Δt̄ = γ[βΔx −
Δt
Δȳ = Δy
Δz̄ = Δz
ΔS̄²: quadratic function increment
quadratic function
f(v)
16 terms.
Mαβ = Mβα
M00 M01 M02 M03
M10 M11 M12 M13
M20 M21 M22 M23
M30 M31 M32 M33
16 terms.
Δr+
ΔS² = 0
Δt = Δr
Δr = [Δx² + Δy² + Δz²]½
(Δt̄, Δx̄, Δȳ, Δz̄) are linear combinations of their counterparts,
center
Matrix decomposition
decomposition
decomposition
C = ∫ R dφ = 2πR
ρ = R